Dortmunder Beiträge zur Entwicklung und Erforschung des Mathematikunterrichts

Band 61

Eines der zentralen Anliegen der Entwicklung und Erforschung des Mathematikunterrichts stellt die Verbindung von konstruktiven Entwicklungsarbeiten und rekonstruktiven empirischen Analysen der Besonderheiten, Voraussetzungen und Strukturen von Lehr- und Lernprozessen dar. Dieses Wechselspiel findet Ausdruck in der sorgsamen Konzeption von mathematischen Aufgabenformaten und Unterrichtsszenarien und der genauen Analyse dadurch initiierter Lernprozesse. Die Reihe „Dortmunder Beiträge zur Entwicklung und Erforschung des Mathematikunterrichts“ trägt dazu bei, ausgewählte Themen und Charakteristika des Lehrens und Lernens von Mathematik – von der Kita bis zur Hochschule – unter theoretisch vielfältigen Perspektiven besser zu verstehen.

Reihe herausgegeben von
Prof. Dr. Stephan Hußmann,
Prof. Dr. Marcus Nührenbörger,
Prof. Dr. Susanne Prediger,
Prof. Dr. Christoph Selter,
Technische Universität Dortmund, Deutschland

Katharina Zentgraf

Aufbau von Funktionsverständnis bei Neuzugewanderten

Entwicklungsforschung zum Einfordern und Unterstützen

Springer Spektrum

Katharina Zentgraf
Mathematik
TU Dortmund
Dortmund, Deutschland

Dissertation Technische Universität Dortmund, Fakultät Mathematik, 2025
Tag der Disputation: 14.01.2024
Erstgutachterin: Prof. Dr. Susanne Prediger
Zweitgutachterin: Jun.-Prof. Dr. Carina Büscher

ISSN 2512-0506 ISSN 2512-1162 (electronic)
Dortmunder Beiträge zur Entwicklung und Erforschung des Mathematikunterrichts
ISBN 978-3-658-50178-5 ISBN 978-3-658-50179-2 (eBook)
https://doi.org/10.1007/978-3-658-50179-2

Die Deutsche Nationalbibliothek verzeichnet diese Publikation in der Deutschen Nationalbibliografie; detaillierte bibliografische Daten sind im Internet über https://portal.dnb.de abrufbar.

Teile des hier dokumentierten Dissertationsprojekts wurde durch das Bundesministerium für Bildung und Forschung finanziert (im BiSS-Forschungsnetzwerk, Projekt FachBiss, Förderkennzeichen 01JI2001E, Projektleitung S. Prediger.) Das entwickelte Unterrichtsmaterial steht unter http://www.sima.dzlm.de/um/7-002 als Open Educational Resources bereit.

Planung/Lektorat: Karina Kowatsch
Springer Spektrum ist ein Imprint der eingetragenen Gesellschaft Springer Fachmedien Wiesbaden GmbH und ist ein Teil von Springer Nature.
Die Anschrift der Gesellschaft ist: Abraham-Lincoln-Str. 46, 65189 Wiesbaden, Germany

Geleitwort

Aufbau von Funktionsverständnis bei Neuzugewanderten – Entwicklungsforschung zum Einfordern und Unterstützen

Der Aufbau von Funktionsverständnis beginnt mit dem qualitativen Verständnis von Funktionsgraphen, indem Lernende lebensweltliche Situationen mithilfe von Graphen beschreiben und dadurch Funktionswerte und Änderungen zu interpretieren lernen, z. B. so, wie in dieser Arbeit im Kontext von Füllexperimenten. Jugendliche lernen das Beschreiben mathematischer Zusammenhänge und das Erklären von Bedeutung, indem diese Sprachhandlungen immer wieder eingefordert und sie dabei unterstützt werden, sich an ihnen zu beteiligen.

Katharina Zentgraf verfolgt in ihrer Dissertation diese (in anderen Kontexten bereits bewährten) Ansätze mit Füllexperimenten und arbeitet sie im Hinblick auf die Verknüpfung von Verständnis- und Sprachförderung in empirisch begründeter Weise aus: Sie bezieht sich dabei auf eine spezifische Zielgruppe, auf neuzugewanderte Jugendliche mit noch starken Deutsch-Lernbedarfen, und arbeitet defensiv und offensiv gleichzeitig. In defensiver Strategie werden alle Unterrichtsmaterialien grammatisch und lexikalisch so vereinfacht, dass sie tatsächlich zur Zone der nächsten Entwicklung dieser Zielgruppe passen. Gleichzeitig aber werden in offensiver Strategie konzeptuell anspruchsvolle Denkhandlungen und diskursiv reichhaltige Sprachhandlungen eingefordert, die dieser Zielgruppe sonst selten zugetraut werden. Es ist faszinierend zu sehen, dass die Jugendlichen in die intensiven Lernprozesse tiefgehend einsteigen können, wenn sie dabei entsprechend unterstützt werden. Daraus lässt sich auch viel für Lernende mit schon ausgebauteren Sprachkompetenzen ableiten und lernen.

Um die Unterstützung im Sinne des Scaffoldings fachdidaktisch und sprachdidaktisch treffsicher auszugestalten, wird ein Design-Research-Ansatz verfolgt, um die Denk- und Kommunikationsprozesse genauer zu verstehen, die Anforderungen präzise zu spezifizieren und die Scaffolds darauf zuzuschneiden.

In den zwei Theoriekapiteln wird der existierende Forschungsstand zum qualitativen Funktionsverständnis zu Füllgraphen aufgearbeitet und zu sprachdidaktischen Hintergründen in lexikalischer, grammatischer und diskursiver Dimension in Beziehung gesetzt.

Im Methodenkapitel werden die Vorgehensweisen des Design-Research-Projekts vorgestellt, das in seiner iterativen Verknüpfung von Weiterentwicklung des Designs und Beforschung der Lernprozesse darauf zugeschnitten wird, die reichhaltigen konzeptuellen und diskursiven Anforderungen auch für die Lernenden bewältigbar zu machen, eben durch das iterative Design von zunehmend treffsicheren Scaffolds. Dazu werden typische Hürden und die Anforderungen zu ihrer Bewältigung empirisch rekonstruiert und die Wirkungen von Scaffolds qualitativ untersucht.

Im Entwicklungskapitel wird das Entwicklungsprodukt des Dissertationsprojekts vorgestellt, die verstehens- und sprachförderliche Unterrichtsreihe zu Füllgraphen, die nach dem Prinzip der Darstellungsvernetzung im Zusammenspiel von Einfordern und Unterstützen gegenstandsbezogen durchgearbeitet wird. Während die Grundidee der Füllgraphen-Umgebung seit Jahrzehnten bewährt ist, sind die iterativ entwickelten Unterstützungen innovativ und absolut überzeugend.

Der empirische Teil der Arbeit umfasst sowohl konzeptuell-diskursive als auch lexikalische Analysen der initiierten Lernprozesse in mehreren Kleingruppen von Neuzugewanderten. In mehreren Tiefenanalysen werden die mentalen, diskursiv-konzeptuellen und auch komplex verknüpften Anforderungen herausgearbeitet, die zur Bewältigung der in der Literatur gut dokumentierten Hürden notwendig sind. Daraus werden stimmige Ableitungen vollzogen für die sukzessive ausgearbeiteten Scaffolds. Da dabei auch das Angebot von Satzbausteinen auf lexikalischer Ebene eine zentrale Rolle spielt, wird empirisch nachvollzogen, inwieweit die Jugendlichen diese aufgreifen. Es entsteht so ein detailreiches und tiefgehendes Bild von bemerkenswerten Lernprozessen und möglichen Wirkungen der Scaffolds.

Im Schlusskapitel werden zentrale Entwicklungs- und Forschungsergebnisse der Dissertation zusammengefasst und eingebettet, die methodischen Limitationen diskutiert und mögliche Anschlussstudien vorgestellt. Konsequenzen für die Unterrichtspraxis sowie Aus- und Fortbildung von Lehrkräften werden ebenfalls dargestellt.

Insgesamt leistet die Arbeit einen nicht nur praktisch bedeutsamen, sondern auch theoretisch interessanten Beitrag zur Spezifizierung des mathematischen Lerngegenstands des qualitativen Funktionsverständnisses an Füllgraphen und zur Ausdifferenzierung des didaktischen Prinzips der Darstellungsvernetzung.

Ich wünsche der Arbeit viele Lesende und Anschlussforschung, die untersucht, inwiefern die für eine spezielle Zielgruppe entwickelten Unterstützungen und Anforderungen auch für sprachlich heterogene Klassen ebenso mathematikdidaktisch fruchtbar werden.

Susanne Prediger

Danksagung Mein Dank gilt zuerst **Susi Prediger** – für die vielen Möglichkeiten, mich fachlich wie persönlich weiterzuentwickeln, für geöffnete Türen, klärende Gespräche und klare Orientierung in entscheidenden Momenten. Besonders in der Schlussphase dieser Dissertation hast du mich eng begleitet und angeschoben, damit das Projekt pragmatisch zu einem guten Ende kommt – danke für den Rückenwind.

Carina Zindel danke ich dafür, meine aufgeschriebenen (offenbar nicht immer ganz so klaren) Gedanken auch für Außenstehende verständlich zu machen – für's gemeinsame Sortieren, pointierte Nachfragen, ehrliches Feedback und den sehr hilfreichen Austausch, in dem aus einzelnen Passagen argumentativ stimmige Kapitel wurden.

Meiner **Arbeitsgruppe** danke ich für Unterstützung, konstruktives Feedback und verlässliche Sparrings in AG-Sitzungen, Forschungsseminaren und informellen Gesprächen – für's gemeinsame Haareraufen, für's Querlesen, für's Impulse-Setzen und für unglaublich viel Korrekturlesen. Irgendwer hatte immer zur richtigen Zeit die richtige Frage. Besonderer Dank gilt den wunderbaren **SHKs** – v. a. **Dominik Nüsken** – für die formale Finalisierung, dafür, den Überblick zu behalten und den Prozess zu strukturieren; außerdem für Mithilfe bei Erhebungen (danke, **Svenja Mähner**!), Auswertungen und den letzten Feinschliff.

Den „**Küken**" danke ich für's gemeinsame Denken, Vorbereiten und Aushandeln, für's zusammen ahnungslos Sein und das wieder Mutmachen, für's Ablenken, Kaffeetrinken und eure offenen Ohren zu jeder Zeit – und dafür, dass der Kontakt auch ohne gemeinsame Arbeit hält. Diese Runde hat Diskussionen möglich gemacht, die Text und Denken spürbar vorangebracht haben. Wir fünf haben das wirklich gerockt!

Ein ausdrücklicher Dank gilt allen, **die Erhebungen ermöglicht** haben – insbesondere Lehrkräften, Lernenden und Schulleitungen. Eure Teilnahme, Rückmeldungen und die praktische Zusammenarbeit haben diese Arbeit getragen und die Materialentwicklungen geschärft. Danke für Organisation, Offenheit und die Zeitfenster im oft dichten Schulalltag.

Nicht zuletzt: **Allen Freund:innen** danke ich für gemeinsame Abende, das Feiern kleiner Erfolge, für's ständige Motivieren und Anfeuern – und für's Bouldern, Yoga und das gemeinsame Erforschen unserer Mondhoroskope ;-) Ihr habt dafür gesorgt, dass der Blick regelmäßig vom Manuskript weg und aufs Wesentliche zurückging. Diese Arbeit ist also auch eure Leistung!

Competing Interests Der/die Autor*in hat keine für den Inhalt dieses Manuskripts relevanten Interessenkonflikte.

Inhaltsverzeichnis

1 Einleitung

1.1 Einführung in die Schwerpunkte der vorliegenden Arbeit

Aufbau von Funktionsverständnis in Lernumgebungen mit Füllgraphen
Funktionsverständnis stellt eines der zentralen Lernziele des Mathematikunterrichts dar (Bruner 1970; Vollrath 1989), denn funktionale Zusammenhänge bilden eine fundamentale Idee der Mathematik (Bruner 1970) und sind daher in den Bildungsstandards als Leitidee verankert (KMK 2022). Dazu werden häufig die drei Grundvorstellungen von Funktionen fokussiert: die Zuordnungsvorstellung, Kovariationsvorstellung und die Vorstellung der Funktion als Ganze (Vollrath 1989; vom Hofe 1996). Gerade um den Übergang von der Zuordnungs- zur Kovariationsvorstellung und dann zur Vorstellung als Ganze zu erarbeiten, werden qualitative Zugänge zum Funktionsverständnis vorgeschlagen, um die relevanten Vorstellungen bereits vor deren Formalisierung aufbauen zu können (etwa Stellmacher 1986; Herget et al. 2000). Lernumgebungen im Situationskontext von Füllgraphen (beispielsweise die in Abb. 1.1 abgebildete Aufgabe) bilden dazu einen klassischen qualitativen Zugang, der bereits ausgiebig beforscht wurde und entsprechend eine Vielzahl an Erkenntnissen zum Aufbau von (besonders qualitativem) Funktionsverständnis liefert (anknüpfend an Bell & Janvier 1981; Swan 1985): Der Ansatz besteht darin, dass Wasserportionen in ein Glas eingefüllt und die Füllhöhe abgemessen wird. Der Auftrag an die Lernenden ist hierbei, die Gläser und Füllgraphen einander begründet zuzuordnen.

K. Zentgraf, *Aufbau von Funktionsverständnis bei Neuzugewanderten*, Dortmunder Beiträge zur Entwicklung und Erforschung des Mathematikunterrichts 61, https://doi.org/10.1007/978-3-658-50179-2_1

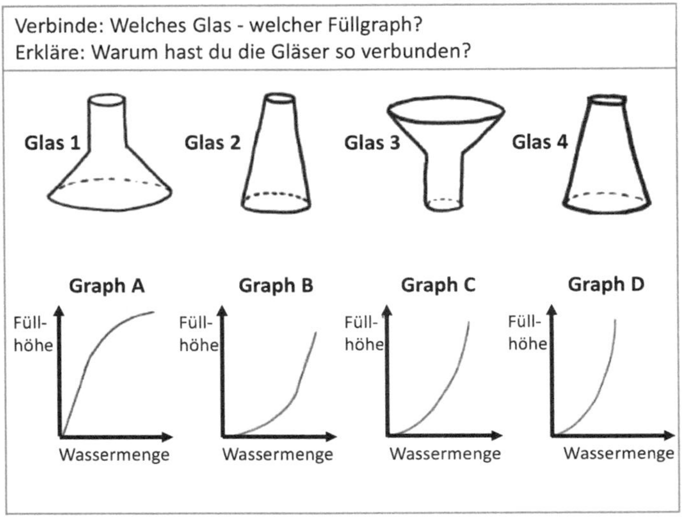

Abb. 1.1 Füllgraphen-Aufgabe. (Adaptiert nach Bell & Janvier 1981; Swan 1985)

Im Folgenden sind einige erste Antworten von Lernenden zu der abgebildeten Aufgabe des Erklärens der Passung aufgeführt:

- „Ja. Das Glas passt zu dem Graph. Weil.. es passt einfach." (Bela, 17 Jahre, Nord-Mazedonien, über 1 Jahr in Deutschland)
- „Weil der Glas kommt immer so [*bewegt Hände entsprechend oberen Teil von Glas*] und der und der Grafik muss man so kommen [*zeigt steilen Anstieg eines Graphen, parallel zu oberem Abschnitt von Glas 3*]. Wie zum Beispiel bei Grafik, Füll- Grafik zwei." (Fetije, 17 Jahre, Kosovo, über 3 Jahre in Deutschland)
- „Adhikar, was heißt denn gleichmäßig für die Füllhöhe?" – „Wenn ehm die das also Füllhöhe- unvereinbar heißt das? […] Also die verändert sich nicht. […] Also wenn das Was- ehm das Füllhöhe verändert sich nicht. Das geht immer gleich weiter so hoch [*Hand geht stückweise immer höher und höher*]." (Adhikar, 17 Jahre, Guinea, 1,5 Jahre in Deutschland)

An den Antworten der Lernenden werden einige typische Hürden sichtbar, die sowohl für konkret beforschte Lernsettings mit Füllgraphen als auch in anderen

Kontexten bereits beschrieben wurden: Bela ordnet zwar die beiden Darstellungen Glas und Füllgraph einander zu, ihm fällt die Erklärung der Passung jedoch noch schwer und er bricht an dieser Stelle ab. Fetije gelingt die Zuordnung schon ausführlicher, indem sie versucht, die beiden Darstellungen miteinander zu verknüpfen. Sie fokussiert sich jedoch in dieser Äußerung auf oberflächliche Merkmale, die dem Füllglas und der graphischen Darstellungen gemein sind. In diesem Fall betrachtet sie die gerade Kante des Glases, die ihrer Meinung nach auch als ‚gerade Linie' im Graphen sichtbar werden muss (vgl. auch Sierpinska 1992; Moore et al. 2013).

Adhikar wird von der Lehrkraft angeleitet, auf die Verknüpfung verschiedener Darstellungen anhand der Veränderung der Füllhöhe zu fokussieren. Er versucht dabei, die gleichmäßige Steigung des Füllgraphen im Kontext zu erklären, um die zuvor getätigte Passung zu einem Glas zu rechtfertigen. Dabei wird deutlich, dass für ihn die präzise Adressierung der Änderung der Änderung (vgl. etwa Prediger & Şahin-Gür 2020) noch sehr herausfordernd ist. Unter anderem fehlen ihm die passenden Kontextsprachmittel, um die gleich schnelle Füllgeschwindigkeit in Worte zu fassen.

Neben typischen Hürden werden an diesen Ausschnitten eines Lehr-Lern-Prozesses in der für diese Arbeit entwickelten Füllgraphen-Umgebung auch erste Ansätze zur konzeptuellen Förderung von qualitativem Funktionsverständnis deutlich: Für den Aufbau von Verständnis bewährt sich (in anderen Themengebieten) das Verknüpfen verschiedener Darstellungen, insbesondere die Interpretation im Kontext (Swan 1985; Duval 2006). Studien deuten hierbei auf die Relevanz hin, solche Verknüpfungen durch reichhaltige Aktivitäten zu vertiefen und zu unterstützen, beispielsweise dadurch, dass spezifizierte Verstehenselemente in den jeweiligen Darstellungen gezielt adressiert und miteinander in Beziehung gesetzt werden (etwa Duval 2006; Renkl et al. 2013; Uribe & Prediger 2021; Post & Prediger 2024).

Die Äußerungen der Lernenden zeigen zudem unterschiedliche sprachliche Anforderungen auf: In *diskursiver Dimension* sollen die Lernenden die Passung der Darstellungen erklären. Erklären stellt hierbei eine höchst anspruchsvolle, aber reichhaltige und kognitiv aktivierende Sprachhandlung dar (Moschkovich 2015; Erath et al. 2021), die beispielsweise Bela im obigen Beispiel noch schwerfällt. Hierzu soll unter anderem die Füllhöhe präzise adressiert werden. Am Beispiel von Adhikar werden zudem Anforderungen in *lexikalischer Dimension* deutlich: Ihm scheinen noch die entsprechenden bedeutungsbezogenen Worte und Satzbausteine zu fehlen, um entweder seine Vorstellung passend zu kommunizieren oder die Änderung der Änderung überhaupt greifen zu können (Morek & Heller 2012; Prediger 2022c). Anschließend an die hier skizzierten Hürden sowie sprachlichen und konzeptuellen Anforderungen ist es das Ziel der vorliegenden Entwicklungsforschungsstudie, Förderansätze und Unterstützungsformate zum Aufbau von Funktionsverständnis in einer entwickelten Füllgraphen-Umgebung zu untersuchen.

Vorstellung der Zielgruppe neuzugewanderter Lernender

Der Anteil an Personen, die im Kindes- und Jugendalter selbst nach Deutschland zuwandern und das deutsche Bildungssystem meist nicht von Beginn an durchlaufen, nimmt stetig zu (etwa Meyer et al. 2016; Stanat et al. 2022). In Nordrhein-Westfalen stieg der Anteil an Schulpflichtigen mit eigener Zuwanderung von 6,5 % im Jahr 2015 auf 14,1 % im Jahr 2022 mit 345.804 Lernenden (MSB 2024). Diese Kinder und Jugendlichen bilden dabei eine Risikogruppe im deutschen Bildungssystem (Massumi et al. 2018; Edele et al. 2021; Chwastek et al. 2022), die besonders häufig keinen Abschluss macht oder die Schullaufbahn abbricht (Baas 2021; Wedin 2021; OECD/European Commission 2023).

Diese Lernenden bilden bezüglich Lernvoraussetzungen, Sprach- und Mathematikkompetenz, sozioökonomischem Hintergrund oder Bildungsbiographie eine höchst heterogene Gruppe, auf die das deutsche Bildungssystem unzureichend ausgerichtet ist (Massumi et al. 2018). Während viele Förderansätze vermutlich von anderen Gruppen an Lernenden im deutschen Schulsystem übertragen werden können (z. B. Einfordern von anspruchsvollen, kognitiv aktivierenden Aktivitäten in der konzeptuellen, diskursiven und teils lexikalischen Dimension), bringt diese Zielgruppe gleichzeitig einige Besonderheiten mit, sodass möglicherweise besondere Unterstützung in einigen Dimensionen erforderlich ist. Gerade die lexikalische und grammatische Dimension spielen hierbei in der Erstellung von Unterrichtsmaterialien eine hervorstechende Rolle bezüglich möglicher Unterstützungsformate. Die Entwicklungsergebnisse der Arbeit können hierbei nicht nur in Lernendengruppen von Zugewanderten, sondern auch in sprachlich heterogenen Klassen für sprachlich Stärkere eingesetzt werden, da die Forschungsergebnisse auch den Blick auf in Deutschland aufgewachsene, bildungssprachlich schwache Jugendliche schärfen.

Entwicklungs- und Forschungsinteressen dieser Arbeit

Der generelle Zusammenhang zwischen Sprachkompetenz und fachlichem Lernen ist bereits in den unterschiedlichsten Studien nachgewiesen worden (Prediger et al. 2015b; Prediger & Wessel 2018; Ufer et al. 2020). Im Anschluss daran werden auch in dieser Arbeit sowohl konzeptuelle als auch sprachliche Anforderungen in Lernumgebungen mit Füllgraphen untersucht. Darüber hinaus wird ein Lehr-Lern-Arrangement für Neuzugewanderte entwickelt, das fach- und sprachintegrierte Prinzipien vereint, um einen Lernpfad für die spezifisch entwickelte Füllgraphen-Umgebung zu erstellen und mit entsprechenden Unterstützungsformaten zu ergänzen.

Im Vordergrund steht hierbei in der Entwicklung des Lehr-Lern-Arrangements und der qualitativen Untersuchung der Lehr-Lern-Prozesse der Neuzugewanderten das Verhältnis zwischen dem *Einfordern* anspruchsvoller, kognitiv aktivierender Aktivitäten und dem *Unterstützen* der Lernenden durch Unterrichtsmaterial und Lehrkraftimpulse als Leitmotiv.

Dazu wurde für die vorliegende Arbeit das Forschungsformat der Fachdidaktischen Entwicklungsforschung gewählt (Cobb et al. 2003; Prediger et al. 2012), in dem lokale Theorien zu Lehr-Lern-Prozessen generiert und gleichzeitig Unterrichtsmaterialien entwickelt werden. Die (im Theorieteil genauer auszudifferenzierenden) Entwicklungs- und Forschungsinteressen lauten daher:

(E) Wie kann ein fach- und sprachintegriertes Lehr-Lern-Arrangement für Neuzugewanderte gestaltet sein, um qualitatives Funktionsverständnis aufzubauen und Lernende in der Überwindung auftretender Hürden zu fördern?

(F) Wie verlaufen die Lern- und Erklärprozesse von Sprachlernenden bei Darstellungsvernetzungsaufgaben im Aufbau von qualitativem Funktionsverständnis im entwickelten Lehr-Lern-Arrangement?

1.2 Aufbau der Arbeit

Um diesen Entwicklungs- und Forschungsinteressen nachgehen zu können, werden in den Kapiteln 2 und 3 zunächst die konzeptuellen und sprachlichen Anforderungen des Lerngegenstands spezifiziert und bestehende Förderansätze vorgestellt. Dazu werden zunächst Lernprozesse in konzeptueller (epistemischer und semiotischer) Dimension sowie der Forschungsstand konkret zu bereits erprobten Lernsettings mit Füllgraphen betrachtet (Kap. 2). Im darauffolgenden Kapitel 3 werden die sprachlichen Anforderungen bezüglich der diskursiven, der lexikalischen sowie der grammatischen Dimension ausdifferenziert und anschließend zusammengeführt. In jeder Dimension und ihren Verknüpfungen wird jeweils das Zusammenspiel von Einfordern und Unterstützen als Leitmotiv fokussiert.

In Kapitel 4 wird der methodische Rahmen der Arbeit mit dem Forschungsformat der Fachdidaktischen Entwicklungsforschung vorgestellt und die Methoden der Datenerhebung und -auswertung dargelegt.

Die Entwicklungsprodukte der vorliegenden Arbeit werden anschließend daran in Kapitel 5 gebündelt vorgestellt. Erläutert wird, wie die zentralen Designprinzipien in der hier verwirklichten Füllgraphen-Umgebung realisiert und für die Zielgruppe angepasst werden. Dazu umfasst das entwickelte Lehr-Lern-Arrangement nicht nur eine Sequenz von Aufgaben entlang des strukturierten Lerngegenstands, sondern auch geeignete Unterstützungsformate. Als Besonderheit der Zielgruppe wird dabei auch die grammatische Dimension betrachtet. Um nicht nur das Entwicklungsprodukt, sondern auch den Entwicklungsprozess zu verdeutlichen, wird exemplarisch die Entwicklung des Designprinzips der Darstellungs- und Sprachebenenvernetzung über die verschiedenen Designexperiment-Zyklen am Beispiel einer Fokusaufgabe aufgezeigt, um damit die im Unterrichtsmaterial verankerten Potentiale zum Einfordern und Unterstützen zu realisieren.

Der empirische Teil der Arbeit umfasst die Kapitel 6 und 7. In Kapitel 6 werden die Lehr-Lern-Prozesse bezüglich weiterer Anforderungen, Ressourcen und Unterstützungsmöglichkeiten in den zuvor herausgearbeiteten konzeptuellen und sprachlichen Dimensionen empirisch untersucht und durch die generierten Ergebnisse der in Kapitel 5 vorgestellten Entwicklungsentscheidungen im Zusammenspiel zwischen Einfordern und Unterstützen empirisch fundiert. In Kapitel 7 wird untersucht, ob und inwiefern die lexikalischen Unterstützungsangebote von den Lernenden fachlich tragfähig und zunehmend selbständig genutzt werden. Auch dies trägt zur empirischen Fundierung der getroffenen Design-Entscheidungen bei.

Abschließend werden in Kapitel 8 die Entwicklungs- sowie Forschungsprodukte zusammengefasst und diskutiert. Dabei werden auch Grenzen der vorliegenden Arbeit dargelegt und daraus resultierende mögliche Anschlussforschungen vorgeschlagen. Des Weiteren werden in diesem Kapitel Rückschlüsse für die Aus- und Fortbildung von Lehrkräften gezogen, die sich nicht nur auf die spezifische Zielgruppe der Neuzugewanderten, sondern auch auf sprachlich heterogene Klassen insgesamt beziehen.

2 Fachdidaktischer Hintergrund zum Aufbau eines qualitativen Funktionsverständnisses: Spezifizierung und didaktische Ansätze

Die vorliegende Arbeit verfolgt das Ziel, ein fach- und sprachintegriertes Lehr-Lern-Arrangement zum Aufbau qualitativen Funktionsverständnisses für neuzugewanderte Lernende zu entwickeln und zu beforschen, dessen Ergebnisse später auch auf andere Zielgruppen übertragen werden können. In diesem Kapitel wird dazu der Lerngegenstand zunächst aus fachdidaktischer Sicht spezifiziert, um bereits bekannte fachliche Hürden und Förderansätze zu bündeln. Diese Spezifizierung wird dann im nachfolgenden Kapitel 3 aus integriert fach- und sprachdidaktischer Sicht erweitert, um so auch die sprachlichen Herausforderungen mit den fachlichen Aspekten herauszuarbeiten.

In Abschnitt 2.1 wird zunächst betrachtet, wie das fachliche Lernen und Lehren (nicht nur im Bereich funktionaler Zusammenhänge) überhaupt gestaltet werden kann. Dazu wird auf Basis einer sozialkonstruktivistischen Lehr-Lern-Theorie das Grundprinzip der Arbeit vorgestellt, nämlich das Zusammenspiel zwischen Einfordern und Unterstützen. Darauf aufbauend werden eine epistemische und eine semiotische Dimension vom Lernen und Lehren funktionaler Zusammenhänge herausgearbeitet.

Mithilfe dieser Hintergrundtheorien werden in Abschnitt 2.2 die epistemische und semiotische Dimension des Forschungsstands zum Funktionsverständnis im Zusammenspiel von Darstellungen und Grundvorstellungen präsentiert und der Fokus dieser Arbeit auf ein qualitatives Funktionsverständnis erläutert. Für die die genauere Spezifizierung von qualitativem Funktionsverständnis wird in Abschnitt 2.3 die Idee von Lernsettings mit Füllgraphen vorgestellt. Aus den existierenden empirischen Forschungsbefunden zu typischen, immer wieder sichtbar werdenden Hürden und Unterstützungsmaßnahmen in solchen Füllumgebungen bzw. in ähnlichen Lernsituationen werden schließlich sechs essentielle

K. Zentgraf, *Aufbau von Funktionsverständnis bei Neuzugewanderten*, Dortmunder Beiträge zur Entwicklung und Erforschung des Mathematikunterrichts 61, https://doi.org/10.1007/978-3-658-50179-2_2

Verstehenselemente für qualitatives Funktionsverständnis für Lernumgebungen mit Füllgraphen herausgearbeitet ebenso wie möglichen Herausforderungen, die bei den Untersuchungen zu berücksichtigen sind. Diese werden als relevanter Bestandteil der epistemischen Dimension im abschließenden Abschnitt 2.4 mit der semiotischen Dimension zusammengeführt.

2.1 Hintergrundtheorien zum fachlichen Lernen und Lehren

2.1.1 Sozialkonstruktivistische Theorie des Lernens und Lehrens in realistischen Kontexten

Um Lehr-Lern-Prozesse beschreiben und analysieren zu können, bedarf es einer Theorie darüber, wie Lehren und Lernen abläuft (deskriptiv) und sich gestalten lässt (präskriptiv).

Im Sinne des Sozialkonstruktivismus kann das *Lernen* mathematischer Konzepte, Zusammenhänge und Verfahren aufgefasst werden als eine aktive Aneignung durch zielgerichtetes Handeln (Freudenthal 1991; Hußmann 2002). Wissen wird also nicht rezeptiv erworben, sondern aktiv als innere Repräsentationen von jedem Individuum mental konstruiert. Die mentalen Repräsentationen von mathematischen Konzepten werden dabei oft mit dem Bild eines Netzes beschrieben, in dem viele Elemente des Wissens zunächst konstruiert und dann immer stärker miteinander verknüpft werden (Freudenthal 1991; Hiebert & Carpenter 1992).

Für das *Lehren* ergibt sich daraus, dass mathematische Konzepte, Zusammenhänge und Verfahren idealerweise eigentätig durch Lernende erkundet, „nach erfunden“ und in der sozialen Gruppe ausgehandelt werden (Freudenthal 1991; Winter 1989; Hußmann 2002; Richter & Hußmann 2013), um diese Wissensstrukturen in mentale Netze zu knüpfen. Neu konstruierte Elemente des Wissens sind dabei stets in bereits vorhandene Wissensstrukturen zu integrieren, d. h. mit bereits bestehendem Wissen (mathematischer) Konzepte, Zusammenhänge und Verfahren bzw. ihrer Teilaspekte zu verknüpfen (Freudenthal 1973; Hußmann 2002). Langfristig müssen sich diese Elemente des Wissens in den mentalen Netzen in verschiedenen Situationen als tragfähig erweisen und somit immer weiter von konkreten Beispielen abstrahiert werden (Hußmann 2002; Schacht 2011).

Dieser Prozess beginnt für Freudenthal (1973, 1983) bei konkreten Erfahrungen in realen Situationen, die schrittweise in mentale Repräsentationen bzw. Modelle von Teilaspekten eines Konzepts überführt werden. Lernprozesse können dabei besonders durch authentische und reichhaltige Situationen initiiert werden (Freudenthal 1991; van den Heuvel-Panhuizen 2014). Dabei steht eine Problemorientierung im Fokus, die vielfältige Lösungswege und Perspektiven auf den Lerngegenstand mit einem exemplarischen Charakter der Problemstellung für den Lerngegenstand verknüpft (Hußmann 2002). Die Kontexte können dabei inner- oder außermathematisch situiert sein, sollten aber Bezug zu den Vorerfahrungen der Lernenden aufweisen und deren bestehende Wissensstrukturen gezielt adressieren (Freudenthal 1991; Gravemeijer & Doorman 1999; vom Hofe et al. 2002; van den Heuvel-Panhuizen 2003; Gravemeijer 2007).

Der Ansatz der *Realistic Mathematics Education* (RME; etwa Freudenthal 1978; Gravemeijer & Doorman 1999; van den Heuvel-Panhuizen 2001) konkretisiert dabei, wie der Aufbau der relevanten mathematischen Aspekte durch den Einbezug bedeutungsvoller Kontexte im Mathematikunterricht umgesetzt werden kann. Dazu werden hypothetische, intendierte Lernpfade strukturiert, die gezielt an Vorerfahrungen und vorhandene Wissensstrukturen der Lernenden anknüpfen und didaktisch begründete Sequenzierungen der als relevant identifizierten Teilaspekte eines Lerngegenstands artikulieren (Confrey 2006; Pöhler & Prediger 2015; Hußmann & Prediger 2016). In dem Lernpfad werden so sukzessive Lerngelegenheiten für verschiedene Elemente des Lerngegenstands angeboten, um Lernprozesse zu initiieren, die auf (jeweils etwas unterschiedlichen) individuellen Lernwegen verlaufen (Confrey 2006; Prediger et al. 2015).

Zusammenfassend ist es für sozialkonstruktivistische, didaktische Ansätze wie der *Realistic Mathematics Education* also kennzeichnend, Lernende in anregungsreiche, authentische und ggf. komplexe Lernsituationen zu versetzen, in denen reichhaltige mathematische Aktivitäten *eingefordert* werden (Freudenthal 1991; Hußmann 2002). Dies lässt sich in Bezug auf sprachliches Lernen auf das Einfordern anregungsreicher, reichhaltiger sprachlicher Aktivitäten übertragen (vgl. Abschnitt 3.2). Damit dieses Einfordern zu fokussierten produktiven Lernprozessen führt, sind für das Design geeigneter Lernpfade und Lehr-Lern-Arrangements zwei Qualitätsmerkmale zu berücksichtigen: *Fokussiertheit* (Renkl 2015; Korntreff & Prediger, eingereicht) und *jeweils adaptive Unterstützung* (Corno 2008).

Mit dem Qualitätsmerkmal der *Fokussiertheit* hat Renkl (2015) darauf hingewiesen, dass das Einfordern fachlich reichhaltiger kognitiver Aktivitäten jeweils auf die relevanten fachlichen Elemente des Wissens konsequent fokussiert werden muss. Daher stellt der Arbeitsbereich der Spezifizierung des Lerngegenstands eine zentrale Rolle in dem hier genutzten Forschungszugang, der fachdidaktischen Entwicklungsforschung, dar (Prediger et al. 2012; Hußmann & Prediger 2016;

vgl. auch Abschnitt. 4.1). Damit gemeint ist das Identifizieren und Zerlegen des Lerngegenstands in seine wichtigsten Komponenten, die Elemente des Wissens (später Verstehenselemente), die zusammengesetzt und verknüpft den Lerngegenstand ergeben. Diese Elemente (und die entsprechenden Lerngelegenheiten) werden in der Strukturierung des Lerngegenstands in einem Lernpfad sequenziert und Zusammenhänge zwischen ihnen hergestellt (Hußmann & Prediger 2016). Beide Arbeitsbereiche sind entscheidend dafür, die reichhaltigen realistischen Kontexte tatsächlich auf die jeweils nächsten Lernstufen im Lernpfad hin auszurichten. Dies erfolgt in dieser Arbeit in Abschnitt 5.2.

Reichhaltige, fachdidaktisch fokussierte kognitive Aktivitäten sollen zudem nicht nur eingefordert, sondern auch *adaptiv unterstützt* werden, damit möglichst viele Lernende die Herausforderungen auch bewältigen können. Dazu stellt der nächste Abschnitt die theoretischen Hintergründe bereit.

2.1.2 Einfordern und Unterstützen als Grundprinzip des Lehrens Scaffolding in reichhaltigen Situationen

An eine sozialkonstruktivistische Auffassung von Lehren und Lernen knüpft auch das Konstrukt der Zone der nächsten Entwicklung an (Vygotsky 1962; vgl. auch Abschnitt 3.1). Dieses ist nicht nur für das (in Abschnitt 2.1.1 fokussierte) Konzeptverständnis relevant, welches durch aktive Konstruktion und Verknüpfung von Elementen des Wissens entsteht. Die Zone der nächsten Entwicklung ist auch z. B. für neue Denk- und Sprachaktivitäten relevant, die in der sozialen Interaktion zunächst etabliert und dann individuell verinnerlicht werden (vgl. ausführlicher in Abschnitt 3.1).

Für den Aufbau von Wissensnetzen ebenso wie für den Erwerb von Sprachhandlungen zeigt es sich als lernförderlich, die Lernenden durch Material oder Lehrkräfte zu unterstützen (Vygotsky 1978). Ziel ist es, von der Zone der aktuellen Entwicklung, in der die derzeitigen Kompetenzen und Fähigkeiten anzusiedeln sind, hin zur Zone der nächsten Entwicklung weiterzuschreiten, die knapp oberhalb schon konsolidierter Fähigkeiten liegt und ohne Unterstützung noch nicht ausgeführt werden könnte (Puntambekar & Hübscher 2005). In den Aufgaben oder kontextuellen Situationen werden also reichhaltige Aktivitäten von den Lernenden *eingefordert*, um deren Lernprozess zu initiieren oder Wissen zu vertiefen (Wood et al. 1976; Gibbons 2002a; Lajoie 2005). Diese Bewältigung wird dabei gezielt und adaptiv, d. h. passend zum jeweiligen Lernstand, unterstützt (Corno 2008).

Dass zur Erreichung der Zone der nächsten Entwicklung eine adaptive und zeitlich begrenzte *Unterstützung* von kompetenten Anderen hilfreich sein kann, wurde insbesondere in didaktischen Ansätzen des Scaffolding ausgearbeitet, nicht nur für die Mathematik (Vygotsky 1962; Hannafin et al. 1999; Lajoie 2005). Das Unterstützen der Lernenden soll dabei nichts vorwegnehmen und das Einfordern seinem Zweck entheben. Unterstützt wird daher nur jeweils so viel, dass Lernende sich in reichhaltigen Aktivitäten engagieren können (Bruner 1975; Puntambekar & Hübscher 2005).

Während Scaffolding zunächst in der Eltern-Kind-Interaktion beschrieben wurde (Wood et al. 1976), wurde das Prinzip mittlerweile ausgeweitet auf Unterstützungen durch Lehrkräfte, Materialien und Darstellungen, die auch in Lernumgebungen integriert werden können (Hannafin et al. 1999; Puntambekar & Hübscher 2005). Die Unterstützung soll dabei stets temporär begrenzt sein, das heißt sie wird sukzessive ausgeschlichen, wenn die Lernenden die neue Lernstufe auch eigenständig bewältigen können (Hannafin et al. 1999). Dabei werden die zunächst extern angeleiteten und unterstützten Aktivitäten zunehmend internalisiert (Vygotsky 1978), was eine Voraussetzung dafür ist, das Gelernte zu abstrahieren und auf neue Situationen zu übertragen (Hußmann 2002; Puntambekar & Hübscher 2005).

Hannafin et al. (1999) unterscheiden verschiedene Arten des Scaffolding: (1) Metakognitives Scaffolding, bei dem Denkprozesse über das Denken unterstützt werden; (2) Prozedurales Scaffolding zur Nutzung neuer Werkzeuge; (3) Strategisches Scaffolding zur Etablierung neuer Strategien; (4) Konzeptuelles Scaffolding, um den Aufbau von konzeptuellem Verständnis zu unterstützen.

Um zu entscheiden, welche Arten von Scaffolds erforderlich sind, empfiehlt Gibbons (2002a) die Anforderungs-, Lernstands- und Bedarfsanalyse, um in den Lernsituationen mögliche Herausforderungen zu identifizieren und dafür geeignete Scaffolds zur Verfügung zu stellen (vgl. auch Hannafin et al. 1999; Lajoie 2005). Dieses Vorgehen wurde in der *Realistic Mathematics Education* bereits frühzeitig berücksichtigt und als *means of support* untersucht, vor allem mit Blick auf Anschauungs- und Arbeitsmittel (Gravemeijer 1994; Cobb et al. 2003).

Zur Planung der Unterstützung (im Folgenden Makro-Scaffolding, Gibbons 2002a) muss also den Fragen nachgegangen werden, „what to scaffold, when to scaffold, how to scaffold and when to fade scaffolding“ (Lajoie 2005, S. 542, vgl. auch Bakker et al. 2015). In Abschnitt 5.1 wird ausgeführt, wie dies innerhalb dieser Arbeit gegenstandsspezifisch umgesetzt wird (hier im Rahmen des Forschungsformats der fachdidaktischen Entwicklungsforschung).

Dazu muss zunächst eine tiefergehende theoretische Fundierung entfaltet werden, wie sich Verständnisaufbau für fachliche Konzepte im Einzelnen vollzieht, und zwar im nächsten Abschnitt 2.1.3 in Bezug auf die epistemische Dimension (d. h. bzgl. der Wissenskonstruktionsprozesse) und in Abschnitt 2.1.4 in semiotischer Dimension (d. h. bzgl. des Umgangs mit Darstellungen).

2.1.3 Epistemische Dimension: Verständnisaufbau für fachliche Konzepte durch Auffalten und Verdichten

Um das Einfordern kognitiv anspruchsvoller Aktivitäten adaptiv unterstützen zu können, wird im Folgenden zunächst die epistemische Sicht auf Wissensentwicklung, d. h. die Beschreibung der Wissenskonstruktion, weiter ausgearbeitet und dazu auch kognitionspsychologische Erkenntnisse herangezogen.

Ähnlich wie in der sozialkonstruktivistischen Lehr-Lerntheorie wird in der empirisch fundierten Kognitionspsychologie in epistemischer Dimension der Aufbau von Wissen mit dem Bild eines Netzes beschrieben, in dem Informationen verknüpft und Beziehungen zwischen Einzelelementen hergestellt werden (Hiebert & Carpenter 1992). Gerade konzeptuelles Verständnis wird beschrieben als mental in Wissensnetzen organisiert und strukturiert (Hiebert & Carpenter 1992; Aebli 1994; Reusser 2006). Vernetzt werden dabei wie in der sozialkonstruktivistischen Auffassung einzelne Elemente des Wissens, also etwa verschiedene Facetten eines mathematischen Konzepts. Je stärker und umfangreicher dabei die Verknüpfungen dieser Elemente gelingen, desto tiefer das konzeptuelle Verständnis (Aebli 1981; Hiebert & Carpenter 1992). Im Lernprozess werden auch hier die Lernenden als aktiv Konstruierende wahrgenommen, die Neues mit dem Vorwissen (in Form der vorhandenen Elemente und Netzt des Wissens) verknüpfen. Im Verlauf müssen dann bereits bekannte Wissensstrukturen von einer konkreten Situation abgelöst werden, um diese flexibel nutzen zu können (Aebli 2001). Ein Konzept halten Hiebert & Carpenter (1992) letztendlich für verstanden, wenn dessen mentale Repräsentation Teil eines größeren Netzes mit vielen Elementen und möglichst vielen und starken Verknüpfungen ist.

Für das konzeptuelle Lernen neuer Konzepte müssen also zunächst die relevanten Elemente des Wissens erarbeitet bzw. mental konstruiert und mit anderen solcher Elemente in Beziehung gesetzt werden (Aebli 1981). Konkreter fügt Aebli (1981) setzt dem einen weiteren wichtigen Gedanken hinzu: Um die zunehmende Größe dieser Wissensnetze langfristig bewältigen zu können, können bestehende und bereits erfolgreich und tragfähig vernetzte Facetten zu neuen Elementen des Wissens einer höheren Ordnung zusammengefasst bzw. objektifiziert werden (Aebli 1993). Dadurch wird das Wissensnetz einfacher zu fassen und zu handhaben. Gleichzeitig muss diese Objektifizierung auch umgekehrt werden können, indem ein verdichtetes Element des Wissens wieder in seine einzelnen Teilaspekte zerlegt wird (Aebli 1981).

Drollinger-Vetter (2011) knüpft unter Rückgriff auf Vygotskys (1987) sozialkonstruktivistische Sicht an Aeblis (1981, 1994) Konzeptualisierung an und operationalisiert diese für empirische Studien. Sie bezeichnet die Elemente des Wissens als *Verstehenselemente* und beschreibt damit die kleinste Einheit oder Vorstellung des Denkens, die zum Verständnis eines Konzepts notwendig ist. Für den Verständnisaufbau konkretisiert sie in ihrem Verstehensmodell auf dieser Grundlage die Notwendigkeit, die normativ relevanten Verstehenselemente mental zu konstruieren, zu repräsentieren und miteinander zu vernetzen (Drollinger-Vetter 2011). Durch *Verdichten* dieser Netze entstehen neue Elemente, die wiederum innerhalb des Netzes weiter verknüpft werden können. Der dabei gegebenenfalls entstehende Verlust von Informationen kann dann durch ein *Auffalten* des neu entstandenen, verdichteten Verstehenselements in seine einzelnen Bestandteile rückgängig und somit nicht explizierte Teilelemente und Beziehungen wieder sichtbar gemacht werden (Drollinger-Vetter 2011).

Die Wissensnetze und Verstehenselemente eines Konzepts werden verdichtet in verschiedenen Darstellungsformen repräsentiert (etwa bildlich, sprachlich oder symbolisch). Für einen erfolgreichen Verständnisprozess müssen diese wieder in die zugrundeliegenden Verstehenselemente sowie deren Beziehungen aufgefaltet werden (Hiebert & Carpenter 1992; Drollinger-Vetter 2011; Zindel 2019). In verschiedenen Studien zeigte sich neben Auffalt- und Verdichtungsaktivitäten besonders die Explikation der einzelnen Verstehenselemente und deren Beziehungen als relevant für Verstehensprozesse (Zindel 2019; Korntreff & Prediger 2022; Post & Prediger 2024; Şahin-Gür 2025).

Drollinger-Vetter (2011) bietet mit ihrem Verstehensmodell die Grundlage, um Lernprozesse beim Verständnisaufbau genauer beschreiben zu können. Prediger und Zindel (2017) sowie Prediger (2018) erweitern dieses Modell dahingehend, dass sie anhand von Verstehenselementen, Auffalt- sowie Verdichtungsaktivitäten konzeptuelle Anforderungen für verschiedene Lerngegenstände identifizieren und empirisch rekonstruieren (Prediger 2018 für mathematische Strukturen bei Beweisen und Prozenten; Zindel 2019 für Funktionen; Korntreff & Prediger 2022 für Variablen; Post 2025 für Bedingte Wahrscheinlichkeiten).

Um Lernprozesse erfolgreich initiieren und fokussiert gestalten zu können, bedarf es einer vorherigen Identifizierung der relevanten Verstehenselemente für jeden Lerngegenstand, denn nur so können die Auffalt- und Verdichtungsaktivitäten, aber auch die Verknüpfungsprozesse der Lernenden gezielt angeregt werden (vgl. dazu *Fokussiertheit*, Renkl 2015). Die Verknüpfung dieser Elemente untereinander und zu bestehenden Elementen zum Aufbau neuer Konzepte lässt sich beispielsweise durch die Explikation der Einzelelemente sowie durch die gezielte Verknüpfung dieser anregen (Korntreff & Prediger 2022). Im Bereich funktionaler Zusammenhänge hat Zindel (2019) dabei gezeigt, dass für den Aufbau von konzeptuellem Verständnis der Fokus auf diese Prozesse sowie deren Flexibilisierung extrem bedeutsam ist. Andere Arbeiten konnten dies für weitere Lerngegenstände ebenfalls zeigen (Prediger 2018; Hein 2021; Post 2025; Şahin-Gür 2025).

In der vorliegenden Arbeit werden Lehr-Lern-Prozesse bezüglich der zu adressierenden Verstehenselemente und der tatsächlichen Nutzung in Auffalt-, Verdichtungs- und Verknüpfungsaktivitäten untersucht (Prediger & Zindel 2017; Post & Prediger 2024; Zentgraf & Prediger 2024). In Abschnitt 2.3.2 werden dazu, als Teil des Arbeitsbereichs der Spezifizierung des fachlichen Lerngegenstands, die relevanten Verstehenselemente sowie Auffalt- und Verdichtungsaktivitäten für den Lerngegenstand des qualitativen Funktionsverständnisses identifiziert. Diese dienen als Grundlage, um gegenstandsspezifische Unterstützungsmaßnahmen für typische Hürden in der Bearbeitung von Füllgraphen-Aufgaben zu konzipieren. Als weiterer Aspekt im Aufbau von qualitativem Funktionsverständnis muss das Zusammenspiel der beteiligten Darstellungen betrachtet und mit der eben beschriebenen epistemischen Sicht verknüpft werden.

2.1.4 Semiotische Dimension: Verständnisaufbau durch Darstellungs vernetzung

Für den Aufbau konzeptuellen Verständnisses spielen immer auch verschiedene Darstellungen und deren Verknüpfen eine relevante Rolle. In diesem Abschnitt werden daher Lernprozesse im Mathematikunterricht auch in ihrer semiotischen Dimension betrachtet. Dazu wird zunächst die Relevanz von Darstellungen für das Lernen skizziert (für einen Überblick im Themenbereich Funktionen vgl. Hitt & González-Martín 2016) und anschließend die Darstellungsvernetzung für Lernprozesse als besonders lernförderliche Art der Verknüpfung herausgearbeitet.

Relevanz von Darstellungen und Darstellungswechseln

In der Mathematik gibt es eine Vielzahl an unterschiedlichen semiotischen Darstellungen, die in Arbeits- und Lernprozesse einbezogen werden und einen Zugang zu den mathematischen Konzepten ermöglichen (Goldin & Janvier 1998; Duval 2006; Hitt & González-Martín 2016), wie etwa die symbolisch-algebraische, die verbale, die tabellarische oder die grafische Darstellung. Diesen Zugriff auf abstrakte mathematische Konzepte an sich sowie das tiefe Verständnis dieser Konzepte und Zusammenhänge beschreibt Duval (2006) gleichzeitig als zentrale Herausforderung im Umgang mit Darstellungen. Entsprechend müssen Darstellungen auch immer als *Lerngegenstand* betrachtet werden, mit eigenen Lernhürden und zugrundeliegenden Anforderungen (Lesh 1979; Duval 2006), um den eigentlichen Zugang zu den Konzepten nicht zu versperren. Dazu gehört, dass die relevanten Teilaspekte eines mathematischen Konzepts in einer Darstellung erst interpretiert und entschlüsselt werden müssen (für einen Überblick s. etwa Kuhnke 2013).

Wenn solche externalen Darstellungen aber einen Zugang ermöglichen, können die Lernenden mentale, d. h. verinnerlichte Darstellungen aufbauen. Die semiotischen Darstellungen werden im Lernprozess also als *Lernmedium* genutzt, um mathematische Konzepte und Zusammenhänge zu vermitteln und zugänglich zu machen (Janvier 1987a; ähnlich bei Kuhnke 2013 oder Wessel 2015 als Lernhilfe benannt). Bereits in den 1960er Jahren forderte Bruner (1966), verschiedene Darstellungsformen wie das Enaktive, Ikonische und Symbolische in Lernprozesse zu integrieren, da unterschiedliche Darstellungen die Möglichkeit bieten, ein mathematisches Konzept aus verschiedenen Blickwinkeln zu betrachten und unterschiedliche Teilaspekte zu fokussieren (Janvier 1987a; Goldin & Shteingold 2001; Duval 2006). Damit können sich verschiedene Darstellungen eines mathematischen Konzepts ergänzen und durch das Verknüpfen sowie in-Beziehung-Setzen der Darstellungen kann vertieftes konzeptuelles Verständnis entstehen (Kaput 1989).

Die Überführung verschiedener Darstellungen ineinander, vor allem das Wechseln zwischen Darstellungen, wird schon lange als förderliche Aktivität zum Verständnisaufbau beschrieben (Bruner 1966; Janvier 1987a; Lesh 1979; vgl. auch Ainsworth 2006). Um Verständnis zu erreichen, betonen Lesh et al. (1987) dabei die Relevanz, dasselbe mathematische Objekt in unterschiedlichen Darstellungen erkennen und dieses Objekt innerhalb einer Darstellung manipulieren zu können. Diese beiden Prozesse, Repräsentationen zu verknüpfen, bezeichnet Duval (2006) als *treatment*- und *conversion*-Prozesse. *Treatment* meint dabei die Veränderung des mathematischen Objekts innerhalb einer Repräsentation, wie etwa das Umformen von Termen. Unter *conversion* versteht Duval (2006) dagegen den Wechsel der Darstellung ohne die Manipulation des mathematischen Objekts. Die Komplexität und der Anspruch dieses zweiten Prozesses liegen für Duval (2006) insbesondere darin, dass er nicht nur das Übersetzen in andere Repräsentationen beinhaltet, sondern auch die relevanten Teilaspekte des jeweiligen mathematischen Konzepts, also die wichtigen Verstehenselemente, in zwei Darstellungen erkannt und miteinander in Beziehung gesetzt werden müssen. Das reine Überführen der Darstellungen ineinander kann nämlich bereits ohne tatsächliches Verständnis darüber geschehen, wie diese miteinander in Zusammenhang stehen (Duval 2006; für Funktionen vgl. auch Oehrtmann et al. 2008; Adu-Gyamfi & Bossé 2014).

Prinzip der Darstellungsvernetzung
Dieses explizite in-Beziehung-Setzen mehrerer Darstellungen führen Prediger und Wessel (2013, anknüpfend etwa an Leinhardt et al. 1990; Duval 2006 und andere) fort und unterscheiden verschiedene Verknüpfungsaktivitäten. Uribe und Prediger (2021) schlagen vor, den Begriff *Darstellungsvernetzung* tatsächlich zu konzentrieren auf das Explizieren von Beziehungen zwischen den relevanten Verstehenselementen in den beteiligten Darstellungen. Zur besseren Fassung, aber auch zur gezielten Initiierung im Lernprozess, haben Post & Prediger (2024, anknüpfend an Renkl et al. 2013 sowie Uribe & Prediger 2021) die unterschiedlichen Verknüpfungsaktivitäten zwischen Darstellungen nach dem Grad der Bewusstheit sowie Explizitheit systematisiert. Dabei werden die folgenden vier, hierarchisch angeordneten Arten von Aktivitäten unterschieden:

- Im *Nebeneinander mehrerer Darstellungen* werden diese überhaupt nicht miteinander in Beziehung gesetzt, sondern unverknüpft nebeneinandergestellt. Einzelne Facetten des Verstehens können in der jeweiligen Darstellung möglicherweise in zugrunde liegende Teilaspekte aufgefaltet oder zu kondensierteren Elementen verdichtet werden (Drollinger-Vetter 2011). So können Teilaspekte zwar im Wissensnetz aufgenommen werden. Da die verschiedenen Darstellungen jedoch unterschiedliche Facetten des Lerngegenstand hervorheben (Janvier 1987a; Duval 2006), können durch ein bloßes Nebeneinanderstellen konzeptuelle Hürden entstehen, die das Erfassen des mathematischen Konzepts erschweren (etwa Gagatsias & Shiakalli 2004; Ainsworth 2006; Duval 2006; Elia et al. 2007).
- Das *unbewusste, implizite Wechseln zwischen Darstellungen* tritt häufig auf, wenn Lernende unterschiedliche Verstehenselemente eines mathematischen Konzepts adressieren und die dafür offensichtlichere Darstellung nutzen. Während diese impliziten Wechsel zwar auf eine gewisse Flexibilität hindeuten, wird die Beziehung zwischen den Darstellungen jedoch noch nicht expliziert. Dies kann zu Lernhürden führen und das tiefe Verständnis des mathematischen Konzepts behindern.
- Beim *bewussten Übersetzen zwischen Darstellungen* bleiben, im Gegensatz zum unbewussten, impliziten Wechsel, die fokussierten Strukturen oder (Teil-) Aspekte erhalten. Wie bereits von Duval (2006) beschrieben fehlt jedoch auch

hier das Explizieren der Beziehungen der verschiedenen Verstehenselemente untereinander, um tiefes konzeptuelles Verständnis aufzubauen.

- Besonders lernwirksam ist deshalb das *explizite Erklären*, wie die Elemente der einen Darstellung mit den Elementen der nächsten Darstellung verknüpft sind, also das bewusste Explizieren der Beziehung zwischen zwei oder mehreren Darstellungen. Dieses wird als *Darstellungsvernetzung* bezeichnet. Dazu müssen zunächst die relevanten Verstehenselemente in den jeweiligen Darstellungen identifiziert werden, um sie anschließend untereinander und zwischen den Darstellungen in Beziehung setzen zu können (Duval 2006; Renkl et al. 2013; Uribe & Prediger 2021; Post & Prediger 2024; für Funktionen etwa Nitsch et al. 2015; Zindel 2019).

Als Konsequenz müssen demnach die besonders reichhaltigen Verknüpfungsaktivitäten, hier das *bewusste Übersetzen* sowie die *Darstellungsvernetzung* als *explizites Erklären* im Lernprozess initiiert, eingefordert und unterstützt werden (Uribe & Prediger 2021; Post & Prediger 2024). Die konkreten, auftretenden Hürden sowie die Anforderungen zu deren Überwindung müssen dabei themenspezifisch ermittelt werden. Im Bereich der Funktionen werden dazu in Abschnitt 2.2 die relevanten Erkenntnisse vorgestellt und die Notwendigkeit für eine aufgabenspezifische Konkretisierung herausgearbeitet. Dadurch können adaptive Unterstützungsmöglichkeiten gezielter identifiziert werden.

Im Verlauf dieser Arbeit wird also die dritte Stufe weiter als *Übersetzen* zwischen Darstellungen bezeichnet, die vierte Stufe als das tatsächliche *Vernetzen* von Darstellungen.

2.2 Funktionsverständnis im Zusammenspiel von Darstellungen und Grundvorstellungen

2.2.1 Relevante Grundvorstellungen und Darstellungen für Funktionen

Drei Grundvorstellungen und vier Facetten des Funktionsverständnisses
Funktionsverständnis kann nach Vollrath (1989) durch drei Aspekte konzeptualisiert werden, nämlich (1) durch die eindeutige Zuordnung zwischen zwei Größen, (2) durch das Änderungsverhalten sowie (3) durch eine ganzheitliche Sicht auf das Objekt Funktion. Hieraus wurden in der deutschsprachigen Mathematikdidaktik drei *Grundvorstellungen für Funktionen* abgeleitet (etwa Vollrath 1989; vom Hofe 1996, 2003; Malle 2000). Sie werden im Folgenden definiert und

bereits für den in dieser Arbeit fokussierten funktionalen Zusammenhang konkretisiert, nämlich den in Füllexperimenten zu betrachtenden Zusammenhang zwischen eingefüllter Wassermenge und gemessener Füllhöhe:

- Die *Zuordnungsvorstellung* fasst die eindeutige Zuordnung zweier Größen zueinander, sodass eine Abhängigkeit zwischen beiden entsteht (Vollrath 1989; Confrey & Smith 1994; Thompson 2011). Dabei wird beispielsweise jeder konkreten Wassermenge, z. B. 40 ml, eindeutig eine bestimmte Füllhöhe, z. B. 1 cm, zugeordnet.
- Die *Kovariationsvorstellung* beschreibt die Auswirkung der Änderung der ersten Größe auf die zweite (Vollrath 1989; Confrey & Smith 1994; Carlson & Oehrtman 2005). Wenn mehr Wasser in ein Gefäß gefüllt wird, also die erste Größe verändert wird, dann steigt die zweite Größe, die Füllhöhe, in bestimmter Weise.
- Die Vorstellung der *Funktion als Ganze* bezieht sich auf die Gesamtheit der Wertepaare der Funktion (z. B. den Graphen in seiner Gesamtgestalt). Ihr können bestimmte Eigenschaften zugeschrieben werden und man kann mit ihr als mathematisches Objekt hantieren sowie operieren (Vollrath 1989). Bei einem zylinderförmigen Gefäß steigt die Füllhöhe beispielsweise gleichmäßig, d. h. der funktionale Zusammenhang lässt sich insgesamt als linear charakterisieren.

Die Konzeptualisierung von Funktionsverständnis anhand der (drei) Grundvorstellungen findet sich in ähnlicher Weise auch international wieder, vor allem von der Idee der Kovariationsvorstellung aus gedacht, die die Zuordnungsvorstellung als Invariante beinhaltet (etwa Thompson 2011). Diese beiden unterschiedlichen Auffassungen der Grundvorstellungen und deren Zusammenhang führen auch zu leicht verschiedenen unterrichtlichen Umsetzungen, die weiter unten erläutert werden.

Der Zuordnungsvorstellung entspricht international der *correspondence approach* (Confrey & Smith 1994; Thompson 2011). Monk (1992) etwa betrachtet zeitabhängige Situationen, für die er die Bezeichnung *pointwise questions* nutzt im Gegensatz zu *across time questions*, die eher die Änderung in den Blick nehmen und damit der Kovariationsvorstellung zuzuordnen sind. Letztere wird weithin mit dem *covariational approach* gefasst. Viele Arbeiten fokussieren unter diesem Ansatz die invariante Beziehung zwischen zwei sich verändernden Größen, also die Untersuchung der Kovariationsvorstellung (etwa Thompson 2011). Diese wird allerdings nicht weiter explizit von der Vorstellung der Funktion als Ganzer unterschieden (Confrey & Smith 1994; Carlson & Oertmann 2005; Thompson 2011; Prediger & Zindel 2017). Gleichzeitig wird aber auch international der Wechsel von der Beschreibung gemeinsamer Änderung zu einer ganzheitlicheren Betrachtung, also der Übergang von der Kovariationsvorstellung zur Vorstellung einer Funktion als Ganzer, als besondere Herausforderung für Lernende beschrieben (Leinhardt et al. 1990; Janvier 1998).

Die drei Grundvorstellungen und ihre jeweiligen Charakteristika bieten unterschiedliche Perspektiven auf funktionale Zusammenhänge, stehen jedoch nicht nebeneinander, sondern greifen ineinander (Leuders & Prediger 2005): Die Kovariationsvorstellung, die das Zusammenspiel der Veränderung zweier Größen beschreibt, enthält als Teilgedanken, dass zunächst einzelne Werte einander zugeordnet werden. Dieser wird in der Betrachtung der gemeinsamen Veränderungen mit weiteren Teilgedanken verknüpft und verdichtet. Ebenso enthält die Vorstellung der Funktion als Ganze mit ihrem ganzheitlichen Blick auf Veränderungen als Teilgedanken die Zuordnungs- und Kovariationsvorstellung. Diese werden jedoch soweit abstrahiert oder so verdichtet, dass mit ihnen weiter operiert bzw. hantiert werden kann. Umgekehrt ist es möglich, die Charakteristika einer ganzheitlich betrachteten Funktion wieder aufzufalten, etwa mit Blick auf ihr Änderungsverhalten oder die Zuordnung einzelner Wertepaare. So entfaltet sich hinter der Eigenschaft der Linearität wieder die gleichmäßige Steigung, d. h., dass die abhängige Größe bei gleichmäßigem Fortschreiten der unabhängigen Größe immer um denselben Teil steigt (Kovariationsvorstellung). Diese gleichmäßige Steigung wird in der Funktionsvorschrift anhand eines bestimmten Parameters sichtbar. Zudem ordnet die Eigenschaft der Linearität einer unabhängigen Größe in einer ganz konkreten Abhängigkeit eine abhängige Größe zu, sodass z. B. mithilfe der Funktionsvorschrift konkrete Wertepaare bestimmt werden können (Zuordnungsvorstellung). Damit werden die zunächst ‚verlorenen‘ Informationen also im Auffalten wieder sichtbar (Drolliger-Vetter 2011).

Für den unterrichtlichen Kontext werden im deutschsprachigen Raum in der Regel ausgehend von der Zuordnungsvorstellung die beiden weiteren Grundvorstellungen aufgebaut. Dies entspricht einem zunehmenden Verdichten der Vorstellungen, da die Eigenschaften der einzelnen Grundvorstellungen auch in den weiter verdichteten Vorstellungen eine Rolle spielen. Im angelsächsischen Raum, in dem die *covariational-reasoning*-Forschung stark ist (Swan 1985; Confrey & Smith 1994; Janvier 1998; Thompson 2011), wird eher von der Kovariationsvorstellung ausgegangen und die Zuordnungsvorstellung anschließend als Invariante darin identifiziert (etwa Thompson 2011). Durch das Übersetzen von Darstellungen soll dadurch Funktionsverständnis aufgebaut werden. Wie in Abschnitt 2.3 genauer erläutert wird, erfordert das dazu eingeforderte Vernetzen der Darstellungen in Kovariationsvorstellung sowie im Übergang zur Vorstellung der Funktion als Ganze ein situationsangemessenes Auffalten und Verdichten der Teilgedanken (Zindel 2019). Dazu müssen Grundvorstellungen weiter in Teilelemente des Verstehens ausdifferenziert werden, um Vernetzungsaktivitäten initiieren und konzeptuelles Verständnis anregen zu können.

Zindel (2019) präsentiert für diese Ausdifferenzierung ein von Funktionstyp und Darstellung unabhängiges Facettenmodell, um den sogenannten Kern des Funktionsbegriffs zu konzeptualisieren, also genau das elementare konzeptuelle Verständnis fassbar zu machen. Sie identifiziert dazu vier strukturtragende Facetten, die Lernende für einen erfolgreichen Umgang mit funktionalen Zusammenhängen stets betrachten sollten: (1) die zwei *beteiligten Größen* (in komplexeren Zusammenhängen auch mehr als zwei); (2) die *variablen Größen*, die sich durch ihre Quantifizierbarkeit und die Möglichkeit zur Variation auszeichnen; (3) die Facette *Richtung der Abhängigkeit*, die den Zusammenhang zwischen den beteiligten, variablen Größen definiert und entsprechend eine unabhängige sowie eine abhängige Größe festlegt; (4) die *Funktionale Abhängigkeit*, die die drei vorangehenden Facetten verdichtet zusammenfasst (Zindel 2019). Die Facetten setzen beim Konstrukt funktionaler Grundvorstellungen (Vollrath 1989) an, indem sie die Eigenschaften der Beziehung zwischen zwei Größen aufgreifen, die bereits in der Zuordnungsvorstellung deutlich wird, sowie der gemeinsamen Veränderung zweier Größen, die durch die Kovariationsvorstellung gefasst wird (Zindel 2019). Auch die Facette der Richtung der Abhängigkeit steckt bereits implizit in den Grundvorstellungen, etwa in der Zuordnung von Wertepaaren oder in der Veränderung einer Größe durch die Änderung der anderen. Zindel (2019) expliziert die Facetten zum Kern des Funktionsbegriffs jedoch deutlicher, als dies in den Grundvorstellungen der Fall ist, und stellt damit für die Lernprozesse relevante Teilgedanken zu funktionalen Zusammenhängen heraus.

Das Facettenmodell ermöglicht es also, konkrete Herausforderungen zu identifizieren, die im Umgang mit funktionalen Zusammenhängen an die Lernenden gestellt werden. Dadurch können einerseits Darstellungsvernetzungsaktivitäten und deren paralleles Auftreten mit Auffalt- und Verdichtungsprozessen genauer untersucht werden. Andererseits konnte Zindel (2019) anhand des Facettenmodells Designprinzipien zur Förderung des Funktionsverständnisses insbesondere durch die Spezifizierung von gegenstandsspezifischen sprachlichen Herausforderungen herausarbeiten, worauf in Kapitel 3 genauer eingegangen wird. Insgesamt lässt sich für die Konzeptualisierung des Funktionsverständnisses also zusammenfassen, dass die drei Grundvorstellungen nach Vollrath (1989) bereits eine konkretere Ausdifferenzierung der international fokussierten *correspondence* und *covariational approaches* darstellen. Um Lernprozesse noch genauer untersuchen und fördern zu können, hat Zindel (2019) ein Facettenmodell zum Kern des Funktionsverständnisses ausgearbeitet, in dem sie die Charakteristika der Grundvorstellungen zwar einbindet, diese jedoch deutlicher differenziert.

Relevante Darstellungen für den Aufbau von Funktionsverständnis
Um Funktionsverständnis mit seinen Grundvorstellungen und Facetten aufzubauen, werden typischerweise die vier Darstellungen symbolisch-algebraisch, graphisch, tabellarisch sowie verbal/situativ genutzt (Duval 2006; Herget 2013; Niss 2014). Wie die Grundvorstellungen müssen auch die beteiligten Darstellungen je nach Herausforderung der Situation oder Aufgabe passend ausgewählt und miteinander verknüpft bzw. vernetzt werden (Moschkovich et al. 1993; Duval 2006; Oehrtman et al. 2008; Bossé et al. 2011; Niss 2014).

Während Zindel (2019) die Facetten explizit als darstellungsübergreifend charakterisiert, werden die Grundvorstellungen in den verschiedenen Darstellungen unterschiedlich gut greifbar:

Die *symbolisch-algebraische Darstellung* ermöglicht es, anhand von Termen und Funktionsvorschriften die Zuordnung von Wertepaaren beispielsweise durch Berechnung zu verdeutlichen (Herget et al. 2000; Büchter & Henn 2010). Auch können anhand der symbolisch-algebraischen Darstellung besonders gut bestimmte Eigenschaften wie Linearität oder Monotonie identifiziert werden, die in der Grundvorstellung der Funktion als Ganze relevant werden (Büchter & Henn 2010).

In einer *Tabelle* lassen sich Daten und Wertepaare besonders gut darstellen, d. h. sie fördert ebenfalls vor allem die Zuordnungsvorstellung. Mit genügend und passend gewählten Daten können aber auch das Kovariationsverhalten und daraus abgeleitete Eigenschaften wie Proportionalität abgelesen werden (Nitsch 2015).

Der *Graph* als typisch fachliche Darstellung expliziert durch das Koordinatensystem bereits den Zusammenhang zwischen zwei Größen und visualisiert typische Eigenschaften der Funktion wie die Graphensteigung, aber auch das Änderungsverhalten (Moschkovich et al. 1993; Smit 2013). Diese lassen sich im Übergang von der Kovariationsvorstellung zur Funktion als Ganze verorten (etwa Leinhardt et al. 1990; Moschkovich et al. 1993 ordnen diese Darstellung der *object perspective* zu).

Die verbale bzw. situative Darstellung wird in der Literatur bisher sehr uneinheitlich charakterisiert: In einigen Publikationen wird jegliche Versprachlichung zu funktionalen Zusammenhängen oder die verbale Beschreibung einer anderen Darstellung als verbale Darstellung gefasst, also etwa eine formalbezogene Beschreibung der Graphen mit y-Achsenabschnitt und Steigung (Bell & Janvier 1981; Swan 1985; Smit 2013). Andere Publikationen beziehen sich eher auf kontextuelle Situationsbeschreibungen von funktionalen Zusammenhängen, beispielsweise mit ikonisch gegebenen Bildern (Leuders & Prediger 2005; Schnotz 2011; Nitsch 2015; Rolfes 2018). Bossé et al. (2011) nutzen die Bezeichnung der verbalen Beschreibung anderer Darstellungen im Gegensatz zu verbalen Situationen. Zindel (2019) definiert daran anschließend den Unterschied zwischen der verbalen und der kontextuellen Darstellung (Situationsbeschreibung) durch den Grad der Explizierung der funktionalen Abhängigkeit: Verbale Darstellungen enthalten ein explizites Sprachmittel, um den gerichteten Zusammenhang zwischen den beteiligten Größen zu beschreiben. In der kontextuellen Darstellung muss hingegen der funktionale Zusammenhang ggf. noch hineingesehen werden (s. auch Rolfes 2018). Während die verbale Darstellung durch die Explizierung der funktionalen Abhängigkeit besonders die Grundvorstellung der Funktion als Ganze einbezieht, werden in vielen kontextuellen Darstellungen eher Zuordnungs- und Kovariationsvorstellung deutlich.

2.2.2 Fokus dieser Arbeit: Qualitatives Funktionsverständnis im Umgang mit nicht-symbolischen Darstellungen

Die verschiedenen Darstellungen von Funktionen werden häufig zur Unterstützung der Erreichung bestimmter Lernziele genutzt: Während Tabelle und Funktionsterm besonders bei der Formalisierung und dem Erarbeiten prozeduraler Vorgehensweisen genutzt werden (z. B. zur algebraischen Nullstellenbestimmung), fördern Graph, Skizze, Sprache, aber auch Tabelle besonders den Verständnisaufbau (Herget et al. 2000). Insbesondere ermöglicht die gezielte Darstellungsverknüpfung unter den nicht-symbolischen Darstellungen, konzeptuelles Verständnis für die Grundvorstellungen und Facetten aufzubauen (Oehrtman et al. 2008; Niss 2014), bevor Formalisierungen und prozedurale Vorgehensweisen ergänzt werden. Die anfängliche Arbeit mit Graph, Skizze, Tabelle und Sprache ohne Quantifizierung oder rein symbolische Berechnung wird auch als qualitativer Zugang bezeichnet, bei dem vor allem ohne konkrete Einheiten oder Einteilungen der Größen gearbeitet wird (Klinger 2018).

So haben sich in der mathematikdidaktischen Forschung und Entwicklung Ansätze etabliert, funktionale Zusammenhänge qualitativ einzuführen, vor allem um den Fokus der Lernenden zunächst auf die relevanten Facetten des Verstehens zu lenken (Krabbendam 1982; Swan 1985; Schmidt et al. 1990). Als besonders relevant bezeichnete bereits Stellmacher (1986) dabei die globalen Eigenschaften, deren Interpretation häufig durch lokale Berechnungen erschwert würden, wie Extrema oder ganzheitliche Graphenverläufe. Vorschnelle Konzentration auf Berechnungen und deren mögliche Kompliziertheit können, so die Argumentation, führen dazu, dass Lernende Funktionen und deren globale Eigenschaften nicht interpretieren und entsprechend kein tieferes Verständnis des funktionalen Zusammenhangs erreichen (Stellmacher 1986; Carlson & Oehrtman 2005).

Einen besonderen Vorteil des qualitativen Zugangs sieht Herget (2013) im ständigen Wechsel zwischen den Darstellungen, der die Verknüpfung zwischen diesen unterstützt:

> „Eine Stärke solcher ‚qualitativen Kurvendiskussion' ist, dass dabei ständig zwischen dem Graphen und der jeweils betrachteten Situation hin und her gewechselt wird: Beides bleibt lebendig im Blick, die Situation selbst und die mathematische Darstellung." (Herget 2013, S. 50)

Diese unterrichtspraktische Einladung zur wiederholten Verknüpfung der nicht-symbolischen Darstellungen beinhaltet bereits relevante Facetten der Darstellungsvernetzung, wie die Flexibilisierung und das Herstellen von Beziehungen. Zudem greift sie die Idee der reichhaltigen Kontexte zur Initiierung von Lernprozessen auf (Freudenthal 1973), die im Weiteren genauer an dem für die Arbeit ausgewählten Kontextbeispiel der Füllgraphen erläutert wird.

2.3 Forschungsstand zu Füllgraphen-Lernumgebungen

Zur Förderung eines qualitativen Funktionsverständnisses haben sich Füllgraphen-Lernumgebungen wie die von Bell und Janvier (1981) oder Swan (1985) entwickelten als reichhaltiges und häufig genutztes Aufgabensetting erwiesen (im deutschsprachigen Raum etwa Stellmacher 1986; Schmidt et al. 1990; Affolter 2005; Jordan et al. 2006; Lichti & Roth 2020, 2021; Barzel et al. 2021; Zentgraf & Prediger 2024). In Abbildung 2.1 ist eine adaptierte Version solcher Füllaufgaben abgedruckt.

Die Idee der Füllgraphen-Umgebungen wurde international bereits aus verschiedenen Perspektiven beforscht (etwa Bell & Janvier 1981; Swan 1985; Leinhardt et al. 1990; Carlson et al. 2002; Carlson et al. 2003; Heid et al. 2006; Johnson 2015; Thompson & Carlson 2017; Klinger 2018; Lichti 2019; Ruchniewicz 2022; Thomaneck et al. 2022), sodass bereits eine Vielzahl an Einsichten in das Verständnis von Lernenden zu funktionalen Zusammenhängen in diesem Aufgabensetting existiert. Die für diese Arbeit relevanten Erkenntnisse werden in Abschnitt 2.3.2 präsentiert, nachdem in Abschnitt 2.3.1 zunächst die Idee der Füllgraphen-Lernumgebungen vorgestellt wurde.

2.3.1 Füllgraphen als qualitativer Zugang zum Funktionsverständnis

Lernumgebungen mit Füllgraphen versetzen Lernende in die Lage der Experimentierenden (Digel & Roth 2021), die zunächst in eigenen Füllversuchen Wasser in unterschiedliche Gefäße füllen und in diesen die Füllhöhe des Wassers in Abhängigkeit von der eingefüllten Menge untersuchen (Janvier 1981; Swan 1985). Im Verlauf des Lehr-Lern-Arrangements werden diese enaktiven Handlungen abstrahiert (bzw. im Wortlaut Vygotskys 1978: internalisiert) und bildlich-ikonisch dargestellte Füllsituationen mit der graphischen Darstellung des Füllgraphen verknüpft (wie in Abb. 2.1 dargestellt). Als typisch qualitativer Zugang zu funktionalen Zusammenhängen fokussieren diese Kontexte insbesondere die qualitative Interpretation von Graphenverläufen sowie deren Skizzierung (Herget 2013; Rolfes 2018). Durch ihren lebensnahen Kontext bieten sie dabei vielfältige Möglichkeiten, sich dem Lerngegenstand des qualitativen Funktionsverständnisses anzunähern (Freudenthal 1973; Hußmann 2006; van den Heuvel-Panhuizen 2014).

Die Aufgaben 4 und 5 fordern von den Lernenden ein, die bildlich-ikonische Darstellung der zu füllenden Gläser mit der grafischen Darstellung der Füllgraphen zu verknüpfen. Aus der bildlich-ikonisch dargestellten Form des Glases ist der Füllgraph nicht direkt abzuleiten. Stattdessen müssen sich die Lernenden den eigentlichen Füllprozess vergegenwärtigen, entweder im Experiment händisch realisiert oder im Kopf vorgestellt (Vygotsky 1962; Bell & Janvier 1981; Swan 1985). Daher wird in dieser Arbeit die kontextuelle Darstellung des (mental verinnerlichten) Füllprozesses als eigenständige Darstellung behandelt, die nicht mit der bildlich-ikonischen Darstellung des zu füllenden Glases gleichzusetzen ist. Sowohl in die ikonisch-bildliche Darstellung der Füllgläser als auch in die kontextuelle Darstellung des Füllprozesses muss der funktionale Zusammenhang noch hineingesehen werden (vgl. Zindel 2019).

Zur Erstellung oder Interpretation der Füllgraphen müssen die Lernenden also explizit die kontextuelle Darstellung des eigentlichen Füllprozesses händisch realisieren oder sich diese mental visualisieren und anschließend verbalisieren. Dadurch können sie die bildlich-ikonische Darstellung mit der graphischen Darstellung verknüpfen und deren Passung im Kontext erklären. Bell und

Janvier (1981) beschreiben dieses Erklären als hochgradig anspruchsvolle, fortlaufende Interaktion zwischen der graphischen und der kontextuellen Darstellung des Füllprozesses, bei der relevante Teilgedanken des Funktionsverständnisses eingebunden werden müssen.

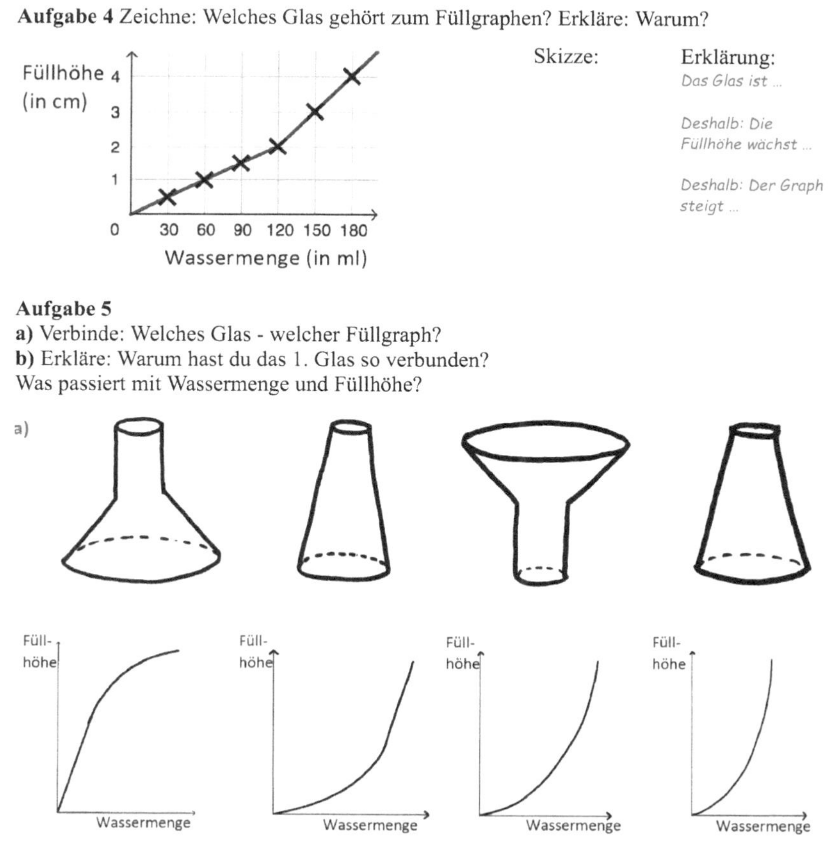

Abb. 2.1 Fokusaufgaben 4 und 5 der designten Füllgraphen-Umgebung (adaptiert nach Bell & Janvier 1981; Swan 1985)

Mit dem in Abschnitt 2.1.3 bereitgestellten Theorierahmen lassen sich diese Teilgedanken des Funktionsverständnisses, die für die Erklärung der Darstellungsvernetzung in Füllgraphen-Umgebungen benötigt werden, nun als Verstehenselemente genauer spezifizieren (Drollinger-Vetter 2011; Zindel 2019; Post & Prediger 2024). Dazu kann auf vielfältige Analysen von potentiellen Lerngelegenheiten in Lernumgebungen mit Füllgraphen zurückgegriffen werden.

Solche Füllgraphen-Umgebungen gelten als typische Lerngelegenheiten für die Kovariationsvorstellung, die Lernende nicht nur die Variation einer zeitabhängigen Größe betrachten lässt, sondern auch die sukzessive gemeinsame Änderung beider beteiligter Größen einbezieht (etwa Castillo-Garsow 2012; Castillo-Garsow et al. 2013; Thompson & Carlson 2017; Banner & Overman Cavey 2019). Andere Publikationen stellen damit potentielle Lerngelegenheiten zum Änderungsverhalten der Füllfunktion bzw. zur Graphensteigung heraus (etwa Bell & Janvier 1981; Swan 1985; Leinhardt et al. 1990; Gómez & Wolfson 2012; Lichti & Roth 2020). Schon die frühen Arbeiten beziehen dabei auch globale Facetten der Funktion als Ganze ein, wie Wendepunkte, ganzheitliches Steigungsverhalten oder den Vergleich zwischen Graphen (Bell & Janvier 1981; Swan 1985). Mit Blick auf einzelne Wasserportionen, die in die Gläser gefüllt werden, kann zudem die Zuordnungsvorstellung aktiviert werden, die der eingefüllten Wassermenge eine eindeutige Füllhöhe zuordnet. In der Lernumgebung muss die Richtung der Abhängigkeit der Füllhöhe (abhängige Größe) von der Wassermenge (unabhängige Größe) grundsätzlich zunächst in den Kontext der Füllsituation hineingesehen werden (Rolfes 2018; Zindel 2019), wenn sie nicht (wie in Abb. 2.1) bereits angegeben ist.

Zur Kombination mehrerer der genannten Elemente weisen bereits Bell und Janvier (1981, S. 37) darauf hin, dass die verschiedenen Facetten der Vorstellung der Funktion als Ganze ausgehend von Wertepaaren, über Intervalle und die Betrachtung der Steigung zunehmend abstrahiert bzw. als relevante Verstehenselemente verdichtet werden sollen. In ihren stoffdidaktischen Analysen arbeiteten sie damit bereits die Notwendigkeit eines zunehmenden Verdichtens heraus: von der Zuordnungsvorstellung hin zur Vorstellung der Funktion als Ganze entlang für sie relevanter Verstehenselemente.

Folglich erweist sich die Füllgraphen-Lernumgebung als ausgesprochen vielversprechend für den Verständnisaufbau, da sich durch das Einfordern einer anspruchsvollen Darstellungsvernetzung und deren Erklärung potentiell reichhaltige Lerngelegenheiten für viele Teilgedanken eines qualitativen Funktionsverständnisses ergeben.

2.3.2 Empirische Befunde zu bekannten Herausforderungen und möglichen Scaffolds in der Füllgraphen-Lernumgebung

Die im vorhergehenden Abschnitt vorgestellten potentiellen Lerngelegenheiten der Füllgraphen-Lernumgebung werden jedoch nicht automatisch wahrgenommen. Stattdessen haben verschiedenste empirische Studien zu in Lernumgebungen mit Füllgraphen initiierten Lernprozessen eine Vielzahl an Herausforderungen identifiziert. Diese lassen sich grob zusammenfassen in die folgenden Bereiche zusammenfassen: Herausforderungen durch Grundvorstellungen, wie die Kovariation (vgl. die Forschung zu *Covariational Reasoning*, etwa Thompson & Carlson 2017) und die Vorstellung der Funktion als Ganze (etwa Bell & Janvier 1981; Leinhardt et al. 1990; Rolfes 2018); Schwierigkeiten beim Adressieren, Unterscheiden und Verknüpfen der Bestands- sowie Änderungsebenen (etwa Janvier 1978; Swan 1985; Carlson et al. 2002; Oehrtman et al. 2008; allgemeiner zur Unterscheidung der Änderungsebenen vgl. Nemirovsky & Rubin 1992; Prediger & Şahin-Gür 2020); Herausforderungen bei Darstellungswechseln und -vernetzungen, insbesondere mit der verbalen und kontextuellen Darstellung (Bell & Janvier 1981; Janvier 1978; Clement 1985; Leinhardt et al. 1990; Moore et al. 2013; allgemein zu Herausforderungen bei Darstellungsverknüpfungen bei Funktionen vgl. Sierpinska 1992; Bossé et al. 2011; Nitsch 2015).

Das Einfordern anspruchsvoller Aktivitäten zum Erklären der Darstellungsvernetzung (in Lernsettings mit Füllgraphen etwa Bell & Janvier 1981; Swan 1985) oder der expliziten Unterscheidung der Änderungsebenen (Carlson et al. 2002; Oehrtman et al. 2008 sowie für alternative Kontexte Prediger & Şahin-Gür 2020) muss aufgrund der in den folgenden Abschnitten ausgeführten Herausforderungen mit geeigneten Unterstützungsmaßnahmen entlastet werden. Dazu liegen bereits Vorschläge von unterschiedlichem Konkretisierungsgrad vor, von denen die meisten der Konstruktion von inhaltlicher Bedeutung dienen, etwa durch den qualitativen Einbezug des Kontexts (Bell & Janvier 1981; Janvier 1981; Swan 1985; Leinhardt et al. 1990 bzw. allgemeiner Nemirovsky & Rubin 1992). Andere weisen auf den Einbezug von Fachsprache hin (etwa Bell & Janvier 1981; Swan 1985), bleiben jedoch in der genauen Ausgestaltung eher vage.

Daher werden in diesem Abschnitt 2.3.2 unterschiedliche, empirisch identifizierte Herausforderungen und potentielle Unterstützungsmaßnahmen detaillierter vorgestellt – entweder anhand von Füllgraphen-Aufgaben oder in verwandten Kontexten, welche eine direkte Übertragung auf die fokussierten Lernumgebungen mit Füllgraphen ermöglichen. Sie beziehen sich nicht nur auf die

Grundvorstellungen und werden daher abschließend die Spezifizierung der weiteren relevanten Verstehenselemente in Füllgraphen-Settings aus unterschiedlichen Forschungstraditionen empirisch fundieren. Die in der Literatur bereits ausgearbeiteten oder angedeuteten Unterstützungsmaßnahmen werden im Folgenden kurz Scaffolds genannt.

Identifizierte Herausforderungen aus frühen Arbeiten zu Füllgraphen
Bereits in den frühen Umsetzungen von Lernumgebungen mit Füllgraphen wurden fachlich relevante Verständnisherausforderungen identifiziert, welche die unterschiedlichen Grundvorstellungen zu Funktionen für die Füllgraphen-Umgebung konkretisieren. Bell und Janvier (1981) benennen folgende Punkte, die Lernende mit unterschiedlichem Erfolg bewältigten:

- Das *Ablesen von Wertepaaren (point-reading)* aus Graphen gelingt den Lernenden am erfolgreichsten.
- Das *interval reading,* d. h. das Erfassen und Vergleichen von Intervallen zum Bestand, wird in ihrer Untersuchung überwiegend bewältigt. Diese Herausforderung liegt am Übergang von der Zuordnungs- zur Kovariationsvorstellung.
- Eine deutlich größere Hürde stellt für Lernende das *gradient reading* dar, also das Erfassen und Vergleichen der Änderungen des Bestands durch qualitative oder quantifizierte Abstände.
- Als besonders anspruchsvoll zeigt sich die Aktivität, *global features* zu erfassen, die zur Vorstellung der Funktion als Ganze gehören, z. B. mathematisch besondere Punkte wie die Extrema einer Funktion und die generelle Gestalt eines Graphen. Diese Herausforderung wurde in weiteren Studien als herausfordernd bestätigt und weiter konkretisiert (Janvier 1998; Leinhardt et al. 1990): Gerade der Übergang von der Kovariationsvorstellung zur Funktion als Ganze, also hin zur Betrachtung der *global features,* stellt sich als höchst anspruchsvolle Abstraktionstätigkeit heraus. Bei der Darstellungsverknüpfung zwischen Kontext und Graph müssen die Lernenden den gesamten funktionalen Zusammenhang in den Blick nehmen und zunehmend Bedeutung für die geforderte Darstellungsverknüpfung generieren, ohne jedoch in einer isolierten Betrachtung von einzelnen Punkten oder Intervallen zu verweilen (Bell & Janvier 1981; Leinhardt et al. 1990; Rolfes 2018; aber auch Bossé et al. 2011). Die Lernenden müssen dabei den Füllgraphen als Objekt mit der inhaltlichen Bedeutung des Füllprozesses sowohl als Ganzes als auch an ausgewählten Stellen in Verbindung bringen, also die (mentale) kontextuelle Darstellung des Füllprozesses einbeziehen.

Swan (1985) ergänzt diese Punkte durch zwei weitere Aspekte, die in seinen Aufgaben zu Füllgraphen implementiert sind: Er expliziert die bei Bell und Janvier (1981) bereits angedeuteten, gleichzeitig aber besonders anspruchsvolle Idee vom Vergleich verschiedener Funktionsgraphen und fordert diese durch Aufgaben in seiner Lernumgebung gezielt ein. Des Weiteren deutet er auf die Notwendigkeit einer genaueren Betrachtung der Ebene der Änderung der Änderung hin, insbesondere in der höchst komplexen Unterscheidung zwischen linearer und quadratischer Steigung der Füllgraphen.

Als Unterstützungsansätze im Bearbeiten der genannten Herausforderungen durch Lernumgebungen mit Füllgraphen integrieren Forschende immer wieder das Einfordern der Diskurspraktik des Erklärens der Darstellungsverknüpfung und dabei das Einbeziehen der (mentalen) kontextuellen Darstellung in den Diskussionen und Aushandlungen der Bedeutung angesprochen werden muss (etwa Bell & Janvier 1981; Swan 1985; Leinhardt et al. 1990; Schmidt et al. 1990). Hinweise zur Ausgestaltung oder konkreten Unterstützungsmöglichkeiten sind jedoch eher vage (Swan 1985 beispielsweise gibt einige Beispiele für relativ allgemein gehaltene Impulse, jedoch noch ohne epistemisch-semiotische Fokussierung). Bell und Janvier (1981) betonen außerdem die Rolle der Sprache, insbesondere die formalbezogenen Sprachmittel, als mögliche Unterstützung. Die konkrete Umsetzung des *language approach*, hier am Beispiel einer untersuchten Füllgraphen-Umgebung, wird von den Autoren als zukünftige Entwicklungs- und Forschungsaufgabe formuliert. Swan (1985) schlägt zudem eine stückweise Annäherung von linearer zu quadratischer Änderung der Füllgraphen vor, was er in seiner Lernumgebung durch das Vorgehen umsetzt, von zylindrischen Füllgefäßen mit linearer Steigung der Füllgraphen auszugehen und erst darauf aufbauend das Zuordnen verschiedener Gefäße einzufordern, bei dem die Lernenden auch zwischen konvexen und konkaven Graphenabschnitten unterscheiden müssen

Für die Konzeptualisierung der Verstehenselemente lassen sich aus diesen frühen Arbeiten bereits folgende Beobachtungen zusammenfassen:

1. Das Lesen von Wertepaaren (*point reading*) wird von den meisten Lernenden erfolgreich bewältigt und bildet damit eine Basis für die spätere Konzeptualisierung der Verstehenselemente.

Herausfordernd sind dagegen für viele Lernende

2. die qualitative und quantifizierte Betrachtung des Füllbestands innerhalb von abgeschlossenen Intervallen (*interval reading*).

3. der Einbezug der Änderung des Bestands (*gradient reading*).
4. die Unterscheidung der Änderung sowie die Änderung der Änderung.
5. die Betrachtung von charakteristischen Punkten und Eigenschaften der Funktion (*global features*).
6. den Vergleich verschiedener Funktionen und Füllgraphen.

Die Herausforderungen beim Untersuchen von Veränderung der beteiligten Größen (insb. Punkte 2–4, je nach Schwerpunkt auch Punkt 5), werden besonders in der Forschung zu *covariational reasoning* genauer untersucht und im folgenden Abschnitt auch bezüglich möglicher Unterstützungsmöglichkeiten ausgeführt.

Konkretisierung der Herausforderungen bzgl. covariational reasoning –am Beispiel von Lernumgebungen mit Füllgraphen

Die *covariational reasoning*-Forschung nutzt unter anderem Füllgraphen-Settings für die Untersuchung der isolierten sowie gemeinsamen Veränderung von beteiligten Größen (etwa Johnson 2015; Thompson & Carlson 2017). Dabei identifizieren Thompson und Carlson (2017) verschiedene Ebenen, wie Lernende über die gemeinsame Änderung von Größen in einem Intervall nachdenken und sprechen können (anknüpfend an Castillo-Garsow 2010, 2012). Ähnlich wie bei Bell und Janvier (1981) können die Größen innerhalb eines Intervalls hier beispielsweise verschiedene Werte annehmen, in beliebig feinen Schritten zu- bzw. abnehmen oder alle Werte nahtlos und kontinuierlich durchlaufen. Dies kann sowohl quantifiziert erfolgen, im Sinne einer Veränderung durch alle Werte eines Intervalls, als auch qualitativ, z. B. als Beschreibung des schnellen Wachstums (Thompson et al. 2014; Johnson 2015; Thompson & Carlson 2017).

Thompson und Carlson (2017) identifizieren dazu sechs Ebenen, wie Lernende über die Änderung einer Größe (hier bezeichnet als Variable) in einem Intervall nachdenken und sprechen können: (1) Die *variable as symbol* hat nichts mit Veränderung zu tun, sondern stellt für Lernende ein abstraktes Objekt dar. (2) Eine Größe mit einem festen Wert, also *no variation.* Dabei wird etwa der Wert der Füllhöhe auf 3 cm festgelegt. In einem anderen Szenario (in dem mehr Wassermenge eingefüllt ist) läge die Füllhöhe dann möglicherweise bei 4 cm. (3) Als *discrete variation* bezeichnen Thompson und Carlson die Vorstellung, dass eine Größe zwar verschiedene Werte innerhalb eines Intervalls annehmen kann, wie etwa 3 cm oder 4 cm Füllhöhe, jedoch keine weiteren Zwischenwerte. Hier herrscht also eine statische Vorstellung einzelner Wertepaare vor. (4) In der *gross variation* betrachten die Lernende die Zu- bzw. Abnahme einer Größe, ohne jedoch zu beachten, dass konkrete Werte während der Veränderung angenommen werden. Sie verbalisieren also, dass die Füllhöhe wächst, aber sind sich nicht darüber bewusst, dass sie in dieser Veränderung ganz konkrete Füllhöhen annimmt. Besonders interessant ist die Unterscheidung zwischen den beiden herausforderndsten Ebenen, der (5) *chunky continuous variation* und der (6) *smooth continuous variation*. Bei der *chunky continuous variation* herrscht die Vorstellung vor, dass sich der Wert der Größe in (ggf. unterschiedlich großen und) beliebig fein eingeteilten Intervallen verändert. Dabei sind sich die Lernenden zwar darüber bewusst, dass weitere Werte zwischen den betrachteten Intervallgrenzen liegen, also hier zwischen der Füllhöhe von 3 cm und 4 cm, allerdings werden diese nicht als durch die Größe tatsächlich angenommene Werte begriffen, d. h. die Füllhöhe von 3,5 cm wird im Intervall zwischen 3 cm und 4 cm Füllhöhe nicht als Wert der abhängigen Größe verstanden. Thompson und Carlson (2017) argumentieren, dass diese Vorstellung auch bei unendlicher Verfeinerung noch ein Denken in Intervallen ohne Einbezug der dazwischenliegenden Werte bleibt. Im Gegensatz hierzu, besteht bei der *smooth continuous variation* das Bewusstsein, dass eine beteiligte Größe alle Werte eines Intervalls nahtlos und kontinuierlich durchläuft. Letztere Ebene stellt nach Auffassung der Forschenden die Zielvorstellung insbesondere für rein qualitative Betrachtungen dar, wobei sie auch eine Mischung aus *smooth continuous* und *chunky continuous variation* in quantifizierbaren Situationen auch als sinnvolle Zielvorstellung einräumen (Thompson 2008, 2011; Castillo-Garsow 2012; Castillo-Garsow et al. 2013).

Die Ebenen dienen ausschließlich zur Beschreibung und Kategorisierung der Lernendenäußerungen in Bezug auf die gemeinsame Veränderung der beteiligten Größen. Thompson und Carlson (2017, ebenso wie Castillo-Garsow et al. 2013) geben damit keinen Lernpfad explizit vor. Sie stellen jedoch die Vermutung auf, dass das ständige Angebot der höchsten und damit konzeptuell am stärksten verdichtete Ebene (*smooth continuous (co-)variation*) durch Material und Lehrkraft als reichhaltige Lerngelegenheit dient, die eine gleichzeitige Erarbeitung der darunterliegenden Ebenen ebenfalls ermöglicht: „If at some point in time they reason variationally at the highest level, they get all other levels for free." (Thompson & Carlson 2017, S. 440)

In der Sprache Drollinger-Vetters (2011) deuten die Forschenden hier an, dass die Lernenden die höchste und komplexeste Ebene in die weniger verdichteten Entwicklungsebenen auffalten können, sobald sie die Vorstellung der *smooth continuous (co-)variation* aufgebaut haben. Dieses Auffalten dient jedoch nicht der Bedeutungskonstruktion, sondern stellt ihrer Auffassung nach eher ein Nebenprodukt der grundsätzlichen Zielvorstellung dar (*smooth continuous (co-) variation*). Auch der genaue Zusammenhang zwischen den Beschreibungsebenen des Modells ist noch nicht ausführlicher untersucht, genauso wenig wie die

Frage, ob Lernende dieses Auffalten tatsächlich automatisch bewältigen können, wie Thompson und Carlson (2017) vermuten.

Gerade auf die beiden komplexesten Vorstellungen, nämlich *smooth continuous (co-)variation* und *chunky continuous (co-)variation*, hat auch das Verständnis der verschiedenen Änderungsraten sowie deren Zusammenhang einen Einfluss. Carlson et al. (2002) stellen hierzu auf Ebene der Änderung des Bestands die Herausforderungen im Unterscheiden und Verknüpfen der absoluten, der durchschnittlichen sowie der momentanen Änderungsrate heraus. Vor allem im Übergang sowie das flexible Navigieren zwischen diesen Raten, also das in-Beziehung-Setzen dieser, stellt für Lernende viele Herausforderungen bereit und trägt dazu bei, ob die Lernenden eher in Intervallen (chunky continuous) oder eher durchgängig (smooth continuous) über Änderung nachdenken. Um das Verständnis der momentanen Änderungsrate als komplexeste der drei zu unterstützen, schlagen die Forschenden aber das Annähern durch die Verfeinerung von Intervallen vor. Carlson et al. (2002) erläutern hier (wenn auch in anderen Begrifflichkeiten), dass Lernende, die die Vorstellung der momentanen Änderungsrate tragfähig aufgebaut haben, diese in die weniger komplexen Änderungsraten auffalten können, womit sie gleichzeitig auch Informationen über die Veränderung des Bestands bedenken.

Im theoretischen Rahmen der *covariational-reasoning*-Forschung untersuchten zudem Oehrtman et al. (2008) Herausforderungen im Hinblick auf einzelne Änderungsebenen, die bereits bei Swan (1985) angedeutet werden. Die Forschenden arbeiten dabei besonders die Herausforderung heraus, zwischen konvexer, konkaver und linearer Steigung zu unterscheiden. Zur Förderung betonen sie dabei die Relevanz, diese unterschiedlichen Arten der Änderung immer wieder gezielt von den Lernenden einzufordern. Ganz konkrete Unterstützungsmaßnahmen zur erfolgreichen Überwindung der beschriebenen Herausforderungen schlagen sie jedoch noch nicht explizit vor.

Der Fokus in der Forschung zu *covariational reasoning* liegt mit dem Forschungsrahmen der Lernendenebene vor allem auf einer Einordnung und Analyse von Lernendenäußerungen in die entsprechenden Lernstufen. Offen bleibt in den Arbeiten, wie Lehrkräfte oder das Design der Lernumgebung Lernende darin fördern können, die höchsten Zielebenen (bei Carlson & Thompson 2017 die *smooth continuous (co-)variation*, bei Carlson et al. 2002 die momentane Änderungsrate) konkret zu erreichen.

Aus diesen Ausführungen lassen sich die folgenden Herausforderungen als Ideen für die Konkretisierung der Verstehenselemente für qualitatives Funktionsverständnis ableiten, die die Liste aus dem vorangegangenen Abschnitt erweitern bzw. vertiefen:

7. Die Vorstellung, dass alle Werte eines Intervalls nahtlos und kontinuierlich durchlaufen werden (*smooth continuous (co-)variation*), kann aufgefaltet werden in weniger komplexe Verständnisfacetten, die beispielsweise quantifiziert konkrete Abstände von Werten oder qualitativ die Änderung des Bestands in (auch zunehmend feineren) Intervallen betrachten. Dieses Auffalten an sich ist jedoch nicht selbstverständlich und muss vermutlich erst initiiert werden.
8. Die Zielvorstellung von Veränderung im Bestand als *smooth continuous (co-)variation* ist extrem herausfordernd und scheint mit den Lernendenvorstellungen zu den unterschiedlichen Änderungsraten zusammen zu hängen. Diesen Zusammenhang aus der epistemischen Sichtweise des Auffaltens (und Verdichtens) zu konkretisieren, steht jedoch noch aus.
9. Die Herausforderungen umfassen das Unterscheiden verschiedene Änderungsraten und Änderungsarten (linear, konkav, konvex) sowie das flexible Navigieren zwischen diesen.

Auf Basis der intensiven Beobachtungen wurden in der *covariational reasoning*-Forschung auch mögliche fachliche Förder- und Unterstützungsangebote ausgearbeitet. Besonders das stetige Einfordern der anspruchsvollen Vorstellungen und mathematisch reichhaltigen Aktivitäten (wie das Unterscheiden und in-Beziehung-Setzen der verschiedenen Änderungsraten oder Änderungsarten) scheint ein vielversprechender Ansatz zu sein. Als konkrete Unterstützungsmöglichkeit nennen Carlson et al. (2002) das Annähern der momentanen Änderung anhand von immer feiner werdenden Intervallen. Auch wenn dieses Vorgehen von Thompson und Carlson (2017) bezüglich der Unterscheidung zwischen *smooth continuous* und *chunky continuous (co-)variation* im Bestand als mögliche Hürde diskutiert wird, könnte es sich lohnen, diesem Ansatz weiter nachzugehen. Zudem tritt das Auffalten komplexer Vorstellungen in weniger anspruchsvolle Vorstellungen in allen Bereichen der Forschung immer wieder in Erscheinung. Obwohl dieses oft eher aus Sicht der Überprüfung von Kompetenzen angeführt wird, deuten weitere Forschungen darauf hin, dass das Auffalten auch zum Verständnisaufbau beitragen kann (etwa Zindel 2019; Şahin-Gür 2025).

Verwechslung von Bestands- und Änderungsebenen als typische Schwierigkeit – auch im Kontext von Füllgraphen

Mit Blick auf die Änderungsebenen lässt sich vermuten, dass bereits in den ersten Lernumgebungen im Kontext der Füllgraphen Herausforderungen in der Unterscheidung zwischen diesen deutlich wurden. Diese werden besonders im Umgang mit quadratischen Graphenabschnitten deutlich, wenn die Lernenden also die Änderung der Änderung tatsächlich in ihre Überlegung mit einbeziehen müssen (Swan 1985). Zur genaueren Ausgestaltung der Erschließung der Änderungsebenen fordert seitdem eine Vielzahl an Forschenden (wenn auch für andere Kontexte als die Füllgraphen), inhaltliches Verständnis dieser Ebenen aufzubauen, bevor konkrete Berechnungen vorgenommen werden (Nemirovsky & Rubin 1992; Stroup 2002; Hahn 2008; Prediger & Şahin-Gür 2020). Dazu ist eine möglichst frühe Anbahnung qualitativer Betrachtungen der Änderungsebenen nötig. Bei der Idee der Füllgraphen-Umgebungen mit der Füllhöhe als Bestandsfunktion stellt die Füllgeschwindigkeit die Änderung dar und die Beschleunigung der Füllgeschwindigkeit die Änderung der Änderung. In beiden Fällen geht es nicht um die Ableitung als Differentialquotient, sondern um qualitative Aussagen bzw. diskrete Approximationen, etwa der Beschleunigung, durch Unterschiede in Abständen der Füllhöhen pro Fülleinheit (entsprechend Prediger 2022a). Die Unterscheidung dieser Ebenen stellt für viele Lernende eine Herausforderung dar, gerade im Umgang mit Graphen (Nemirovsky & Rubin 1992; Prediger & Şahin-Gür 2020). Prediger und Şahin-Gür (2020) zeigen, dass das Auffalten der hoch verdichteten Änderungsebenen durch eine konzeptuelle Explizierung der adressierten Änderungsebenen an sich sowie durch eine möglichst präzise Beschreibung des Änderungsverhaltens unterstützt werden kann. Dazu benötigen die Lernenden bedeutungsbezogenen Sprachmittel, die gegenstands- und möglicherweise aufgabenspezifisch identifiziert werden müssen (vgl. auch Abschnitte 3.2 & 3.5).

Bezüglich der Spezifizierung von Verstehenselementen lässt sich aus diesem Strang der Forschung nun die folgende Idee ergänzend konkretisieren:

10. Die Unterscheidung der Bestands- und Änderungsebenen stellt viele Lernende vor Herausforderungen und ist deshalb notwendig.

Weitere Herausforderungen in Aufgaben mit Darstellungsvernetzungsaktivitäten – auch im Kontext von Füllgraphen-Settings

Als Lernumgebung, die Darstellungsvernetzungsaktivitäten besonders zum Verständnisaufbau (also als Lernmedium) nutzt, soll für den Kontext der Füllgraphen auch dieser Bereich genauer in die Identifikation von Herausforderungen und bestehenden Förderansätzen einbezogen werden. Eine Vielzahl an Studien hat dabei mögliche Herausforderungen von Lernenden bei komplexen Aktivitäten von Darstellungswechseln und -vernetzungen (zusammengefasst im Folgenden als Darstellungsverknüpfungen) untersucht (Leinhardt et al. 1990; Romberg et al. 1993; Moschkovich 1998; Oehrtman et al. 2008; Bossé et al. 2011; Niss 2014), wobei sich der Wechsel mit verbalen bzw. kontextuellen Darstellungen als besonders anspruchsvoll herausstellt (etwa Swan 1985; Goldin & Shteingold 2001;

Sajka, 2003; Bossé et al. 2011; Adu-Gyamfi et al. 2012; Nitsch 2015). Dieser Aspekt wird in Umsetzungen der Füllgraphen-Idee durch die kontextuelle Darstellung des Füllprozesses relevant, bei der Lernende ein mentales Bild des Füllprozesses aufbauen müssen, auf das sie sich dann bei der Konstruktion und Interpretation von weiteren Füllgraphen beziehen können (Janvier 1981, 1987; Leinhardt et al. 1990). Schwierigkeiten im Aufbau dieser mentalen Darstellung können also zu Hürden im Verständnisprozess führen.

Bezüglich der Darstellungsverknüpfung zwischen Funktionsgraph und Situation konnten drei typische Fehlvorstellungen identifiziert werden, die auf bestimmte Herausforderungen zurückgeführt werden können und auch auf den Kontext der Füllgraphen übertragen werden können (etwa Clement 1985; Leinhardt et al. 1990; Murphy 1999; Hadjidemetriou & Williams 2002; Li 2006; Nitsch 2015): *interval point confusion*, *slope height confusion* und die *Graph-als-Bild-Vorstellung*.

Monk (1992) beschreibt die *interval point confusion* als die Fokussierung einer punktweisen Interpretation von Graphen anstelle einer ganzheitlichen Betrachtung. Diese individuelle Lernendenvorstellung ist eng verknüpft mit der *slope height confusion*, bei der diskrete Abstände anstelle der Graphensteigung betrachtet werden (etwa Clement 1985; Janvier 1987; McDermott et al. 1987; knüpft auch an die Bedenken von Carlson & Thompson 2017 an zur Unterscheidung zwischen *smooth continuous* und *chunky (co-)variation*). Einige Lernende verwechseln dabei die Höhe an einem konkreten Punkt mit der Steigung des Graphen in einem Intervall. Mögliche Ursachen, sprich die konkreten Herausforderungen für die Lernenden, werden in nicht vertrauten zugrundeliegenden physikalischen Gesetzmäßigkeiten verortet (McDermott et al. 1987), in einer nicht tragfähigen Verknüpfung zwischen einer isoliert betrachteten (abhängigen) Größe und oberflächlichen Merkmalen des Funktionsgraphen (Clement 1985) oder in der Schwierigkeit, die Steigung in einem Punkt zu betrachten (Hadjidemetriou & Williams 2002). Diese Aspekte stellen höchst anspruchsvolle, stark verdichtete Aspekte des Verstehens dar, die von den Lernenden zum Verständnis erst in weniger komplexe Elemente zerlegt werden müssen.

Die *Graph-als-Bild-Vorstellung* wurde bereits früh etwa von Clement (1985), Janvier (1987) oder McDermott et al. (1987) beschrieben und untersucht. Lernende sehen dabei im Graphen eines meist zeitabhängigen Zusammenhangs ein reales Abbild der beschriebenen Situation. Dabei kann es sich sowohl um die Gleichsetzung der Gesamtsituation (*global correspondence error*) handeln als auch um die direkte Zuordnung einzelner Stellen bzw. spezifischer Eigenschaften (*feature correspondence error*; Clement 1985). Mit Blick auf die Füllgraphen könnte also die Form des vermeintlich passenden Glases oder eines Teils davon mit dem Graphen aufgrund etwa geometrischer Gemeinsamkeiten gleichgesetzt werden. Janvier (1981) beschreibt zudem, dass die Graph-als-Bild-Vorstellung auch bei Lernenden auftritt, die bereits Teile des Graphen korrekt interpretiert haben. Mehrere mögliche Ursachen konnten für die Graph-als-Bild-Vorstellung ausgemacht werden, die die Lernenden herausfordern: falsch aktivierte Muster aus der Alltagserfahrung (Murphy 1999), eine Fokussierung auf Veränderung ohne Einbezug der konkret beteiligten Variablen bzw. Größen sowie deren Zusammenhang (Sierpinska 1992), Unsicherheiten bezüglich der physikalischen Grundlagen (etwa Janvier 1981) oder Schwierigkeiten beim Übertragen einer (tragfähigen) Situationsbeschreibung auf den Graphen (Nitsch 2015). Letzteres zeichnet sich auch durch oberflächliche Beschreibungen aus, die sowohl für die Situation als auch für den Graphen genutzt werden (Sierpinska 1992; Moore et al. 2013). Die Graph-als-Bild-Vorstellung ist also ein Indiz für eine mögliche Fokussierung auf Oberflächenmerkmale, muss aber nicht ursächlich mit ihr verbunden sein (Sierpinska 1992; Moore et al. 2013).

11. Die besondere Herausforderung für Lernende besteht bei diesen Fehlvorstellungen also darin, die inhaltlich relevanten Aspekte des Verstehens zu fokussieren, statt oberflächliche Merkmale zu betrachten.

Eine entsprechende Explizierung der adressierten Darstellung, der betrachteten beteiligten Größe sowie deren Veränderung ist damit absolut grundlegend. Dazu müssen zunächst die für den Kontext der Füllgraphen relevanten Verstehenselemente konzeptualisiert werden (vgl. folgender Abschnitt) und entsprechende Auffaltaktivitäten von stark verdichteten mathematischen Aspekten (wie etwa oberflächliche Beschreibungen des Graphen) initiiert werden. Ganzheitliche, oft geometrische Aussagen zum Aussehen der Füll-Funktionsgraphen, z. B. die ‚gerade' Steigung, passend zum geraden Rand des Glases, können in weniger verdichtete Verstehenselemente zum Zuordnungs- oder Änderungsverhalten aufgefaltet werden, etwa die gleichmäßige Veränderung, das gleichschnelle Wachstum oder die immergleichen Wasserportionen, die dazu kommen (vgl. Abschnitt 2.1.3).

Zusammenfassung des bisherigen Forschungsstands zu Herausforderungen und Förderansätzen in Füllgraphen-Lernumgebungen

In den vorgestellten Studien der vorangehenden Abschnitte konnte die Idee von Füllgraphen-Umgebungen als reichhaltige Lerngelegenheit für den Aufbau qualitativen Funktionsverständnisses beschrieben werden. Dabei wurden vielfältige

Herausforderungen und bewährte Vorgehensweisen zur Unterstützung identifiziert. Viele dieser Unterstützungsansätze knüpfen dabei an die Idee der (drei) Grundvorstellungen zu Funktionen an und fokussieren die Übergänge zwischen diesen (vgl. Abschnitt 2.3.2). Im Folgenden werden zunächst die identifizierten Herausforderungen gebündelt betrachtet:

1. Das Beschreiben von Wertepaaren (*point reading*) als am wenigsten komplexe Aktivität.

Die Herausforderungen umfassen

2. qualitative und quantifizierte Betrachtung des Füllbestands innerhalb von abgeschlossenen Intervallen (*interval reading*).
3. den Einbezug der Änderung des Bestands (*gradient reading*).
4. die Unterscheidung der Änderung sowie die Änderung der Änderung.
5. die Betrachtung von charakteristischen Punkten und Eigenschaften der Funktion (*global features*).
6. den Vergleich verschiedener Funktionen und Füllgraphen.
7. das Auffalten der Vorstellung *smooth continuous (co-)variation* in weniger komplexe Verständnisfacetten.
8. das Auffalten der Vorstellung *smooth continuous (co-)variation* muss konkretisiert werden.
9. das Unterscheiden versch. Änderungsraten und Änderungsarten (linear, konkav, konvex) sowie das flexible Navigieren zwischen diesen.
10. die explizite Unterscheidung der Bestands- und Änderungsebenen.
11. insbesondere das Fokussieren inhaltlich relevanter Aspekte des Verstehens statt des Betrachtens oberflächlicher Merkmale.

In epistemischer Dimension wurden unterschiedlich komplexe Aspekte herausgearbeitet, die mehr oder weniger umfassende Herausforderungen für Lernende bereithalten. Die meisten Lernenden bewältigen erfolgreich die Herausforderung des Identifizierens und Zuordnens von Wertepaaren (Punkt 1; Bell & Janvier 1981), was später als Verstehenselement der *Punktweisen Zuordnung* konzeptualisiert wird.

Dem folgt die Betrachtung von Veränderungen in der Bestandsebene – sowohl qualitativ als auch quantifiziert in abgeschlossenen Intervallen (Punkt 2; Bell & Janvier 1981; Swan 1985; Thompson et al. 2014; Thompson & Carlson 2017). Diese Herausforderungen werden später in die Verstehenselemente Qualitative *bzw.* Quantifizierte Abstände eingehen. Im Zusammenhang mit solchen Veränderungen des Bestands stellen Thompson & Carlson (2017) heraus, dass der Blick auf die Vorstellung eines nahtlos und kontinuierlich durchlaufenen Intervalls aufgebaut werden muss (Punkt 7). Diese Vorstellung von Veränderung im Bestand hängt wiederum mit den verschiedenen Vorstellungen in den Änderungsebenen zusammen, die aufgebaut, adressiert und explizit voneinander unterschieden werden müssen (Punkte 3, 4, 8 & 10; Bell & Janvier 1981; Nemirovsky & Rubin 1992; Carlson et al. 2002; Oerthman et al. 2008; Carlson & Thompson 2017; Prediger & Şahin-Gür 2020). Gerade die Unterscheidung zwischen linearen, konvexen und konkaven Füllsituationen in der Ebene der Änderung der Änderung stellt ein extrem herausforderndes Teilelement des Verstehens dar (Punkte 4, 9 & 10; Swan 1985; Oerthman et al. 2008). Um diese Herausforderungen gezielt adressieren zu können, werden im Folgenden die Verstehenselemente *Stückweise qualitative Änderung* sowie *Ganzheitliche Änderung der Änderung* eingeführt. In Lernumgebungen zu Füllgraphen müssen außerdem charakteristische Punkte und Eigenschaften von Funktionen (qualitativ) untersucht (Punkt 5; Janvier 1998; Bossé et al. 2011; Rolfes 2018) und unterschiedliche Füllsituationen miteinander verglichen werden (Punkt 6; Swan 1985). Auch dieser Aspekt fließt als *Ganzheitlicher Vergleich* in die Konzeptualisierung der Verstehenselemente ein.

Die ganzheitlichen Eigenschaften der Füllgraphen finden sich meist in den komplexen Verstehenselementen der Stückweise qualitativen Änderung sowie der Ganzheitlichen Änderung der Änderung wieder. Solche stark verdichteten Merkmale können von Lernenden allerdings auch in oberflächlicher oder geometrischer Art und Weise fokussiert werden, was mitunter zu Fehlvorstellungen führen kann (Punkt 11; Sierpinska 1992). Das Auffalten komplexer und verdichteter Aussagen oder Beschreibungen (Drollinger-Vetter 2011; Zindel 2019) spielt also eine zentrale Rolle im Verständnisaufbau (Punkte 7 & 11).

In semiotischer Dimension wurden in den vorangehenden Abschnitten verschiedene Herausforderungen vorgestellt wie das Aufbauen einer inneren, mentalen Vorstellung des Füllprozesses sowie das Verknüpfen von Darstellungen aufgrund oberflächlicher Merkmale (insb. Punkt 11; Sierpinska 1992; Moore et al. 2013), das Überschneidungen mit der Graph-als-Bild-Vorstellung aufweist (etwa Clement 1985). Diese spielen auch in Lernsettings zu Füllgraphen eine Rolle und werden in den diskursiv-konzeptuellen Analysen (Kap. 7, vgl. auch Abschnitt 4. 4 zur Vorstellung des gegenstandsspezifischen Analyseinstruments) sowie in der Entwicklung des Lehr-Lern-Arrangements (Kap. 6) wieder aufgegriffen.

Um lernwirksame Anlässe zu schaffen, wird immer wieder vorgeschlagen, anspruchsvolle Aktivitäten einzufordern. Konkret eingefordert werden sollen dabei Darstellungsverknüpfungen (Bell & Janvier 1981; Swan 1985), das Erklären (Bell & Janvier 1981), das Explizieren sowie das präzise Beschreiben (Prediger & Şahin-Gür 2020 am Beispiel von Geburtsraten), das qualitative Betrachten (ebenfalls noch für von der Idee der Füllgraphen-Umgebung abweichende Kontexte Nemirovsky & Rubin 1992; Stroup 2002; Hahn 2009; Prediger & Şahin-Gür 2020) sowie das Adressieren und das flexible Navigieren zwischen verschiedenen Änderungsebenen, insbesondere der Änderung der Änderung (Carlson et al. 2002; Oehrtman et al. 2008 sowie am Beispiel der Geburtsraten Prediger & Şahin-Gür 2020). Dagegen sind die möglichen Unterstützungsmaßnahmen oft nur grob konzipiert und in ihren Wirkungen in Erprobungen selten beschrieben. Die Rolle der Sprache wird jedoch wiederholt hervorgehoben, oft aber nicht weiter spezifiziert (formalbezogene und bedeutungsbezogene Sprache, Bell & Janvier 1981; Swan 1985 sowie Prediger & Şahin-Gür 2020). Auch der Einbezug der (mentalen) kontextuellen Darstellung in der Darstellungsverknüpfung (Swan 1985; Leinhardt et al. 1990; Nemirovsky & Rubin 1992; Stroup 2002) und die Sequenzierung des Lerngegenstands (z. B. Bell & Janvier 1981; Swan 1985; Carlson et al. 2002) werden als Unterstützungsmaßnahmen benannt.

Das Auffalten und Verdichten von relevanten Teilfacetten des Verstehens wird in einigen Publikationen bereits angedeutet (etwa Swan 1985; Carlson et al. 2002; Thompson & Carlson 2017), jedoch nicht notwendig als Mittel zum Verständnisaufbau, weshalb das Adressieren und Verknüpfen dieser noch nicht gezielt angeregt und unterstützt werden. Im folgenden Abschnitt 2.3.3 wird daher der Lerngegenstand durch das Herausarbeiten von sechs Verstehenselementen für qualitatives Funktionsverständnis genauer spezifiziert.

2.3.3 Abgeleitete Spezifizierung des Lerngegenstands: Sechs Verstehenselemente für qualitatives Funktionsverständnis bei Füllgraphen

Der umfangreiche (in den Abschnitten 2.3.1 & 2.3.2 dargestellte) Forschungsstand zu verschiedenen Herausforderungen in Füllgraphen-Lernumgebungen wird in diesem Abschnitt zur Spezifizierung von sechs Verstehenselementen eines qualitativen Funktionsverständnisses in diesem Setting kondensiert, um den Lerngegenstand genauer zu spezifizieren und unter Rückgriff auf die epistemische Theorie des Auffaltens und Verdichtens (Aebli 1981) eine Grundlage für die Sequenzierung des Lerngegenstands zu liefern.

In Abschnitt 2.2 wurde deutlich, dass die Herausforderungen in den beforschten Lernumgebungen zu Füllgraphen besonders in der Kovariationsvorstellung sowie der Funktion als Ganzes zu verorten sind (etwa Bell & Janvier 1981; Janvier 1998). Leinhardt et al. (1990) betonen zudem, dass gerade der Übergang zwischen diesen Vorstellungen höchst komplex ist und gezielter Förderung bedarf. In diesem Übergang der Vorstellungen sind auch die unterschiedlichen Bestands- und Änderungsebenen eines funktionalen Zusammenhangs sowie deren Beziehung untereinander zu verorten, stellen jedoch eine hohe Komplexität für Lernende dar (vgl. Abschnitt 2.3.2).

Tabelle 2.1 Sechs Verstehenselemente zum Aufbau von Funktionsverständnis in Lernumgebungen mit Füllgraphen

Verstehenselement zur Konzeptualisierung des Übergangs	**Erklärung**	**Anbindung an die funktionalen Grundvorstellungen**
Ganzheitlicher Vergleich	Vergleich zweier funktionaler Zusammenhänge, z. B. zweier Füllgraphen oder zweier Füllgefäße	Vorstellung der Funktion als Ganzes
Ganzheitliche Änderung der Änderung	Qualitative Beschreibung der Änderung über viele Intervalle bzw. der Änderung der Änderung	Übergang Kovariations- zu Vorstellung der Funktion als Ganze
Stückweise qualitative Änderung	Qualitative Beschreibung der Änderung bzw. Vergleich der Änderung in zwei Intervallen	Kovariationsvorstellung
Qualitative Abstände	Qualitative Beschreibung von Veränderungen in Intervallen des Bestands	Kovariationsvorstellung
Quantifizierte Abstände	Beschreibung diskreter Veränderungen in Intervallen des Bestands	Übergang Zuordnungs- zu Kovariationsvorstellung
Punktweise Zuordnung	Zuordnung konkreter Wertepaare des Bestands	Zuordnungsvorstellung

In Tabelle 2.1 sind die sechs zum Aufbau von qualitativem Funktionsverständnis in der Füllgraphen-Umgebung relevanten Verstehenselemente aufgelistet, die aus den Erkenntnissen zu relevanten Herausforderungen des Funktionsverständnisses abgeleiteten wurden. Sie werden im Folgenden weiter erläutert.

Die Verstehenselemente sind von unten aufsteigend entlang der Grundvorstellungen von Funktionen und ihren Übergängen sowie entlang der bestehenden Lehr-Lern-Arrangements gegliedert. Dabei greifen sie die verschiedenen Änderungsebenen auf, die insbesondere im Übergang von der Kovariationsvorstellung zur Funktion als Ganze relevant sind, wenn die Änderung der Änderung einbezogen werden muss.

Die *Punktweise Zuordnung* findet sich bereits im *point-reading* (Bell & Janvier 1981) sowie in der Zuordnungsvorstellung (Vollrath 1989). Lernende ordnen hier einer konkreten Wassermenge die zugehörige Füllhöhe zu (z. B. „Bei 30 ml Wassermenge ist die Füllhöhe 1 cm.").

Die Verstehenselemente *Quantifizierte* und *Qualitative Abstände* des Bestands nehmen auch Ebenen des *covariational reasoning*-Frameworks auf, bei dem sich die Lernenden auf die Intervallgrenzen und deren Unterschied fokussieren (Thompson & Carlson 2017). Die Lernenden betrachten also konkrete Änderungen der Füllhöhe, beispielsweise von 3 cm auf 4 cm (*Quantifizierte Abstände*) oder eine Füllhöhe, die immer um Dasselbe wächst (*Qualitative Abstände*).

Im Verstehenselement *Stückweise qualitative Änderung* wechseln die Lernenden zur ersten Änderungsebene (Nemirovsky & Rubin 1992; Hahn 2008; Prediger & Şahin-Gür 2020). Dort beschreiben sie die Änderung des Füllprozesses qualitativ innerhalb eines Intervalls oder im Vergleich mehrerer Intervalle: „Die Füllhöhe wächst eher schnell bzw. schneller als am Anfang". In diesem Verstehenselement beginnen die Lernenden, innerhalb der Intervalle die Füllgeschwindigkeit an jeder Stelle zu erfassen (Thompson & Carlson 2017).

Die *Ganzheitliche Änderung der Änderung* können die Lernenden zunächst über eine Aneinanderreihung kleiner Intervalle annähern, in denen sie die jeweilige Änderung betrachten, also eine qualitative Approximation der Änderung der Änderung, z. B. „Die Füllhöhe wächst ein bisschen, ein bisschen und noch ein bisschen schneller, also immer schneller." (anknüpfend an Prediger 2022a sowie an Swan 1985; Carlson et al. 2002; Oehrtman et al. 2008).

Die Verstehenselemente werden zunehmend komplexer von unten nach oben und beinhalten jeweils Facetten der darunter liegenden Verstehenselemente: Um über *Quantifizierte Abstände* nachdenken zu können, müssen die Lernenden überhaupt Wertepaare einander *punktweise zuordnen* können. Die *Stückweise qualitative Änderung* lässt sich auf die Beschreibung von Abständen zurückführen, aus denen die Lernenden Schlüsse über die Füllgeschwindigkeit ziehen (*Quantifizierte & Qualitative Abstände*). Für das Verstehenselemente des *Ganzheitlichen Vergleichs* müssen die Lernenden alle darunterliegenden, weniger verdichteten Verstehenselemente adressieren können, um je nach Herausforderung diese zum

Vergleichen und Begründen zu nutzen, z. B. „Die Füllhöhe wächst in der ersten Situation insgesamt schneller als in der zweiten, weil ...".

Diese Idee des Auffaltens in den Änderungsebenen setzt dabei an der *covariational reasoning*-Forschung an (Carlson et al. 2002; Thompson & Carlson 2017). Im Sinne Zindels (2019) wird dieses Auffalten jedoch gezielt zur Bedeutungskonstruktion genutzt und mit der Idee des Verdichtens ergänzt (Aebli 1981). Anhand der qualitativen Betrachtung der Änderung über kleiner werdende Intervalle kann ähnlich des Differenzenquotienten eine inhaltlich tragfähige Approximation der Änderungsebenen angenommen werden (Carlson et al. 2002).

2.4 Konzeptuelle Dimension: Zusammenführung der epistemischen und semiotischen Dimension

Im vorangegangenen Kapitel wurde der Lerngegenstand des qualitativen Funktionsverständnis sowohl aus epistemischer als auch aus semiotischer Perspektive untersucht. Durch die kognitionspsychologischen Ansätze in Abschnitt 2.1.3 sowie das dort vorgestellte Verstehensmodell (Drollinger-Vetter 2011) konnten in den Abschnitten 2.2 und 2.3 konkrete Verstehenselemente für Lernsettings im Kontext von Füllgraphen abgeleitet werden. In einem solchen epistemischen Herangehen konnten die Auffaltprozesse stark verdichteter Formulierungen in die relevanten Verstehenselemente sowie die entgegengesetzten Verdichtungsaktivitäten als besonders lernförderlich identifiziert werden (etwa Zindel 2019; Post 2025). Die sechs für die Idee der Füllgraphen-Umgebungen spezifizierten Verstehenselemente sind im Folgenden noch einmal von unten nach oben mit zunehmender Verdichtung aufgeführt. Sie stellen die für den Aufbau von qualitativem Funktionsverständnis relevanten Aspekte konzeptuellen Verstehens in der Lernumgebung dar.

- Ganzheitlicher Vergleich verschiedener Füllsituationen
- Ganzheitliche Änderung der Änderung der Füllhöhe
- Stückweise qualitative Änderung der Füllhöhe
- Qualitative Abstände im Bestand
- Quantifizierte Abstände im Bestand
- Punktweise Zuordnung von konkreten Wertepaaren

In Abschnitt 2.2.1 wurde der Lerngegenstand zudem in semiotischer Dimension durch die relevanten Darstellungen für Lernumgebungen rund um Füllgraphen spezifiziert: die ikonische Darstellung der Gläser, die kontextuelle (und nach Verinnerlichung ggf. nur mentale) Darstellung des Füllprozesses sowie die graphische Darstellung der Füllgraphen. Diese Darstellungen können mit den in Abschnitt 2.1.4 erläuterten semiotischen Verknüpfungsaktivitäten in Bezug gesetzt werden. Als für den Füllkontext relevante Verknüpfungsaktivitäten, die immer wieder von den Lernenden eingefordert werden sollen (vgl. Abschnitt 2.1.2), wurden dabei das bewusste Übersetzen zwischen Darstellungen von dem Vernetzen von Darstellungen, also dem expliziten Erklären von Zusammenhängen zwischen den Darstellungen, unterschieden (Renkl et al. 2013; Uribe & Prediger 2021; Post & Prediger 2024).

Die identifizierten Verstehenselemente treten in allen beteiligten Darstellungen auf. Für die *Punktweise Zuordnung* können in der graphischen Darstellung beispielsweise Wertepaare in das Koordinatensystem eingetragen werden, die in der kontextuellen Darstellung einen Wert der Wassermenge eindeutig einem Wert der Füllhöhe zuordnen. Zum Verstehenselement *Stückweise qualitative Änderung* können unterschiedlich breite Abschnitte eines Füllglases (ikonische Darstellung) oder unterschiedliche Füllgeschwindigkeiten (kontextuelle Darstellung) miteinander verglichen werden. Beim Vergleich verschiedener Füllsituationen kann beispielsweise die Beschleunigung der Füllgeschwindigkeit (kontextuelle Darstellung) oder eine konkave bzw. konvexe Graphensteigung betrachtet werden.

Für das Vernetzen der drei Darstellungen ist es notwendig, in den jeweiligen Darstellungen die relevanten beteiligten Verstehenselemente zu identifizieren und miteinander explizit in Beziehung zu setzen (Renkl et al. 2013; Uribe & Prediger 2021; Post & Prediger 2024). Da vor allem das Zusammenspiel der epistemischen und der semiotischen Dimension zum Aufbau konzeptuellen Verständnisses beiträgt, werden sie im Folgenden zur *konzeptuellen Dimension* zusammengefasst, die die oben genannten Verstehenselemente in den jeweiligen beteiligten Darstellungen sowie Adressierungen, Auffalt-, Verdichtungs- und Verknüpfungsaktivitäten umfasst.

Das explizite Erklären der Darstellungsvernetzung birgt außerdem sprachliche Herausforderungen. Diese werden im nächsten Kapitel in drei sprachlichen Dimensionen (diskursive, lexikalische und grammatische Dimension) spezifiziert, die jeweils eng mit den fachlichen Dimensionen verknüpft sind. Dazu wird zunächst der Theoriehintergrund für eine integriert fach- und sprachdidaktische Sichtweise erläutert.

3 Fach- und sprachdidaktischer Hintergrund zum Erklären beim Aufbau des qualitativen Funktionsverständnisses: Spezifizierung und didaktische Ansätze

Das folgende Kapitel knüpft an die bereits für den fachdidaktischen Hintergrund ausgeführte, sozialkonstruktivistische Lehr-Lerntheorie an und erweitert diese auf ein integriertes Fach- und Sprachlernen (vgl. Abschnitt 3.1). Hierbei wird die Grundlage geschaffen, um im darauffolgenden Abschnitt 3.2 die Rolle der Sprache für das fachliche Lernen herauszuarbeiten. Dazu werden zunächst die Sprachebenen Alltags-, Bildungs- und Fachsprache mathematikspezifisch in Alltags- sowie bedeutungsbezogene und formalbezogene Sprache ausdifferenziert. In diesem Kontinuum werden anschließend verschiedene sprachliche Herausforderungen für das fachliche Lernen in der diskursiven, der lexikalischen sowie der grammatischen Dimension weiter spezifiziert. Um Lernende dazu zu befähigen, auftretende Hürden zu überwinden, werden drei Prinzipien für fach- und sprachintegrierten Unterricht vorgestellt (vgl. Abschnitt 3.3): Während das Prinzip der reichhaltigen Diskursanregung den Gedanken des Einforderns verfolgt, lässt sich das Prinzip des Scaffolding den Unterstützungsmaßnahmen zuordnen. Das Prinzip der Darstellungs- und Sprachebenenvernetzung liegt als relevanter Teil anspruchsvoller Diskurshandlungen ebenfalls im Bereich des Einforderns, stellt für viele neuzugewanderte Lernende aber auch gleichzeitig eine Art von Unterstützung im Lernprozess dar.

Spezifische zusätzliche Herausforderungen ergeben sich für die in dieser Arbeit fokussierte Zielgruppe der neuzugewanderten Jugendlichen, die in Abschnitt 3.4 genauer vorgestellt wird. Während viele Herausforderungen in konzeptueller und diskursiver Dimension ähnlich sind wie für Lernende, die das deutsche Schulsystem von Beginn an durchlaufen haben, sind hier zusätzliche lexikalische und grammatische Aspekte zu berücksichtigen. Auf dieser Basis werden schließlich die in Abschnitt 3.3 vorgestellten Prinzipien für

K. Zentgraf, *Aufbau von Funktionsverständnis bei Neuzugewanderten*, Dortmunder Beiträge zur Entwicklung und Erforschung des Mathematikunterrichts 61, https://doi.org/10.1007/978-3-658-50179-2_3

fach- und sprachintegriertes Lernen im Mathematikunterricht für die Zielgruppe der Neuzugewanderten zugespitzt.

3.1 Sozialkonstruktivistische Lehr-Lerntheorie zur Integration von Sprach- und Fachlernen

Anknüpfend an die in Abschnitt 2.1 ausgeführte fachbezogene Lehr-Lerntheorie des Sozialkonstruktivismus wird zur genaueren Beschreibung, Erklärung und Anregung der fach- und sprachbezogenen Lehr-Lern-Prozesse Vygotskys (1962, 1978) sozial-konstruktivistisches Verständnis von Lernen und Lehren herangezogen, so dass eine fach- und sprachintegrierte Betrachtung durch eine konsistente theoretische Grundlegung befördert wird. Dazu wird in diesem Abschnitt die Theorie Vygotskys mit Blick auf die Rolle der Sprache weiter ausgeführt (im Bereich funktionaler Zusammenhänge vgl. etwa Sierpinska & Lerman 1996; Falcade et al. 2007; Moschkovich 2015; Parent 2015; Swidan et al. 2022).

Wie in Abschnitt 2.1.1 bereits angedeutet, ging Vygotsky (1978) davon aus, dass Denk- und Sprachhandlungen gelernt werden durch Partizipation in sozialer Interaktion mit sprachlich kompetenten Anderen. Die zunächst externalen Handlungen werden dann internalisiert, d. h. verinnerlicht (Sierpinska & Lerman 1996; Reusser & Pauli 2015). Die sprachlich kompetenten Anderen (in der Schule i. d. R. die Lehrkräfte) regen die Lernenden in ihren mentalen und sprachlichen Aktivitäten zur Erreichung der Zone der nächsten Entwicklung an (vgl. Abschnitt 2.1.2), indem sie reichhaltige Aktivitäten einfordern und die Lernenden dann bei deren Realisierung unterstützen (Vygotsky 1962; Quasthoff et al. 2015). Der Übergang in die Zone der nächsten Entwicklung wird gerade bei sprachlichen Lerngegenständen nicht allein durch individuelle Konstruktion in reichhaltigen Herausforderungssituationen erreicht, sondern auch durch Inputs von außen, Involviertheit in soziale Interaktionen und durch adaptive Unterstützung (Vygotsky 1978).

Wie in Abschnitt 2.1 bereits angeführt, soll dabei die Unterstützung langfristig auch wieder zurückgenommen und die Lernenden so dazu befähigt werden, die Herausforderungen einer bestimmten Entwicklungsstufe selbstständig zu bewältigen (Vygotsky 1962). Auf diesem Grundsatz baut das Prinzip des Scaffolding auf, das in Abschnitt 2.1 bereits allgemein eingeführt wurde und in Abschnitt 3.3 bezüglich der fachlichen und sprachlichen Komponenten beleuchtet wird. Für eine adaptive Unterstützung müssen die verschiedenen Entwicklungsstufen beim

Lernen berücksichtigt werden, d. h. die Zonen der (nächsten) Entwicklung müssen für jeden (mathematischen) Lerngegenstand neu spezifiziert und strukturiert werden (Vygotsky 1962; Hein 2021; vgl. Abschnitte 4.1 & 5.2).

In Vygotskys (1978) Theorie wird zudem erläutert, inwiefern bei einer solchen Weiterentwicklung und der erfolgreichen Realisierung komplexer mentaler Aktivitäten sogenannte Werkzeuge und Zeichen eine Rolle spielen. *Werkzeuge* werden als externale Unterstützungen zur Bewältigung äußerer Herausforderungen genutzt, wie beispielsweise verschiedene Darstellungen einer Funktion als Graph oder Gleichung, und umfassen zusätzlich Sprache, etwa zur Kommunikation in der Interaktion. Zum Umgang und der Entwicklung des eigenen Denkens müssen diese Werkzeuge wahrgenommen und verinnerlicht werden. Sie werden dann zu internalen Hilfsmitteln, sogenannten *Zeichen*, wozu beispielsweise individuelle Vorstellungen oder Sprache zum Denken zählen (Vygotsky 1978). Relevante Aspekte von funktionalen Zusammenhängen müssen also von den Lernenden durch bestimmte Werkzeuge wahrgenommen und anschließend verinnerlicht werden. In sozialer Interaktion soll während des Internalisierungsprozesses dabei die Bedeutung der mathematischen Lerngegenstände und Darstellungen ausgehandelt bzw. gemeinsam konstruiert werden, unterstützt durch adaptive Hilfe kompetenter Anderer (Hein 2021). Dabei dienen Werkzeuge und Zeichen gleichzeitig als Lernmedium, also Vermittler zwischen mathematischem Lerngegenstände sowie deren Bedeutung, und auch als Lernprodukt, durch das der Lernprozess erst sichtbar wird (Mariotti 2009). Beschrieben wurde dieses Phänomen bereits für die graphischen und symbolischen Darstellungen, die zunächst selbst neue Lerngegenstände für Lernende sind und erarbeitet werden müssen, bevor sie zum Lernmedium werden (vgl. Abschnitt 2.2.1).

Als besonders bedeutsames Werkzeug und Zeichen wurde von Vygotsky (1978) die Sprache herausgestellt, die in diesem Kapitel genauer betrachtet wird. Diese erfüllt zwei parallele Funktionen (vgl. auch Hasan 1992, 2002; Schleppegrell 2004; Morek & Heller 2012): Als *Kommunikationsmittel* wird sie sowohl rezeptiv bei der Aufnahme von Äußerungen genutzt als auch produktiv zur eigenständigen Formulierung, also als externales Werkzeug. In ihrer *kognitiven Funktion als internales Mittel zum Denken* dient verinnerlichte Sprache zur Bedeutungskonstruktion, folglich als Unterstützung der inneren Lernprozesse (Vygotsky 1978). Sie fungiert damit als Zeichen bei der Internalisierung mathematischer Lerngegenstände. Vygotsky (1962) verwies auf den hohen Anspruch und die Komplexität der zeitgleichen Entwicklung von Sprache und ihrer Bedeutung, denn er konnte (ähnlich wie Duval 2006 für andere Repräsentationen) auch oberflächlich übernommene Sprache beobachten, die vom Verständnis losgelöst genutzt wird. Sprache stellt demzufolge ein Lernmedium, also ein externales

Werkzeug dar, das für einen erfolgreichen Internalisierungsprozess zum internalen Zeichen überführt werden muss. Gleichzeitig muss Sprache auch als Lerngegenstand betrachtet werden, um einer oberflächlichen Nutzung und entsprechenden Vorstellungen entgegenzuwirken.

Lehr-Lern-Prozesse vollziehen sich insgesamt also dadurch, dass von Lernenden die Partizipation an externalen Aktivitäten in der Zone der nächsten Entwicklung *eingefordert* und diese *adaptiv unterstützt* werden durch Lehrkräfte und Unterrichtsmaterialien. Zur konzeptuellen Erschließung der mathematischen Lerngegenstände stellt sich neben den graphischen und symbolischen Repräsentationen insbesondere die Sprache mit ihren beiden Funktionen der Kommunikation und der Kognition als relevante externale wie internale Darstellung heraus.

Diese Unterscheidung zwischen externalen und internalen Repräsentationen (Vygotsky 1962, 1978) ermöglicht es, äußere Herausforderungen und Unterstützungsmaßnahmen gezielt in der Planung und Durchführung des Unterrichts einzusetzen. Während etwa Duval (2006) oder Aebli (1981) externale und internale Repräsentationen nicht terminologisch getrennt haben, wird die Unterscheidung in dieser Arbeit an Stellen genutzt, wo die externalen Repräsentationen für Unterstützungsmaßnahmen relevant sind (z. B. die Fokussierung auf die graphische Darstellung, aber auch das Angebot von Sprachschatz).

Die sozial-konstruktivistische lehr-lern-theoretische Grundlage nach Vygotsky (1962, 1978) kann insgesamt sowohl deskriptiv zur Beschreibung von Lehr-Lern-Prozessen an sich genutzt werden als auch explanativ zur Erklärung ihrer zugrundeliegenden Mechanismen. Zusätzlich bietet sie präskriptiv erste Anregungen zur Initiierung und Unterstützung von Lehr-Lern-Prozessen, die im Folgenden weiter gegenstandsbezogen auszudifferenzieren sind.

3.2 Forschungsstand zur Rolle der Sprache beim Mathematiklernen

Bereits Vygotsky (1962) stellte die besondere Rolle der Sprache beim fachlichen Lernen heraus. Um konkreter den Einfluss der Sprache auf die Lernprozesse fassen zu können, wird sie in diesem Abschnitt zunächst in verschiedene Sprachebenen der Alltags-, Bildungs- und Fachsprache ausdifferenziert. Die damit verbundenen sprachlichen Anforderungen können anhand der diskursiven, lexikalischen und grammatischen Sprachdimensionen zudem genauer identifiziert werden.

Rolle der Sprachebenen für das fachliche Lernen: Alltags-, Bildungs- und Fachsprache

Sprache erfüllt im Mathematikunterricht anknüpfend an die vorgestellten lehr-lern-theoretischen Ansätze zwei Funktionen, oft gleichzeitig (Vygotsky 1978): Einerseits dient sie als *Kommunikationsmittel* zum Austausch zwischen Beteiligten einer Interaktion, um sich also über Verständnis von Konzepten, Zusammenhängen und Verfahren auszutauschen, Lösungen mathematischer Aufgaben vorzutragen, Zusammenhänge zu erklären o. Ä. (Vygotsky 1978; Duval 2006; Pohl 2016; Coppola et al. 2022). Als *Mittel der Kognition* werden andererseits die Anteile der Sprache beschrieben, die zum Denken genutzt werden (ebd.). Diese dienen damit auch dem Verständnisprozess (Pimm 1987; Maier & Schweiger 1999; Morek & Heller 2012). Auch für den Mathematikunterricht konnte die Relevanz von Sprache als *Denkmittel* für den Aufbau konzeptuellen Verständnisses nachgewiesen werden (für Funktionen Zindel 2019; im Überblick Prediger et al. 2015b; Prediger 2022c).

Um den Einfluss von Sprache auf Lernprozesse sowie konkrete sprachliche Herausforderungen besser fassen zu können, werden meist die Sprachebenen der Alltags-, Bildungs- und Fachsprache unterschieden (anknüpfend an Chamot & O'Malley 1994; Cummins 2000; Schleppegrell 2004; Snow & Ucelli 2009). *Alltagssprache* wird dabei als medial mündliche Sprache in der alltäglichen, persönlichen und eher informellen Interaktion und Kommunikation angesehen (Gogolin 2006; Riebling 2013). Im Gegensatz dazu zeichnet sich *Bildungssprache* durch eine konzeptionelle Schriftlichkeit und unpersönliche Ansprache aus (Meyer & Prediger 2012; Riebling 2013). Die Kommunikation in dieser Sprachvarietät ist deutlich expliziter und dekontextualisierter als die Alltagssprache und stellt damit ein fächerübergreifendes Medium in Institutionen (allgemeiner) Bildung dar (Chamot & O'Malley 1994; Gogolin 2006; Feilke 2012; Riebling 2013). Dadurch können abstrahierte Ideen formuliert und gleichzeitig neues Wissen erschlossen werden (Chamot & O'Malley 1994). Hinzu kommen für jedes Fach spezifische (sprachliche) Herausforderungen und Begrifflichkeiten, die eine hoch präzise und effiziente Kommunikation in der *Fachsprache* ermöglichen (Riebling 2013). Zwischen den einzelnen Sprachvarietäten gelingt keine genaue Abgrenzung, sodass sie eher entlang eines Kontinuums konzeptualisiert werden (Gibbons 2002a). Dabei vermittelt die Bildungssprache zwischen Alltags- und Fachsprache (Schleppegrell 2004; Snow & Uccelli 2009).

Gallin und Ruf (1990) ebenso wie Leinhardt et al. (1990) maßen der Alltagssprache eine wichtige Rolle beim Verständnisaufbau zu, die stets als relevante Ressource der Ausgangspunkt und auch ein erstes Medium des Verständnisprozesses sein sollte (Prediger 2013b; Pöhler 2018; Prediger & Wessel 2018).

Allerdings zeigen viele Untersuchungen schulischer Verständnisprozesse, dass die Alltagssprache als Lernmedium oft nicht ausreicht, sondern auch Bildungssprache notwendig ist (Morek & Heller 2012). Neben der kommunikativen Funktion als Lernmedium, die sie im Unterricht erfüllt, wird die Bildungssprache gerade im Fachunterricht auch als Denkmittel für die Erschließung und Erarbeitung von Wissen und Verständnis benötigt, sodass sie zusätzlich auch eine höchst relevante kognitive Funktion erfüllt (Cummins 1979; Gogolin 2006; Schleppegrell 2010; Morek & Heller 2012). Alltagssprachliche und bildungssprachliche Kompetenzen werden also in der Regel als Lernvoraussetzung und die Bildungssprache insbesondere auch als Lernmedium angesehen, während die schulische Fachsprache als Lerngegenstand expliziert wird (Gogolin & Lange 2011). Viele (mono- und multilingualen) Lernenden bringen jedoch nicht die nötigen bildungssprachlichen Ressourcen in ihren individuellen Lernprozess mit ein, sondern müssen diese erst während ihrer Schullaufbahn erlernen. Die bildungssprachliche Ebene muss also ebenfalls zum expliziten Lerngegenstand gemacht werden (Knapp 2006; Feilke 2012; Morek & Heller 2012; de Araujo et al. 2018), andernfalls können fehlende bildungssprachliche Kompetenzen zum Lernhindernis werden (etwa Cummins 1979; Barwell 2009; Prediger & Özdil 2011).

Ausdifferenzierung der sprachlichen Herausforderungen im Kontinuum von Alltags- zu Fachsprache: Bedeutungsbezogene und Formalbezogene Sprache
Mit Blick auf die drei beschriebenen Sprachvarietäten betonten Prediger und Wessel (2018), dass nicht die Unterschiede zwischen Bildungs- und Fachsprache für die fachbezogenen Lernprozesse entscheidend sind, zumal diese Unterscheidung sich im Laufe der Schulzeit auch verschiebt. Für die genauere Spezifizierung von bildungs- und fachsprachlichen Herausforderungen wird daher in der MuM-Forschungsgruppe (Mathematiklernen unter Bedingungen der Mehrsprachigkeit) die Trennung nach *bedeutungsbezogener* und *formalbezogener Sprache* vorgenommen (s. auch Wessel 2015; Pöhler & Prediger 2015; Prediger 2017). *Formalbezogene* Sprache umfasst dabei „Sprachmittel der themenspezifischen Fachsprache" (Wessel 2015, S. 199). Bereits Leinhardt et al. (1990) hatten die Hoffnung, dass die formalbezogene Sprache der (Füll-)Graphen an die alltagssprachlichen Ressourcen der Lernenden anknüpfen und diese so (unter Zuhilfenahme der graphischen Darstellung) eine Brücke vom Konkreten zum abstrakten mathematischen Denken schlagen könnten (Smit et al. 2016). Dabei fehlt jedoch der direkte inhaltliche oder anschauliche Bezug zur Bedeutung dieser formalbezogenen Begriffe (Wessel 2015).

Dazu ist die *bedeutungsbezogene* Sprache notwendig, mit der die Bedeutung mathematischer Konzepte verbalisiert und erschlossen werden kann (Wessel 2015; Prediger & Zindel 2017). Diese stellt sich als Brückensprache zwischen Alltags- und Fachsprache dar und umfasst diejenigen Sprachmittel, die zum Erklären von Bedeutungen und zum informellen, aber präzisen Beschreiben abstrakter mathematischer Strukturen notwendig sind (Prediger 2022c). Die Notwendigkeit einer Brücke zwischen Alltags- und formalbezogener Fachsprache beschreibt auch Herbel-Eisenmann (2002): Erforderlich ist oft ein Mediator, da vielen Lernenden die sprachlichen Mittel zur Bedeutungskonstruktion noch fehlen und weder die alltagssprachlichen noch die rein formalbezogenen Sprachmittel dazu genügen (vgl. auch Ortner 2009; Prediger & Şahin-Gür 2020). Ausgearbeitet wurde das Konzept der bedeutungsbezogenen Denksprache über vielfältige empirische Untersuchungen in der MuM-Forschungsgruppe hinweg (Prediger & Krägeloh 2015; Pöhler & Prediger 2015; Wessel 2015; Prediger & Zindel 2017; zusammenfassend in Prediger 2022c). Der Hinweis von Herbel-Eisenmann (2002), dass eine solche Brückensprache für jeden Lerngegenstand neu identifiziert und erlernt werden muss, wurde in der Forschungsgruppe zu einem eigenständigen Arbeitsbereich der Spezifizierung bedeutungsbezogener sprachlicher Herausforderungen im Design-Research-Programm erweitert (Prediger & Zindel 2017; Prediger 2022c), der auch von anderen Forschenden aufgegriffen wurde (z. B. Planas 2021).

Spezifizierung der sprachlichen Herausforderungen für das Mathematiklernen in diskursiver, lexikalischer und grammatischer Dimension

Die Merkmale der Bildungssprache im Kontinuum zwischen Alltags-, Bildungs- und Fachsprache werden linguistisch oft in lexikalischer, grammatischer und diskursiver Dimension beschrieben (Bailey et al. 2007; Heller & Morek 2015; Snow & Uccelli 2009). Viele der dort beschriebenen Merkmale lassen sich auf den spezifischen Ausschnitt der Bildungssprache, der als *bedeutungsbezogene Sprache* fachdidaktisch relevant ist, übertragen.

In *diskursiver Dimension* wird Bildungssprache über diskursive Merkmale charakterisiert wie klare Festlegung von Sprechendenrollen und Sprechendenwechsel, hohe Anteile monologischer Formen (z. B. Vortrag, Referat, Aufsatz), fachgruppentypische Textsorten (z. B. Protokoll, Bericht, Erörterung) und stilistische Konventionen (z. B. Sachlichkeit, logische Gliederung, angemessene Textlänge) (Morek & Heller 2012). In Bezug auf das fachliche Lernen im Mathematikunterricht haben sich dabei fachtypische Sprachhandlungen als die wichtigsten Bestandteile herausgestellt, wie etwa das Identifizieren und Beschreiben von Informationen, das Erklären, das Begründen und Argumentieren, das

Verallgemeinern und Definieren (Chamot & O'Malley 1994; Snow & Uccelli 2009; Feilke 2012; Moschkovich 2015; z. T. auch linguistisch als Genres konzeptualisiert).

Es wurden verschiedene diskursive bildungssprachliche Anforderungen herausgearbeitet, die die Lernenden bearbeiten und für den Verständnisaufbau im Mathematikunterricht bewältigen müssen. Sie gelten daher als Bestandteil der bedeutungsbezogenen Sprache und werden in den folgenden Sprachhandlungen konkretisiert: Vor dem formalbezogenen Erläutern und Berichten von Vorgehensweisen und Rechenwegen sind für den Verständnisaufbau das Argumentieren, Beschreiben mathematischer Strukturen, Erklären von Bedeutungen sowie Erklären von Darstellungsvernetzungen die relevantesten Sprachhandlungen (Prediger et al. 2019a). Diese müssen erlernt werden, genauso wie konkrete Anforderungen in anderen sprachlichen Dimensionen ebenfalls erst bearbeitet werden müssen. Sie stellen also einen Lerngegenstand dar (Moschkovich 2010; Erath 2017; Prediger 2022c). Eine solche diskursive Sprachförderung sollte immer wieder offensiv die relevanten Sprachhandlungen einfordern (Prediger et al. 2016; Prediger & Wessel 2018; anknüpfend an die Pushed-Output-Theorie von Swain 1985) und in der Interaktion unterstützen zu zunächst kollektiv hervorgebrachten Erklärungen von Darstellungsvernetzungen, Argumentationen, Erläuterungen von Vorgehensweisen und später auch individuell monologisch produzierten Sprachhandlungen. Die Konkretisierung dieser Sprachhandlungen für den gewählten Lerngegenstand erfolgt empirisch in zunehmender Tiefe (Moschkovich 2010).

Zur Realisierung der Sprachhandlungen in diskursiver Dimension werden Sprachmittel in lexikalischer und grammatischer Dimension benötigt. In *lexikalischer Dimension* wird Bildungssprache charakterisiert durch elaborierte (weniger gebräuchliche) Wörter und Satzbausteine mit komplexeren Wortbildungsformen als in der Alltagssprache: Bildungssprachtypisch sind etwa Nominalisierungen (Die Steigung des Füllgraphen), die Nutzung von Komposita (Füllgeschwindigkeit) und Fachbegriffen (gleichmäßig oder steil), Präfix- sowie Partikelverben (verändern oder vergleichen; auffüllen oder abmessen) sowie dekontextualisierte Sprachmittel (man) (vgl. Morek & Heller 2012).

Im Fachunterricht aller Fächer zeigt sich die Relevanz dieser elaborierteren Wörter und Satzbausteine als Sprachmittel für die Realisierung anspruchsvollerer Sprachhandlungen zur Konstruktion von Wissen und den Aufbau von Verständnis (Feilke 2012). Speziell für den Verständnisaufbau beim Mathematiklernen werden vor allem solche bildungssprachlichen Mittel benötigt, mit denen mathematische Beziehungen und Bedeutungen verbalisiert oder die Sprachhandlung Erklären von Bedeutungen realisiert werden können. Diese Sprachmittel werden in *lexikalischer Dimension* unter bedeutungsbezogenem Sprachschatz zusammengefasst (Prediger 2013b; Wessel 2015).

Sprachmittel für die Realisierung reichhaltiger Sprachhandlungen sind jedoch auch in *grammatischer Dimension* bildungssprachtypisch komplexer, d. h. sie umfassen deutlich komplexeren Satzstrukturen wie etwa verschiedene Nebensatzgebilde, präpositionale Gruppen (wachsen von … auf), Attribute (die veränderte Füllhöhe) oder Passivkonstruktionen (Morek & Heller 2012; Riebling 2013).

Die Sprachmittel zur Realisierung der Sprachhandlungen auf diskursiver Ebene sind demnach geprägt von bestimmten Merkmalen der Bildungssprache, die sich in *lexikalischer* und *grammatischer Dimension* spezifizieren lassen. Im Vergleich zur Alltagssprache zeichnen sich diese zusammenfassend durch einen höheren Grad an Präzision und Explizitheit sowie einen höheren Verdichtungsgrad aus (Cummins 1979; Snow & Uccelli 2009). Abhängig von der fokussierten Sprachhandlung in *diskursiver Dimension* unterscheiden sich die Sprachmittel jedoch: Das Beschreiben von Rechenwegen erfordert vornehmlich formalbezogene Sprachmittel, die deutlich reichhaltigere Sprachhandlung des Erklärens von Bedeutungen allerdings bedeutungsbezogenen Sprachschatz (Prediger 2017; Prediger 2024). Hierzu müssen die relevanten Strukturelemente mathematischer Konzepte, aber auch zugehörige Darstellungen expliziert werden (Prediger & Wessel 2013; Pöhler & Prediger 2015). Welche Sprachmittel genau diese Dimension umfasst, muss themenspezifisch immer wieder neu nachgegangen und empirisch identifiziert werden (Prediger 2022c, 2024).

Für den Verständnisaufbau im Mathematikunterricht spielen hier besonders solche Mittel eine Rolle, die mathematische Bezüge herstellen und damit zur bedeutungsbezogenen Sprache gehören (Maier & Schweiger 1999; Planas 2021). Zindel (2019) untersuchte in diesem Zusammenhang die Valenz von Verben ausführlicher, die mathematische Beziehungen durch unterschiedliche Kasus kennzeichnen. Solche Sprachmittel sind besonders wichtig mit Blick auf die diskursive Sprachhandlung des Erklärens von Bedeutung, da hier das Explizieren von Bezügen grundlegend ist (Prediger & Hein 2017; Prediger & Şahin-Gür 2020).

Neben den ausgeführten diskursiven, lexikalischen und grammatischen Dimensionen hat bedeutungsbezogene Sprache zusätzlich semiotische Anteile, insofern auch graphische Darstellungen zur bedeutungsbezogenen Denksprache hinzugezählt werden (Pöhler & Prediger 2015; Prediger 2020).

In diesem Abschnitt wurden die verschiedenen Herausforderungen der Bildungssprache (insbesondere mit Blick auf bedeutungs- und formalbezogene Sprache) bezüglich der drei sprachlichen Dimensionen (lexikalisch, grammatisch, diskursiv) konkretisiert. Zudem wurde der Zusammenhang zwischen solchen bildungssprachlichen Herausforderungen und dem Mathematiklernen genauer beleuchtet, um aus sprachlicher Sicht das Mathematiklernen zu fördern. Prediger und Wessel (2011) sowie Prediger et al. (2016a) führten das Vernetzen der Sprachebenen mit den beteiligten Darstellungen zusammen und entwickeln damit das Prinzip der Darstellungsvernetzung weiter, um dem gemeinsamen Lernen von Fach- und Sprachgegenstand gerecht zu werden (de Araujo et al. 2018; vgl. auch Abschnitt 3.3).

3.3 Prinzipien für fach- und sprachintegrierten Unterricht

Für die Förderung eines verstehensorientierten Unterrichts haben sich verschiedene fach- und sprachintegrierte Ansätze bewährt, von denen die für das vorliegende Entwicklungsforschungsprojekt relevanten Prinzipien der Sprachbildung im Fach Mathematik im Folgenden vorgestellt werden. Diese haben sich empirisch (Kap. 5–7) als geeignet erwiesen, um ausgehend von der Grundidee des Einforderns und Unterstützens (vgl. Abschnitte 2.1 & 3.1) die Lernenden zur Bewältigung von konzeptuellen (Kap. 2) und sprachlichen Herausforderungen (Kap. 3) zu befähigen:

(1) Beim Prinzip der *reichhaltigen Diskursanregung* geht es um das Einfordern diskursiv anspruchsvoller Sprachhandlungen (also das Einfordern von Sprachproduktion) zur Förderung konzeptuellen Verständnisses (Moschkovich 2015; Erath et al. 2018).
(2) Dieses Prinzip wird durch die *Darstellungs- und Sprachebenenvernetzung* ergänzt, bei der die verschiedenen Darstellungen und Sprachebenen miteinander explizit in Beziehung gesetzt und Strukturen herausgestellt werden, um gleichzeitig verstehens- und sprachförderlich zu arbeiten (Moschkovich 2013; Prediger & Wessel 2013).
(3) Zur geplanten und situativen adaptiven Unterstützung dieser Aktivitäten wird das Prinzip des *Scaffolding* genutzt (für die grundlegende Idee vgl. Abschnitt 2.1.2). Dabei werden konzeptuelle und sprachliche Hilfsangebote gegeben, die im Verlauf des Lernprozesses wieder zurückgenommen werden sollen. Dies erfolgt einerseits in der Unterrichtsplanung (Makro-Ebene), etwa durch Formulierungshilfen. Andererseits spontan im Unterrichtsgespräch (Mikro-Ebene) durch passgenaue Impulse der Lehrkraft (Gibbons 2002a).

Im Folgenden werden diese drei Prinzipien genauer vorgestellt, an die bisher erarbeiteten Aspekte des fach- und sprachintegrierten Verständnisaufbaus angeknüpft und für die Arbeitsbereiche der Spezifizierung und Strukturierung des Lerngegenstands sowie der Entwicklung des Lehr-Lern-Arrangements fokussiert.

Prinzip der Reichhaltigen Diskursanregung: Sprache einfordern
Die Pushed-Output-Hypothese (Swain 1985; Walqui 2006) konstatiert, dass für einen erfolgreichen Spracherwerb das stetige Einfordern von Sprach-Output, mündlich oder schriftlich, unabdingbar ist. Die Lernenden sollen dabei aktiv in der Sprachproduktion eingebunden werden und ihnen soll eine Vielfalt an ausgiebigen Möglichkeiten zur Sprachnutzung angeboten werden (Erath et al. 2021). Dabei ist besonders die Qualität der sprachlichen Aktivitäten für nachhaltiges Lernen entscheidend (Erath & Prediger 2018; Erath et al. 2021). Das fachdidaktische *Prinzip der reichhaltigen Diskursanregung* fasst darunter insbesondere anspruchsvolle Sprachhandlungen wie das Erklären von Bedeutung oder das Argumentieren, die das konzeptuelle Verständnis vertiefen, im Gegensatz zu weniger reichhaltigen Aktivitäten wie dem Erläutern von Vorgehensweisen (Moschkovich 2015; Erath et al. 2018; Prediger et al. 2019a; vgl. auch Abschnitt 3.2 zur Diskursebene). Alle diese Sprachhandlungen stellen jedoch Tätigkeiten dar, die von den Lernenden erst erlernt (Lerngegenstand) und entsprechend von den Lehrkräften unterstützt werden müssen (vgl. Prinzip des Scaffolding) (etwa Smit & van Eerde 2013).

Für das Fördern von qualitativem Funktionsverständnis im Kontext von Füllgraphen müssen Lernende also beispielsweise erklären, warum verschiedene Darstellungen zueinander passen. Dies kann von den Lehrkräften durch das Angebot bedeutungsbezogener Sprachmittel unterstützt werden. Durch das wiederholte Einfordern solcher Erklärungen werden die Lernenden also zu eigenständigen Formulierungen angeregt, wodurch die relevanten Verstehenselemente erschlossen, vertieft und letztendlich internalisiert werden können (vgl. Abschnitt 2.1.2).

Prinzip der Darstellungs- und Sprachebenenvernetzung: Konzeptueller Verständnisaufbau durch das Einfordern und Unterstützen von Sprache
Bereits in Abschnitt 2.1.4 wurde die Relevanz der Darstellungsvernetzung herausgearbeitet, wobei auch die verbale Darstellung einbezogen wird (etwa Duval 2006; Uribe & Prediger 2021; Post & Prediger 2024). Für den konzeptuellen Verständnisaufbau beim Mathematiklernen müssen vor allem die relevanten Verstehenselemente explizit in Beziehung gesetzt werden. Prediger und Wessel (2013)

haben zudem die verbale Darstellung in die alltags-, bedeutungs- sowie formalsprachliche Ebene ausdifferenziert und deren explizite Verknüpfung untereinander sowie mit den anderen Darstellungsebenen gefordert. Während Lernprozesse dabei grundsätzlich vom Konkreten zum Fomalbezogen-Symbolischen und vom Alltags- zum Fachsprachlichen angelegt sind, müssen die Sprachebenen und Darstellungen flexibel immer wieder in die unterschiedlichen Richtungen miteinander verknüpft werden, indem Lernende verschiedene sprachliche Beschreibungen und Erklärungen explizit mit den verschiedenen Darstellungen in Verbindung setzen und so konzeptuelles Verständnis erweitern und vertiefen (Moschkovich 2013; Renkl et al. 2013; Prediger & Wessel 2013; Post 2025). Dabei ist die Sprachhandlung des Erklärens der Passung verschiedener Darstellungen (bzw. Sprachebenen) besonders wirksam zum Aufbau konzeptuellen Verständnisses, da so die beteiligten Verstehenselemente miteinander explizit in Beziehung gesetzt, also untereinander vernetzt werden (Renkl et al. 2013; Prediger 2020; Uribe & Prediger 2021).

Mit Blick auf mögliche Unterstützungsangebote, haben etwa Prediger et al. (2016; anknüpfend an Leisen 2005; Prediger & Wessel 2011) herausgearbeitet, dass das Prinzip der Darstellungs- und Sprachebenenvernetzung die Lernprozesse auch mehrsprachiger Jugendlicher unterstützt und diese nicht nur im konzeptuellen, sondern auch im sprachlichen Lernpfad fördert. Diese Ansätze werden auch in der vorliegenden Arbeit genutzt und weiter ausgeführt.

Zusammengefasst müssen in einem Lehr-Lern-Arrangement zu Füllgraphen für den Aufbau qualitativen Funktionsverständnisses die beteiligten Darstellungen (ikonische Darstellung der Gläser, kontextuelle Darstellung des Füllprozesses, graphische Darstellung der Füllgraphen) und die beteiligten Sprachebenen (Alltags-, bedeutungsbezogene sowie formalbezogene Sprache) miteinander vernetzt werden. Dazu können Sprachhandlungen wie das Erklären der Passung zwischen Glas und Füllgraph eingefordert werden.

Prinzip des Scaffoldings Sprach- und Verständnisaufbau unterstützen

Dieses konzeptuelle und sprachliche Einfordern über die Prinzipien der reichhaltigen Diskursanregung sowie der Darstellungs- und Sprachebenenvernetzung muss adaptiv entsprechend des Lernstands sowie situativ angemessen bezüglich des Lernprozesses unterstützt werden (Gibbons 2002a; Erath et al. 2018). Hierzu kann das Prinzip des *Scaffoldings* genutzt werden.

Scaffolding (vom Englischen ‚Gerüst‘) bezeichnet sowohl sprachliche als auch konzeptuelle Unterstützungsmaßnahmen bei Herausforderungen im Lernprozess, die die Lernenden eigenständig nicht bewältigen könnten (Wood et al. 1976; vgl. auch Abschnitt 2.1.2). Dieses Gerüst an Hilfestellungen soll nach Erreichen der

Zone der nächsten Entwicklung wieder abgebaut werden (Vygotsky 1962; Lajoie 2005).

Mit Blick darauf, wie Unterstützung stattfinden kann, wird zwischen der langfristig angelegten Planung (Makro-Ebene) sowie der konkreten Durchführung (Mikro-Ebene) unterschieden (Gibbons 2002a; Mercer 2008; Prediger & Pöhler 2015). Die beiden Sichtweisen sollen zusammen gedacht werden und sich gegenseitig ergänzen (Hammond & Gibbons 2005; Pöhler & Prediger 2015). Makro-Scaffolding meint eine gezielte Planung von Unterstützungsmaßnahmen, die bei den konzeptuellen und sprachlichen Ressourcen der Lernenden ansetzt und durch Gestaltung eines fach- und sprachintegrierten Lernpfads das Erreichen der Lernziele sequenziert, wobei vorab die relevanten konzeptuellen und sprachlichen Anforderungen an die Lernenden durch den Lerngegenstand spezifiziert werden (Gibbons 2002a; Hammond & Gibbons 2005; Prediger & Pöhler 2015; Wessel 2015; Prediger et al. 2016a). Die Planung eines solchen Lernpfads berücksichtigt die relevanten konzeptuellen Aspekte eines Themenbereichs und ergänzt diese mit den notwendigen sprachlichen, insbesondere bedeutungsbezogenen Mitteln sowie Sprachhandlungen zum inhaltlichen Verständnis (Gibbons 2002a; Kniffka 2012; Prediger & Pöhler 2015; Prediger & Wessel 2018). Dabei werden also die fachlichen und sprachlichen Lernvoraussetzungen und Lerngegenstände identifiziert, gemäß der Prinzipien der reichhaltigen Diskursanregung sowie der Darstellungs- und Sprachvernetzung umgesetzt (Hammond & Gibbons 2005; Pöhler 2018) und mit vorab bereits eingeplanten Unterstützungen versehen, z. B. Hilfsfragen, Formulierungshilfen, spezifische kommunikative Settings o. Ä. (Gibbons 2002a).

Unter Mikro-Scaffolding werden adaptive Unterstützungsstrategien in Interaktionen verstanden (Hammond & Gibbons 2005; Smit & van Eerde 2011). Solche Scaffolds ermöglichen adaptiv das Erreichen der Zone der nächsten Entwicklung (Vygotsky 1962; Hammond & Gibbons 2005). Konkrete Mikro-Scaffolding-Strategien wie Überformen von Lernendenäußerungen, Verlängern von Lernendenäußerungen oder das Angebote bestimmter Sprachmittel sind beispielsweise bei Hammond und Gibbons (2005), Smit (2013), Wessel (2015) und Pöhler (2018) zu finden.

Sprachliche Scaffolds werden im Zweit- und Fremdsprachenunterricht zur Unterstützung des reinen Sprachlernens eingesetzt, im sprachbildenden Fachunterricht dagegen verfolgen sie fach- und sprachintegrierte Zwecke, sollen also konzeptuelles und sprachliches Lernen miteinander verknüpfen (Gibbons 2002a; Hein & Prediger 2024). Dazu müssen sie im Vorhinein identifiziert werden (Makro-Ebene) und die Lehrkräfte mit entsprechenden adaptiven Strategien zur Umsetzung im Unterrichtsmaterial und im Unterrichtsgespräch ausgestattet werden (Mikro-Ebene).

Ausgehend von der diskursiven Dimension und dem Prinzip der reichhaltigen Diskursanregung müssen immer wieder konzeptuell anspruchsvolle Sprachhandlungen wie das Erklären, Beschreiben oder Argumentieren offensiv eingefordert und unterstützend in Teilschritte zerlegt und mit Hilfen für die jeweils benötigten lexikalischen und grammatischen Mittel bewältigbar werden (Prediger et al. 2016b; Prediger & Wessel 2018). Die diskursiven, lexikalischen oder grammatischen Scaffolds können im Unterrichtsmaterial verankert sein (Makro-Ebene), gleichzeitig aber auch durch die Lehrkraft immer wieder auch mündlich eingefordert werden (Mikro-Ebene).

Damit Lernende diskursive Herausforderungen in Wissenskonstruktionsprozessen bewältigen können, werden nicht nur ad hoc Formulierungshilfen angeboten, sondern eine Sprachschatzarbeit eingeplant, die die relevanten Satzbausteine und Sprachmittel in mehreren Lernstufen erarbeitet (Moschkovich 2013; Riccomini et al. 2015). Bei dieser Sprachschatzarbeit ist zu beachten, dass sie sich in der lexikalischen Dimension nicht um einfaches Vokabellernen insbesondere des formalbezogenen Wortschatzes handeln darf, sondern die relevanten, bedeutungsbezogenen Sprachmittel kontextualisiert immer eingebracht und an die Alltagssprache der Lernenden angeknüpft werden müssen (Morgen 2005; Moschkovich 2013, 2015; Smit et al. 2013; de Araujo & Smith 2021; Erath et al. 2021; Prediger 2022c).

Die grammatische Dimension kann etwa durch Formulierungshilfen zum Ausdrücken mathematischer Bezüge einbezogen werden, die auch Satzstrukturen verdeutlichen (Jorgensen 2011; Beese & Gürsoy 2012; Prediger 2013b). Die relevanten bedeutungsbezogenen Sprachmittel in lexikalischer und grammatischer Dimension sollten dabei als Unterstützung angeboten werden, sobald sie lerngegenstandsspezifisch identifiziert sind.

Für die Entwicklung einer Füllgraphen-Umgebung soll in dieser Arbeit also ein fach- und sprachintegrierter Lernpfad konzipiert werden (Makro-Ebene), der die relevanten Verstehenselemente für qualitatives Funktionsverständnis aufnimmt (vgl. Abschnitt 2.3.3). Dabei sollen anspruchsvolle Sprachhandlungen wie das Erklären der Passung verschiedener Darstellungen einfordert und durch bedeutungsbezogene Sprache ergänzt bzw. unterstützt werden, hier vor allem zum Adressieren der kontextuellen Darstellung des Füllprozesses. Als mögliches Angebot können etwa sprachliche Formulierungshilfen zum Adressieren und Verknüpfen der konzeptuell relevanten Verstehenselemente angeboten werden. Welche genau dies sind, muss jedoch erst empirisch untersucht werden. Dies gilt für schriftliche Scaffolds im Material ebenso wie für Lehrkraft-Impulse zur Unterstützung.

In Design-Research-Studien und Wirksamkeits-Studien zu Scaffolds zeigen sich diese Bedarfe immer wieder: Auch wenn das allgemeine Prinzip und seine Gelingensbedingungen bekannt sind, bedarf die explizite Spezifizierung, *was* genau unterstützt werden soll und *wie* diese Unterstützung geplant bzw. durchgeführt wird, für jeden Lerngegenstand neu empirische Untersuchungen (Sherin et al. 2004; Lajoie 2005; Bakker et al. 2015).

Bei der Frage, *was* gescaffoldet wird, stehen für diese Arbeit vorrangig das konzeptuelle Lernen (Baxter & Williams 2010; Kolikant & Broza 2011; Broza & Kolikant 2015; Calder 2015) sowie (mathematikbezogenes) sprachliches Lernen im Fokus (Esquinca 2011; Kniffka 2012; Smit et al. 2013; Cohrssen et al. 2014; Bakker et al. 2015; Prediger & Pöhler 2015). Da sich verschiedene Lerngegenstände bezüglich der konzeptuellen und sprachlichen Herausforderungen unterscheiden, muss Scaffolding dabei nicht nur immer spezifisch für den Lerngegenstand, sondern auch für die spezifischen Lernumgebungen (hier eine konkret ausgestaltete Füllgraphen-Umgebung) sowie Zielgruppen (hier Neuzugewanderte) geplant werden (van de Pol et al. 2010; Smit & van Eerde 2011).

Diese Arbeit nimmt entsprechend verschiedene Entwicklungs- und Forschungsinteressen bezüglich Scaffolding in den Blick: Aufgrund der fachlichen und sprachlichen Spezifizierung des Lerngegenstands und der empirischen Untersuchung werden konkrete Unterstützungsmaßnahmen für die designte Füllgraphen-Umgebung beim Einfordern reichhaltiger Sprachhandlungen und Verknüpfungsaktivitäten auf Mikro- und Makro-Ebene identifiziert (Forschungsebene). Diese werden schlussendlich im Lehr-Lern-Arrangement und dem zugehörigen didaktischen Kommentar für Lehrkräfte konkret ausgestaltet (Entwicklungsebene).

3.4 Fachliches und sprachliches Lernen von und Lehren für Neuzugewanderte

3.4.1 Zweitspracherwerb von Neuzugewanderten im (Fach-)Unterricht

Eine stetig wachsende Gruppe an Lernenden im deutschen Schulsystem stellen Kinder und Jugendliche dar, die selbst nach Deutschland zugewandert sind: die Neuzugewanderten. In diesem Abschnitt wird deshalb zunächst die fokussierte

Zielgruppe genauer vorgestellt und entsprechende Begrifflichkeiten für die vorliegende Arbeit definiert. Dabei werden Rahmenbedingungen im Schulsystem und der aktuelle Forschungsstand vorgestellt. Für die spezifische Zielgruppe konnten Berkemeier und Schmidt (2020) besonders in grammatischer Dimension Herausforderungen identifizieren, durch die sie ein grammatisches Stufenmodell zum Zweitspracherwerb neuzugewanderter Kinder und Jugendlicher entwickeln konnten. Dieses wird in der vorliegenden Arbeit zur gezielten Entlastung von für die Zielgruppe nicht bewältigbaren grammatischen Herausforderungen genutzt. Es wurde ursprünglich für den Zweitsprach-Unterricht konzipiert und wird in dieser Arbeit auf den Fachunterricht Mathematik übertragen.

Charakterisierung der Zielgruppe: Neuzugewanderte Kinder und Jugendliche im deutschen Schulsystem
Während die Gruppe an Kindern und Jugendlichen mit Migrationshintergrund, die das deutsche Bildungssystem von Beginn an durchlaufen, bereits ausführlich beforscht wurde (etwa Barwell et al. 2016; de Araujo et al. 2018; Planas et al. 2018; Erath et al. 2021), treten Lernende, die bereits im schulpflichtigen Alter selbst nach Deutschland zugezogen sind, vor allem seit den Jahren 2015/2016 in den wissenschaftlichen Fokus.

Die Gruppe der neuzugewanderten Jugendlichen ist erheblich gewachsen: So waren im Jahr 2022 waren beispielsweise 9,2 % aller 15-Jährigen selbst zugewandert (im Vergleich waren es 2012 3,7 %) und gehören damit zur ersten Migrationsgeneration (Lewalter et al. 2023). Diese werden aufgrund ihrer geringen oder nicht vorhandenen Deutschkenntnisse als *Neuzugewanderte* bezeichnet, solange bis sie sprachlich ohne weitere Unterstützung am Regelunterricht teilnehmen können (Massumi et al. 2015). Synonym hierzu wird häufig der Begriff der Seiteneinsteigenden ins Schulsystem genutzt, um Lernende zu kennzeichnen, die das deutsche Schulsystem nicht von Beginn an durchlaufen (Gamper et al. 2020). 20 % der in PISA 2022 untersuchten Lernenden der ersten Migrationsgeneration sind erst nach Vollendung des 12. Lebensjahres zugewandert und haben damit mindestens die Grundschulzeit in einem anderen Bildungssystem verbracht (Avvisati & Ilizaliturri 2023). Für die vorliegende Arbeit wird überwiegend der Begriff der Neuzuwanderung mit Bezug zur Sprachkompetenz genutzt, sofern nicht betont werden soll, dass die Lernenden das deutsche Bildungssystem nicht von Beginn an durchlaufen haben.

Die Gründe für die Zuwanderung sind vielfältig: Humanitäre Gründe sowie Familiennachzug machten zwischen 2005 und 2020 etwa 32 % der Zuwanderung in Deutschland aus (Deutschland ist eins der größten Aufnahmeländer; Edele et al. 2021; Maué et al. 2021); die Freizügigkeit innerhalb der Europäischen Union stellte für den Zeitraum zwischen 2005 und 2020 den Hintergrund für etwa 60 % der Gesamtzuwanderung dar; Arbeitsmigration und Weiteres im selben Zeitraum ca. 8 % (OECD/European Commission 2023).

Die Gruppe der neuzugewanderten Kinder und Jugendlichen ist dabei bzgl. verschiedener Merkmale heterogen: Neben dem Grund der Zuwanderung und dem damit verknüpften Herkunftsland liegt besonders in den formalen Bildungserfahrungen, in sprachlichen Kompetenzen sowie in sozioökonomischen und kulturellen Ressourcen eine große Heterogenität (Birnbaum et al 2018; Edele et al. 2021; Maué et al. 2021; Schipolowski et al. 2021; von Dewitz 2022; Sofianidis et al. 2023). Manche neuzugewanderten Jugendlichen haben bereits weiterführende Schulen in ihren Herkunftsländern besucht, doch haben sie gerade im Fluchtkontext ihre Bildungskarriere häufig lange unterbrochen, im Schnitt etwa ein Schuljahr (Maué et al. 2021). Auch ohne Fluchtkontext ist das schulische Vorwissen durch unterschiedliche Schulsysteme und Curricula der Herkunftsländer weit gefächert (Schipolowski et al. 2021). Daher verweisen einige Publikationen (z. B. Cerna 2019; Schipolowski et al. 2021) auf viele Parallelen zwischen Geflohenen und anderweitig Zugewanderten, sodass diese – dennoch sehr heterogene – Gruppe eher fachdidaktisch als bezüglich ihrer Zuwanderungsgründe charakterisiert werden sollte, ebenso wie die zweite Migrationsgeneration und Lernende ohne Zuwanderungshintergrund (Sprütten & Prediger 2019).

Neuzugewanderte Kinder und Jugendliche werden im deutschen Schulsystem unterschiedlich integriert. Für Jugendliche werden sogenannte Willkommensklassen oder (internationale) Förderklassen eingerichtet, in denen sie zunächst getrennt von Regelklassen vornehmlich Deutschförderung erhalten (Baumann & Riedl 2016; Havkic et al. 2018). Verweildauer, Ausgestaltung und Übergang in Regelklassen waren und sind dabei in den Bundesländern unterschiedlich geregelt (Beathge & Seeber 2016; Grabinski 2018). Diese Studie fokussiert die Gegebenheiten in Nordrhein-Westfalen. Dort wurden und werden Jugendliche ab etwa 16 Jahren häufig an Berufskollegs in separaten internationalen Förderklassen untergebracht (Baumann & Riedl 2015), mit denen im vorliegenden Dissertationsprojekt gearbeitet wurde.

Die internationale und nationale Forschung zu Neuzugewanderten im Schulsystem wächst zunehmend. Neben ersten deskriptiven Erfassungen verschiedener Hintergrunddaten (für das Berufskolleg etwa Baumann & Riedl 2015) nehmen die Forschenden überfachliche Untersuchungen wie beispielsweise die Prädiktion akademischen Erfolgs geflohener junger Erwachsener und den Einfluss des ursprünglichen Schulsystems (Suárez-Orozco & Milburn 2009; Giannelli & Rapallini 2016; Wong & Schweitzer 2017; Edele et al. 2021) sowie Verantwortlichkeiten und Rechte von Zugewanderten im Schulsystem in den Blick (Wedin 2021) und evaluieren Deutschförderungen bezüglich Prüfungsergebnissen von Sprachprüfungen (Faouzi et al. 2020). Die Relevanz einer ausreichenden Sprachkompetenz wird auch bezüglich des fachlichen Lernens in einer Vielzahl an Publikationen betont. Maué et al. (2021) etwa stellten heraus, dass die Sprachkompetenz sowie die Unterstützung im Umfeld die beiden ausschlaggebenden Faktoren für einen erfolgreichen Übergang von Jugendlichen aus Vorbereitungs- in Regelklassen darstellen. Geeignete Sprach- und fachintegrierte Fördermaßnahmen sind dagegen weitgehend noch nicht beforscht.

Zweitspracherwerb bei Neuzugewanderten: Rolle der grammatischen Dimension
Der Erwerb einer neuen Sprache wird auch dann Zweitspracherwerb genannt, wenn es für die Jugendlichen die dritte oder eine weitere Sprache ist (Rösler 2021). Dabei findet eine Abgrenzung vom Fremdspracherwerb statt, der weniger Immersionsgelegenheiten bietet, da er nicht im Land der zu lernenden Sprache druchgeführt wird (Fandrych et al. 2010). Aus der Zweitspracherwerbsforschung ist bekannt, dass alltagssprachliche Kompetenzen in zwei Jahren relativ gut aufgebaut werden können, während allerdings für den Erwerb bildungssprachlicher Kompetenz 5 bis 7 Jahre veranschlagt werden (Cummins 2008).

Es besteht hier das Dilemma, dass für Lernende in der Auseinandersetzung mit den fachlichen Lerngegenständen einerseits „ein sprachlich vereinfachter, lernunterstützender und kontextualisierter Input“ (Bahn et al. 2019, S. 11) erforderlich ist, gleichzeitig sprachliche Herausforderungen genau diese Auseinandersetzung mit dem fachlichen Lernen aber erschweren (Reallabor Asylsuchende 2019). Dennoch soll das Fach- und Sprachlernen möglichst gleichzeitig und integriert ablaufen, immer mit dem Bewusstsein, dass die Unterrichtssprache Deutsch (auf der alltagssprachlichen und bildungssprachlichen Ebene) zugleich Lernmedium und Lerngegenstand darstellt (Gogolin 2009). Da neuzugewanderte Jugendliche für einen Schulabschluss in Deutschland jedoch auch andere Fächer lernen sollen, muss sich der Fachunterricht in internationalen Förderklassen stets als fach- und sprachintegrierter Unterricht verstehen und die sprachlichen Herausforderungen geeignet entlasten.

In lexikalischer und diskursiver Dimension bestehen für neuzugewanderte Lernende im Mathematikunterricht vermutlich ähnliche Herausforderungen wie für andere Gruppen an Lernenden: bedeutungsbezogene Sprachmittel sowie formalbezogene Fachbegriffe in lexikalischer Dimension und diskursiv reichhaltige Sprachhandlungen wie das Erklären von Bedeutungen oder das Argumentieren in diskursiver Dimension (vgl. Abschnitte 3.2 & 3.3), wenn auch mit deutlich mehr lexikalischen Lernbedarfen selbst für üblichere Satzbausteine.

In der grammatischen Dimension müssen sich Lernende Herausforderungen wie dem Bilden zunehmend komplexer Satzstrukturen und mit Blick auf die Mathematik beispielsweise dem Ausdrücken von Beziehungen stellen (etwa Berkemeier & Schmidt 2020; vgl. auch Abschnitt 3.2 zu typischen bildungssprachlichen Herausforderungen). Um diese adaptiv für die Sprachenlernenden gestalten zu können, bedarf es einer systematischen Sequenzierung grammatischer Anforderungen an die Lernenden für den Zweitspracherwerb. Berkemeier und Schmidt (2020) haben im Rahmen des Projekts Reallabor Asylsuchende (2019) Erkenntnisse aus der empirischen Forschung im Bereich Zweitspracherwerb zusammengeführt und dazu ein grammatisches Stufenmodell entwickelt, das Progressionen im Zweitspracherwerb für Neuzugewanderte gestuft zusammenfasst. Damit verknüpften die Forschenden den Ausbau von Wortgruppen und verbalen Teilen mit der zunehmenden Komplexität des Satzbaus (vgl. Abb. 3.1; ähnlich bereits in Diehl et al. 2000).

Der expliziten Aufforderung folgend, das Stufenmodell zur Weiterentwicklung fachdidaktisch basierter Entwicklung für Unterrichtsmaterialien zu nutzen (Berkemeier & Schmidt 2020), wurde es auf den mathematischen Lerngegenstand funktionaler Zusammenhänge am Beispiel von Füllgraphen ausgeweitet (Prediger et al. 2019c).

Das Modell umfasst sechs Stufen, wobei der Lernprozess damit nicht abgeschlossen ist. Vielmehr müssen komplexere sprachliche Phänomene auch im Sinne einer durchgehenden Sprachbildung im Fach situativ passend angeschlossen werden (Berkemeier & Kovtun-Hensel 2021). Ausgehend von sehr einfachen Satzstrukturen, hauptsächlich bestehend aus Subjekt und Prädikat (auf Stufe 1 etwa „Die Füllhöhe steigt.“) werden im Ausbau der Wortgruppen beispielsweise die verschiedenen Flexions-Endungen von Wörtern aufgeführt. Diese beziehen Singular-Plural-Endungen sowie Genus ein – im Fall von Stufe 1 etwa Substantive im Nominativ, der diese als Subjekt eines Satzes identifiziert, sowie die Konjugation der Verben, die Person und Tempus markieren (Imo 2016; Berkemeier & Schmidt 2020). Die drei Spalten von Wortgruppen-Ausbau, Satzkomplexität und Ausbau der verbalen Teile sind dabei ineinander verflochten.

	Wortgruppen-Ausbau *(mit Bsp.)*	Satzbau-Komplexität *(mit Bsp.)*	Ausbau der verbalen Teile *(mit Bsp.)*
1	Subjekt | Artikel (je nach Genus m/w/n) + Nomen: *ein Gefäß* Numerus (Sg./Pl.): *die Höhen*	Hauptsatz mit Verb-Zweitstellung | Subjekt + Prädikat: *Die Füllhöhe steigt.*	Prädikat | Verben ohne Ergänzung im Präsens in 1.-3. Person Sg./Pl.: ←
	Akkusativ-Objekt | Nomen im Plural: *die Gefäße* Mengenangaben: *5 Sekunden*	Ja/Nein-Fragen mit Verb-Zweitstellung | Subjekt + Prädikat: *Der Graph steigt? Ja/Nein.*	Prädikat | Verben im Präsens mit Akk.ergänzung im Plural: *5 Gläser holen.*
	adv. Bestimmung: Adjektiv/Adverb Relation | Gegensatz-Adjektive: *steil/flach*	Wer-/Was-Fragen | Fragewort + Prädikat (Nominativ): *Was steigt steil? Der Graph.*	Prädikat | Verben mit Prädikativum: *ist steil*
2	Akk.-Objekt | Artikel + Nomen: *den Graphen, das Gefäß* Relationen | so … wie: *so steil wie …*	Hauptsatz mit Akk.-Objekt | Subjekt + Prädikat + Akk.-Objekt: *Ich beschreibe den Graphen.*	Prädikat | Verben mit Akkusativobjekt im Singular: *einen Graphen zeichnen*
	Fortführung (er, sie, es) | Fortführwort im Nominativ/Akk.: *sie, ihn* →	Hauptsatz mit Modelverb | Satzklammer (Subjekt + Prädikatsteil + Akk.-Objekt + Prädikatsteil): *Sie kann ihn zeichnen.*	Prädikat | Modalverben mit Satzklammer: *… kann/soll/muss/möchte/darf/will … zeichnen*
3	Präpositionalgruppen f. Richtungsangabe | Präposition + Akk.: *in das Gefäß* Relationen | Komparativ/Superlativ: *flacher, am flachsten*	Hauptsatz mit Richtungsangabe (Wohin?) und Partikelverb | Satzklammer um Präp.gruppe: *Ich fülle 10 ml in das Gefäß ein.*	Prädikat | Partikelverben (trennbare Verben): *… füllt … ein* *… liest … ab*
	Präpositionalgruppen f. Ortsangabe | Präposition + Dativ: →	Hauptsatz mit Ortsangabe (Wo?) | Subjekt + Prädikat + Präp.gruppe: *10 ml Wasser sind im Gefäß.*	Prädikat im Perfekt | Hilfsverben: *Ich habe …gefüllt.*
	Relation | *Je …, desto …:* → Bedingungen | *Wenn …, dann…:* → Genitiv-Attribut: *Breite des Gefäßes*	Vorangestellter Nebensatz mit Verb-Letztstellung: *Je mehr Wasser man einfüllt, desto stärker steigt die Füllhöhe.*	
4	Dativ-Objekt | Artikel + Nomen: →	Ja-/Nein-Frage mit Verb-Erstellung | Prädikat + Subjekt + Akk.-Objekt: *Entspricht er dem Verlauf?*	Prädikatausbau |Verben mit Dativ-Objekt: *dem … entsprechend, der … zuhören*
	Ausbau des Subjekts | attributives Adjektiv: *die aktuelle Füllhöhe* Ausbau des Akk.-Objekts | attributives Adjektiv: *den oberen Graphen*	Aufforderung mit Verb-Erstellung | Prädikat + Subjekt + Dativ-Objekt: *Erkläre den oberen Graphen.*	Imperativ: ←
5	Ausbau des Subjekts/Objekts | Präpositionalattribute: *Das Gefäß mit dem Knick*	Passivsatz | Satzklammer: *Der Wert wird im Graphen abgelesen.*	Prädikat im Passiv | Hilfsverben: *abgelesen werden*
	Ausbau durch Präpositionalobjekt: *von der Höhe abhängen* Bedingungen: →	Angehängter Nebensatz mit Verb-Letztstellung: *Die Füllhöhe steigt, wenn die Wassermenge zunimmt.*	Prädikatausbau | Verben mit Präpositionalobjekt: *abhängen von …, vergleichen mit …, sich entscheiden für …*
6	Ausbau des Dativ-Objekts | attributives Adjektiv: *dem oberen Gefäß*	Inversion mit Verb-Zweitstellung | Subjekt an 3. Stelle: *Danach füllst du weitere 20 ml Wasser ein.*	Modalisierung des Prädikats | würde-Ersatzform bzw. wäre, hätte (Konjunktiv): *Wenn man Wasser abgießen würde, dann würde die Füllhöhe absinken.*
	Relation | *Je …, desto …:* → Bedingungen | *Wenn …, dann…:* → Genitiv-Attribut: *Breite des Gefäßes*	Vorangestellter Nebensatz mit Verb-Letztstellung: *Je mehr Wasser man einfüllt, desto stärker steigt die Füllhöhe.*	

Abb. 3.1 Grammatisches Stufenmodell am Beispiel Füllgraphen (Prediger et al. 2019c)

Der Wortgruppen-Ausbau umfasst in sechs Stufen die verschiedenen Kasus, die Nomen etwa als Subjekt oder Objekt markieren, außerdem Relationen und zunehmend komplexer werdende Präpositionen, um Zusammenhänge auszudrücken (etwa Martin 1999; Halliday 2004) sowie zum Ende der Stufung hin beispielsweise Genitiv-Attribute für die Zuschreibung von Eigenschaften (z. B. „die Breite des Glases"). Die Kategorisierung dieser Phänomene erinnert an Charakteristika der Bildungssprache, die für viele Lernende bereits als herausfordernd identifiziert wurden (vgl. Abschnitt 3.2). Der Ausbau der verbalen Teile umfasst ähnlich der Wortgruppen für die Bildungssprache typische Aspekte wie Partikelverben (Stufe 3 trennbare Verben wie ‚ein-füllen'), Verben mit hoher Valenz (etwa Verben, die den Dativ fordern, auf Stufe 4 oder Präpositionalobjekte auf Stufe 5) sowie Passivkonstruktionen (Stufe 5). Der zunehmende Anspruch ist auch auf Ebene der Satzbau-Komplexität zu finden: Ausgehend von einfachen Sätzen (Subjekt – Prädikat – Objekt) werden zusätzliche Objekte eingefügt, Prozesse beschrieben sowie Beziehungen ausgedrückt.

Bezieht man hier die Perspektive der funktionalen Linguistik zur Bedeutungskonstitution mit ein, ist anzumerken, dass das grammatische Stufenmodell in seinem Anspruch oft gegenläufig zu den dortigen Erkenntnissen konzipiert ist. Eine typische bildungs- und fachsprachliche Herausforderung für Lernende stellt das grammatische Verdichten von beispielsweise eher alltagssprachlichen Konjunktionen zu Präpositionen dar, also etwa von wenn-dann-Konstruktionen (wie „Wenn ich Wasser einfülle, dann steigt die Füllhöhe.") zu der kompakten Präpositionalphrasen (wie „Beim Einfüllen steigt die Füllhöhe."; Halliday 1993; Martin 1999; Hein & Zentgraf 2023). Die stark verdichteten Ausdrücke müssen von Lernenden nämlich zunächst entschlüsselt werden, um die dahinterliegende, konzeptuelle Bedeutung zu erreichen. Im Zweitsprachenlernen des grammatischen Stufenmodells bilden die eher alltagssprachlich angeführten Konjunktionen allerdings eine deutlich komplexere Satzstruktur, sodass diese von Berkemeier und Schmidt (2020) genau entgegen der Funktionalen Linguistik als anspruchsvollste Stufe 6 des Lernprozesses kategorisiert wurde, Präpositionen hingegen bereits auf Stufe 3 auftreten. Stark verdichtete, komplexere Grammatik ist also konzeptuell oft leichter zu verstehen, sodass Lernangebote für Neuzugewanderte Strategien erfordern, die zwischen den verschiedenen Dimensionen vermitteln.

Berkemeier und Schmidt (2020) haben durch ihre Arbeit mit Neuzugewanderten ein grammatisches Stufenmodell erstellt, das die grammatischen Herausforderungen von kürzlich zugewanderten Zweitsprachenlernenden beim Seiteneinstieg ins Bildungssystem charakterisierbar und stufbar macht. Die Übertragung der grammatischen Stufen auf die Idee der Füllgraphen-Umgebung (Prediger et al. 2019c) bestimmt dabei für den gewählten Lerngegenstand ganz konkret, welche grammatischen Phänomene, insbesondere auf Satzebene, als Lernvoraussetzung und welche als Lerngegenstand eingeordnet werden können.

3.4.2 Mathematikunterricht für Neuzugewanderte

Einflussfaktoren auf die Mathematikleistung von Neuzugewanderten
Die Mathematikleistungen von Neuzugewanderten liegen in Deutschland deutlich unter der von Gleichaltrigen ohne Migrationshintergrund: Diese Gruppe schneidet in der PISA 2022-Untersuchung mit durchschnittlich 399 Punkten deutlich schlechter ab als die Jugendlichen ohne Migrationshintergrund mit 501 Punkten (Lewalter et al. 2023). Dieser Unterschied hat sich seit der PISA-Erhebung von 2012 sogar noch einmal deutlich verstärkt (zu diesem Zeitpunkt lag der Unterscheid bei 62 statt 102 Kompetenzpunkten; vgl. Prenzel et al. 2013; Lewalter et al. 2023). Lewalter et al. (2023) identifizierten hier besonders sprachliche Kompetenzen sowie soziale Herkunft als ausschlaggebende Faktoren. Weitere, differenziertere Einflussfaktoren auf das Mathematiklernen und Mathematikleistungen von Neuzugewanderten stellen unter anderem politische Rahmenbedingungen (etwa Planas & Civil 2013; Norén & Svensson Källberg 2018), Fluchtstressoren (Pellizzoni et al. 2020), Intelligenz, Bildungsbiografien und soziokulturelle Aspekte dar (Höhr 2021) ebenso wie die Herkunftsländer selbst und die Aufenthaltsdauer im Land des aktuellen Aufenthalts (Sprütten & Prediger 2019).

Auffallend ist, dass Neuzugewanderte insbesondere in Aufgaben mit numerisch-prozeduralem Fokus in einigen Erhebungen überdurchschnittlich stark abschneiden, da Berechnungen für den überwiegenden Teil der Lernenden offenbar bekannte und gewohnte Aufgabenformate darstellen (vgl. etwa Petersson & Norén 2017; Linnemann 2020 für Schweden). Viele Studien haben aber gleichzeitig gezeigt, dass Aufgaben, die sprachliches Verständnis erfordern, für die betrachtete Zielgruppe nicht gut zu bewältigen sind (Petersson 2017; Schipolowski et al. 2021). Schipolowski et al. (2021) arbeiteten neben der teils langen Unterbrechung der Bildungskarriere auch hier wieder die Sprachkompetenz als Erklärung für den Großteil der Leistungsunterschiede in der Auswertung der IQB-Ergebnisse für Mathematik aus dem Jahr 2018 heraus.

Um sprachliche Herausforderungen für neuzugewanderte Jugendliche im Fachunterricht zu überwinden, untersuchten Sofianidis et al. (2023) multimodale Möglichkeiten und nutzen Augmented Reality, um Lernende in der kommunikativen Funktion von Sprache zu unterstützen. Auch Sprütten und Prediger (2019) nutzten einen sprachlich entlasteten Test, um vor allem rechnerische Leistungen

Neuzugewanderter zu erheben. Dies macht den Bedarf an sprachlicher Reduktion auf Satz- und Textebene sowie an lexikalischer Unterstützung für die Lernenden deutlich. In lexikalischer Dimension besteht zudem für die kommunikative Funktion von Sprache möglicherweise die Notwendigkeit, auch alltagssprachliche Mittel nicht als Lernvoraussetzung zu sehen. Bezüglich der kognitiven Funktion von Sprache untersuchten Petersson (2017) sowie Petersson und Norén (2017) den Zusammenhang zwischen sprachlichen und fachlichen Herausforderungen der Neuzugewanderten und nahmen an, dass besonders bildungssprachliche (vermutlich insbesondere bedeutungsbezogene) Sprachmittel anspruchsvoll für diese Zielgruppe sind. Neuzugewanderte könnten also ähnliche *lexikalische Bedarfe* haben wie nicht zugewanderte Lernende – sowohl bedeutungsbezogene als auch formalbezogene Mittel müssen explizit als Lerngegenstand eingeordnet werden. Dies ist wiederum mit konzeptuellem Verständnis verknüpft. So zeigten Uribe und Prediger (2021) in deren Erhebung, dass (neuzugewanderte) Zweitsprachenlernende nicht allein kommunikativ durch ihre Sprachkompetenz eingeschränkt sind, sondern auch in der Bedeutungskonstruktion der Darstellungsvernetzungsaktivität weniger anspruchsvolle Sprachhandlungen nutzen können. Hier wird der Bedarf *sprachlich ausreichend entlasteter* und gleichzeitig *diskursiv fordernder* Unterstützungsmöglichkeiten durch Unterrichtsmaterial und Lehrkraft bei anspruchsvollen Diskurspraktiken deutlich.

Die Gruppe Neuzugewanderter stellt sich insgesamt also mit Blick auf den Mathematikunterricht als extrem heterogen dar: Einige Lernende sind möglicherweise in der Lage, konzeptuell und diskursiv anspruchsvolle Herausforderungen im Mathematikunterricht in ihren Erstsprachen zu meistern, während ihnen in der aktuellen Situation noch die lexikalischen und grammatischen Mittel zur Verbalisierung dieser in der Unterrichtssprache Deutsch fehlen (kommunikative Funktion von Sprache). Mit Blick auf die kognitive Funktion von Sprache lässt sich aber auch feststellen, dass viele Neuzugewanderte konzeptuelle und diskursive Bedarfe (ähnlich denen von ein- und mehrsprachigen in Deutschland Aufgewachsenen) zu haben scheinen (etwa de Araujo et al. 2018; Uribe & Prediger 2021). Diese müssen konkreter für die Zielgruppe spezifiziert werden.

Bestehendes Material für den Mathematikunterricht mit Neuzugewanderten

In einigen Fächer, wie beispielsweise Mathematik, ist es für Sprachlernende auch mit eingeschränktem Wortschatz möglich, Zugang zum Lerngegenstand zu erhalten (Sprütten 2019). Um dennoch reichhaltige Sprachanlässe zu schaffen, die auch das konzeptuelle Lernen unterstützen, bedarf es Unterstützung durch andere Darstellungen wie etwa der symbolischen oder grafischen (Sprütten 2019).

Auch sprachlich müssen Anpassungen vorgenommen werden. Viele Mathematik-Materialien, die speziell für Neuzugewanderte konzipiert wurden, gehen dabei auf typische lexikalische und grammatische Herausforderungen ein. In *lexikalischer* und *grammatischer Dimension* fallen dabei besonders eine starke sprachliche Entlastung, Vokabellernen, rein formalbezogener Wortschatz oder das Einüben von typischen Satzstrukturen auf (etwa de Araujo & Smith 2021; Planas 2021; Lüssenhop & Kaiser 2024). Dies unterstützt Lernende allerdings nur bezüglich der kommunikativen Funktion von Sprache, nicht bzgl. der kognitiven (vgl. auch de Araujo et al. 2015).

Die folgende Tabelle 3.1 enthält eine Auswahl an deutschsprachigen Lernmaterialien für Neuzugewanderte der Sekundarstufe 1 und der Berufsbildung für das Fach Mathematik. Sie erhebt keinen Anspruch auf Vollständigkeit, sondern soll stichprobenartig die bereits international identifizierten fachdidaktischen Bedenken bezüglich vieler Materialien auch für den deutschsprachigen Raum nachzeichnen. Aufgenommen sind zum einen fachliche und fachdidaktische Fokussierungen (linke Spalte) wie prozeduraler vs. konzeptueller Fokus, genutzte Darstellungen und Darstellungsvernetzung sowie die diskursive Dimension mit Blick auf anspruchsvolle Sprachhandlungen (z. B. Erklären von Bedeutung, Argumentieren, etc.). Auf Seite der sprachlichen und zweitsprachdidaktischen Fokussierungen (rechte Spalte) finden sich die lexikalische und grammatische (sowie teils die textliche) Dimension wieder, die Ansätze zur Unterstützung, zur Förderung (des Sprachaufbaus) und zur Entlastung einbeziehen.

Tabelle 3.1 Auswahl an Lernmaterialien in Mathematik für Neuzugewanderte (ab Sek I)

Fachdidaktische Fokussierung	Zweitsprachendidaktische Fokussierung
Zielgruppe Sekundarstufe 1 (außer BK)	
HANDT, LIPKOWSKI & WEIS (2017). *DaZ für den Fachunterricht der Sekundarstufe I. Klasse 5–10. Mathematik.*	
Fokus: Prozedurale Fertigkeiten v. a. verbale & symbolische Darstellung *Diskursiv:* wenig anspruchsvolle (Sprach-) Handlungen	*Lexikalisch:* Unterstützung und Förderung (Wort- & Formulierungshilfen, insb. Fachwortschatz) *Grammatisch*: Entlastung (einfache Sätze)
WILLERDING (2017). *Material zur Sprachförderung Mathematik* (Reihe Sprachstark)	
Fokus: Prozedurale Fertigkeiten Versch. typische Darstellungen *Diskursiv:* keine anspruchsvollen (Sprach-) Handlungen	*Lexikalisch:* Unterstützung und Förderung (Fachwortschatz) *Grammatisch:* Unterstützung (Lückentexte)

(Fortsetzung)

Tabelle 3.1 (Fortsetzung)

Fachdidaktische Fokussierung	**Zweitsprachendidaktische Fokussierung**
REINHOLD, TONK & BOCKHORN- VONDERBANK (2016), OPPELT, REINHOLD & BOCKHORN- VONDERBANK (2017). *Prima ankommen. Im Fachunterricht. Mathematik.*	
Fokus: Prozedurale Fertigkeiten, immer wieder konzeptuelle Aspekte v. a. symbolische & verbale Darstellung *Diskursiv:* keine anspruchsvollen (Sprach-) Handlungen	*Lexikalisch:* Unterstützung (Explizierung Fachwortschatz, Glossar) *Grammatisch:* Unterstützung (z. B. Satzgitter), Entlastung (einfache, kurze Sätze)
SIMON & SIMON (2021, 2024). *Anschluss finden Mathematik.*	
Fokus: Prozedurale Fertigkeiten v. a. symbolische & verbale Darstellung *Diskursiv:* keine anspruchsvollen (Sprach-) Handlungen	*Lexikalisch:* *Grammatisch*: Entlastung (kurze Sätze)
STEY (2023a). *Mathematikunterricht mit Flüchtlingskindern 5–7;* STEY (2023b). *Mathematikunterricht mit DaZ-Schülern 8–10.*	
Fokus: Prozedurale Fertigkeiten, Beschäftigung der Lernenden v. a. symbolische & verbale Darstellung *Diskursiv:* keine anspruchsvollen (Sprach-) Handlungen	*Lexikalisch:* Unterstützung und Förderung (Wortschatzarbeit Fach- & Arbeitswortschatz, Vokabelkarten, Piktogramme) *Grammatisch:* Entlastung (Europäischer Referenzrahmen einfache Lesbarkeit)
DEUTSCHFUCHS. DIE INNOVATIVE LERNPLATTFORM ZUM DEUTSCHLERNEN. *Sprachsensibler Fachunterricht Mathematik.*	
Fokus: Prozedurale Fertigkeiten Versch. Darstellungen *Diskursiv:* keine anspruchsvollen (Sprach-) Handlungen	*Lexikalisch:* Unterstützung und Förderung (Fachwortschatz, Übersetzungen) *Grammatisch:* Entlastung (einfache, kurze Sätze, auch anspruchsvolle Phänomene)
Zielgruppe Sekundarstufe 1, Berufsbildung	
HEMMERS (2016a, b, c, 2017, 2022, 2023). *Intro Mathematik SI. Zur Vorbereitung auf den Regelunterricht der Sekundarstufe.*	
Fokus: Prozedurale Fertigkeiten versch. typische Darstellungen *Diskursiv:* keine anspruchsvollen (Sprach-) Handlungen	*Lexikalisch:* Unterstützung und Förderung (Vokabellisten Fachwortschatz) *Grammatisch:* Unterstützung und Förderung (Konjugationstabellen; Zeitform-Übungen Präsens-Perfekt, Nebensatzkonstruktionen, Nominalisierungen…)

(Fortsetzung)

Tabelle 3.1 (Fortsetzung)

Fachdidaktische Fokussierung	**Zweitsprachendidaktische Fokussierung**
KRATZL & THREIMEINER- KULKE (2022). *Mathematik in DaZ.*	
Fokus: Konzeptuelles Lernen versch. Darstellungen, Differenzierungsmöglichkeiten, Erkunden-Systematisieren-Üben *Diskursiv:* keine anspruchsvollen (Sprach-) Handlungen	*Lexikalisch*: Unterstützung (Training Fachvokabular) und Förderung durch Einfordern (Aktivierung lexikalischer Ressourcen) *Grammatisch*: Entlastung (kurze Sätze), Förderung (Training grammatische Phänomene, Merk-/Infokästen)
MEYER (ohne Datum). *Mathematik und Deutsch als Zweitsprache.*	
Fokus: Prozedurale Fertigkeiten Oberflächenstrategien für Textaufgaben *Diskursiv:* keine anspruchsvollen (Sprach-) Handlungen	*Lexikalisch:* *Grammatisch:* Vorschläge zur Entlastung (einfache Sprache, v. a. kurze Sätze, aber wenig grammatische Phänomene) *Textdimension*: teils defensive Strategie (Textaufgaben)

Die Materialien für das Mathematiklernen von Neuzugewanderten bestätigen die bereits berichteten internationalen Befunde (de Araujo & Smith 2021; Planas 2021): In *lexikalischer Dimension* herrscht teils bildgestütztes, vokabelartiges Training von formalbezogenen Sprachmitteln vor. Einige Publikationen nehmen zusätzlich auch Wortschatzarbeit rund um grundsätzliche Arbeitsweisen, unabhängig vom Mathematikunterricht, mit auf (etwa Stey 2023a, b). In der *grammatischen Dimension* ist den meisten Materialien eine Entlastung auf Satzebene gemein. Viele vermeiden dabei typische bildungssprachlichen Herausforderungen (z. B. Reinhold et al. 2016; Handt et al. 2017; Oppelt et al. 2017; vgl. auch Abschnitt 3.2) oder nutzen Konzepte wie das der einfachen Sprache (Neubauer 2019 zitiert nach Meyer o. D.) oder den Gemeinsamen Europäischen Referenzrahmen für Sprache (Council for Cultural Cooperation, Education Committee 2002). Ähnlich ist all diesen Ansätzen, dass sie nur in Bezug auf formalbezogene Wortschatzarbeit das Zweitsprachenlernen von Neuzugewanderten berücksichtigen, also kaum das Ziel verfolgen, die für die Mathematik relevante und bedeutungstragende Sprache aufzubauen (vgl. auch Berkemeier & Kovtun-Hensel 2021 für den Vergleich zwischen Grammatischem Stufenmodell und GER im Zweitspracherwerb Neuzugewanderter). Stattdessen gehen einige Materialien der Übung einer Vielzahl an grammatischen (teils auch höchst anspruchsvollen) Phänomenen nach: Hemmers (2016a, b, c, 2017, 2022, 2023) führte beispielsweise Grammatik-Trainings zu Konjugationen, Zeitform-Übungen oder Nebensatzkonstruktionen durch – allerdings ohne konzeptuellen Bezug zum adressierten mathematischen Lerngegenstand. Fachdidaktisch fokussieren diese Materialien durchgehend vor allem prozedurale Fertigkeiten, die leicht ohne Sprache auskommen. Zwar knüpfen sie damit an prozeduralen Ressourcen einiger Lernender an (etwa Petersson & Norén 2017; Linnemann 2020). Das konzeptuelle Lernen und das mathematische Verständnis werden so jedoch nicht gefördert und die dafür notwendige Sprache zudem kaum unterstützt.

Allerdings gibt es auch Ansätze, die die Rolle der Sprache beim Mathematiklernen stärker berücksichtigen: Reinhold et al. (2016) sowie Oppelt et al. (2017) nutzen aktuelle Forschungsergebnisse aus der Zweitsprachendidaktik wie beispielsweise Satzgitter, um die Lernenden sprachlich zu unterstützen und gleichzeitig fachliche Aspekte zu beschreiben. Kratzl und Threimeiner-Kulke (2022) aktivieren zu Beginn der Themengebiete die sprachlichen und fachlichen Ressourcen der Lernenden und erweitern diese mit für den Lerngegenstand relevantem Wortschatz (ähnlich des Konzepts des doppelten Lernpfads, Pöhler 2018). Diese Veröffentlichungen beziehen deutlich stärker konzeptuelle Elemente in den Lernprozess ein, allerdings fehlen in der *diskursiven Dimension* auch hier anspruchsvollere Sprachhandlungen wie das Erklären von Bedeutung. Dies spiegelt die Forschungserkenntnis wider, dass viele Lehrkräfte solche Sprachhandlungen entweder vollständig vermeiden oder für ihre Lernenden übernehmen (Setati 2005; DIME 2007; de Araujo et al. 2015; Lüssenhop & Kaiser 2024; Uribe 2024). Ganz im Gegensatz müssen die anspruchsvollen Sprachhandlungen eingebunden und offensiv eingefordert werden (Moschkovich 2013).

Fach- und sprachintegrierte Konsequenzen für den Mathematikunterricht mit Neuzugewanderten

In den vorangegangenen Abschnitten wurden auf Grundlage der gewählten Lehr-Lern-Theorien zunächst der Zusammenhang zwischen fachlichem und sprachlichem Lernen in der Differenzierung der Sprachebenen Alltags-, Bildungs- sowie Fachsprache betrachtet. Zur genaueren Identifikation von sprachlichen Herausforderungen wurden dabei die diskursive, die lexikalischen und die grammatische Dimension erläutert und diese auch auf die Zielgruppe der Neuzugewanderten bezogen. Für diese Gruppe von Lernenden hat sich die Relevanz für die Verknüpfung von sprachlichem und fachlichem Lernen im Besonderen bestätigt und gleichzeitig ein Forschungsdesiderat bezüglich dieses Zusammenhangs eröffnet.

Neuzugewanderte Lernende stehen im deutschsprachigen Mathematikunterricht einer Vielzahl an Herausforderungen gegenüber. Einige von ihnen besitzen gute prozedurale Ressourcen, jedoch kaum zugrundeliegendes konzeptuelles Verständnis (Petersson & Norén 2017). Andere Lernende bringen überhaupt keine Vorerfahrungen mit und müssen (wie die in Deutschland Aufgewachsenen) Themengebiete vollständig neu erarbeiten (etwa Schipolowski et al. 2021). Entsprechend muss an die bestehenden (vor allem prozeduralen) Ressourcen angeknüpft und besonders das konzeptuelle Verständnis für alle Lernenden gefördert werden.

In *diskursiver Dimension* fällt dabei das stark defensive Vorgehen auf, das viele Lehrkräfte in deren Unterricht integrieren: Eine reichhaltige Diskursanregung oder Darstellungs- und Sprachebenenvernetzung werden beinahe gar nicht als Prinzipien genutzt und tauchen auch im untersuchten Material kaum auf (vgl. Tabelle 3.1). Hier besteht für Neuzugewanderte also ein deutlicher Bedarf, diese Dimension stärker einzubinden. Anspruchsvolle Sprachhandlungen wie das Erklären von Bedeutung sollten immer wieder offensiv eingefordert werden, um konzeptuelles Lernen zu initiieren (Moschkovich 2013; de Araujo et al. 2015; Lüssenhop & Kaiser 2024), denn Sprachhandlungen und Lernanlässe, die allein auf Prozeduren und rein formalbezogenen Sprachschatz fokussieren, bieten dazu zu wenig Möglichkeiten (Prediger et al. 2019c; de Araujo & Smith 2022; Prediger 2022c).

Die Sprache spielt für diese Zielgruppe eine noch hervorstechendere Rolle als für in Deutschland Aufgewachsene. Viele der betrachteten Unterrichtsmaterialien sind defensiv gestaltet, in dem Sinne, dass in *lexikalischer Dimension* zwar Fachbegriffe (und teilweise auch komplexe grammatische Phänomene) vokabelartig eingeübt werden, aber die Verknüpfung von Sprache und mathematischem Verständnis insbesondere durch bedeutungsbezogene Sprache nicht berücksichtigt wird, was dringend zu ändern ist.

Zur sprachlichen Entlastung in *grammatischer Dimension* ziehen zudem einige Materialien Ansätze heran, die nicht für das fachliche Lernen von Neuzugewanderten konzipiert wurden (etwa GER oder das Konzept der einfachen Sprache). Hier müssen stärker die Erkenntnisse der Zweitsprachendidaktik einfließen, die einerseits das mathematische Lernen unterstützen und den Lerngegenstand zugänglich machen, andererseits aber auch die sprachliche Progression mitbedenken. Das grammatische Stufenmodell (Prediger et al. 2019c; Berkemeier & Schmidt 2020) bietet genau diese Differenzierungsmöglichkeiten zur Arbeit an einem gemeinsamen fachlichen Lerngegenstand (Berkemeier & Kovtun-Hensel 2021).

Die in Abschnitt 3.3 eingeführten Prinzipien für fach- und sprachintegrierten Unterricht können mit Blick auf die Zielgruppe der Neuzugewanderten nun wie folgt konkretisiert werden:

- *Prinzip der Reichhaltigen Diskursanregung*: Viele Lehrkräfte, gerade für neuzugewanderte Sprachlernende, verfolgen diskursiv eher einen defensiven Ansatz, um die Lernenden vermeintlich zu entlasten (Setati 2005; DIME 2007; Uribe 2024). Doch Sprachhandlungen und Lernanlässe, die allein auf Prozeduren und rein formalbezogenen Sprachschatz fokussieren, bieten zu wenig Möglichkeiten für konzeptuelles Lernen (Prediger et al. 2019b; de Araujo & Smith 2021; Prediger 2022c). Deshalb müssen reichhaltige, kognitiv aktivierende Sprachhandlungen unbedingt in einer Lernumgebung für neuzugewanderte Lernende eingefordert werden.
- *Prinzip der Darstellungs- und Sprachebenenvernetzung*: Die in Abschnitt 3.3 ausgeführten Potentiale des Prinzips für das konzeptuelle und sprachliche Lernen können auch auf die Gruppe der Neuzugewanderten übertragen werden. Zudem können diese aufgrund des noch begrenzten Sprachschatzes vom Einbeziehen und dem Vernetzen vielfältiger Darstellungen sogar besonders profitieren (Sprütten et al. 2020).
- *Prinzip des Scaffoldings*: Für die vorangehende Planung der Unterrichtsreihe auf Makro-Ebene kann mit Blick auf Unterstützungsmöglichkeiten bei anspruchsvollen diskursiven Sprachhandlungen in der lexikalischen Dimension auf die Erfahrungen mit anderen Zielgruppen zurückgegriffen werden (insbesondere der Einbezug von bedeutungsbezogenem Sprachschatz, Prediger 2022c). In grammatischer Dimension scheinen sich Entlastungen besonders auf Satz- und Textebene für Neuzugewanderte zu bewähren, solange diese den Zugang zum mathematischen Lerngegenstand und die Lerngelegenheiten nicht einschränkten (vgl. Abschnitt 3.4.2; ähnlich Sprütten & Prediger 2019). Prediger et al. (2019c, anknüpfend an Berkemeier & Schmidt 2020) haben dazu ein grammatisches Stufenmodell vorgestellt (vgl. Abschnitt 3.4.1), dessen Umsetzung im Mathematikunterricht jedoch erst genauer ausgewertet werden muss.

  Auf Mikro-Ebene müssen Lehrkräfte aufgrund der hohen Heterogenität der Zielgruppe stark adaptiv auf individuelle Lernende eingehen (vgl. Abschnitt 3.4). Für die lexikalische Dimension bedeutet dies, dass möglicherweise auch alltagssprachliche Mittel als Lernvoraussetzung angesehen werden müssen (vgl. Abschnitt 3.4.2). In grammatischer Dimension könnte sich ein flexibles Wechseln zwischen den grammatischen Stufen als nützliches individuelles, grammatisches Scaffold herausstellen.

3.5 Zusammenfassung und Zusammenführung der fach- und sprach- integrierten Spezifizierung des Lerngegenstands

Zusammenführung der betrachteten Dimensionen in einem Navigationsraum
In den Kapiteln 2 und 3.1–3.4 wurde ein Einblick in verschiedene fachliche wie sprachliche Aspekte gegeben, die für den Aufbau von qualitativem Funktionsverständnis relevant sind, und in einem ersten Ansatz auf neuzugewanderte Lernende transferiert. Für die Spezifizierung des fachlichen und sprachlichen Lerngegenstands wurde in Abschnitt 2.3 der Situationskontext der Füllgraphen als bereits ausführlich erprobtes Setting für den Aufbau von qualitativem Funktionsverständnis vorgestellt (etwa Bell & Janvier 1981; Swan 1985; Leinhardt et al. 1990; Thompson & Carlson 2017). Im Fokus dieser Arbeit steht dabei das Zusammenspiel zwischen dem *Einfordern reichhaltiger Aktivitäten* und dem *Unterstützen der Lernenden* bei der Bearbeitung dieser (vgl. Abschnitt 2.1.2). Bezüglich dieses Zusammenspiels wurden verschiedene, für den Lerngegenstand relevante Dimensionen herausgearbeitet, die sowohl für die Entwicklung eines Lehr-Lern-Arrangements als auch für die Beforschung dessen bedeutsam sind: die epistemische und die semiotische Dimension, die zur konzeptuellen Dimension zusammengefasst wurden (vgl. Kap. 2) sowie die diskursive, lexikalische und grammatische Dimension, die die sprachliche Dimension genauer ausdifferenzieren (vgl. Abschnitte 3.1–3.4).

Die *epistemische Dimension* befasst sich mit der Wissenskonstruktion: Die grundlegende, sozialkonstruktivistische Idee von Wissenskonstruktion (vgl. Abschnitt 2.1.1) wurde durch Aspekte eines Verstehensmodells ergänzt (Drollinger-Vetter 2011), mit dem die Spezifizierung des Lerngegenstands qualitativen Funktionsverständnisses in *epistemischer Dimension* gegenstandsbezogen substantiiert werden kann. Für diese Spezifizierung wurden die drei Grundvorstellungen von Funktionen basierend auf den vielfältigen Herausforderungen im Bereich qualitativen Funktionsverständnisses weiter zergliedert (vgl. Abschnitte 2.2 & 2.3). Konkret für Umsetzungen der Füllgraphen-Idee stellte sich der Übergang von der Kovariationsvorstellung zur Vorstellung der Funktion als Ganzes als besonders herausfordernd dar (Leinhardt et al. 1990) und wurde dahingehend genauer ausdifferenziert. Hieraus wurden sechs Verstehenselemente für qualitatives Funktionsverständnis in Lernumgebungen mit Füllgraphen abgeleitet (Abschnitt 2.3). Diese sind in Tabelle 3.2 in den jeweiligen Zeilen angesiedelt, unten am weitesten aufgefaltet, oben am stärksten kondensiert. Das zunehmende

Verdichten der Verstehenselemente kann zum weiteren Vernetzen und Hantieren mit den Verstehenselementen genutzt werden (Aebli 1993; Prediger & Zindel 2019). Zur Bedeutungskonstruktion (Zindel 2019) und beim Einfordern von Erklärungen müssen die verdichteten Verstehenselemente wieder in die weniger komplexen Elemente aufgefaltet werden (Aebli 1981; Drollinger-Vetter 2011; Prediger & Zindel 2019).

Die *semiotische Dimension* erfasst den Umgang mit den beteiligten Darstellungen. Für die Lernenden ergibt sich in semiotischer Dimension die konkrete Anforderung, alle Situationskontext der Füllgraphen beteiligten Darstellungen (Spalten in Tabelle 3.2), insbesondere die kontextuelle Darstellung des Füllprozesses, miteinander zu verknüpfen und dabei auch explizit erklärend zu vernetzen (Duval 2006). Im hier designten Lehr-Lernarrangement (vorgestellt in Kap. 5) werden dazu werden dazu von den Lernenden immer wieder Vernetzungsaktivitäten eingefordert, bei denen die relevanten Verstehenselemente sowohl miteinander als auch zwischen den Darstellungen in Beziehung gesetzt werden (Renkl et al. 2013; Uribe & Prediger 2021; Post & Prediger 2024; vgl. auch Abschnitt 2.1.4).

Diese enge Verbindung zwischen der epistemischen und semiotischen Dimension wurde bereits in Abschnitt 2.4 herausgearbeitet. Um das Zusammenspiel dieser beiden Dimensionen zu visualisieren, wird im Verlauf der vorliegenden Arbeit auf einen sogenannten Navigationsraum zurückgegriffen (Prediger 2022a; Prediger et al. 2022; Post & Prediger 2024; Ademmer & Prediger, eingereicht). Dieser Name nutzt die Metapher, dass sich Lernende durch einen Raum von Möglichkeiten bewegen und Lehrkräfte durch ihre Aufgaben und Impulse darin navigieren. Visualisiert wird dies anhand einer Matrix mit den beschriebenen epistemischen und semiotischen Dimensionen.

Der Navigationsraum ist in Tabelle 3.2 dargestellt und verbindet die epistemische (Verstehenselemente in den Zeilen) mit der semiotischen Dimension (Darstellungen in den Spalten). Zusammen bilden sie die konzeptuelle Dimension, die unter anderem verschiedene konzeptuelle Aktivitäten graphisch visualisiert: Das Adressieren bestimmter Verstehenselemente in einer konkreten Darstellung wird in der entsprechenden Zelle sichtbar; Auffalt- und Verdichtungsaktivitäten durch das hintereinander ausgeführte Adressieren mehr oder weniger komplexer Verstehenselemente in den entsprechenden Zeilen (also eine vertikale Anordnung der adressierten Zellen auf dem Navigationsraum); das Verknüpfen oder Vernetzen von Darstellungen durch das gleichzeitige oder direkt nachfolgende Adressieren verschiedener Darstellungen in den Spalten des Navigationsraums (also eine eher horizontale Anordnung der adressierten Zellen auf dem Navigationsraum). Die Beschreibung und Untersuchung von Lernwegen bzgl. ihrer semiotischen wie epistemischen Aktivitäten können also in dem Navigationsraum visualisiert und graphisch zusammengefasst werden.

Besonders für neuzugewanderte Lernende bildet das Angebot vielfältiger Darstellungen und deren Verknüpfung (konzeptuelle Dimension) die Grundlage für erfolgreiches konzeptuelles Lernen und unterstützt diese heterogene Gruppe durch vielfältige Zugänge zum Lerngegenstand im Prozess (Sprütten et al. 2020). Dabei sind heterogene fachliche Voraussetzungen von Neuzugewanderten zu

Tabelle 3.2 Navigationsraum für den Lernkontext der Füllgraphen-Umgebungen: Epistemische Dimension mit den Verstehenselementen in den Zeilen; semiotische Dimension mit den in diesem Kontext beteiligten Darstellungen in den Spalten; lexikalische Dimension mit den relevanten Sprachmitteln in den Zellen; diskursive Dimension mit den relevanten Sprachhandlungen als Verknüpfungswege bestimmter Zellen (übersetzt aus Zentgraf & Prediger 2024)

Verstehenselemente (Füllgraphen-Kontext)	**Ikonische Darstellung der Füllgläser**	**Kontextuelle Darstellung des Füllprozesses**	**Graphische Darstellung der Füllgraphen**
Ganzheitlicher Vergleich	Glas A ist insgesamt breiter/schmaler als Glas B.	Die Füllhöhe wächst in Situation A insgesamt schneller/ langsamer als in Situation B.	Graph A steigt insgesamt steiler/ flacher als Graph B.
Ganzheitliche Änderung der Änderung	Das Glas ... ... wird immer breiter/schmaler; ... ist überall gleich breit.	Die Füllhöhe wächst ... ... immer schneller/ langsamer; ... (immer) gleichschnell.	Der Graph steigt ... ... immer steiler/ flacher; ... gleichmäßig.
Stückweise qualitative Änderung	Das Glas ist ... ... eher breit/ schmal; ... unten breiter/ schmaler als oben.	Die Füllhöhe wächst... ... eher langsam/ schnell; ... am Anfang schneller/ langsamer als am Ende.	Der Graph steigt... ... eher steil/flach; ... in Intervall A steiler/flacher als in Intervall B.

(Fortsetzung)

Tabelle 3.2 (Fortsetzung)

Verstehenselemente (Füllgraphen-Kontext)	**Ikonische Darstellung der Füllgläser**	**Kontextuelle Darstellung des Füllprozesses**	**Graphische Darstellung der Füllgraphen**
Qualitative Abstände	(nicht relevant für diese Lernumgebung)	Die Füllhöhe wächst … … immer um Dasselbe; … um einen immer größeren Teil; … um immer mehr/weniger (als …).	Der Graph steigt … … immer um Dasselbe; … um einen immer größeren Teil; … um immer mehr/weniger (als …).
Quantifizierte Abstände		Die Füllhöhe wächst … … von … cm auf … cm; … um … cm.	Der Graph steigt … … von … (cm) auf … (cm); … um … cm.
Punktweise Zuordnung		Bei … ml Wassermenge: Die Füllhöhe ist … cm hoch.	Bei … (ml): Der Graph ist bei … (cm).

berücksichtigen, z. B. hohe Potentiale in prozedurale Fertigkeiten, jedoch wenig Vorerfahrungen in konzeptuellem Verständnis oder umgekehrt.

Die sprachlichen Dimensionen werden analytisch *in diskursive, lexikalische und grammatische Dimension* zergliedert, um deren Zusammenspiel beschreiben zu können – für Neuzugewanderte ebenso wie für Lernende aus dem deutschen Bildungssystem (Prediger 2024).

Die *diskursive Dimension* bezieht sich auf die fachbezogenen Sprachhandlungen, in denen sich fachliche Kommunikations- und Wissenskonstruktionsprozesse vollziehen können. Gerade in der *diskursiven Dimension* scheint der Mathematikunterricht für Neuzugewanderte häufig zu anregungsarm zu sein, da reichhaltige Sprachhandlungen kaum vorkommen (Moschkovich 2013; de Araujo et al. 2015; Lüssenhop & Kaiser 2024). Doch zum Verständnisaufbau sind reichhaltige Sprachhandlungen wie das Beschreiben der graphischen Darstellung und das Erklären der Passung zur ikonischen Darstellung der Füllgefäße in der Lernumgebung entscheidend. Für diese höchst anspruchsvollen Sprachhandlungen ist das gezielte Adressieren, Auffalten und Verdichten in die relevanten Verstehenselemente (Tabelle 3.2, Verstehenselemente in den Zeilen) nötig (Aebli 1994; Renkl et a. 2013; Zindel 2019; Post & Prediger 2024). Im Navigationsraum wird die

Sprachhandlung das Erklären der Passung der Darstellungen (*Prinzipien der reichhaltigen Diskursanregung* sowie *der Darstellungs- & Sprachebenenvernetzung*) durch die chronologische Verknüpfung der einzeln adressierten Zellen sichtbar (vgl. Abschnitt 4.4). Die genaue Beschreibung und Interpretation der Adressierungen, Auffalt-, Verdichtungs- sowie Verknüpfungsaktivitäten wird anhand des gegenstandsspezifischen Analyseinstruments des Navigationsraums Teil der empirischen Untersuchung dieser Arbeit sein.

Die *lexikalische Dimension* wird im Navigationsraum in den einzelnen Zellen sichtbar. Die Beschreibung der Füllgraphen etwa ist in der letzten Spalte (Tabelle 3.2, Zellen der Spalte der graphischen Darstellung) konkretisiert, was im Rahmen dieser Arbeit als formalbezogene Sprache definiert wird. Dabei werden vor allem Sprachmittel zur Beschreibung der Steigung genutzt (z. B. „Der Graph steigt eher steil." oder „Der Graph steigt immer flacher."). Dem gegenübergestellt wird die Kontextsprache genutzt, um das für viele Neuzugewanderte neu zu erarbeitende konzeptuelle Verständnis des Lerngegenstands bedeutungsbezogen zu adressieren (Petersson 2017; Petersson & Norén 2017; Uribe & Prediger 2021). Diese notwendige *bedeutungsbezogene Sprache* ist in Tabelle 3.2 für den Kontext der Füllgraphen konkretisiert (Zellen der Spalte der kontextuellen Darstellung). Dadurch kann die Erschließung des Füllprozesses in der kontextuellen Darstellung initiiert und unterstützt werden (z. B. „Die Füllhöhe wächst immer gleichschnell." oder „Die Füllhöhe wächst um immer mehr."). Der Navigationsraum umfasst insbesondere auch bedeutungsbezogene Sprachmittel, die sich erst innerhalb der empirischen Analyse als relevant zur Bedeutungskonstruktion herausgestellt haben, also empirisch rekonstruiert wurden. Ihre hauptsächlich alltagssprachlichen Ressourcen können die Lernenden besonders gut zur Beschreibung der Füllgefäße (Zellen der Spalte der ikonischen Darstellung) genutzt werden, d. h. vor allem als Sprachmittel für das Adressieren der Füllgläser. In den einzelnen Zellen der Tabelle 3.2 werden also lexikalische Sprachmittel zum Adressieren der einzelnen Verstehenselemente in den drei beteiligten Darstellungen aufgeführt, wobei in der hier designten Lernumgebung jede der drei Sprachebenen (Alltags-, bedeutungs- & formalbezogene Sprache) überwiegend einer der Darstellungen zugeordnet wird (ikonisch-bildung, kontextuell, graphisch).

In der *grammatischen Dimension* stellt das grammatische Stufenmodell (Prediger et al. 2019c; Berkemeier & Schmidt 2020) eine geeignete Möglichkeit dar, Hürden sowie Anforderungen zu deren Überwindung in der grammatischen Dimension zu identifizieren. Die vorliegende Arbeit fokussiert das Einfordern reichhaltiger Aktivitäten und Unterstützen der Lernenden bei deren Bearbeitung. Dabei spielt die grammatische Dimension besonders auf Ebene der

Design-Entwicklung eine Rolle, um den Lerngegenstand für die spezifische Zielgruppe zugänglich zu machen. Sie wird in den vereinfachten Satzstrukturen in Tabelle 3.2 (Formulierungen in den einzelnen Zellen) und in den Satzgerüsten im Aufgabenmaterial sichtbar. Damit folgt das vorliegende Projekt vielen bestehenden Materialien, indem es einen grammatisch entlastenden Ansatz für die Sprachrezeption der Neuzugewanderten im Design wählt (vgl. Abschnitt 5.2).

Die Arbeit verfolgt das Zusammenspiel zwischen dem Einfordern reichhaltiger Aktivitäten und dem Unterstützen neuzugewanderter Lernenden in der Bearbeitung dieser. Dazu wird in diskursiver Dimension die anspruchsvolle Sprachhandlung des Erklärens der Passung der Darstellungen eingefordert. In dieser Sprachhandlung wird auch das explizite in-Beziehung-Setzen der einzelnen Verstehenselemente in den jeweiligen Darstellungen (Darstellungsvernetzung) deutlich (konzeptuelle Dimension) sowie die lexikalische Dimension im Formulieren möglichst präziser Erklärungen. Unterstützt werden die Lernenden u. a. durch lexikalische Angebote sowie einen entlastenden Ansatz in grammatischer Dimension, der vor allem im Aufgabendesign relevant wird.

Wie Lernwege von neuzugewanderten Lernenden in einem entsprechend entwickelten Lehr-Lern-Arrangement verlaufen, wird eine Frage sein, die in der vorliegenden Arbeit anhand diskursiv-konzeptueller Tiefenanalysen nachgegangen wird. Mit Blick auf das Unterstützen der anspruchsvollen Aktivitäten eröffnet die Zielgruppe der Neuzugewanderten zudem die Frage, inwiefern sich die vielfälig implementierten lexikalischen Unterstützungmaßnahmen in der eigenständigen Sprachproduktion der Lernenden weiterentwickeln. Zur genaueren Untersuchung wird dazu eine erweiterte, lexikalische Spurenanalyse genutzt. Verfolgt wird zudem die Frage, wie das Design des Lehr-Lern-Arrangements angelegt sein muss, um die Lernenden in ihren individuellen Lernpfaden in den unterschiedlichen Dimensionen zu unterstützen.

Im folgenden Abschnitt werden zusammenfassend die Forschungs- und Entwicklungsinteressen formuliert, bevor diese in Abschnitt 4.1 zu den Forschungs- und Entwicklungsfragen konkretisiert werden.

Ableitung der Forschungs- und Entwicklungsinteressen der vorliegenden Arbeit
Auf Forschungsebene (F) werden in dieser Arbeit zusammenfassend die beiden folgenden, groben Interessen verfolgt:

- Wie verlaufen die Lern- und Erklärprozesse von Sprachlernenden bei Darstellungsvernetzungsaufgaben im Aufbau von qualitativem Funktionsverständnis im entwickelten Lehr-Lern-Arrangement?

- Welche Scaffolds unterstützen die Lernenden in deren Lernpfaden bei der Bearbeitung der verschiedenen Anforderungen?

Zudem wird anknüpfend an die ausgearbeitete Theorie das folgende (Weiter-) Entwicklungsinteresse (E) verfolgt:

- Wie kann ein fach- und sprachintegriertes Lehr-Lern-Arrangement für Neuzugewanderte gestaltet sein, um qualitatives Funktionsverständnis aufzubauen und Lernende in der Überwindung auftretender Hürden zu fördern?

Forschungs- und Entwicklungsinteressen werden im Abschnitt 4.1 nach methodischer Anreicherung weiter konkretisiert.

Überblick über Methodologie und Untersuchungsdesign des Forschungsprojekts

4

Die vorliegende Arbeit ist Teil eines Design-Research-Projekts zum sprachbildenden Mathematikunterricht, das den Aufbau qualitativen Funktionsverständnisses bei neuzugewanderten Lernenden untersucht (Prediger & Zindel 2017 fortführend) und dabei verschiedene fachliche und sprachliche Dimensionen einbezieht (vgl. Kap. 2 & 3). Es ist im Dortmunder MuM-Projekt angesiedelt, das sich mit dem Mathematiklernen unter Bedingungen der Mehrsprachigkeit auseinandersetzt (Prediger 2019b, 2022c). Design-Research verknüpft Entwicklung (Design), etwa durch die Strukturierung eines Lerngegenstands und die Entwicklung von Lehr-Lern-Arrangements, und empirische Forschung (Research), etwa durch die Untersuchung typischer Lern- und Erklärprozesse von Lernenden oder dem Nachgehen explanatorischer Fragestellungen zu auftretenden Phänomenen (Prediger 2019a).

Trotz umfassender Forschung auch in Lernumgebungen mit Füllgraphen (Swan 1985; Leinhardt et al. 1990; Thompson & Carlson 2017), existieren bislang wenig konkrete Designprinzipien und Lehr-Lern-Arrangements, die die Bewältigung der (bereits in der Literatur) beschriebenen Herausforderungen systematisch unterstützen (vgl. Abschnitt 3.5.4) und dazu die fachlichen wie sprachlichen Lernziele entsprechend sequenzieren. In Kapitel 3 wurde außerdem deutlich, dass bisher wenig Unterrichtsmaterial existiert, das sowohl für den gewählten Lerngegenstand also auch die Zielgruppe der neuzugewanderten Lernenden die aktuellen Erkenntnisse der fach- und sprachintegrierten Mathematikdidaktik (etwa das Einfordern diskursiv anspruchsvoller Sprachhandlungen zum fachlichen Lernen) sowie des Zweitspracherwerbs im Fachunterricht einbezieht (etwa die grammatische Entlastung anhand eines für Seiteneinsteigende konzipierten Modells). Entsprechend besteht also der *Entwicklungsbedarf*, ein fach- und

K. Zentgraf, *Aufbau von Funktionsverständnis bei Neuzugewanderten*, Dortmunder Beiträge zur Entwicklung und Erforschung des Mathematikunterrichts 61, https://doi.org/10.1007/978-3-658-50179-2_4

sprachintegriertes Design mit möglichst treffsicheren Unterstützungsangeboten zu entwerfen.

Auch gibt es bisher erst wenig gegenstandsspezifische Forschung bezüglich der konkreten Bedarfe und Kompetenzen der Zielgruppe der Neuzugewanderten im Mathematikunterricht sowie. dazu, inwieweit Erkenntnisse anderer untersuchter Lerngruppen sowie Lerngegenstände übertragen werden können. Hier kristallisiert sich also ein *Forschungsbedarf* heraus, Lernprozesse bezüglich der zu bewältigenden, gegenstandsspezifischen Anforderungen für Neuzugewanderte sowie bezüglich Wirkungsweisen und Bedingungen einzelner Design-Elemente zu untersuchen (Prediger et al. 2012).

Entwicklungs- und Forschungsbedarfe hängen also eng miteinander zusammen. Um beiden Ebenen und deren Verflechtung gerecht zu werden, wird in der vorliegenden Studie der Ansatz des Design-Research genutzt, in dem die Entwicklung von Unterrichtsmaterial und die Beforschung von Lehr-Lern-Prozessen systematisch ineinandergreifen (Cobb et al. 2003; Prediger et al. 2015a).

Dieser doppelten Zielsetzung folgend, wird im Entwicklungsteil in Kapitel 5 das Entwicklungsprodukt dieser Arbeit vorgestellt, nämlich ein Lehr-Lern-Arrangement zu qualitativem Funktionsverständnis für Neuzugewanderte. Im Forschungsteil, der die Kapitel 6 und 7 umfasst, werden konzeptuelle und sprachliche Anforderungen in Lernprozessen rekonstruiert, adaptive Mikro-Scaffolding-Impulse identifiziert (Kap. 6) und den Wirkungen der starken lexikalischen Unterstützung nachgegangen, der für die Zielgruppe gewählt wurde (Kap. 7).

Im vorliegenden Kapitel 4 wird der dazu notwendige Forschungsrahmen des Design-Research-Ansatzes eingeführt (vgl. Abschnitt 4.1). Nach Erläuterung der Auswahl der Lernenden (vgl. Abschnitt 4.2) werden die Methoden der Datenerhebung (vgl. Abschnitt 4.3) sowie der qualitativen Datenauswertung für die diskursiv-konzeptuellen sowie für die lexikalischen Analysen (vgl. Abschnitt 4.4) erläutert.

4.1 Methodischer Rahmen und Untersuchungsdesign des Forschungsprojekts

Die vorliegende Arbeit ist Teil eines größeren Design-Research-Projekts der MuM-Forschungsgruppe (Prediger 2022c). Dieses verknüpft iterativ durchgeführt forschungsbasierte Unterrichtsdesigns (Research-based Design) und empirisch fundierte Theoriebeiträge (Design-based Research) und wird im deutschsprachigen Raum unter dem Begriff der Fachdidaktischen Entwicklungsforschung gefasst (Prediger et al. 2012). Das in diesem Zuge entwickelte Dortmunder

Modell zeichnet sich durch die Betrachtung der Lernprozesse sowie durch die Gegenstands- und Prozessorientierung sowie aus (Hußmann et al. 2013; Prediger 2019a). Es wurde zudem auch für die Forschung zu sprachbildendem Mathematikunterricht genutzt (etwa Prediger & Zindel 2017; Prediger 2022c). Die vier zugehörigen, iterativ durchlaufenen Arbeitsbereiche in Abbildung 4.1 werden im Folgenden erläutert und anhand der Idee der Füllgraphen-Umgebungen konkretisiert: (1) Lerngegenstände spezifizieren und strukturieren, (2) Design (weiter-) entwickeln, (3) Designexperimente durchführen und auswerten sowie (4) Lokale Theorien (weiter-) entwickeln.

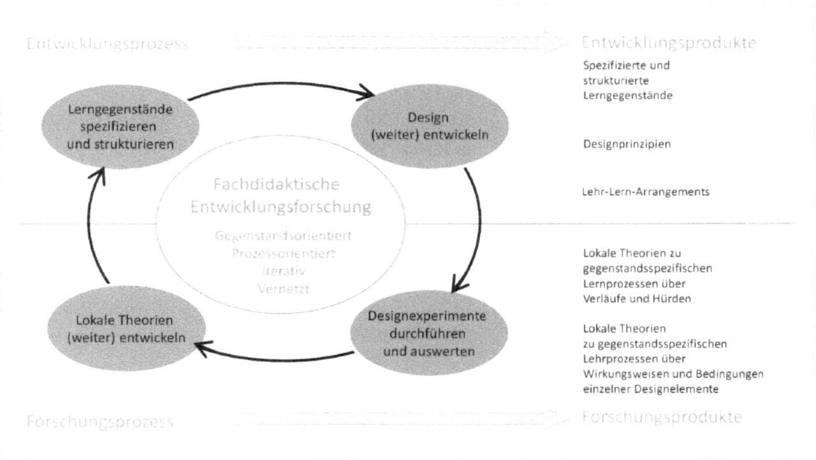

Abb. 4.1 Arbeitsbereiche der Fachdidaktischen Entwicklungsforschung (Hußmann et al. 2013)

Arbeitsbereich (1): Lerngegenstände spezifizieren und strukturieren
Im ersten Arbeitsbereich liegt das Hauptaugenmerk auf dem Entwicklungsprozess der Inhalte des Lehr-Lern-Arrangements. Anhand bestehender Forschung wird zunächst literaturgestützt der konkrete Lerngegenstand aus fachlicher und sprachlicher Dimension spezifiziert, indem etwa Grundvorstellungen bzw. Verstehenselemente, typische Darstellungen, relevante Eigenschaften, bekannte Herausforderungen und Unterstützungsmaßnahmen, Prozeduren sowie Kontexte und Problemsituationen identifiziert werden. Es wird also genau ermittelt, was gelernt werden soll. In der Strukturierung des Lerngegenstands werden daran

anschließend die fachlichen und sprachlichen Lernziele unter Einbezug der Lernendenperspektive sequenziert (Prediger et al. 2012; Hußmann & Prediger 2016), z. B. als fach- und sprachintegrierter Lernpfad (Prediger & Pöhler 2015). Dieser erste Arbeitsbereich zur Spezifizierung und Strukturierung des Lerngegenstands wird nicht ausschließlich theoretisch ausgestaltet, sondern durch das iterative Durchlaufen der Designzyklen auch empirisch ergänzt.

Für den Themenbereich des qualitativen Funktionsverständnisses von neuzugewanderten Lernenden wurden in den Kapiteln 2 und 3 der konzeptuelle und sprachliche Lerngegenstand spezifiziert. Diese Kapitel dokumentieren einerseits den Forschungsstand außerhalb der Arbeitsgruppe, andererseits jedoch auch bereits z. T. Arbeitsergebnisse, die erst durch das iterative Durchlaufen der Designexperimente-Zyklen gewonnen wurden (Prediger 2019a), hier im Hinblick auf folgendes, weiter ausformuliertes Entwicklungsinteresse:

(E1) Wie kann ein fach- und sprachintegriertes Lehr-Lern-Arrangement für Neuzugewanderte gestaltet sein, um Lernende in der Bewältigung konzeptueller und sprachlicher Anforderungen im Umgang mit qualitativem Funktionsverständnis zu fördern?

(E1.1) Wie kann der Lerngegenstand „qualitatives Funktionsverständnis", insbesondere der Übergang von der Kovariationsvorstellung zur Vorstellung der Funktion als Ganze, bzgl. der konzeptuellen und sprachlichen Anforderungen spezifiziert werden?

(E1.2) In welchem Lernpfad kann der Lerngegenstand strukturiert werden?

In Kapitel 2 wurde dazu qualitatives Funktionsverständnis bezüglich der epistemischen sowie der semiotischen Dimension ausgeschärft und in Kapitel 3 durch die sprachlichen Dimensionen des Diskurses, der Lexik sowie der Grammatik erweitert. Die gegenstandsspezifische Zusammenführung dieser Dimensionen (in Abschnitt 3.5) wird in Abschnitt 4.4 zu einem diskursiv-konzeptuellen Analyseinstrument zur Beantwortung der Forschungsfragen ausgebaut. Der Strukturierung des Lerngegenstands (Entwicklungsfrage E1.2) wird im Entwicklungsteil (Kap. 5) genauer nachgegangen.

Arbeitsbereich (2): Design (weiter-)entwickeln

Auf Grundlage der Spezifizierung und Strukturierung des Lerngegenstands im ersten Arbeitsbereich kann im zweiten Arbeitsbereich ein Lehr-Lern-Arrangement designt werden, um die sequenzierten Lernziele unterrichtspraktisch umzusetzen (Hußmann et al. 2013). Zur Initiierung und Unterstützung der angestrebten Lernziele werden Designprinzipien genutzt, die zunächst allgemein artikuliert und durch die Designelemente gegenstandsspezifisch zur Umsetzung konkretisiert werden, etwa in Aufgaben oder Unterstützungsangeboten (Gravemeijer & Cobb 2006; Prediger 2019a). Diese Designprinzipien können sowohl theoretisch begründet oder aus dem empirischen Forschungsstand abgeleitet werden (van den Akker 1999). Die Designprinzipien und -elemente werden iterativ in mehreren Zyklen überarbeitet, angepasst, möglicherweise verworfen oder ergänzt und stellen in der verfeinerten Form ein Entwicklungsprodukt der Fachdidaktischen Entwicklungsforschung dar.

In Abschnitt 3.3 wurden bereits drei Prinzipien für den fach- und sprachintegrierten Mathematikunterricht aus dem Forschungsstand abgeleitet und in Abschnitt 3.4 für die besonderen Gegebenheiten der Zielgruppe angepasst. Zentral sind dabei das *Einfordern* (konkret des Erklärens der Passung von Darstellungen im Designprinzip der Darstellungs- und Sprachebenenvernetzung) und das *Unterstützen* (hier konkretisiert durch das Designprinzip des Scaffolding bzgl. unterschiedlicher Anforderungen). Damit wurden erste Antworten auf die folgenden Entwicklungsfragen gegeben, die im Zuge des Entwicklungs- und Empirieteils weiter ausgeschärft werden:

(E2) Durch welche Designelemente können die relevanten Designprinzipien, insbesondere das der Darstellungs- und Sprachebenenvernetzung, in der Gestaltung eines Lehr-Lern-Arrangements zu qualitativem Funktionsverständnis von Neuzugewanderten realisiert werden?

(E3) Durch welche Designelemente können neuzugewanderte Lernende bei Anforderungen in grammatischer Dimension durch das Unterrichtsmaterial unterstützt werden?

Das Entwicklungsprodukt, nämlich die konkrete Umsetzung der Designprinzipien auf Aufgabenebene, wird in Kapitel 5 ausführlich vorgestellt.

Arbeitsbereich (3): Designexperimente durchführen und auswerten

Der dritte Arbeitsbereich umfasst die Durchführung und Auswertung von Designexperimenten. Dazu wird das entwickelte Lehr-Lern-Arrangement in Laborsettings oder in Klassensettings erprobt (Steffe & Thomson 2000; Cobb et al. 2003). Während die Vorteile des Klassensettings vor allem eine höhere ökologische Validität der Ergebnisse umfassen (d. h. eine bessere Passung zu den Komplexitäten des Klassenunterrichts), ermöglichen es Laborsettings in Kleingruppen von zwei bis drei Lernenden, in tieferen Analysen der initiierten Lehr-Lern-Prozesse ganz konkrete, gegenstandsspezifische Herausforderungen und Gelingensbedingungen zu identifizieren (Steffe & Thomson 2000; Cobb et al. 2003). Durch die Beobachtung und Analysen der Lehr-Lern-Prozesse können typische Verläufe individueller Lern- und Erklärprozesse sowie Herausforderungen und Gelingensbedingungen ermittelt werden, auf deren Basis eine Weiterentwicklung des Designs erfolgt (Cobb et al. 2003; Prediger et al. 2015a).

Die Leitung der Designexperimente übernimmt dabei zweierlei Funktion: zum einen eine rein diagnostisch agierende Interviewleitung, mit dem Ziel, Lernendenvorstellungen aufzudecken. Zum anderen kann sie in der Funktion als Lehrkraft adaptiv im Lernprozess unterstützen und die Reflexion eigener Denkweisen anregen (Cobb et al. 2003; Komorek & Duit 2007). Zur besseren Analyse werden die Designexperimente videographiert und anhand der sichtbaren Handlungen und Lernendenprodukte der Bearbeitung hauptsächlich qualitativ analysiert.

Die Durchführung der Designexperimente für die hier vorliegende Arbeit fand in Kleingruppen von zwei bis drei Lernenden statt. Die Methoden der Datenerhebung sowie die Auswahl der Fokuslernenden werden in den Abschnitten 4.2 und 4.3 genauer dargelegt.

Zur Analyse der Lern- und Erklärprozesse bedarf es eines gegenstandsspezifischen Analyseinstruments. Das erste der in dieser Arbeit genutzten Instrumente (vgl. Abschnitt 4.4) basiert auf der Spezifizierung des fachlichen und sprachlichen Lerngegenstands und fokussiert die dort identifizierten Herausforderungen (vgl. Kap. 2 & 3). Die Lernprozesse zu lexikalischen Angeboten werden in einem weiteren, lexikalischen Analyseinstrument erfasst (das ebenfalls in Abschnitt 4.4 vorgestellt wird). Ein Ziel der Auswertung der qualitativen Analyse ist das Identifizieren konkreter Unterstützungsmaßnahmen.

Arbeitsbereich (4): Lokale Theorieelemente (weiter-)entwickeln

Im vierten Arbeitsbereich werden die Analyseergebnisse zu den rekonstruierten Lern- und Erklärprozessen in Beiträgen zur lokalen Theorienbildung kondensiert, die eine Grundlage für die drei Arbeitsbereiche in den nächsten Zyklen bilden und selbst ein zentrales Ergebnis der Fachdidaktischen Entwicklungsforschung darstellen (Prediger 2015). Die gewonnenen Theorien sind lokal, also auf den konkreten Lerngegenstand und das gewählte Design (Arbeitsbereich (2)) bezogen (Hußmann et al. 2013). Zudem sind sie aufgrund ihres begrenzten Rahmens lokal, da zunächst nur eine kleine, spezifische Zielgruppe betrachtet wird und die Übertragbarkeit auf weitere Lernende empirisch geprüft werden muss (Prediger et al. 2012).

Die entstehenden Theorien behandeln Lernverläufe und Herausforderungen, Gelingensbedingungen der Designelemente sowie Wirkung der Unterstützungsmaßnahmen (Prediger et al. 2012). Die in den Kapiteln 2 und 3 beschriebenen Herausforderungen können durch konkrete Hürden sichtbar werden, für deren Überwindung die Lernenden in deren aktueller Zone der Entwicklung Unterstützung benötigen. Diese zu bewältigenden Hürden lassen sich bezüglich der eingeführten konzeptuellen sowie sprachlichen Dimensionen konkretisieren. Das bedeutet, dass einer sichtbaren Hürde Anforderungen an die Lernenden in einer oder mehreren Dimensionen zugrunde liegen, die zur erfolgreichen Überwindung der Hürde bearbeitet werden müssen. Auf welche Anforderungen in den jeweiligen Dimensionen die Hürden zurückgeführt werden können, muss noch weiter empirisch untersucht werden. Auch der Forschungsgegenstand an sich kann möglicherweise verfeinert werden. Durch das iterative Durchlaufen der vier Arbeitsbereiche können die entstehenden Theorieelemente deskriptiven, explanativen und präskriptiven Charakter haben (Prediger 2019a).

In der vorliegenden Studie wird der Aufbau des qualitativen Funktionsverständnisses im Situationskontext von Füllgraphen untersucht. Die Ausweitung und Übertragung möglicher Erkenntnisse auf andere Kontexte werden in Abschnitt 8.2 diskutiert. Insgesamt werden die Lern- und Erklärprozesse von 14 neuzugewanderten Lernenden in den Blick genommen, sodass ebenfalls zu diskutieren sein wird, inwiefern sich Ergebnisse auf andere Zielgruppen übertragen lassen könnten (vgl. Abschnitt 8.2). Die folgenden drei empirischen Forschungsfragen F1–F3 nehmen zunächst sowohl die situativen Wirkungsweisen der Designprinzipien als auch die Lern- und Erklärprozesse und Hürden in den Blick:

(F1) Welche konzeptuellen, diskursiven und lexikalischen Anforderungen können zur Überwindung der bekannten Hürden identifiziert werden und wie hängen diese Anforderungen zusammen?

(F2) Wie können Sprachlernende adaptiv unterstützt werden, um die Anforderungen zur Überwindung der Hürden erfolgreich zu meistern?

(F3) Welche lexikalischen Mittel nutzen die Lernenden im Abgleich mit dem entwickelten Lehr-Lern-Arrangement für Adressierungs-, Auffalt-, Verdichtungs- und Verknüpfungsaktivitäten und wie fachlich tragfähig und sprachlich eigenständig sind die Formulierungen (am Beispiel des Verstehenselements *Ganzheitliche Änderung der Änderung*)?

Die Fragen (F1) und (F2) werden durch die diskursiv-konzeptuellen Tiefenanalysen (Kap. 6) beantwortet, während in Kapitel 7 die lexikalische Dimension stärker fokussiert und Forschungsfrage (F3) in den Blick gerückt wird.

Produkte der Fachdidaktischen Entwicklungsforschung
Die vier Arbeitsbereiche des Dortmunder Modells können einerseits der Entwicklungsebene (Arbeitsbereiche (1) & (2)) andererseits der Forschungsebene (Arbeitsbereiche (3) & (4)) zugeordnet werden, welche jeweils entsprechende Produkte generieren (Hußmann et al. 2013; Komorek & Prediger 2013).

Auf Entwicklungsebene gelten die (weiter-)entwickelten und erprobten Unterrichtsmaterialien als Entwicklungsprodukt. Hier fließen der konzeptuell und sprachlich spezifizierte und strukturierte Lerngegenstand (Arbeitsbereich (1)) sowie die gegenstandsspezifischen Designprinzipien ein (Arbeitsbereich (2)), die über die Zyklen ggf. überarbeitet wurden.

Dazu zählen zunächst das entstandene Lehr-Lern-Arrangement zu qualitativem Funktionsverständnis in der designten Füllgraphen-Umgebung für neuzugewanderte Lernende und der zugehörige didaktische Kommentar für Lehrkräfte (vgl. Anhang I & II). Das Lehr-Lern-Arrangement wurde in den Kapiteln 2 und 3 durch das Identifizieren fachlicher und sprachlicher Anforderungen spezifiziert und wird in Kapitel 5 strukturiert. spezifiziert und wird in Kapitel 5 strukturiert. Außerdem wird dort die konkrete Umsetzung der Designprinzipien (vgl. Abschnitte 3.3 & 3.4) auf Aufgabenebene wird in Kapitel 5 als weiterer Teil des Entwicklungsprodukts vorgestellt.

Die lokalen Theorien (Arbeitsbereich (4)) zu typischen Lern- und Erklärprozessen, Gelingensbedingungen, Hürden und Wirkungsweisen der Designprinzipien werden als Forschungsprodukt bezeichnet (Prediger 2019a). Grundlage hierzu bildet die Auswertung der erhobenen Daten (Arbeitsbereich (3)) durch die diskursiv-konzeptuelle (Kap. 6) sowie die lexikalische Analyse (Kap. 7).

Die Fachdidaktische Entwicklungsforschung vernetzt hier durch das iterative Durchlaufen der vier Arbeitsbereiche also die Forschungs- mit der Entwicklungsebene, wodurch gleichzeitig ein praktischer und ein theoretischer Beitrag geleistet wird. Dabei fokussiert die vorliegende Studie vor allem die Lernprozesse neuzugewanderter Lernender.

4.2 Methoden der Datenerhebung

4.2.1 Übersicht über die Ziele und Methoden der Designzyklen

Im hier vorgestellten Entwicklungsforschungsprojekt wurden insgesamt drei Designexperimentzyklen durchgeführt zu den beiden Schwerpunktthemen „Baustein A: Zusammenhänge in Graphen darstellen und beschreiben" sowie „Baustein B: Zusammenhänge zwischen Größen darstellen, Abhängigkeiten erklären", wobei der Fokus dieser Arbeit auf dem ersten Baustein zu Füllgraphen liegt. Die zugehörigen Zyklen werden anhand der folgenden Tabelle 4.1 bezüglich ihrer Ziele sowie der Methoden der Datenerhebung kurz beschrieben.

Die Daten wurden an insgesamt vier Berufskollegs im Ruhrgebiet sowie im Sauerland erhoben. Die Lernenden im ersten sowie ein Großteil der Lernenden in Zyklus 3 wurden in einer eigens eingerichteten Internationalen Klasse für neuzugewanderte Jugendliche unterrichtet, deren Ziel der Hauptschulabschluss nach Klasse 9 mit der Qualifizierung zur Berufsfachschule darstellt. In Zyklus 3 waren zudem einige Lernende bereits in der einjährigen Berufsfachschule mit dem Ziel des Hauptschulabschlusses nach Klasse 10 sowie mit der Option auf eine Fachoberschulreife. Dabei wurden sechs Serien an Designexperimenten in Laborsettings in Kleingruppen durchgeführt (Zyklen 1 & 3), die insgesamt 14 Lernende umfassen.

Zusätzlich wurde in 5 internationalen Förderklassen in unterschiedlichen Umfängen erhoben, um den Einsatz des Lehr-Lern-Arrangements auch im Klassensetting zu erproben. Allerdings wurden 2020 die Erhebungen in allen Fällen durch coronabedingte Schulschließungen vorzeitig beendet. Hierbei entstanden insgesamt 725 min. Videomaterial, das vor allem zur Weiterentwicklung des Lehr-Lern-Arrangements genutzt werden konnte.

Dazu wurde in Zyklus 1 zunächst der Lerngegenstand genauer spezifiziert und strukturiert (Cobb et al. 2003; Hußmann & Prediger 2016; Prediger 2019a), sodass die iterative Re-Spezifizierung und Weiterentwicklung in den Zyklen 2 und 3 fortgeführt werden konnten. Auch die Wirkungsweisen der genutzten Designelemente konnte in den Zyklen 1 und 2 untersucht werden. Das Forschungsinteresse konnte bereits in Zyklus 1 konkretisiert werden, sodass in Zyklus 3 die individuellen Lernwege bezüglich typischer Lernverläufe, Anforderungen und Unterstützungsmaßnahmen beobachtet und analysiert werden konnten.

Tabelle 4.1 Übersicht über Ziele und Methoden der drei Designexperimentzyklen

Zyklus 1: November bis Dezember 2018	
Ziele	• Spezifizierung & Strukturierung: Eingrenzung des Lerngegenstands • Spezifizierung: Identifizieren konzeptueller sowie sprachlicher Anforderungen • Identifizieren gegenstandsspezifischer, bedeutungsbezogener Sprachmittel • Entwicklung eines ersten Lehr-Lern-Arrangements • Lokale Theorien: Ausschärfung des Forschungsinteresses
Methoden der Datenerhebung	• Laborsetting, 5 Lernende in 2 Kleingruppen einer Internationalen Förderklasse eines Berufskollegs • 3 Sitzungen mit insgesamt 210 min. bzw. 4 Sitzungen mit insgesamt 395 min.
Zyklus 2: Februar 2020 – März 2020; November 2020 – Dezember 2020	
Ziele	• Weiterentwicklung des Lehr-Lern-Arrangements
Methoden der Datenerhebung	• Klassensetting, 5 internationale Förderklassen an 2 Berufskollegs • 3 × 1 Sitzung (90 min.), 1 × 2 Sitzungen (180 min.), 1 × 3 Sitzungen (275 min.) – Daten unvollständig aufgrund coronabedingter Schulschließungen
Zyklus 3: November 2020 – Dezember 2020	
Ziele	• Einsichten in Lernprozesse sowie Wirkungsweisen der Unterstützungsmaßnahmen • Einblicke in situative Wirkungsweisen von Designelementen zur Weiterentwicklung des Lehr-Lern-Arrangements
Methoden der Datenerhebung	• Laborsetting, 9 Lernende in 4 Kleingruppen einer Berufsfachschule sowie Ausbildungsvorbereitung International eines Berufskollegs • Je 2 Sitzungen mit insgesamt 585 min.

4.2.2 Methoden der Datenerhebung

Alle Erhebungen wurden vollständig videographiert sowie sämtliche schriftliche Lernendenprodukte in die Datenbasis aufgenommen, um die Lernprozesse detailliert untersuchen zu können. Dabei wurden für die Erhebungen in Kleingruppen eine Kamera mit Fokus auf alle Beteiligten eingesetzt, in den Klassensettings Kameras für die Lehrkraft, die Klasse sowie konkreter für einzelne Gruppenarbeiten. Die Tonaufnahme fand anhand von Tischmikrophonen und im Klassensetting zusätzlich durch ein Funkmikrophon der Lehrkraft statt. Die dabei entstandenen Videoaufnahmen umfassen insgesamt 1190 min.

Transkription

Die Designexperimente der Zyklen 1 und 3 in Kleingruppen wurden vollständig transkribiert. Bei den Klassenerhebungen erfolgte dies dagegen nicht, da dort die Weiterentwicklung des Lehr-Lern-Arrangements im Vordergrund stand. Hier wurde eine gezielte Auswahl an interessanten Stellen getroffen, um Lernprozesse beispielhaft nachzeichnen zu können.

Die Transkripte beinhalten dabei mündliche Äußerungen, relevante Gesten und Mimik der Lernenden sowie die entsprechenden schriftlichen Lernendenprodukte. Die Transkription fand dabei lautgetreu statt, um mögliche grammatische Ungenauigkeiten, Fehler und Hürden der Lernenden identifizieren zu können. Die Turns sind durchlaufend nummeriert, entsprechend der Wechsel der sprechenden Person. Die genauen Transkriptionsregeln sind Tabelle 4.2 zu entnehmen.

Tabelle 4.2 Zugrundeliegende Transkriptionsregeln

Konvention	Bedeutung
Bela	Name der Lernenden, anonymisiert entsprechend ethnischem Hintergrund des Klarnamens
..	Pause von 2 Sekunden
...	Pause von 2 Sekunden
[5 sek.]	Längere Pause, z. B. von 5 Sekunden
-	Abbruch der Äußerung
#	Unterbrechung einer Äußerung durch eine andere Person (Stelle der Unterbrechung & Beginn der Äußerung der anderen Person)
[ca. 5 Worte unverständlich]	Unverständliche Stellen mit Angabe der Anzahl der Wörter
[*hält Hände in breitem Abstand*]	Kursiv gesetzt in Klammern werden Gesten und nonverbale Handlungen, sofern sie mathematisch und analytisch relevant sind; Erfassung erfolgt deskriptiv, nicht interpretativ
[zu Hania]	Sonstige analytisch relevanten Informationen; Erfassung erfolgt deskriptiv, nicht interpretativ
Mhm	Zustimmung, bejahend
Hmm	Zweifelnd, nachdenklich
Ne	Fragend, mit Bitte um Bestätigung
Äh	Nachdenkend, überlegend, ggf. Lückenfüller

Erhebung weiterer Daten
Um Hintergrunddaten der Lernenden zu erfassen, wurde in allen Gruppen ein Fragebogen ausgefüllt. Dieser enthält das Alter, das Herkunftsland, den bisherigen Aufenthalt in Deutschland sowie die letzte besuchte Schule. Diese Daten wurden als Selbstauskunft erfasst. Die Lehrkräfte gaben zusätzlich Auskunft über die mathematischen Kompetenzen der Lernenden im Fachunterricht und ordneten diese entweder dem unteren, dem mittleren oder dem oberen Leistungsdrittel zu (Tabelle 4.3, vgl. Abschnitt 4.3).

Zur Erfassung der Sprachkompetenz wurden Verschriftlichungen der Lernenden genutzt, die durch die Lehrkräfte bereitgestellt wurden (z. B. selbstständig produzierte Ausarbeitungen). Diese wurden anhand des grammatischen Stufenmodells (Berkemeier & Schmidt 2020) für die drei Entwicklungsbereiche Wortgruppen-Ausbau, Satzbau-Komplexität sowie Ausbau der verbalen Teile kategorisiert. Zusätzlich wurden diese Schriftprodukte mit den mündlichen und schriftlichen Formulierungen aus den Erhebungen abgeglichen, um zu starke Abweichungen und entsprechend eine unpassende Eingruppierung der Lernenden in eine grammatische Kompetenzstufe zu vermeiden. Die Ergebnisse finden sich in Tabelle 4.3 (vgl. Abschnitt 4.3).

4.3 Vorstellung der Fokuslernenden

Die Beantwortung der Entwicklungs- sowie Forschungsfragen benötigt vor allem eine vertiefte Betrachtung individueller Lern- und Erklärprozesse, die besonders gut in Kleingruppen im Laborsetting zu erheben sind. In den Kapiteln 6 und 7 wurden 14 Fokuslernenden genauer untersucht, deren Daten aus den Designzyklen 1 und 3 stammen. Die Einteilung der Kleingruppen wird in der Tabelle 4.3 anhand der Trennlinien deutlich.

Die Lernenden der Internationalen Förderklassen aus den Zyklen 1 und 3 sind im deutschen Schulsystem bisher nur mit proportionalen Zuordnungen in Berührung gekommen, die Lernenden der Berufsfachschule bereits mit linearen Funktionen. Viele Lernenden brachten jedoch zusätzliches Vorwissen aus den Schullaufbahnen in ihren Herkunftsländern mit.

Alle Lernenden sind selbst nach Deutschland zugewandert, im Schnitt zwischen zwei und drei Jahren vor der Erhebung. Die Schätzung bezüglich der sprachlichen Kompetenzen erfolge anhand des adaptierten Grammatikrasters für Zweispracherwerb (Prediger et al. 2019c; vgl. Abschnitt 3.4.1). Dabei ist Stufe 6 die (vorläufig) anspruchsvollste, Stufe 1 die am wenigsten komplexe bezüglich Wortgruppen-Ausbau (WA), Satzbau-Komplexität (SK) und dem Ausbau der verbalen Teile (VT). Die drei Kategorien entwickeln sich nicht unbedingt parallel, obwohl sie sich an vielen Stellen gegenseitig bedingen. Daher werden die Lernenden in allen drei Kategorien eingestuft, um einen Gesamtüberblick über den aktuellen Entwicklungsstand in grammatischer Dimension zu erhalten.

Die jeweilige Einschätzung der Lernenden erfolgt oft nicht eindeutig, da die diese sich in einer sprachlichen Lernphase befinden. Angegeben wird also für Belas Satzbau-Komplexität (SK) die Stufe 3–4, da er teilweise Formulierungen der der Stufe 4 korrekt, teils unkorrekt nutzt. Gerade in dieser Kategorie formulieren die Lernenden oft bereits deutlich anspruchsvollere Satzkonstruktionen, wie wenn-dann-Sätze (Stufe 6). Da der Fokus auf dem Fachunterricht und nicht auf der gezielten grammatischen Diagnose lag, besteht die Möglichkeit, dass wie in Belas Fall die Stufe 5 überhaupt nicht auftritt. Entsprechend wird seine Kompetenz bzgl. der Satzbau-Komplexität zusammengefasst als SK: 3–4+. Er trifft in der Regel also Äußerungen in den Stufen 3 bis 4, einzeln aber auch bereits anspruchsvollere (z. B. aus Stufe 6).

Tabelle 4.3 Hintergrundinformationen zu den Fokuslernenden. Grammatische Einschätzung erfolgt bzgl. Wortgruppen-Ausbau (WA), Satzbau-Komplexität (SK) und dem Ausbau der verbalen Teile (VT)

Name	Alter	Herkunftsland	In Deutschland seit	Einschätzung sprachl. Kompetenz (nach Grammatikraster)	Einschätzung der Mathematikleistung durch reguläre LK)
Zyklus 1, Internationale Förderklasse (Hauptschulabschluss nach Klasse 9)					
Bela	17 J.	Nord-Mazedonien	13 Monaten	WA: 3+; SK: 3–4+; VT: 2–3	Oberes Leistungsdrittel
Elena	17 J.	Ukraine	Wenigen Monaten	WA: 3; SK 3+; VT: 3	Oberes Leistungsdrittel
Fetije	17 J.	Kosovo	>3 Jahren	WA: 3; SK 3+; VT: 3	Unteres Leistungsdrittel
Fazila	16 J.	Syrien	3 Jahren	WA: 3; SK: 2; VT: 2	Mittleres Leistungsdrittel
Kara	17 J.	Syrien	1 Jahr	WA: 3; SK: 1–3; VT: –	Oberes Leistungsdrittel

(Fortsetzung)

Tabelle 4.3 (Fortsetzung)

Name	Alter	Herkunftsland	In Deutschland seit	Einschätzung sprachl. Kompetenz (nach Grammatikraster)	Einschätzung der Mathematikleistung durch reguläre LK)
Zyklus 3, 1-jährige Berufsfachschule (Hauptschulabschluss nach Klasse 10)					
Jahzeel	18 J.	Syrien	>3 Jahren	WA: 3; SK: 3; VT: 2–3	Mittleres Leistungsdrittel
Hania	18 J.	Irak	>3 Jahren	WA: 3; SK 2–3; VT: 2	Unteres Leistungsdrittel
Emir	18 J.	Türkei	>3 Jahren	WA: 3+; SK: 5–6; VT: 3	Oberes Leistungsdrittel
Rodin	18 J.	Pakistan	>3 Jahren	WA: 3; SK: 3; VT: 2–3	Mittleres Leistungsdrittel
Zyklus 3, Ausbildungsvorbereitungsklasse International (Hauptschulabschluss nach Klasse 9)					
Idir	17 J.	Guinea	18 Monaten	WA: 3; SK: 3–4+; VT: 3	Oberes Leistungsdrittel
Adhikar	17 J.	Guinea	2 Jahren	WA: 4; SK 3–4+; VT: 3	Oberes Leistungsdrittel
Said	17 J.	Afghanistan	2 Jahren	WA: 4; SK: 3–4+; VT: 3	Oberes Leistungsdrittel
Havah	18 J.	Irak	2 Jahren	WA: 3; SK: 2–3; VT: 3	Unteres Leistungsdrittel
Shirin	17 J.	Irak	>5 Jahren	WA: 3+; SK: 3+; VT: 3	Mittleres Leistungsdrittel

4.4 Methoden der Datenauswertung

In diesem Abschnitt werden die qualitativen Analyseinstrumente zur Beantwortung der Forschungsfragen vorgestellt und für eine bessere Nachvollziehbarkeit auch das Vorgehen der Analyse schrittweise erläutert (Steinke 2000). Während das gegenstandsspezifische Analyseinstrument (Abschnitt 4.4.1) die Grundlage der diskursiv-konzeptuellen Analysen darstellt (vgl. Kap. 6), werden Kategorien und Vorgehen für die lexikalische Analyse (Kap. 7) in Abschnitt 4.4.2 vorgestellt.

4.4.1 Gegenstandsspezifisches Analyseinstrument für die diskursiv-konzeptuelle Analyse der Lern- und Erklärprozesse

Für die Analyse der individuellen Lern- und Erklärprozesse sowie der Wirkungsweisen der Designelemente wird eine qualitative Datenauswertung genutzt. Die Forschungs- und Entwicklungsfragen werden mithilfe eines gegenstandsspezifischen Analyseinstruments bearbeitet. Dazu wird eine zweidimensionale Matrix, ein sogenannter gegenstandsspezifischer Navigationsraum, genutzt, in dem sich die individuellen Lern- und Erklärprozesse graphisch rekonstruieren lassen (Prediger et al. 2022). Die vertikale Achse umfasst dabei die relevanten konzeptuellen Verstehenselemente, die in Kapitel 2 identifiziert wurden. Auf der horizontalen Achse sind die drei (für Lernumgebungen mit Füllgraphen bedeutsamen) Darstellungen angeordnet. Dazu werden insbesondere die in den Kapiteln 2 und 3 erlangten Erkenntnisse zur Darstellungs- und Sprachvernetzung genutzt. Die diskursiv-konzeptuelle Tiefenanalyse bearbeitet folgende Forschungsfragen:

(F1) Welche konzeptuellen, diskursiven und lexikalischen Anforderungen können zur Überwindung der bekannten Hürden identifiziert werden und wie hängen diese Anforderungen zusammen?
(F2) Wie können Sprachlernende adaptiv unterstützt werden, um die Anforderungen zur Überwindung der Hürden erfolgreich zu meistern?

Die Analyse ist in die folgenden sieben Schritte aufgeteilt:

- Schritt 1: Auswahl der Fokusaufgaben
- Schritt 2: Kodierung der adressierten Verstehenselemente in epistemischer Dimension (vertikale Achse)
- Schritt 3: Kodierung der adressierten Darstellungen in semiotischer Dimension (horizontale Achse)
- Schritt 4: Graphische Zusammenfassung der Lernendenwege in Navigationsräumen (konzeptuelle Dimension)
- Schritt 5: Systematischer Vergleich der Navigationsräume
- Schritt 6: Abstrahierung zu Navigationskernen
- Schritt 7: Identifikation von Lehrkraft-Scaffolds

Die Kodierung der Aussagen bezüglich der epistemischen wie semiotischen Dimension (Schritte 2 & 3) erfolgte zunächst durch die Autorin dieser Arbeit und ein Mitglied des Forschungsteams einzeln, bevor Abweichungen zusammen mit dem Forschungsteam diskutiert wurden (Thomas 2006). Im Folgenden werden die sieben Analyseschritte beschrieben.

Schritt 1: Auswahl der Fokusaufgaben und A-priori-Analyse der Aufgaben
Die Auswahl der Fokusaufgaben basiert auf der Spezifizierung der zum Aufbau qualitativen Funktionsverständnisses notwendigen konzeptuellen Teilelemente des Verstehens (epistemische Dimension) und der notwendigen Verknüpfung verschiedener Darstellungen (semiotische Dimension) in Kapitel 2.

Ausgewählt wurden diejenigen Aufgaben, die auch in diskursiver Dimension reichhaltige Sprachhandlungen einfordern und dabei ein Angebot für bedeutungsbezogene lexikalischer Mittel machen (vgl. Kap. 3): Die Fokusaufgaben 4 und 5 (Abb. 4.2) integrieren genau diese Dimensionen und bieten damit die Gelegenheit, vielfältige Lern- und Erklärprozesse zu beobachten.

Nachdem die Lernenden zu Beginn des Lehr-Lern-Arrangements selbstständig Füllexperimente durchgeführt und dabei Wasserstände sowie deren Veränderung dokumentiert haben, müssen sie die aktive Handlung verinnerlichen und anhand von Füllgraphen auf die Veränderung der Füllhöhe schließen. Aufgabe 4 (Abb. 4.2, links) beinhaltet zwei lineare Graphenabschnitte, für die die Lernenden selbstständig ein passendes Füllgefäß zeichnen und dieses begründen sollen. Hierbei spielen vor allem die Verstehenselemente *Punktweise Zuordnung*, *Quantifizierte* sowie *Qualitative Abstände* und *Stückweise qualitative Änderung* eine Rolle. Die Fokusaufgabe 5 ist aufgrund der fehlenden Achseneinteilung und fehlender konkreter Werte qualitativ angelegt. Die Lernenden sind hier vor allem aufgefordert, die gegebenen Füllgefäße und Füllgraphen einander begründet zuzuordnen. Die intendierten Verstehenselemente sind vor allem die *Stückweise qualitative Änderung*, die *Ganzheitliche Änderung der Änderung* und *der Ganzheitliche Vergleich* verschiedener Füllsituationen. Lernende können für das Erklären der Passung allerdings auch auffalten und weniger verdichtete Verstehenselemente adressieren.

Die Transkripte wurden in Segmente unterteilt, die sich jeweils um die Besprechung eines konkreten Aspekts einer Füllsituation drehen, also beispielsweise einen Abschnitt eines Glases, die Steigung eines Füllgraphen oder die Veränderung der Füllgeschwindigkeit in einem Abschnitt. Die Aussagen der Lernenden sind dabei in jeweils eigenen Farben, die der Lehrkraft grau markiert (in der Druckversion in verschiedenen Grautönen).

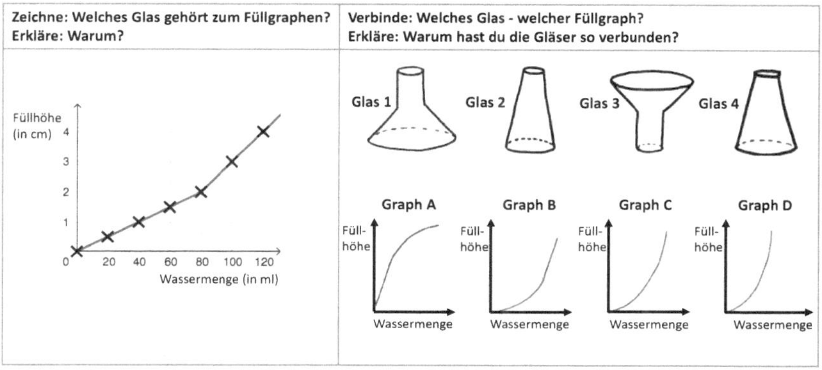

Abb. 4.2 Fokusaufgabe 4 (links), Fokusaufgabe 5 (rechts)

Schritt 2: Kodierung der adressierten Verstehenselemente (horizontale Achse)
Die Äußerungen sowie alle relevanten Gesten und Mimik der Lernenden und der Lehrkraft wurden bezüglich des adressierten Verstehenselements kodiert (Abb. 4.3). Dabei können in einer Äußerung mehrere Verstehenselemente gleichzeitig angesprochen werden, z. B. wenn Lernende einen stark komprimierten Ganzheitlichen Vergleich zur Erklärung der Passung in weniger verdichtete Verstehenselemente wie die *Stückweise qualitative Änderung* auffalten. Auch während der Besprechung desselben Aspekts (also innerhalb desselben betrachteten Segments, s. Schritt 1) können Lernende verschiedene Verstehenselemente adressieren, wenn sie beispielsweise unterschiedliche Eigenschaften des Füllgraphens fokussieren.

Neben den sechs als relevant für die Idee der Füllgraphen-Umgebungen identifizierten Verstehenselementen (vgl. Kap. 2) traten in den Erhebungen immer wieder oberflächliche Beschreibungen der Gläser und Graphen auf, die geometrische Eigenschaften wie einen Knick oder gerades, schräges bzw. rundes Aussehen der Abbildungen einbeziehen (ähnlich Sierpinska 1992; Moore et al. 2013; vgl. Abschnitt 2.3.2). Solche hochgradig verdichteten Äußerungen werden in epistemischer Dimension (vertikale Achse) als einzelnes Element des individuellen Verstehens kodiert und im Navigationsraum aufgrund der komprimierten Aussage über den anderen Verstehenselementen angeordnet (vgl. Abb. 4.3).

Die Zeilen im Navigationsraum sind also nach der jeweiligen Sichtweise kodiert, auch wenn inhaltlich noch Fehlvorstellungen enthalten sind.

Verstehens-element	Übernommene Perspektiven der Grundvorstellungen zu Funktionen	Ikonische Darstellung der Gläser	Kontextuelle Darstellung des Füllprozesses	Graphische Darstellung der Füllgraphen
Ganzheitlich-geometrische Beschreibung	**Ganzheitliche Zuordnung** von Graph und geom. Formen d. Glases	wie ein Rechteck wie ein Dreieck		gerade, wie eine Kurve, wie eine wellige Linie
Vergleich	**Ganzheitlicher Vergleich** verschiedenen Füllsituationen	Glas A ist insgesamt breiter/schmaler als Glas B.	Die Füllhöhe wächst in Situation A insgesamt schneller/langsamer als in Situation B.	Graph A steigt insgesamt steiler/flacher als Graph B.
Ganzheitliche Änderung der Änderung	**Ganzheitlich-kovariationale** Beschreibung der qualitativen Veränderung in mehreren Intervallen (zweite Ableitung)	Das Glas … … wird immer breiter/schmaler; … ist überall gleich breit.	Die Füllhöhe wächst … … immer schneller/ langsamer; … (immer) gleichschnell.	Der Graph steigt … … immer steiler/ flacher; … gleichmäßig.
Stückweise qualitative Veränderung	**Kovariationaler** qualitativer Vergleich der Veränderung in einem oder zwei Intervallen (erste Ableitung)	Das Glas ist … … eher breit/ schmal; … unten breiter/ schmaler als oben.	Die Füllhöhe wächst… … eher langsam/ schnell; … am Anfang schneller/ langsamer als am Ende.	Der Graph steigt… … eher steil/flach; … in Intervall A steiler/flacher als in Intervall B.
Qualitative Abstände	Beschreibung qualitativer Unterschiede im Bestand am Übergang **Kovariation & Zuordnung**	(in dieser Aufgabe nicht vorkommend)	Die Füllhöhe wächst … … immer um Dasselbe; … um einen immer größeren Teil; … um immer mehr/weniger (als …).	Der Graph steigt … … immer um Dasselbe; … um einen immer größeren Teil; … um immer mehr/ weniger (als …).
Quantifizierte Abstände	Beschreibung diskreter Unterschiede im Bestand am Übergang **Kovariation & Zuordnung**		Die Füllhöhe wächst … … von … cm auf … cm; … um … cm.	Der Graph steigt … … von … (cm) auf … (cm); … um … cm.
Punktweise Beschreibung	**Zuordnung** von Wertepaaren		Bei … ml Wassermenge: Die Füllhöhe ist … cm hoch.	Bei … (ml): Der Graph ist bei … (cm).

von hochgradig verdichtet zu vollständig aufgefaltet

Abb. 4.3 Vertikale Achse (Zeilen): relevante Verstehenselemente, horizontale Achse (Spalten): beteiligte Darstellungen

Schritt 3: Kodierung der adressierten Darstellungen (vertikale Achse)
Im folgenden Schritt 3 wurden alle Äußerungen bezüglich der angesprochenen Darstellung kodiert. Die ikonische Darstellung umfasst dabei die geometrische Form der Füllgefäße, in der kontextuellen Darstellung des Füllprozesses müssen die Lernenden die externale Handlung des Füllens von verschiedenen Gefäßen (Aufgabe 1, vgl. Kap. 5) nun internalisiert abrufen und auf verschiedene Füllsituationen übertragen. Die graphische Darstellung umfasst die Funktions- bzw. Füllgraphen (Abb. 4.2). Zur Kodierung werden einerseits Gesten einbezogen, wie das Zeigen auf Darstellungen, das Nachbilden von Füllgefäßen mit den Händen oder Handbewegungen zur Visualisierung von Graphenverläufen. Andererseits basiert die Kodierung auf den genutzten, darstellungsspezifischen Sprachmitteln, also vor allem auf alltagssprachlichen Mitteln zur geometrischen Beschreibung der Gläser, auf bedeutungsbezogenen Kontextsprachmitteln für den Füllprozess sowie auf formalbezogenen Sprachmitteln für die Beschreibung der Füllgraphen (vgl. auch Kap. 3).

In den Schritten 2 und 3 war es bei einigen Äußerungen zudem nötig, diese im Kontext der Gesamtaussage oder des Abschnitts zu interpretieren, um eine entsprechende Kodierung vorzunehmen. Dies tritt insbesondere beim Wechsel zwischen Darstellungen oder Verstehenselementen auf.

Schritt 4: Graphische Zusammenfassung der Lernendenwege in Navigationsräumen
Nach Durchführung der Schritte 2 und 3 wurden alle relevanten Äußerungen und Gesten in gegenstandsspezifischen Navigationsräumen eingeordnet, die wie bereits beschrieben durch die Dimension der Verstehenselemente (vertikale Achse) sowie der eingebundenen Darstellungen aufgespannt werden (horizontale Achse, vgl. Abb. 4.3). Um die chronologischen Wege der Lern- und Erklärprozesse visualisieren zu können, wurden die verorteten Äußerungen durch Pfeile verbunden. Dabei lassen sich die farbigen Pfeile zusammenhängenden Äußerungen zuordnen, wenn also Lernende und Lehrkraft über dieselben Aspekte in unterschiedlichen Verstehenselementen oder Darstellungen sprechen. Die schwarzen Pfeile markieren konzeptuell nicht miteinander in Beziehung stehende Äußerungen zwischen zwei unterschiedlichen Aspekten, z. B. der Steigung im ersten Graphenabschnitt und dem Füllprozess im zweiten Abschnitt. Graue Pfeile und Äußerungen stellen Lehrkraftimpulse zu einem konkreten Verstehenselement in einer bestimmten Darstellung dar (Zelle), denen die Lernenden jedoch nicht gefolgt sind (Abb. 4.4).

Beim gleichzeitigen Adressieren zweier Darstellungen in einem konzeptuellen Verstehenselement, etwa durch das Sprechen über den Füllprozess (kontextuelle Darstellungen) während des gleichzeitigen Zeigens auf einen Füllgraphen

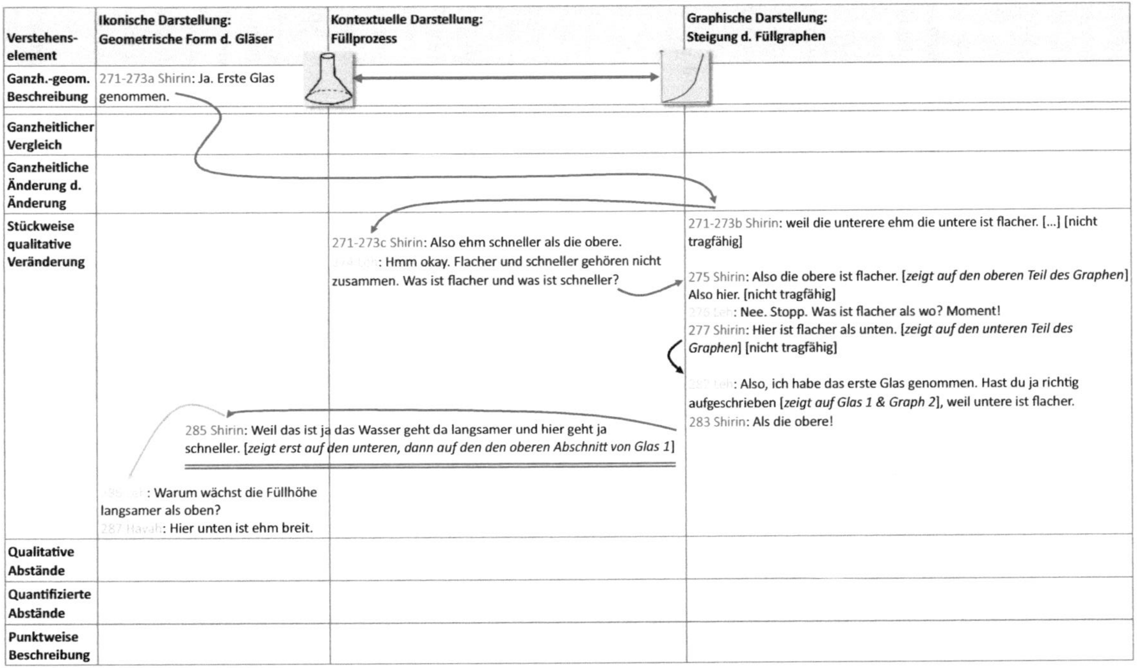

Abb. 4.4 Grafische Darstellung eines individuellen Weges in der gegenstandsspezifischen, graphischen Zusammenfassung im Navigationsraum

(graphische Darstellung), wurden die Äußerungen als qualitativ anspruchsvollere Handlung der Darstellungsvernetzung identifiziert (nicht-verbale Explizierung des Zusammenhangs) und in den Navigationsräumen durch === markiert (vgl. Abschnitt 2.1.4). Wurden die Äußerungen allerdings als das Verstehenselement *Ganzheitlich-geometrische Beschreibung* kodiert, muss von einer oberflächlichen Betrachtung ausgegangen werden. In diesem Fall ist das gleichzeitige Adressieren zweier Darstellungen mit einfachen Linien verknüpft. Dieses Phänomen der stark verdichteten, oberflächlichen Verknüpfung zweier Darstellungen ist nicht unbedingt gleichbedeutend mit weniger konzeptuellem Verständnis. Einzeln bestehen auch die Fälle inhaltlich fundierter Kapselungen zur *Ganzheitlich-geometrischen Beschreibung*, die die Lernenden aber auch tragfähig in weniger komplexe Verstehenselemente auffalten können.

Schritt 5: Systematischer Vergleich der graphischen Zusammenfassungen in den Navigationsräumen

Die entstandenen Navigationswege zu den individuellen Lern- und Erklärprozessen aller untersuchten Lernenden aus den Zyklen 1 und 3 wurden anschließend bezüglich der folgenden Dimensionen miteinander verglichen (vgl. dazu auch Abschnitte 6.1–6.4):

- In semiotischer Dimension stellte sich besonders das Adressieren der kontextuellen Darstellung als relevant heraus (etwa Janvier 1981, 1987b; Leinhardt et al. 1990). Dazu ist ein mentales Vorstellen des Füllprozesses notwendig, den die Lernenden internalisieren müssen (Vygotsky 1987). Entsprechend wird in den diskursiv-konzeptuellen Tiefenanalysen die semiotische Dimension mit Blick auf mentale Anforderungen genauer untersucht. Im Navigationsraum umfasst diese alle Äußerungen und Gesten, die in der Spalte zur kontextuellen Darstellung verortet wurden, in der die Lernenden vom Füllprozess und dessen Veränderung sprechen. Da sich die Analyse auf Äußerungen und Gestik konzentriert, besteht an dieser Stelle natürlich die Möglichkeit, dass Lernende sich zwar den Füllprozess an einer Stelle ihres Lernwegs mental vorstellen, dies allerdings nicht äußern. In diesem Fall kann anhand des gegenstandsspezifischen Analysetools keine Kodierung und keine Zuordnung zur mentalen Dimension erfolgen.
- Die epistemische Dimension bezüglich der verschiedenen Verstehenselemente wird im Auffalten und Verdichten operationalisiert – im Navigationsraum werden diese sichtbar durch Bewegungen nach unten bzw. oben. Dies geschieht immer in Bezug auf eine konkrete Darstellung (semiotische Dimension).

Die *konzeptuelle Dimension* umfasst also das das Auffalten und Verdichten von Verstehenselementen im Verknüpfen verschiedener Darstellungen, operationalisiert durch die Bewegungen auf dem Navigationsraum.

- Die diskursive Dimension beinhaltet insbesondere die Diskurspraktik des Erklärens der Passung der Darstellungen (vgl. Abschnitt 3.2). Dazu ist es nötig, beim Erklären der Darstellungsvernetzung (operationalisiert als horizontale oder ggf. diagonale visuelle Verbindung mehrerer Zellen, z. B. durch Pfeile oder doppelte Linien = = =) in weniger verdichtete Verstehenselemente aufzufalten (im Navigationsraum also die Bewegung nach unten). Diese enge Verknüpfung der Dimensionen wird in den Analysen illustriert und entsprechend als *diskursiv-konzeptuelle Dimension* gefasst.
- Die *lexikalische Dimension* umfasst die Nutzung der Sprachmittel auf Wortebene. Im Navigationsraum wird dies anhand der konkret genutzten Sprachmittel deutlich, die jeweils eine der drei Darstellungen (Spalten) sowie ein konkretes Verstehenselement (Zeilen) adressieren. Die lexikalische Anforderung liegt in der Nutzung von Sprachmitteln, um die einzelnen Zellen anzusprechen. Sollten Zellen im Navigationsraum überhaupt nicht von Lernenden angesteuert werden, besteht die Hypothese, dass entsprechende Sprachmittel bezüglich der beiden epistemischen und semiotischen Dimensionen fehlen.

Die grammatische Dimension bildet eine spezielle Anforderung für Neuzugewanderte. Die in der vorliegenden Arbeit genutzte Entlastung in dieser Dimension ist in Abschnitt 3.4 ausgeführt und damit insbesondere für den Entwicklungsteil der Arbeit (Kap. 5) relevant, ist aber keine in den Navigationsräumen berücksichtigte Analysedimension.

Durch den systematischen Vergleich der individuellen Navigationswege in den vier beschriebenen Dimensionen, können drei bereits aus der Literatur bekannte Hürden in den Navigationsräumen für die hier entwickelte Füllgraphen-Umgebung operationalisiert werden (vgl. Kap. 2 & 3): die mentale Hürde, tragfähige Zuordnungen zwischen Gläsern und Füllgraphen zu tätigen, statt direkt von einer in die andere Darstellung zu übersetzen, wird sichtbar durch Nicht-Adressieren der mittleren Spalte (vgl. Abschnitt 3.2); die diskursiv-konzeptuelle Hürde, Darstellungsvernetzungen zu erklären, statt ganzheitliche Zuordnungen zu benennen, wird sichtbar durch Schwierigkeiten mit dem Auffalten (vgl. Abschnitte 2.4 & 3.5); die komplexe lexikalische Hürde, präzise Erklärungen zu formulieren zeigt sich an noch genauer zu erläuternden Mustern in den Navigationswegen (vgl. Abschnitt 3.2 & Kap. 6).

Im Empirieteil dieser Arbeit werden zunächst die einzelnen Dimensionen und Hürden an Beispielen illustriert. Anschließend werden die drei zugrundeliegenden Anforderungen rekonstruieren, um die Hürden zu bewältigen. Zusätzlich wird die Verflechtung der vier Dimensionen verdeutlicht, der schlussendlich die entsprechenden Scaffolds Rechnung tragen sollten.

Schritt 6: Abstrahierung zu Navigationskernen
Anschließend an die Visualisierung der einzelnen Navigationswegen in den Navigationsräumen sowie deren Vergleich sollten auch die Gruppenprozesse der insgesamt sechs Kleingruppen bzgl. typischer Lern- und Erklärprozesse betrachtet werden. Dazu wurden komplexe Navigationswege auf sogenannte Navigationskerne abstrahiert (Henderson & Segal 2013; vgl. Abschnitt 6.5): Um die drei Anforderungen besser sichtbar zu machen, wurden zunächst nur die korrekten Lernendenäußerungen einbezogen. Alle Zellen des Navigationsraums, die an irgendeinem Punkt während der gesamten Bearbeitung der Aufgabe 4 bzw. der Aufgabe 5 in einer Gruppe explizit und korrekt adressiert wurden, sind dort grau markiert. Anstelle einer chronologischen Verknüpfung der Zellen durch Pfeile beinhalten die Navigationskerne nur einen Pfeil für jede Verknüpfung von Zellen, die an einer Stelle des Lernprozesses stattgefunden hat. Im Gegensatz zum Navigationsraum geht in den Navigationskernen zwar die chronologische Abfolge, also der Blick auf den Lernprozess verloren. Gleichzeitig erleichtern diese Abstraktionen aber den Vergleich zwischen den Gruppen und die Identifikation der drei Anforderungen anhand der graphischen Zusammenfassung in den Navigationsräumen.

Schritt 7: Identifikation von Lehrkraft-Scaffolds
Entlang der vier Dimensionen bzw. der drei in Schritt 5 bzw. 6 rekonstruierten Anforderungen, wurden zudem konkrete Lehrkraft-Scaffolds identifiziert, die die Lernenden in der Überwindung der eingeforderten Anforderungen unterstützen (vgl. Abschnitt 6.7). Diese wurden auf Grundlage der zunächst verorteten Anforderung mit Blick auf ihre Unterstützungswirkung entweder als hilfreicher Impuls identifiziert oder als nicht hilfreich verworfen.

4.4.2 Erweiterte Spurenanalyse zur Rekonstruktion lexikalischer Lernwege

Im vorliegenden Kapitel wird die Methode erläutert und begründet, mit welcher der Forschungsfrage F3 nachgegangen wird:

(F3) Welche lexikalischen Mittel nutzen die Lernenden im Abgleich mit dem entwickelten Lehr-Lern-Arrangement für Adressierungs-, Auffalt-, Verdichtungs- und Verknüpfungsaktivitäten und wie fachlich tragfähig und sprachlich eigenständig sind die Formulierungen (am Beispiel des Verstehenselements *Ganzheitliche Änderung der Änderung*)?

In Abschnitt 3.3 wurde bereits ausführlich das Prinzip des Scaffoldings vorgestellt. Eine immer wieder zu beantwortende Frage ist dabei, was überhaupt gescaffoldet werden sollte. Neben dem konzeptuellen Lernen (etwa Broza & Kolikant 2015; vgl. auch Abschnitt 6.6 zu konzeptuellen Scaffolds) steht auch das auf die Mathematik bezogene, sprachliche Lernen im Fokus (etwa Bakker et al. 2015; Prediger & Pöhler 2015). Im vorliegenden Lehr-Lern-Arrangement sind bereits unterschiedliche konzeptuelle wie sprachliche Unterstützungsmaßnahmen verankert (vgl. Kap. 5). In den diskursiv-konzeptuellen Tiefenanalysen zeigt sich, dass in sprachlicher Dimension neben den diskursiv-konzeptuellen Scaffolds (deren Wirkung in Kap. 6 analysiert werden) vor allem lexikalische Angebote gemacht werden, die auch für das Vernetzen verschiedener Darstellungen und Sprachebenen relevant sind (vgl. Abschnitt 3.3 zum Prinzip der Darstellungs- und Sprachebenenvernetzung). Dementsprechend bietet die folgende Analysemethode die Möglichkeit, einerseits Angebot und tatsächliche Nutzung der zunächst lexikalischen Scaffolds zu betrachten (ursprüngliche lexikalische Spurenanalyse, Pöhler 2018). Um der in Kapitel 6 herauszuarbeitenden Verknüpfung der diskursiv-konzeptuellen mit den lexikalischen Anforderungen Rechnung zu tragen, werden die lexikalischen Nutzungen der Lernenden auch daraufhin betrachtet, wie fachlich tragfähig die genutzten lexikalischen Mittel von den Lernenden eingesetzt werden und wie sprachlich eigenständig dies geschieht (zum Zurücknehmen der Unterstützung vgl. Abschnitt 2.1.2, Hannafin et al. 1999).

Dahingehend wurden zwei bewährte Analysemethoden miteinander kombiniert: Für eine erste Evaluation der Scaffolds bezüglich der Nutzung durch die Lernenden sowie Initiative der Sprachmittel wird auf die Methodik der lexikalischen Spurenanalyse zurückgegriffen (Analyseschritte 1 bis 3; Prediger & Pöhler 2015; Pöhler 2018). Diese wird anschließend durch die Kategorisierung von fachlicher Tragfähigkeit und sprachlicher Eigenständigkeit adaptiert und ergänzt (Analyseschritte 3 & 4; Zentgraf et al. 2021), um erste Aussagen über den Zusammenhang der lexikalischen mit konzeptuellen Lernwegen treffen zu können.

Die vier Schritte dieser kombinierten Analyse werden im Folgenden dargelegt. Im Rahmen dieser Arbeit ist nur ein kleiner Einblick in die lexikalische Analyse möglich, sodass in Kapitel 7 beispielhaft die Fokusaufgaben 4b und 5 (Schritte 1 bis 3) sowie das Verstehenselement *Ganzheitliche Änderung der Änderung* in diesen Aufgaben (Schritte 3 & 4) betrachtet werden.

Schritt 1: Inventarisierung aller genutzten Sprachmittel
Die lexikalische Spurenanalyse (Prediger & Pöhler 2015; Pöhler 2018) ist in drei Analyseschritte unterteilt und wird in Abschnitt 7.1 für die hier vorliegenden Daten genutzt.

In Schritt 1 werden sämtliche aktivierten Sprachmittel aus den Aufgaben 4b und 5 inventarisiert, sofern damit eins der relevanten Verstehenselemente adressiert wurde. Dazu zählen in den Aufgaben 4b und 5 vor allem die *Stückweise qualitative Änderung*, die *Ganzheitliche Änderung der Änderung* sowie *der Ganzheitliche Vergleich.* Viele Lernende falten aber auch weiter in *Quantifizierte* oder *Qualitative Abstände* auf. Die genutzten Sprachmittel zur *Ganzheitlich-geometrischen Beschreibung* der Situation werden hier nicht mit aufgenommen, um auf die inhaltlich relevanten Verstehenselemente zu fokussieren (vgl. auch Ergebnisse der diskursiv-konzeptuellen Tiefenanalysen, Kap. 6).

Inventarisiert werden nicht einzelne, isolierte Worte, sondern eher lexikalische Einheiten, also Phrasen oder zusammengehörige Ausdrücke (Pöhler 2018). Die Unterscheidung zwischen bedeutungs- und formalbezogenem Wortschatz wird hier mit einbezogen. Da es sich bei der Zielgruppe allerdings um Sprachlernende handelt, die sowohl den bedeutungs- als auch den formalbezogenen Sprachschatz neu erlernen, gibt es in der Analyse bzgl. Nutzung nur wenige Unterschiede (vgl. Abschnitt 7.1). Dennoch wird die Sortierung der Nutzung grob nach bedeutungs- und formalbezogenem Sprachschatz unterteilt. Des Weiteren sind sämtliche Turns angeführt, in denen die Lernenden die Sprachmittel produziert haben.

Die angebotenen Sprachmittel werden danach unterschieden, ob sie schriftlich (s) im Unterrichtsmaterial oder mündlich (m) durch die Lehrkraft angeboten wurden. Außerdem wird hier immer die Aufgabe (bei schriftlichen Angeboten) sowie der Turn der Lehrkraft (bei mündlichen Angeboten) mit kodiert.

Für die erweiterte lexikalische Spurenanalyse wurde keine Trennung von Sprachmittel mit demselben Wortstamm, aber unterschiedlichen Flexionen vorgenommen. D. h., Formulierungen mit demselben Wortstamm sind bezüglich der lexikalischen Dimension zusammengefasst, z. B. ‚steil' und ‚steiler'. Dies ist für die untersuchte Stichprobe möglich, da die Lernenden meist die dritte Stufe des grammatischen Stufenmodells (Prediger et al. 2019c; Berkemeier & Schmidt 2020) bereits bewältigt haben und die nachfolgenden Flexionen für den hier untersuchten Lerngegenstand nicht mehr ins Gewicht fallen: Ob die Lernenden also einen Vergleich formulieren (schneller wachsen als) oder einen Abschnitt beschreiben (schnell wachsen) ist in lexikalischer Dimension aufgrund der mitgebrachten Kompetenzen nicht notwendigerweise zu unterscheiden, solange die Lernenden nicht konzeptuell unterschiedliche Verstehenselemente adressieren.

Schritt 2: Abgleich der angebotenen Scaffolds mit der tatsächlichen Nutzung
Anhand der Inventarisierung aus Schritt 1 kann abgeglichen werden, inwieweit das schriftliche und mündliche Angebot von den Lernenden tatsächlich genutzt wurde. In diesem Zusammenhang wird außerdem nachvollzogen, wie das jeweilige von den Lernenden genutzte Sprachmittel zuerst in die Bearbeitung eingebracht wurde, d. h. ob es zuerst im schriftlichen Material (s/Aufgabe) auftritt, durch einen mündlichen Impuls der Lehrkraft (Leh) oder mündlich durch die Lernenden selbsteingeführt wird (SE). Die Sprachmittel werden entsprechend ihrer Kategorien gezählt und miteinander verglichen.

Schritt 3: Sprachliche Eigenständigkeit der Sprachmittelnutzung
In diesem Schritt wird untersucht, wie sprachlich eigenständig die Äußerungen der Lernenden sind. Dies ist wichtig für den Anspruch an Scaffolding, dass die (hier sprachliche) Unterstützung nach einiger Zeit abgebaut wird und Lernende dann die Anforderungen möglichst selbstständig bewältigen können sollen. Hierzu wurde der letzte Schritt der lexikalischen Spurenanalyse (Pöhler 2018), nämlich die Untersuchung der lokalen Initiative einer Sprachmittelnutzung, durch Zentgraf et al. (2021) ausgeweitet. Dadurch wird nun nicht mehr nur untersucht, durch wen die situative Nutzung eines bestimmten Sprachmittels initiiert wurde (z. B. durch die Lehrkraft oder das vorliegende Unterrichtsmaterial), sondern auch, wie sprachlich eigenständig die Lernenden die Sprachmittel adressieren.

In Abschnitt 7.2 wird darüber ein Einblick in die sprachliche Eigenständigkeit der Lernenden bezüglich des Verstehenselements *Ganzheitliche Änderung der Änderung* gegeben, da sich dieses in den diskursiv-konzeptuellen Tiefenanalysen als besonders herausfordernd darstellte. Hierzu werden die Aussagen nach Vorlesen (V), wörtlicher Aufnahme eines Satzes oder eigenständigen Satzteils (A), Übernahme des relevanten Sprachmittels in einen eigenständigen Satz (Ü) sowie eine eigenständige Produktion (E) unterschieden. Diese werden im Folgenden kurz anhand von Beispielen erläutert:

Die erste Kategorie umfasst das *Vorlesen (V)* eines Sprachmittels etwa in einer Aufgabenstellung, in einem sprachlichen Unterstützungsangebot (z. B. Satzgitter), in einer bereits besprochenen, verschriftlichten Bearbeitung oder in einem Lückentext, in den Werte eingesetzt werden müssen.

Jahzeel hat beispielsweise den Lückentext (Abb. 4.5) bearbeitet, bei dem die Lernenden passende Werte aus dem gegebenen Füllgraphen ablesen und einsetzen sollen. Sein Ergebnis liest er nun vor: „Zwischen 80 Milliliter und 100 Milliliter Wassermenge: Die Füllhöhe wächst schneller als zwischen 20 Milliliter und 40 Milliliter." Für das hier relevante Sprachmittel ‚schneller wachsen als' wird also Vorlesen (V) kodiert, da Jahzeel das Sprachmittel nicht selbstständiger nutzt oder einen passenden Satzteil aus verschiedenen Angeboten auswählt.

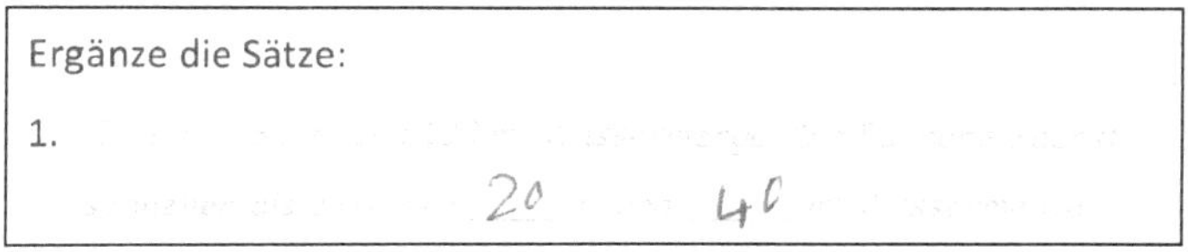

Abb. 4.5 Jahzeels Bearbeitung und Vorlesen der Aufgabe 4a für das Sprachmittel ‚schneller wachsen als'

Die *Aufnahme (A)* eines Sprachmittels wird immer dann kodiert, wenn Lernende z. B. nach Überformung der Lehrkraft oder anhand des schriftlichen Angebots ein einzelnes Sprachmittel oder eine Formulierung, die das Mittel enthält, wörtlich wiederholen. Diese wörtlichen Wiederholungen ermöglichen es durch sogenannte Chunks (etwa Aguado 2012; Breindl 2021), sprachlich aktiv zu werden, ggf. noch ohne den sprachlichen und fachlichen Gegenstand bereits vollständig durchdrungen zu haben.

Beispielsweise fragt die Lehrkraft Hania nach der Beschreibung der Veränderung der Füllhöhe: „Hier am Anfang, wie wächst die Füllhöhe?" Zur Unterstützung bietet sie die relevanten Sprachmittel für diese Situation an: „Eher langsam oder eher schnell?" Hania wählt das passende Mittel aus: „Eher langsam." Sprachlich wiederholt sie hier einen Teil der Äußerung der Lehrkraft wörtlich und setzt diesen nicht in einen vollständigen Satz, etwa indem sie den ersten Impuls der Lehrkraft oder das schriftliche Angebot im Material nutzt. Dies ist ein typisches Beispiel für Äußerungen, die mit Aufnahme (A) von Satzteilen oder Sprachmitteln kodiert werden. Ähnliche Situationen sind beispielsweise wörtliche Wiederholungen der Lernenden nach einer Aussage oder Erklärung der Lehrkraft, um die relevanten Sprachmittel zu filtern und sich einzuprägen.

Sobald Lernende Sprachmittel eigenständiger in neuen Satzkonstellationen nutzen, wird eine *Übernahme (Ü)* kodiert. Dazu ist relevant, dass die Äußerung vom mündlichen oder schriftlichen Angebot abweicht, z. B. durch einen angepassten Satzbau. Auch, wenn Teile des Satzes noch am Angebot orientiert sind, aber ein deutlich sichtbarer Anteil der Formulierung kein direktes sprachliches Vorbild hat, wird dies als *Übernahme* angesehen. Dies stellt einen relevanten Schritt in der sprachlichen wie konzeptuellen Entwicklung dar, in der die Lernenden den fachlichen Gegenstand zunehmend durch sprachlich möglichst präzise Formulierungen erschließen und mit bereits bestehenden Konzepten sowie Begriffen in Beziehung setzen.

Im folgenden Beispiel fragt die Lehrkraft Emir nach einer Stelle am Graphen, in der die Füllhöhe langsamer steigt als im vorgegebenen Lückentext zwischen 90 ml und 100 ml Wassermenge (Abb. 4.6, Nr. 3). Emir erklärt: „Okay. Null und zehn ist die langsamer." Er nimmt Teile der Lehrkraft und die sprachlichen Vorbilder im Material auf (‚langsamer' sowie Formulierung der Werte der ersten Größe), formuliert jedoch eine angepasste, wenn auch noch nicht vollständige Satzstruktur.

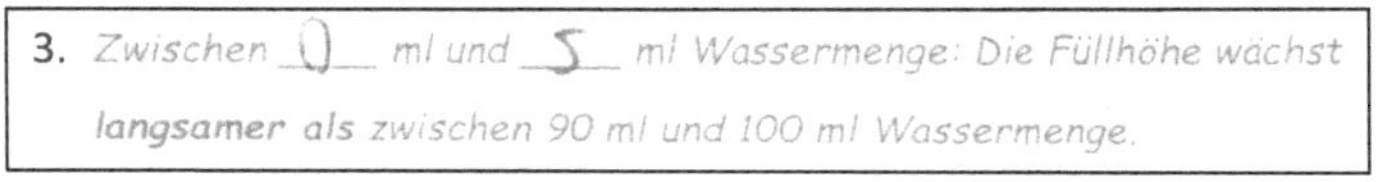
3. Zwischen 0 ml und 5 ml Wassermenge: Die Füllhöhe wächst **langsamer** als zwischen 90 ml und 100 ml Wassermenge.

Abb. 4.6 Emirs Beschreibung der Veränderung der Wassermenge durch das Sprachmittel ‚langsamer'

Die letzte Kategorie umfasst die sprachliche *Eigenproduktion (E)*, bei der Lernende ein Sprachmittel eigenständig in einer Formulierung nutzen, ohne dass sie auf ein direktes sprachliches Vorbild zurückgreifen (können). Diese Kategorie bildet das Ziel des Scaffolding-Prinzips, nämlich den Übergang zu (sprachlicher) Eigenständigkeit ohne Nutzung weiterer Unterstützungsangebote (etwa van de Pol et al. 2010; vgl. auch Abschnitte 2.1.2 & 3.3).

Das Unterrichtsmaterial bietet für die spezielle Zielgruppe insgesamt viele schriftliche Unterstützungsangebote, sodass einige Sprachmittel eigentlich gar nicht als Eigenproduktion kodiert werden könnten. Das gilt vor allem für das umfangreiche Angebot in Fokusaufgabe 5. Wurden Sprachmittel daher bereits mehrfach in einer vorangegangenen Aufgabe ohne entsprechendes Angebot als eigenständig kodiert (min. drei eigenproduktive Kodierungen des Sprachmittels vorher) und werden diese nun überwiegend eigenständig übernommen (vgl. Übernahme), so werden die Sprachmittel auch im Falle einer Übernahme (also mit Vorlage eines schriftlichen Sprachmittelangebots) als eigenständig kodiert. Dies gilt auch, wenn Sprachmittel zwar grundsätzlich auf der Materialseite angeboten werden, jedoch in einer anderen Teilaufgabe eingebunden sind. Dieses Herangehen trifft grundsätzlich auf den gesamten Datensatz zu, tritt allerdings vor allem bei der zweiten Fokusaufgabe in Erscheinung, da diese sehr umfangreich ist und viele lexikalische Unterstützungsangebote gemacht werden.

Im folgenden Beispiel beschreibt Emir die Veränderung der Füllhöhe anhand des Füllgraphen in Abbildung 4.7 (links). Das angebotene Sprachmittel ‚immer langsamer wachsen' nutzt er hier nicht, jedoch den aus vorangegangenen Aufgaben bekannten Ausdruck ‚langsamer', der zwar denselben Wortstamm und dieselbe Steigerungsform aufweist, jedoch (im Gegensatz zum schriftlichen Angebot) ohne Intensivierer genutzt wird: „Oben wird der wieder langsamer, bisschen flacher. Ja langsamer, etwas langsamer." Möglich ist, dass Emir das Angebot hier noch nicht vollständig nutzen kann und sich zunächst konzeptuell dem konkaven Graphenverlauf stückweise annähert (langsamer, etwas langsamer), bevor er dies auch sprachlich verdichtet formulieren kann (immer langsamer).

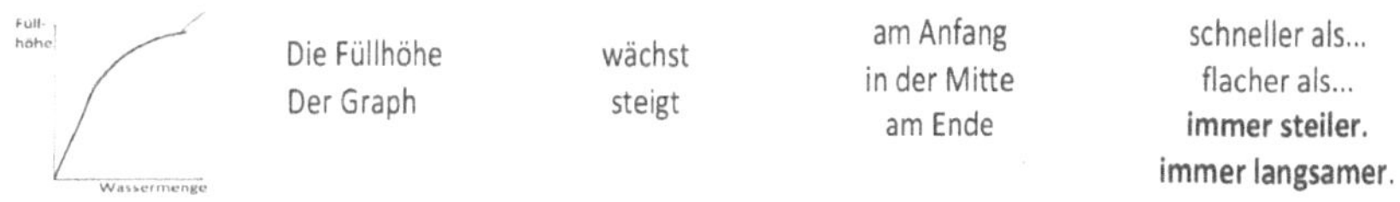

Abb. 4.7 Emirs Beschreibung der Veränderung der Füllhöhe anhand des Sprachmittels ‚langsamer'

Der Übergang zwischen diesen Kategorien ist in der tatsächlichen Entwicklung natürlich fließend. Das bedeutet, dass insbesondere beim Übergang zwischen der *Übernahme (Ü)* und der *Eigenproduktion (E)* an einzelnen Stellen keine eindeutige Zuordnung stattfinden konnte. Solche Aussagen sind als *Ü/E* gekennzeichnet.

Anhand der Kodierung der sprachlichen Eigenständigkeit wird auch gleichzeitig die lokale Initiative zur Nutzung eines Sprachmittels eingebunden. Beim Vorlesen (V), bei der Aufnahme (A) sowie bei der Übernahme (Ü) wird immer auch mit kodiert, aus welcher Quelle in der jeweiligen Situation die Initiative für die Sprachmittelnutzung stammt: das schriftliche Unterrichtsmaterial in der vorliegenden Aufgabe (s), ein mündlicher Impuls durch die Lehrkraft (m) oder durch Mitlernende (ML).

Schritt 4: Fachliche Tragfähigkeit der Aussagen

Ziel jeder Unterstützung ist ein möglichst tragfähiger Aufbau von Verständnis zielend auf die eigenständige Bewältigung der Anforderung in der Zone der nächsten Entwicklung. Um dies nachvollziehen zu können, wird für das Verstehenselement *Ganzheitliche Änderung der Änderung* nicht nur die sprachliche Eigenständigkeit untersucht, sondern auch die fachliche Tragfähigkeit, mit der die Sprachmittel eingesetzt werden. Die Tragfähigkeit beschreibt dabei die Anschlussfähigkeit der individuellen Vorstellungen bezüglich der in Kapitel 2 herausgearbeiteten Verstehenselemente für qualitatives Funktionsverständnis. Sie wird aufgrund des Gesamtkontextes der jeweiligen Sinneinheit festgelegt (vgl. Abschnitt 4.4.1). *Fachlich tragfähige* Aussagen werden dazu als *FT* kodiert (z. B. die korrekte Beschreibung der Füllgeschwindigkeit als schnell), *fachlich nicht tragfähige* Äußerungen als *FN* (z. B. nicht korrekte Beschreibungen der Steigung als eher steil). Für einige Formulierungen kann auch unter Einbezug der Sinneinheit keine eindeutige Zuordnung zu einer Kategorie erfolgen, etwa weil die Äußerungen sprachlich zu unpräzise sind. In diesen Fällen wird *fachlich fraglich* (*FF*) kodiert. Da auch das Vorlesen von Aufgabenstellungen, schriftlichen Unterstützungsangeboten im Material oder alten Bearbeitungen bezüglich der sprachlichen Eigenständigkeit ausgewertet wird, wurde für die fachliche Tragfähigkeit zudem die Kategorie *keine Aussage (kA)* eingeführt, da besonders das Vorlesen in den meisten Fällen nichts über die tatsächlichen Vorstellungen der Lernenden aussagt, sprachlich aber zur Weiterentwicklung beitragen kann.

Anhand dieses Vorgehens werden in Kapitel 7 die beiden Teilforschungsfragen bearbeitet:

(F3.1) Welche Sprachmittel aktivieren die Lernenden während der Bearbeitung der Fokusaufgaben zum Adressieren der relevanten Verstehenselemente und wie sind diese mit dem Sprachmittelangebot verknüpft?

(F3.2) Wie fachlich tragfähig und sprachlich eigenständig setzen die Lernenden die Sprachmittel in den Fokusaufgaben ein zum Adressieren des Verstehenselements *Ganzheitliche Änderung der Änderung* ein?

5 Entwicklung und Design einer Lernumgebung zu Füllgraphen

Der Konzeption des Design-Research-Ansatzes folgend (Cobb et al. 2003; Prediger et al. 2012; vgl. Abschnitt 4.1) stellt eines der Produkte dieser Arbeit die Entwicklung eines Lehr-Lern-Arrangements zum Aufbau qualitativen Funktionsverständnisses dar. Dieses umfasst sowohl eine Auswahl an sequenzierten Aufgaben für Lernende (Schwerpunkt Darstellungs- und Sprachebenenvernetzung) als auch einen didaktischen Kommentar für Lehrkräfte (vgl. Anhang I & II).

In den Kapiteln 2 und 3 wurden bereits verschiedene konzeptuelle und sprachliche Anforderungen beim Aufbau von qualitativem Funktionsverständnis ausgeführt. Daran anknüpfend wurde im Sinne der Fachdidaktischen Entwicklungsforschung das Lehr-Lern-Arrangement als Entwicklungsprodukt in drei Zyklen überarbeitet und dient in seiner finalen Form zur Beantwortung der folgenden Entwicklungsfrage:

(E1) Wie kann ein fach- und sprachintegriertes Lehr-Lern-Arrangement für Neuzugewanderte gestaltet sein, um Lernende in der Bewältigung konzeptueller und sprachlicher Anforderungen im Umgang mit qualitativem Funktionsverständnis zu fördern?

In Abschnitt 3.3 wurden zur Ausgestaltung der konkreten Lernumgebung bereits theoriebasiert fach- und sprachintegrierte Designprinzipien vorgestellt, die in drei Design-Research-Zyklen in Aufgaben und weiteren Designelementen erprobt wurden. Dabei hat sich besonders das Einfordern von Darstellungs- und Sprachebenenvernetzungen als reichhaltiger Anlass erwiesen, sodass dieses Designprinzip im aktuellen Kapitel genauer untersucht wird. Zusätzlich zeigten sich in Abschnitt 3.4 die Vorteile einer Entlastung in grammatischer Dimension, ein

K. Zentgraf, *Aufbau von Funktionsverständnis bei Neuzugewanderten*, Dortmunder Beiträge zur Entwicklung und Erforschung des Mathematikunterrichts 61, https://doi.org/10.1007/978-3-658-50179-2_5

entsprechendes Modell vorausgesetzt, um Lernende bereits durch das angebotene Material zu unterstützen. Dazu wird auf das grammatische Stufenmodell zurückgegriffen als ein eigens für ins Schulsystem neuzugewanderte Seiteneinsteigende konzipiertes Erwerbskonzept der Unterrichtssprache Deutsch (Prediger et al. 2019c; Berkemeier & Schmidt 2020). Entsprechend werden die folgenden Entwicklungsfragen bearbeitet:

(E2) Durch welche Designelemente können die relevanten Designprinzipien, insbesondere das der Darstellungs- und Sprachebenenvernetzung, in der Gestaltung eines Lehr-Lern-Arrangements zu qualitativem Funktionsverständnis von Neuzugewanderten realisiert werden?

(E3) Durch welche Designelemente können neuzugewanderte Lernende bei Anforderungen in grammatischer Dimension durch das Unterrichtsmaterial unterstützt werden?

Nach einem kurzen Rückblick auf die fach- und sprachintegrierten Designprinzipien (vgl. Abschnitt 5.1) wird der darauf aufbauende intendierte Lernpfad vorgestellt (vgl. Abschnitt 5.2). Daran können beispielhaft Einblicke in initiierte Lern- und Erklärprozesse von Lernenden aus den verschiedenen Zyklen gegeben und die Ausgestaltung der Designprinzipien und -elemente aufgezeigt werden. Im Anschluss wird außerdem das *Prinzip der Darstellungs- und Sprachebenenvernetzung* in dessen Entwicklung über die drei Design-Research-Zyklen genauer betrachtet (vgl. Abschnitt 5.3), bevor in Abschnitt 5.4 die zusammenfassende Beantwortung der Entwicklungsfragen folgt.

5.1 Überblick über die implementierten Designprinzipien

Um ein Lehr-Lern-Arrangement zum Aufbau qualitativen Funktionsverständnisses für Neuzugewanderte zu gestalten, werden aus der bestehenden Forschung zu sprachbildendem Unterrichtsmaterial Designprinzipien genutzt, die wiederum durch Designelemente konkret im Material umgesetzt werden (vgl. Abschnitt 3.3). Im Zusammenspiel von *Einfordern* und *Unterstützen* stehen dabei die folgenden Designprinzipien im Fokus, die sich im Verlauf der Zyklen als besonders relevant erwiesen haben:

- Prinzip des Makro-Scaffolding
- Prinzip der reichhaltigen Diskursanregung
- Prinzip der Darstellungs- und Sprachenvernetzung
- Prinzip des Mikro-Scaffolding

Die inhaltliche Strukturierung des Lehr-Lern-Arrangements basiert dabei auf dem *Prinzip des Makro-Scaffoldings*, was im folgenden Abschnitt noch einmal spezifisch ausdifferenziert wird. Dies beinhaltet auch aufgabenübergreifende Entscheidung für Unterstützungsmaßnahmen für die spezielle Zielgruppe der Neuzugewanderten in grammatischer sowie lexikalischer Dimension. Die Ausgestaltung des Einforderns und Unterstützens auf Aufgaben-Ebene wird durch die Prinzipien der reichhaltigen Diskursanregung, der Darstellungs- und Sprachebenenvernetzung sowie des Mikro-Scaffolding (zusätzlich im Didaktischen Kommentar als Unterstützung für konkrete Anforderungen; vgl. Anhang II) verwirklicht.

Makro-Scaffolding als Designprinzip zur inhaltlichen Strukturierung des Lehr-Lern-Arrangements

Mit dem Prinzip des Makro-Scaffolding (Hammond & Gibbons 2005; Prediger & Pöhler 2015; vgl. Abschnitt 3.3) werden für das Design eines Lehr-Lern-Arrangements bestimmte Teillernziele und entsprechende Aufgaben ausgewählt und sequenziert und somit ein intendierter Lernpfad erstellt. Dabei enthält der Lernpfad sowohl einen konzeptuellen als auch einen sprachlichen Anteil, die miteinander verschränkt sind, mit dem Ziel, konzeptuelles Verständnis aufzubauen (Pöhler & Prediger 2015). Der von Pöhler und Prediger (2020) konzipierte doppelte Lernpfad wird hier für die speziellen Voraussetzungen der Neuzugewanderten adaptiert (Zentgraf et al. 2020; Abb. 5.1). Er setzt in Stufe I bei den fachlichen Vorerfahrungen und sprachlichen Ressourcen der Lernenden an und bindet zunehmend anspruchsvolle und abstraktere Teillernziele in einer fachdidaktisch begründeten Sequenzierung ein (Hammond & Gibbons 2005; Confrey 2006; Pöhler & Prediger 2020).

Stufe	Fachlicher Lernpfad	Sprachlicher Lernpfad	
	(Verknüpfung von Inhalt und Kalkül)	Sprachhandlungen	Sprachmittel
I	Aktivieren individueller Vorerfahrungen in mathematisch reichhaltigen Situationen	Erklären von Bedeutung, Beschreiben von Veränderungsprozessen in einer Darstellung	Eigensprachliche Ressourcen
II	(Wieder-)Aufbau inhaltlicher Vorstellungen	Gemeinsames Erklären von Bedeutung, Beschreiben von Veränderungsprozessen in einer Darstellung	Bedeutungs- & formalbezogener Denkwortschatz
III	Vertiefen von inhaltlichem Verständnis in neuen Kontexten	u. a. Erklären von Bedeutung, Beschreiben von Veränderungsprozessen in einer Darstellung	Erweiterter kontextbezogener Lese- und Denkwortschatz

Abb. 5.1 Fachlicher und sprachlicher Lernpfad (Zentgraf et al. 2020, adaptiert von Pöhler & Prediger 2020)

Anknüpfend an die sozialkonstruktivistische Lerntheorie (vgl. Abschnitt 2.1.1) werden bedeutungsvolle, realistische Kontexte als Ausgangspunkt des Lernpfads genutzt, um reichhaltige Lernprozesse zu initiieren – hier das Auffüllen verschiedener Gläser oder Flaschen (vgl. auch Freudenthal 1991; van den Heuvel-Panhuizen 2014). Die fachdidaktisch begründete Sequenzierung basiert dabei auf der Spezifizierung des Lerngegenstands (Hußmann & Prediger 2016; vgl. auch Abschnitt 4.1). Durch diese konnten in konzeptueller Dimension für den Aufbau qualitativen Funktionsverständnisses sechs Verstehenselemente im Kontext von Füllgraphen identifiziert werden, die durch ihre zunehmend verdichtete und komplexe Gestalt als Orientierung für die Sequenzierung des Lerngegenstands genutzt werden (vgl. Kap. 2). Da die Zielgruppe der neuzugewanderten Lernenden konzeptuell stark heterogene Voraussetzungen einbringt (vgl. Abschnitt 3.4), kann anhand der Sequenzierung entlang der Verstehenselemente sowohl konzeptuelles Verständnis aufgebaut als auch reaktiviert werden und mit formalisiertem Wissen verbunden.

Für einen sprachlichen Beitrag zu diesen Lernzielen werden in diskursiver Dimension anspruchsvolle und kognitiv aktivierende Sprachhandlungen wie das Erklären der Passung von Darstellungen eingefordert (Gibbons 2002; Prediger &

Pöhler 2015; vgl. auch Abschnitt 3.3). Da die Teilhabe gerade an anspruchsvollen Sprachhandlungen erst erlernt werden muss, verweisen einige Studien darauf, dass das Zulassen von Mehrsprachigkeit im Unterricht insbesondere bei sprachlich schwachen Lernenden von Vorteil ist (Moschkovich 2002; Prediger et al. 2019b). Das Prinzip des Einbezugs mehrsprachiger Ressourcen (Erath et al. 2021) wird hier als Teilaspekt für das Prinzip der reichhaltigen Diskursanregung betrachtet.

Zur Unterstützung der Lernenden ist in lexikalischer Dimension zudem der relevante Sprachschatz bereits im Lernpfad verankert: Für die Kommunikation von formalisiertem Wissen wie dem Beschreiben von Füllgraphen werden die relevanten formalbezogenen Sprachmittel angeboten (vgl. Abschnitt 3.2). Für die Zielgruppe der neuzugewanderten Lernenden besteht außerdem die Notwendigkeit, einzelne alltagssprachliche Begriffe zum Beschreiben von Gläsern anzubieten (vgl. Abschnitt 3.4). Zur Konstruktion von Bedeutung benötigen die Lernenden des Weiteren bedeutungsbezogenen Sprachschatz (kognitive Funktion von Sprache, vgl. Abschnitte 3.2 & 3.4), der mit Blick auf die heterogenen Vorkenntnisse (einige bringen zwar formalbezogene Vorkenntnisse mit, aber wenige bedeutungsbezogene, andere umgekehrt) parallel zu formalbezogenen Mitteln eingeführt wird, um das Vernetzen der Sprachebenen anzuregen (vgl. Abschnitt 3. 3).

Wie bereits in Abschnitt 3.4 ausgeführt, folgt die Unterstützung der Lernenden in grammatischer Dimension einem entlastenden Ansatz. Dazu wird das spezifisch für Seiteneinsteigende ins Schulsystem konzipierte grammatische Stufenmodell (Berkemeier & Schmidt 2020; Prediger et al. 2019c) für die Sprachrezeption im Sinne der Text- und Aufgabengestaltung genutzt. Die im Material genutzte Sprache orientiert sich an Stufe 3 des grammatischen Stufenmodells, da diese Stufe häufig den Übergang von Sprachlern- in Regelschulklassen markiert (Berkemeier & Kovtun-Hensel 2021). Grammatisch unterstützt werden die Lernenden in ihrer Sprachproduktion zudem durch bewährte Werkzeuge der Zweitsprachendidaktik, wie Satzgitter oder sprachliche Vorbilder in Aufgabenstellungen und Lückentexten (Sprütten et al. 2020).

Designprinzipien zur konkreten Ausgestaltung der Aufgaben in der entwickelten Füllgraphen-Umgebung

Für die konkrete Ausgestaltung der Aufgaben werden die Designprinzipien der reichhaltigen Diskursanregung, der Darstellungs- und Sprachebenenvernetzung sowie des Mikro-Scaffoldings genutzt, die eng miteinander zusammenhängen (vgl. Abschnitt 3.3).

Das Prinzip der reichhaltigen Diskursanregung zielt auf das wiederholte Einfordern von anspruchsvollen Sprachhandlungen (diskursive Dimension) ab (Moschkovich 2015; Prediger et al. 2019a; vgl. auch Abschnitt 3.3). Dabei stellt vor allem das Erklären von Bedeutungen eine Möglichkeit dar, reichhaltige Lernprozesse anzuregen (Erath et al. 2018; Prediger 2020). Mit Blick auf neuzugewanderte Sprachlernende spielt dies eine besondere Rolle, da Lehrkräfte auf diskursiver Ebene häufig einen defensiven Ansatz verfolgen, um die Lernenden vermeintlich zu entlasten (de Araujo et al. 2015; Uribe & Prediger 2021; Lüssenhop & Kaiser 2024). Sprachhandlungen und Lernanlässe, die allerdings auf Prozeduren und rein formalbezogenen Sprachschatz fokussieren, bieten zu wenig Möglichkeiten für konzeptuelles und sprachliches Lernen (Erath et al. 2018). Deshalb wird das Erklären der Passung von Darstellungen in der im Rahmen der Arbeit entwickelten Füllgraphen-Lernumgebung (insbesondere das Erklären der Passung zwischen Glas und Graph aufgrund des sich verändernden Füllprozesses) immer wieder explizit eingefordert und durch verschiedene Unterstützungsformate (z. B. fokussierende Fragen) unterstützt.

Dieses Erklären der Passung als explizites und bewusstes in-Beziehung-Setzen ist die zentrale Sprachhandlung zum Vernetzen der Darstellungen (Renkl et al. 2013; Uribe & Prediger 2021; Post & Prediger 2023). Dabei müssen in konzeptueller Dimension immer wieder Adressierungen konkreter Verstehenselemente in bestimmten Darstellungen sowie Auffalt-, Verdichtungs- und Verknüpfungsaktivitäten angeregt werden (Renkl et al. 2013; Post 2025). Dies findet auf Aufgaben-Ebene beispielsweise durch den Dreischritt zwischen Glas, Füllprozess und Füllgraph statt, in dem die Lernenden die Auswirkung der Veränderung in einer Darstellung in der anderen identifizieren und explizieren müssen, um die Passung zu erklären.

Für das Prinzip des Mikro-Scaffoldings wurden bereits viele fokussierende Fragen in die Aufgaben eingearbeitet. Um diese weiter zu verfeinern, werden in Abschnitt 6.6 die Impulse der Lehrkraft identifiziert, die sie zusätzlich heranziehen kann, um die Lernenden immer wieder zum Erklären anzuregen und diese zu unterstützen. Dazu zählen beispielsweise das Einfordern von Auffalt-, Verdichtungs- oder Verknüpfungsaktivitäten oder das Angebot bedeutungsbezogener Sprachmittel. Neben den Impulsen im Aufgabenmaterial wurden weitere Impulse anknüpfend an bestimmte Anforderungen und Hürden in bereits beforschten und in der hier entwickelten Füllgraphen-Umgebung in den Didaktischen Kommentar für Lehrkräfte (vgl. Anhang II) integriert.

5.2 Ausgestaltung des Lernpfads in einer Füllgraphen-Umgebung mit exemplarischen Einblicken in initiierte Lern- und Erklärprozesse

Das vorgestellte Lehr-Lern-Arrangement ist das Entwicklungsprodukt der vorliegenden Design-Research-Studie und das Endprodukt der drei Design-Research-Zyklen. Die Zielgruppe besteht aus neuzugewanderte Lernende am Berufskolleg, für die – angesichts heterogener schulmathematischer Vorkenntnisse – für einige eine Wiederholung von bereits Gelerntem und für andere der erstmalige Aufbau konzeptuellen Verständnisses zu möglicherweise bereits vorhandenem formalem Wissen angeboten wird.

Im entstandenen Lehr-Lern-Arrangement wird der Aufbau qualitativen Funktionsverständnisses fokussiert, um losgelöst von einer bestimmten Familie funktionaler Zusammenhänge (etwa proportionale Zuordnungen, lineare oder quadratische Funktionen) erste übergreifende Grundvorstellungen und Verstehenselemente aufzubauen (Zentgraf et al. 2023). Dazu wird die bereits ausgiebig genutzte und beforschte Idee von Füllgraphen-Umgebungen genutzt (etwa Bell & Janvier 1981; Swan 1985; Thompson & Carlson 2017). Ein solches (qualitatives) Funktionsverständnis kann später je nach Klassenstufe und den dort fokussierten inhaltlichen Schwerpunktsetzungen weiter ausgebaut werden, z. B. zu proportionalen Zuordnungen (etwa Prediger et al. 2021; Goldschmidt & Prediger 2023), zu linearen oder quadratischen Funktionen (Zindel 2019) ebenso zu Bestands- und Änderungsfunktionen (Şahin-Gür 2025) im Oberstufenbereich.

Die Schwerpunkte des vorliegenden Lehr-Lern-Arrangements sind in Abbildung 5.2 festgehalten.

Baustein A: Funktionale Zusammenhänge in Graphen verstehen und beschreiben			Baustein B: Zusammenhänge zwischen Größen darstellen		
Einzelne Wertepaare inhaltlich deuten (Fokus Zuordnungs-vorstellung)	Gemeinsame Veränderung inhaltlich quantifiziert & qualitativ deuten (Übergang von Zuordnungs- zu Kovariations-vorstellung)	Gemeinsame Veränderung im Vergleich inhaltlich deuten (Übergang von Kovariations-vorstellung zur Vorstellung Funktion als Ganze)	Facetten Beteiligte & Veränderliche Größen identifizieren	Facette Richtung der Abhängigkeit identifizieren	Übergang zur symbolischen Darstellung

Abb. 5.2 Überblick über den Aufbau des Lehr-Lern-Arrangements

5.2.1 Intendierter fach- und sprachintegrierter Lernpfad

Das Designprinzip des Makro-Scaffoldings bildet mit dem lerntheoretischen Bezug zur sozialkonstruktivistischen Lerntheorie in realistischen Kontexten (vgl. Abschnitt 2.1.1) und der Integration von fachlichen und sprachlichen Lernpfaden (Hammond & Gibbons 2005; Pöhler & Prediger 2017) die Grundlage für die Strukturierung eines Lernpfads für qualitatives Funktionsverständnis (vgl. auch Zentgraf et al. 2020). Dabei korrespondieren die fachlichen und sprachlichen Teillernziele miteinander und bilden die Grundlage für die Ermittlung der notwendigen Sprachhandlungen und des relevanten Sprachschatzes.

In Stufe 1 knüpft der intendierte Lernpfad zunächst an die individuellen Vorerfahrungen der Lernenden an. Mit Blick auf die extrem heterogene Lerngruppe schließt dies für den fachlichen Teil des Lernpfads das Aktivieren von Vorerfahrungen und Vorstellungen zur graphischen, tabellarischen und kontextuellen Darstellung allgemein und Fertigkeiten zum Darstellungswechsel zwischen Tabelle und Funktionsgraph im Konkreten ein. Hinzu kommt mögliches Vorwissen zum Beschreiben und Erklären von Zusammenhängen, die auf den Kontext der Füllgraphen übertragen werden können.

Einige Lernende sind an dieser Stelle bereits selbstständig in der Lage, die Passung zwischen den unterschiedlichen Darstellungen bedeutungsbezogen zu erklären. Andere Lernende fokussieren sich zunächst isoliert auf die jeweiligen Darstellungen, ohne diese miteinander zu verknüpfen. Relevante Voraussetzung für das Lehr-Lern-Arrangement ist die Fertigkeit, Wertepaare in Koordinatensystemen abzutragen und zumindest ein grundlegendes Verständnis vom Aufbau der tabellarischen sowie graphischen Darstellung zu haben. Die Sprachangebote in den Aufgabentexten werden auf Niveaustufe 3 des grammatischen Stufenmodells (Prediger et al. 2019c) angesiedelt, dies entspricht bezüglich der Lernfortschritte in der Regel in etwa auch den sprachproduktiven Anforderungen mit grundlegenden Kommunikationsfähigkeiten im Alltagssprachlichen. Beim Aktivieren der eigensprachlichen Ressourcen werden den Lernenden hier allerdings aufgrund der sprachlichen Heterogenität Formulierungsvorbilder zum Lesen der Tabelle sowie alltagssprachliche Mittel zum Beschreiben der Glasformen angeboten.

Stufe II beinhaltet den (Wieder-)Aufbau von inhaltlichen Vorstellungen zu funktionalen Veränderungsprozessen, sequenziert entlang der in Abschnitt 2. 3 identifizierten Verstehenselementen in den relevanten Darstellungen. Wie in Abschnitt 3.4 beschrieben, bringen viele (nicht alle) Lernende bereits erfolgreich Rechenfertigkeiten oder formalbezogene Beschreibungen, auch bezüglich der Veränderungen in Funktionsgraphen, mit. Gleichzeitig fehlt vielen Lernenden jedoch das inhaltliche Verständnis davon, was Formeln oder graphische Veränderungen bedeuten, für andere Lernende sind die Inhalte gänzlich neu. Deshalb geht das Lehr-Lern-Arrangement nicht wie etwa bei Pöhler und Prediger (2015, 2017) gestuft vom inhaltlichen Denken zur Formalisierung über, sondern ermöglicht flexiblere Verknüpfungen der relevanten Verstehenselemente (vgl. Abschnitt 2.3.3). Dies gilt auch für die angebotenen Sprachmittel, bei denen der bedeutungsbezogene Sprachschatz immer auch direkt mit seinem formalbezogenen Pendant vernetzt wird. Damit wird das Prinzip der Darstellungs- und Sprachebenenvernetzung besonders gestärkt. Der in Tabelle 5.1 abgebildete Lernpfad stellt die fachlichen und sprachlichen Lernziele dazu einander gegenüber.

Tabelle 5.1 Fach- und sprachintegrierter Lernpfad für die entwickelte Füllgraphen-Umgebung (anknüpfend an Zentgraf et al. 2020; Zentgraf et al. 2022)

Gestufte Lernziele im fachlichen Lernpfad	**Gestufte Lernziele im sprachlichen Lernpfad**	**Aufgaben**
I Aktivierung individueller Vorerfahrungen Fokus: Punktweise Zuordnung von Wertepaaren		
• Aktivieren von Vorerfahrungen zu funktionalen Zusammenhängen bei Füllgraphen • Einzelne Wertepaare inhaltlich deuten (als lokale Zuordnung)	• Aktivieren der eigensprachlichen Ressourcen zu funktionalen Zuordnungen & Veränderungen • Beschreiben von Veränderungen in einer Darstellung **Sprachhandlungen**: Beschreiben formalisierten Wissens, ggf. Erklären von Bedeutung der Darstellungsvernetzung **Sprachmittel**: Angebot alltagssprachlicher Begriffe zum Beschreiben der Glasform	Wassermengen und Füllhöhen untersuchen (A1, A2)
II (Wieder-)Aufbau inhaltlicher Vorstellungen zu qualitativem Funktionsverständnis		
Gemeinsame Veränderung der beteiligten Größen im Übergang von Kovariationsvorstellung zur Vorstellung Funktion als Ganze inhaltlich quantifiziert oder qualitativ deuten	Etablieren bedeutungsbezogener Sprachmittel zur Konstruktion/ Systematisierung von Bedeutungen für qualitatives Funktionsverständnis	

(Fortsetzung)

Tabelle 5.1 (Fortsetzung)

Gestufte Lernziele im fachlichen Lernpfad	Gestufte Lernziele im sprachlichen Lernpfad	Aufgaben
Fokus: Quantifizierte & qualitative Abstände		
Gemeinsame Veränderung der beteiligten Größen anhand von Wertepaaren sowie qualitativ inhaltlich deuten	**Sprachhandlungen:** • Benennen von Intervallen • Lokales Beschreiben des Zusammenhangs anhand von Wertepaaren / des lokalen Verlaufs • Erklären der Bedeutung der Veränderung **Sprachmittel:** • wachsen von ... auf... / um ... • um mehr / weniger wachsen • steige von ... auf ... / um ... • um mehr / weniger steigen	Füllgraphen lesen und beschreiben (A3a, b; A4b, 5)
Fokus: Stückweise qualitative Änderung & Ganzheitliche Änderung der Änderung		
Gemeinsame Veränderung im Vergleich qualitativ inhaltlich deuten – lokal & global	**Sprachhandlungen:** • Beschreiben des lokalen und globalen Verlaufs im Vergleich (auch beliebig vieler) Intervalle • Erklären der Bedeutung der Veränderung • Erklären der Darstellungsvernetzung **Sprachmittel:** • eher schnell / langsam wachsen • schneller / langsamer als ... wachsen • gleich schnell wachsen • immer um Dasselbe wachsen • um immer mehr / weniger wachsen • immer schneller / langsamer wachsen • eher steil / flach steigen • steiler / flacher als ... steigen • gleichmäßig steigen • immer um Dasselbe steigen • um immer mehr / weniger steigen • immer steiler / flacher steigen	Füllgraphen lesen, beschreiben & erklären (A3c, 4, 5, 6)

(Fortsetzung)

Tabelle 5.1 (Fortsetzung)

Gestufte Lernziele im fachlichen Lernpfad	Gestufte Lernziele im sprachlichen Lernpfad	Aufgaben
Fokus: Ganzheitlicher Vergleich		
Gemeinsame Veränderung im Vergleich qualitativ inhaltlich zwischen zwei Situationen/ Graphen deuten	**Sprachhandlungen:** • Beschreiben des lokalen Verlaufs im Vergleichen von Intervallen • Erklären der Bedeutung der Veränderung • Erklären der Darstellungsvernetzung **Sprachmittel:** • s. Stückweise qualitative Änderung & Änderung der Änderung	Füllgraphen erklären (A5)
III Vertiefen von inhaltlichem Verständnis in neuen Kontexten (in dieser Arbeit nicht betrachtet)		
• Ausweitung der Kompetenzen auf weitere Kontexte (Entfernungsmessung, Füllstände im Planschbecken) • Stärkerer Einbezug der tabellarischen Darstellung	**Sprachhandlungen** : u. a. Erklären von Bedeutungen der Darstellungsvernetzung, Beschreiben der Veränderungsprozesse in verschiedenen Darstellungen **Sprachmittel:** • unterschiedlich schnell laufen • die Entfernung sinkt schneller / langsamer als ... • der Graph fällt steiler / flacher als ...	Entfernungen untersuchen, Die Geschichte vom Planschbecken (A7, A8, A9, A10, Sprachspeicher)

In Stufe III werden schließlich die erworbenen bzw. vertieften Erkenntnisse auf weitere Kontexte (Entfernungsmessung, Planschbecken-Geschichte) übertragen und durch das Phänomen der fallenden Kurve erweitert (dies ist im Sprachspeicher bereits vorbereitet, wird in diesem Abschnitt des Lehr-Lern-Arrangements jedoch ausführlicher thematisiert). Im Rahmen der vorliegenden Arbeit wird diese Stufe jedoch nicht weiter analysiert.

In den nachfolgenden Abschnitten 5.2.2 & 5.2.3 werden die beiden ersten Stufen genauer bezüglich der Teillernziele und der Ausgestaltung im Material vorgestellt und anhand von konkreten Beispielen Einblicke in Lern- und Erklärprozesse von Lernenden gegeben. Stufe III zum Transfer auf neue Kontexte steht nicht im Fokus dieser Arbeit und wird entsprechend ausgeklammert.

5.2.2 Stufe I: Aktivierung individueller Vorerfahrungen

Die fachlichen Ziele auf Stufe I bestehen im Aktivieren von Vorerfahrungen, Vorstellungen und möglichem Vorwissen zu funktionalen Zusammenhängen. Auch sprachlich sollen bereits verfügbare Ressourcen mobilisiert oder möglicherweise nötige alltagssprachliche Mittel ergänzt werden (vgl. Tabelle 5.1).

Design der Aufgabe 1: Experimentelle Einführung in die entwickelte Füllgraphen-Umgebung durch Punktweise Zuordnung
Aufgabe 1 (Abb. 5.3) führt in konzeptueller Dimension anhand von eigenständigen Experimenten in den Situationskontext der Füllgraphen ein. Als Unterstützung für die Bewältigung der Komplexität werden festgelegte Portionen an Wasser in unterschiedlich geformte Gefäße gefüllt. Die Lernenden messen sowohl Wassermenge als auch Füllhöhe ab und tragen diese Wertepaare in vorstrukturierte Tabellen und Lückentexte ein. Für konzeptuell starke Lerngruppen besteht bereits hier die Möglichkeit, die Zusammenhänge zwischen den beteiligten Größen sowie zwischen unterschiedlichen Glasformen zu vertiefen, allerdings auch noch in offener Form mit dem Ziel der Aktivierung von Ressourcen und Vorerfahrungen. Der fachliche Fokus liegt also auf der Aktivierung der Zuordnungsvorstellung bzw. des Verstehenselements *Punktweise Zuordnung* in der Verknüpfung der kontextuellen mit der tabellarischen Darstellung.

In diskursiver Dimension werden durch das Designprinzip der reichhaltigen Diskursanregung offensiv anspruchsvolle Sprachhandlungen wie das Vergleichen und (optional) das Erklären von Unterschieden eingefordert. Da hier bereits anspruchsvolle Sprachhandlungen eingefordert werden, steht es den Lernenden (wie in jeder Aufgabe) frei, sich in einer von der Unterrichtssprache abweichenden Sprache auszutauschen (vgl. auch die Hinweise im Didaktischen Kommentar, Anhang II).

In dieser Aufgabe werden die Lernenden vor allem durch eine sprachrezeptive Entlastung in grammatischer Dimension unterstützt: Die Lückentexte sind entsprechend des grammatischen Stufenmodells an Stufe 3 orientiert (Prediger et al. 2019c) und dienen den Lernenden als sprachliches Vorbild (ähnlich Sprütten et al. 2020), die sie später in freierer Form nutzen können.

In lexikalischer Dimension sollen die Lernenden hier ihre Ressourcen an alltagssprachlichen Mittel Beschreiben der Füllgläser sowie mögliche bedeutungsbezogene Sprachmittel zum Beschreiben des Füllprozesses aktivieren. Aufgrund der hohen sprachlichen Heterogenität der Zielgruppe sind hier einzelne alltagssprachliche Formulierungen zusätzlich angegeben, stets mit Artikel.

Wassermengen und Füllhöhen untersuchen

Untersuche: Wie ist der **Zusammenhang zwischen** Wassermenge und Füllhöhe?
Du misst: Wie hoch steht das Wasser?
Du brauchst: ein Glas,
ein Lineal und
einen Becher mit Wasser.

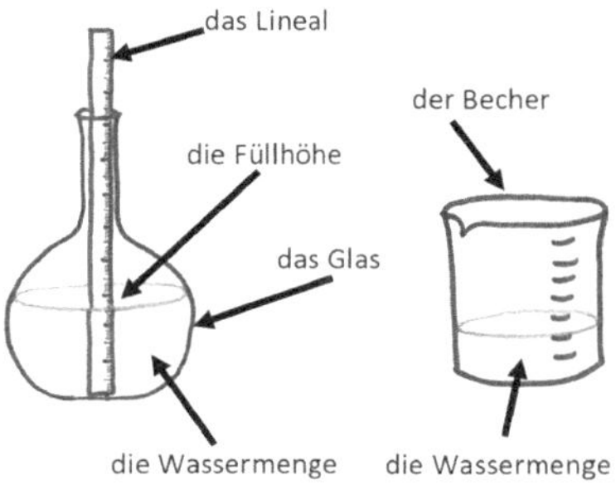

a) Du befüllst den Becher mit Wasser.
Du füllst das Wasser in das Glas.
Du misst dann die Füllhöhe mit dem Lineal.
Du trägst die Werte in die Tabelle ein.

Du tust das:

Du füllst 30 ml Wasser ein.
(Wassermenge **insgesamt**: 30 ml)
Wie hoch ist die Füllhöhe?

Du füllst 30 ml Wasser **dazu**.
(Wassermenge **insgesamt:** 60 ml).
Wie hoch ist die Füllhöhe?

Du füllst 30 ml Wasser **dazu**.
(Wassermenge **insgesamt:** ...

Du liest die Tabelle so:

Bei 30 ml Wassermenge:
*Die Füllhöhe **ist** ______ cm.*

Bei 60 ml Wassermenge:
*Die Füllhöhe **ist** ______ cm.*

Bei 90 ml Wassermenge:
...

die Tabelle:

die Wassermenge (in ml)	die Füllhöhe (in cm)

*b) Vergleicht eure Werte miteinander. Was ist gleich, was ist anders? Warum?

Abb. 5.3 Aufgabe 1 im Lehr-Lern-Arrangement zu funktionalen Veränderungsprozessen (Zentgraf et al. 2023)

Design der Aufgabe 2: Einführung und erste Verknüpfung der relevanten Darstellungen

Das fachliche Lernziel der zweiten Aufgabe (Abb. 5.4) besteht zunächst in der Verknüpfung der tabellarischen und der graphischen Darstellung, bei der die Lernenden die Fertigkeit reaktivieren bzw. erwerben sollen, gegebene Wertepaare in ein Koordinatensystem zu übertragen (konzeptuelle Dimension). Anschließend sollen die Lernenden die entstandenen Füllgraphen zu unterschiedlichen Füllgefäßen miteinander vergleichen und erste Mutmaßungen über Unterschiede und Gemeinsamkeiten anstellen, sodass auch Veränderungen betreffende und ganzheitlichere Vorstellungen re-aktiviert und expliziert werden. Durch die Fokussierung auf Gemeinsamkeiten und Unterschiede zwischen verschiedenen Füllsituationen wird bereits das höchst komplexe Verstehenselement *Ganzheitlicher Vergleich* adressiert, welches in den Folgeaufgaben sukzessive in eine Vielzahl weniger verdichteter Verstehenselemente zu qualitativem Funktionsverständnis aufgefaltet wird.

Diese Aufgabe integriert durch das Einfordern des Erklärens nicht nur das Prinzip der reichhaltigen Diskursanregung, sondern auch das der Darstellungs- und Sprachebenenvernetzung. Die Lernenden nutzen hier eigensprachliche Mittel, überwiegend aus dem Alltagssprachlichen, können aber auch ggf. bereits in anderen Kontexten erworbene bedeutungs- und formalbezogene Sprachmittel einbringen. Durch den Erklärauftrag beginnen sie zudem, die für die Lernumgebung relevanten Darstellungen – ikonisch, kontextuell und graphisch – miteinander zu verknüpfen.

Exemplarischer Einblick in Lern- und Erklärprozesse zu Aufgabe 2

Um zu illustrieren, wie sich Lernende dieser Aufgabe nähern, werden im Folgenden Ausschnitte aus einer Plenumsphase zur Besprechung von Aufgabe 2 betrachtet (Abb. 5.4). Sie stammen aus einem Klassensetting in Zyklus 2, in dem Herr Haller unterrichtete. Zur Verdeutlichung der initiierten Lern- und Erklärprozesse und der unterschiedlichen Vorerfahrungen und Vorstellungen, sind hier verschiedene Äußerungen zu der Aufgabe dargestellt, in welcher die Lernenden die verschiedenen Füllgraphen miteinander vergleichen sollten.

2 a) Du zeichnest den **Zusammenhang zwischen** Wassermenge und Füllhöhe aus Aufgabe 1.
Du benutzt dafür die Werte aus der Tabelle.

- Du überlegst zuerst: Welche Werte müssen auf die Achsen passen?
- Du unterteilst dann die Achsen.

Die Abbildung heißt **Füllgraph.**

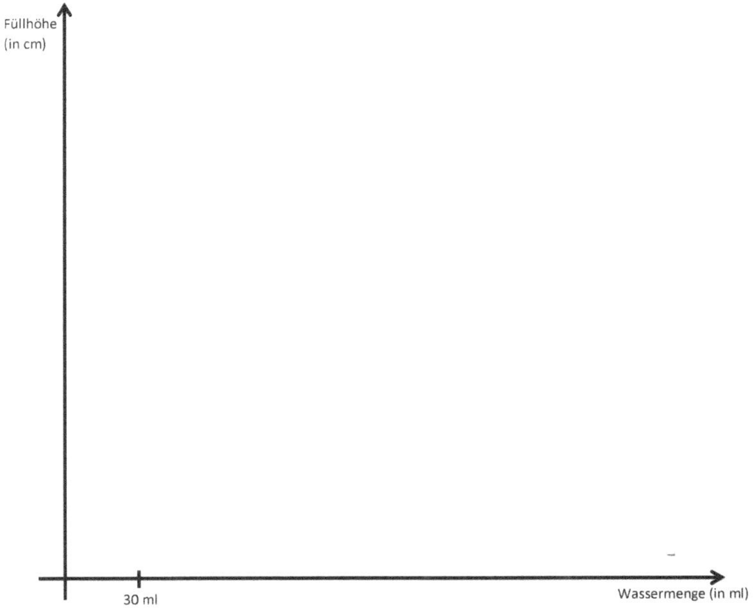

- Ihr nehmt ein großes Blatt. Ihr zeichnet den richtigen Füllgraphen darauf.

b) Die Füllgraphen hängen an der Wand.
Erklärt: Was ist gleich – was ist anders? Warum?
Du kannst die Gefäße so beschreiben:

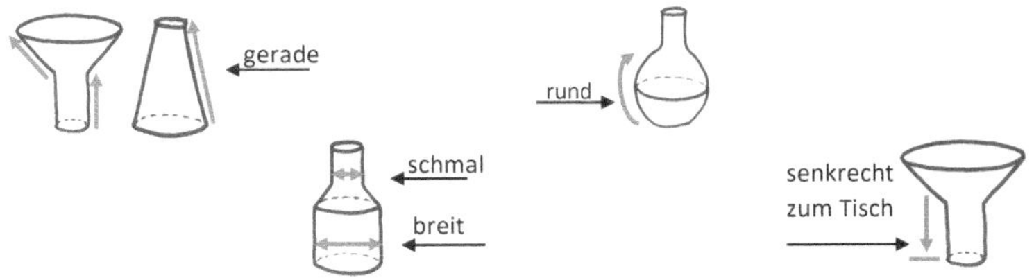

Abb. 5.4 Aufgabe 2 im Lehr-Lern-Arrangement zu funktionalen Veränderungsprozessen (Zentgraf et al. 2023)

Transkript 5.1, Zyklus 2, Klassensetting mit Hr. Haller, Aufgabe 2b, Turns 1–12

Die Lernenden haben in Kleingruppen eigene Füllexperimente mit unterschiedlichen Gläsern durchgeführt (Skizzen dazu s. einzelne Turns). Die tabellarische Übersicht sollten sie anschließend in ein Koordinatensystem übertragen. Die Füllgraphen wurden an der Tafel gesammelt.
Im Transkript werden erste Ideen und Vorstellungen der Lernenden zu Füllgraphen und zum Zusammenhang zwischen der Breite der Füllgefäße und des Verlaufs des Füllgraphen angeführt, diewährend der Vorstellung der Füllgraphen auftraten.

Aufgabe 2b:
Die Füllgraphen hängen an der Wand.
Erklärt: Was ist gleich – was ist anders? Warum?

1	Leh	Würdest du mal das Glas beschreiben? Oder einer von euch?	
2–4	Jegor	Ja, ich. Das Glas ist unten breit und oben- […] Schmal.	
5	Leh	Welche Auswirkung hat das denn auf die Füllhöhe?	
6	Jegor	[*zuckt mit den Schultern*]	
		[…]	
8	Nedra	Unser Glas ist dieser. Sieht sehr langweilig aus. Und unser Graph steigt am Anfang sehr schnell und dann ähm Füllhöhe […] Je breiter ist die Glas, desto langsamer wird die Füllhöhe steigen. Deswegen die Grafik wird so aussehen [*zeichnet mit der Hand ein Oval in die Luft*]. Am Anfang sehr schnell [*bewegt Hand schnell und steil nach oben*] und dann langsam, langsam,langsam [*bewegt Hand fast horizontal/flach weiter*]. Und ja.	
		[…]	
10	Leh	Anjo, du hast ja angefangen - Das Glas ist ja unten sehr schmal. Das heißt-	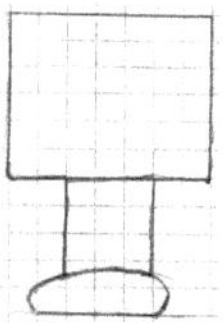
11	Anjo	Ja, sehr schmal. Deswegen geht das sofort [*bewegt Hand mehrfach hoch und runter*] so mehr.	
		[…]	
13	Cito	Also erstmal von hier, dann geht es so. Dann geht es nur ein bisschen .. nach hoch. Und dann hier auf einmal sehr viel, weil das schmal geht. Immer schmal.	
		[…]	
15	Azara	Also in unsere Graphe .. am Anfang ist hmm so bisschen .. hmm langsam [*hält Hand eher flach*]. Dann ist so, so bisschen hoch gesteigert? Am Ende war so bisschen hoch gesteigert. Weil wir sind bis zu Mitte der Glas gekommen […].	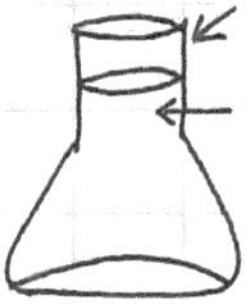

Die Aussagen der Lernenden zeugen von ganz unterschiedlichen Ressourcen und Bedarfen, die bereits hier in der Stufe der ersten Aktivierung deutlich werden. Jegor beschreibt unter Zuhilfenahme der angebotenen alltagssprachlichen Mittel das Glas seiner Gruppe bereits im Vergleich zweier Glassegmente, kann jedoch noch keine Verknüpfung zur kontextuellen Darstellung des Füllprozesses oder zur graphischen Darstellung herstellen (Turns 2–6).

Cito (Turn 13) ist bereits in der Lage, eine Verbindung zwischen dem Glas und dem betrachteten Füllgraphen zu formulieren („Und dann hier auf einmal sehr viel, weil das schmal geht. Immer schmal."). Obwohl er diese hier noch nicht expliziert, berücksichtigt Cito an dieser Stelle möglicherweise sogar schon die kontextuelle Darstellung. Dies spricht für das reichhaltige Setting, das diese Aufgabe anregt. Für sein anfängliches Beschreiben des Füllgraphen nutzt Cito zunächst viele deiktische Mittel und Gesten und verweist auf das visuelle Objekt. Sein Bedarf an Sprachmitteln bezüglich der kontextuellen wie graphischen Darstellung lässt zwar noch unklar, inwiefern er die beiden Darstellungen nur aufgrund von oberflächlichen Merkmalen miteinander in Beziehung setzt. Dennoch gelingt es ihm bereits, eine Veränderung in mehreren Darstellungen miteinander in Beziehung zu setzen. Dies verdeutlicht, wie viel substantielle mathematisch reichhaltige Sprachhandlungen selbst dann möglich sind, wenn die Passung der Darstellungen im ersten Zugriff noch nicht präzise formuliert werden kann (vgl. verflochtene Anforderung Kap. 6).

Auch in Anjos Ansatz (Turn 11) beim Erklären der Passung zwischen Glas und Füllhöhe wird dieses Phänomen deutlich. Ihm fehlen hier zwar ebenso wie Cito bedeutungsbezogene Sprachmittel zum präzisen Erklären der Verknüpfung, weshalb er den Anstieg der Füllhöhe im Glas gestikuliert. Dennoch versucht er hier bereits deutlich, die Darstellungen miteinander zu verknüpfen.

Azara (Turn 15) nutzt zum weiteren Ausführen von Jegors Glas bereits das Kontextsprachmittel ‚langsam', um die graphische Darstellung zu beschreiben. Die fehlende sprachliche Präzision und die konzeptuelle Unterscheidung zwischen den Darstellungen verdeutlichen hier zunächst eine weitere typische Hürde, dass nämlich die Zuordnung der Darstellungen tragfähig erklärt werden soll, statt zwischen Glas zu Graph direkt zu übersetzen (vgl. mentale Anforderung in Kap. 6). Allerdings kann vermutet werden, dass Azara ähnlich wie Anjo bereits ein vages, mentales Bild des Füllprozesses vom selbst durchgeführten Experiment aufgebaut hat und auf dieses zugreifen kann.

Nedra (Turn 8) erklärt in dieser ersten Aktivierung der Vorerfahrungen bereits selbstständig die Darstellungsverknüpfung mithilfe der kontextuellen Darstellung. Ohne weiteres Erklären, das Auffalt- oder Verdichtungsaktivitäten enthält, ist zwar noch unklar, wie tief ihr Verständnis tatsächlich reicht (vgl. diskursiv-konzeptuelle Anforderung Kap. 6). Dennoch verknüpft sie hier bereits alle beteiligten Darstellungen tragfähig miteinander und adressiert verschiedene, hoch komplexe Verstehenselemente.

Dieser Ausschnitt aus einem Klassensetting zeigt, wie reichhaltig die alltagsnahe Füllsituation ist und wie sie Lernenden mit verschiedenen konzeptuellen und sprachlichen Ressourcen Zugang zu einer Lernsituation geben kann. Es wird außerdem deutlich, dass die Lernenden eine Vielzahl an Ressourcen aktivieren und im Klassenverband miteinander austauschen. Einzelne Aussagen sind zwar noch eher oberflächlich und die Lernenden falten zum Erklären der Passung noch selten in weniger komplexe Verstehenselemente auf. Dennoch tauchen hier schon eine Fülle an Darstellungsverknüpfungen und Erkläransätzen auf.

5.2.3 Stufe II: (Wieder-)Aufbau inhaltlicher Vorstellungen zu qualitativem Funktionsverständnis

Design der Aufgaben 3a und b: Quantifizierte Abstände im Bestand

Stufe II des intendierten Lernpfads zielt auf den Neu-Aufbau inhaltlicher Vorstellungen zu qualitativem Funktionsverständnis ab (bzw. bezüglich der Zielgruppe möglicherweise auf den Wiederaufbau oder eine erweiternde Fundierung der bereits vorhandenen formalbezogenen Kenntnisse). Die Aufgaben 3a und b (Abb. 5.5) rücken dabei das Verstehenselement *Quantifizierte Abstände* – und damit den Übergang von der Zuordnungs- zur Kovariationsvorstellung – in den Mittelpunkt. In der Verknüpfung der kontextuellen und der graphischen Darstellung soll konzeptuelles Verständnis für (quantifizierte) Abstände und Unterschiede im Bestand der Füllhöhe erarbeitet und in Kombination mit der Teilaufgabe 3b sowie den Sprachspeicheraufgaben, die eine Sprachproduktion von den Lernenden einfordern, systematisiert werden. Der Sprachspeicher wird weiter unten vollständig vorgestellt.

Für eine sprachproduktive Entlastung der Lernenden, insbesondere in grammatischer Dimension, können die Lückentexte aus Aufgabe 3a den Lernenden als sprachliches Gerüst dienen, indem sie komplette Sätze oder Satzteile für die sprachproduktiven Teilaufgaben übernehmen, sich aber konzeptuell auf die Änderung der Größen fokussieren können. Sprachstärkere Lernende können die Formulierungen bereits abändern und ihren Bedürfnissen anpassen. Damit bietet das Material in lexikalischer und grammatischer Dimension Unterstützung für alle Lernenden an.

3 Füllgraphen lesen und beschreiben

a) Du liest den Füllgraphen und ergänzt die Sätze.

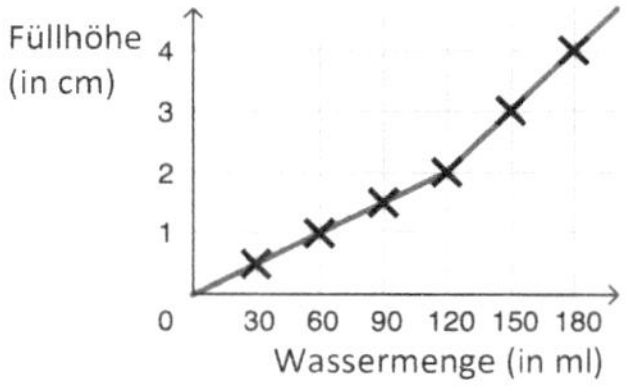

1. *Bei 60 ml Wassermenge:*
   Die Füllhöhe ist ______ cm.
2. *Bei ______ ml Wassermenge:*
   Die Füllhöhe ist 4 cm.
3. Findest du mehr Beispiele im Graphen?
4. *Ich schaue auf die Wassermenge **zwischen** 90 ml und 120 ml.*
   *Die Füllhöhe **wächst von** _____ cm **auf** _____ cm, also **um** _____ cm.*
5. *Ich schaue auf die Wassermenge **zwischen** _____ ml und _____ ml.*
   *Die Füllhöhe **wächst von** 2 cm **auf** _____ cm, also **um** 1 cm.*
6. ***Zwischen** _____ ml und _____ ml Wassermenge:*
   *Die Füllhöhe **wächst von** _____ cm **auf** _____ cm, also **um** 1 cm.*
7. Findest du mehr Beispiele im Graphen?

b) Beschreibe: Was passiert in den Situationen?

Wie verändert sich die Füllhöhe **zwischen** 30 ml und 60 ml Wassermenge?	Wie verändert sich die Füllhöhe **zwischen** 150 ml und 180 ml Wassermenge?

Sprachspeicher 1: Wie hoch ist die Füllhöhe bei 30 ml Wassermenge? Benutze die Wörter aus 3a) 1.
Sprachspeicher 2: Wie verändert sich die Füllhöhe zwischen 0 ml und 90 ml Wassermenge? Wie zwischen 90 ml und 180 ml Wassermenge? Benutze die Wörter aus 3a) 4.

Abb. 5.5 Aufgaben 3a und 3b im Lehr-Lern-Arrangement zu funktionalen Veränderungsprozessen (Zentgraf et al. 2023)

Exemplarischer Einblick in Lern- und Erklärprozesse zu Aufgabe 3a und 3b

Abbildung 5.6 zeigt die schriftlichen Produkte von zwei Lernenden zum Aufgabenteil 3b: links Hanias Bearbeitung (aus Zyklus 3) und rechts Belas Schriftprodukt (aus Zyklus 1).

Hania nutzt in ihrer ersten Bearbeitung (Abb. 5.6 links) für die Benennung der Änderung wörtlich den Lückentext aus Aufgabe 3a (die Werte wurden nach

Zyklus 3 noch einmal angepasst). Dadurch wird sie in grammatischer Dimension in ihrer Sprachproduktion entlastet, kann konzeptuell aber gleichzeitig das hier relevante Verstehenselement *Quantifizierte Abstände* tragfähig adressieren.

Auch Bela nutzt in seiner Bearbeitung (Abb. 5.6 rechts) den Lückentext aus Aufgabe 3a, indem er zunächst die Wertepaare bei 20 Millilitern und 40 Millilitern Wassermenge zur Adressierung des Verstehenselements *Punktweise Zuordnung* benennt. Anschließend verdichtet er hier seine Erkenntnisse zum Verstehenselement *Quantifizierte Abstände*, wobei er diese jedoch nicht benennt, sondern das Vorgehen zu deren Berechnung erläutert. Dafür nutzt er die Formulierung aus der Aufgabenstellung („Wie verändert sich die Füllhöhe?") und verdichtet diese grammatisch (Hein & Zentgraf 2023) zu dem Attribut „veränderte Füllhöhe". Bela formuliert im Gegensatz zu Hania im grammatischen Stufenmodell in Satzbau-Komplexität und im Wortgruppen-Ausbau bereits erfolgreich in den Stufen 5 und 6. Auch für diese anspruchsvolleren Sprachproduktionen kann er die hier angebotenen sprachlichen Vorbilder nutzen und diese in seine sprachlich viel ausführlichere Beantwortung der Aufgabe einbinden.

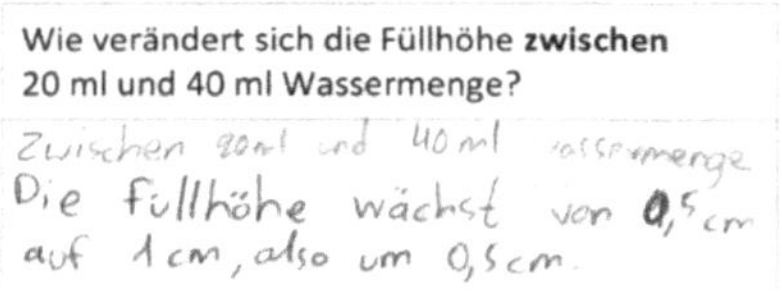

Zwischen 20 ml und 40 ml Wassermenge: Die Füllhöhe **wächst von** 0,5 cm **auf** 1 cm, also **um** 0,5 cm.

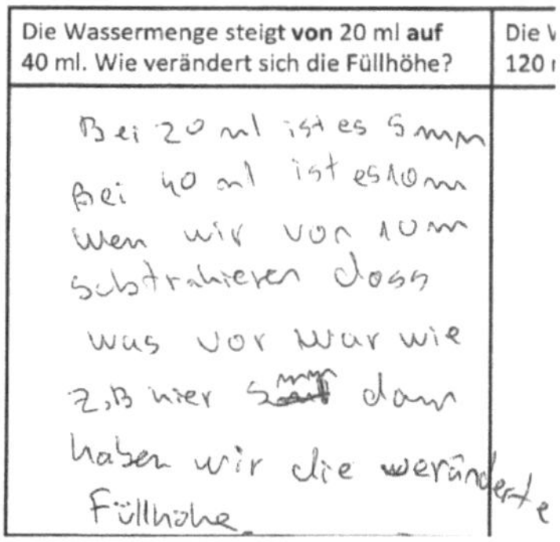

Bei 20 ml **ist** es 5 mm. **Bei** 40 ml **ist** es 10 mm.
Wenn wir von 10 mm subtrahieren das, was vor war, wie z. B. hier 5 mm, dann haben wir die **veränderte Füllhöhe**.

Abb. 5.6 Hanias Bearbeitung links, Belas Bearbeitung rechts

Design der Aufgaben 3c und 4a: Stückweise qualitative Änderung der Füllhöhe

Die Aufgaben 3c und 4a (Abb. 5.7) führen das Verstehenselement *Stückweise qualitative Änderung* ein, sodass der Blick nun deutlich auf Veränderungsprozessen liegt – innerhalb eines lokalen Abschnitts oder im Vergleich zweier Intervalle miteinander. In beiden Aufgaben findet ein explizites In-Bezug-Setzen der Verstehenselemente *Stückweise qualitativen Änderung* und *Quantifizierte Abstände* statt, indem die Lernenden die Veränderung sowohl qualitativ als auch anhand von konkreten Werten betrachten.

Durch das Material wird von den Lernenden immer wieder die Verknüpfung der kontextuellen mit der graphischen Darstellung eingefordert, was durch das Angebot von bedeutungs- und formalbezogenen Sprachmitteln unterstützt wird. Dadurch wird das Vernetzen der beteiligten Darstellungen und Sprachebenen angeregt und gezielt sowohl sprachlich als auch konzeptuell unterstützt.

c) • Verbinde mit Tabelle b): Welcher Satz passt wohin?

1. Die Füllhöhe wächst hier eher **langsam**.	3. Deshalb: Der Graph **steigt** hier eher **steil.**

2. Die Füllhöhe wächst hier eher **schnell**.	4. Deshalb: Der Graph **steigt** hier eher **flach**.

• Beschreibe: Wie wächst die Füllhöhe in deiner Aufgabe 1? Wie steigt der Graph?

4 a) Ergänze die Sätze:

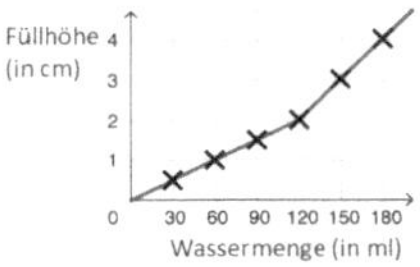

1. *Zwischen 120 ml und 150 ml Wassermenge: Die Füllhöhe wächst schneller als zwischen_____ ml und_____ ml Wassermenge.*

2. *Zwischen 120 ml und 180 ml Wassermenge: Der Graph steigt steiler als zwischen_____ ml und_____ ml Wassermenge.*

3. *Zwischen_____ ml und_____ ml Wassermenge: Die Füllhöhe wächst langsamer als zwischen 135 ml und 150 ml Wassermenge.*

4. *Zwischen_____ ml und_____ ml Wassermenge: Der Graph steigt flacher als zwischen_____ ml und_____ ml Wassermenge.*

• Beschreibe: Wo (‚zwischen ... und ...‘) wächst die Füllhöhe **schneller als** am Anfang? Wo steigt der Graph **flacher als** am Ende? (Aufgabe 1)

Abb. 5.7 Aufgaben 3c und 4a im Lehr-Lern-Arrangement zu funktionalen Veränderungsprozessen (Zentgraf et al. 2023)

Exemplarischer Einblick in Lern- und Erklärprozesse zu Aufgabe 3c

In den beiden Aufgaben zum Verstehenselement der *Stückweisen Qualitativen Änderung* steht das Vernetzen der beteiligten Darstellungen und der Sprachebenen im Fokus. Dieses Vernetzen wird im Transkriptausschnitt 5.2 illustriert, der aus dem dritten Zyklus im Laborsetting stammt und in dem die Lernenden Emir und Rodin über insgesamt beinahe 200 Turns (über 9:30 Minuten) die Aufgabe 3c bearbeiten.

Transkript 5.2, Zyklus 3, Laborsetting, Aufgabe 3c, Turns 421–541

Im Transkript erarbeiten Emir und Rodin die Begriffe schnell und langsam bzw. steil und flach anhand der Verknüpfung der kontextuellen mit der graphischen Darstellung in Aufgabe 3c am abgebildeten Graphen rechts. Im Anschluss sollen die Lernenden diese Erkenntnisse auf die Füllgraphen zu ihren Füllexperimenten zu Beginn der Lernumgebung übertragen (Turn 541).

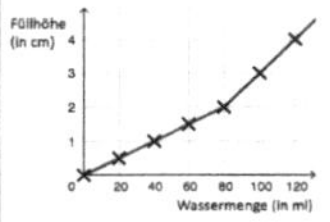

Verbinde: Welcher Satz passt wohin [zu welchem Abschnitt des Graphen]?

1. Die Füllhöhe wächst hier eher langsam.
2. Die Füllhöhe wächst hier eher schnell.
3. Deshalb: der Graph steigt hier eher steil.
4. Deshalb: Der Graph steigt hier eher flach.

421–423	Leh	Wenn wir uns Nummer 1 angucken, dann steht da [*liest*]: Die Füllhöhe wächst eher langsam. […] Was soll denn das bedeuten?
424	Emir	Also du meinst .. es geht ja immer höher [*deutet mit der Hand eine Steigung an*] und dann wird 's irgendwann langsamer [*deutet mit seiner Hand eine schwächer werdende Steigung an*] und dann noch ein bisschen nochmal [*deutet mit der Hand wieder eine stärkere Steigung an*].
		[…]
429	Leh	Ok. Woher weißt du das?
430	Emir	Ja, wenn die- wenn's so wird, [*deutet auf den Graphen im Abschnitt 0 bis 80 ml*] diese sind jetzt langsamer [*deutet mit der Hand eine flache Steigung an*].
432		Eher langsamer. So wird sie halt höher, [*deutet mit der Hand 90°-Steigung an*] wird sie halt höher, mehr.
434		So wird sie halt schneller , [*deutet mit der Hand 90° -Steigung an*] als wenn ich's so mache [*deutet mit der Hand flache Steigung an*].
		[…] *Lernende betrachten ihre Graphen aus Aufgabe 1.*
529	Leh	Was du erklärt hattest, ist richtig. Das hier ist schneller [*geht Emirs Graphen mit dem Finger nach*], das ist langsamer. Jetzt ist meine Frage, wo ist es denn dann steil und wo ist es eher flach?
530	Emir	Das ist steil [*deutet auf den Beginn des Graphen*], wenn das dann so ist [*verdeutlicht mit der Hand die steile Steigung zu Beginn*].
531	Rodin	Können wir schnell gehen.
		[…]
541	Rodin	Bei mir ist ganz steil. Einmal quer hoch. [*zieht mit dem Finger seinen Graphen nach*]. Eher schnell hoch.

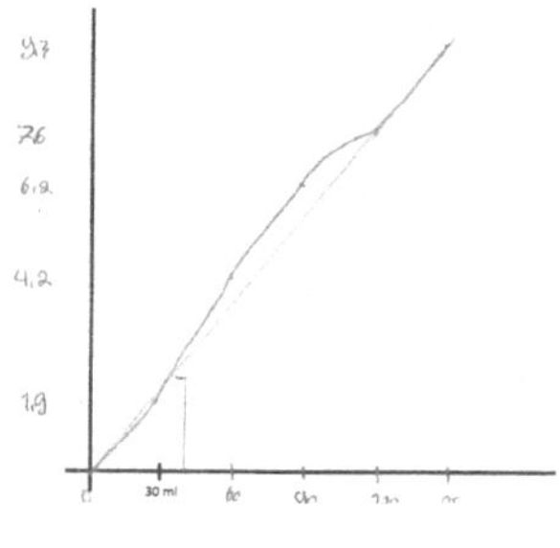

Die Lehrkraft startet in den Turns 431–423 mit der offenen Frage nach der Bedeutung eines langsamen Wachsens der Füllhöhe. Emirs (sprachlich zunächst noch unpräzise) Antwort zeigt, dass er das neue Sprachmittel mit der Veränderung in der Füllhöhe (Turn 424 „es geht ja immer höher") und auch mit der Veränderung der Füllgeschwindigkeit in Verbindung setzt (Turn 424 „und dann wird's irgendwann langsamer [...] und dann noch ein bisschen nochmal"). Für das letzte Beschreiben der Änderung fehlt ihm offenbar noch der nötige bedeutungsbezogene Wortschatz (hier ‚schnell wachsen'). Es wird aber auch deutlich, dass Emir die Veränderung der Füllhöhe eigenständig mit der Steigung des Graphen verknüpft, indem er unterschiedliche Steigungen gestisch darstellt. Der Bedarf an formalbezogenem Wortschatz wird in den Turns 430–434 deutlich. Hier beschreibt Emir den Verlauf des Graphen tragfähig anhand des Füllprozesses, adressiert den Verlauf an sich aber nur implizit durch Gesten, die die Steigung verdeutlichen sollen, sowie deiktisch (Turn 430 „wenn's **so** wird", Turn 434 „**So** wird sie halt schneller als wenn ich's **so** mache"). Die Aufgabe regt hier also bereits durch die notwendige Aushandlung der Bedeutung der angebotenen Sprachmittel einerseits ein Vernetzen zur graphischen Darstellung an (Turn 424) und unterstützt gleichzeitig das Vernetzen der Sprachebenen von bedeutungs- und formalbezogenem Sprachschatz (Turns 430–434).

Im Verlauf der folgenden ca. 100 Turns besprechen die beiden Lernenden mit der Lehrkraft die Bedeutung der formalbezogenen Sprachmittel ‚eher flach steigen' und ‚eher steil steigen' und übertragen das neu erarbeitete Verstehenselement der *Stückweise Qualitativen Änderung* anschließend auf ihre in Aufgabe 1 erstellten Füllgraphen. Emir hat seinen Graphen bereits bezüglich der Füllgeschwindigkeit beschrieben, sodass die Lehrkraft ihn nun noch einmal zum Vernetzen der Sprachebenen mit dem formalbezogenen Sprachschatz anregt (Turn 529). Emir identifiziert hier die richtige Stelle zu Beginn des Graphen und validiert seine Aussage zusätzlich gestisch, indem er eine steile Steigung mit der Hand nachahmt (Turn 430). Hier setzt Rodin ein und vernetzt die graphische Darstellung mit ihrer formalbezogenen Beschreibung noch einmal mit der bedeutungsbezogenen Sprache des Füllprozesses (Turn 531). Diese Verknüpfung wiederholt er in Turn 541 auch für seinen Graphen, indem er formal- und bedeutungsbezogene Sprachmittel sowie zusätzlich gestisch die graphische Darstellung miteinander in Beziehung setzt. Rodin vernetzt die Darstellungen an dieser Stelle nicht explizit, sodass zunächst unklar bleibt, ob er die Steigung des Graphen tatsächlich auch auf die Veränderung der Füllhöhe zurückführen und in weniger komplexe Verstehenselemente auffalten kann. Das Designelement „Zuordnung von bedeutungs- und formalbezogenen Sprachmitteln zu verschiedenen Füllsituationen" sowie der Transfer auf weitere Situationen regen aber deutlich zur Verknüpfung der beteiligten Darstellungen sowie Sprachebenen an.

Design der Aufgabe „Sprachspeicher 3: Systematisieren und Vernetzen von Verstehenselementen"

Im Folgenden sind die Sprachspeicheraufgabe 3 und der Sprachspeicher abgebildet (Abb. 5.8)

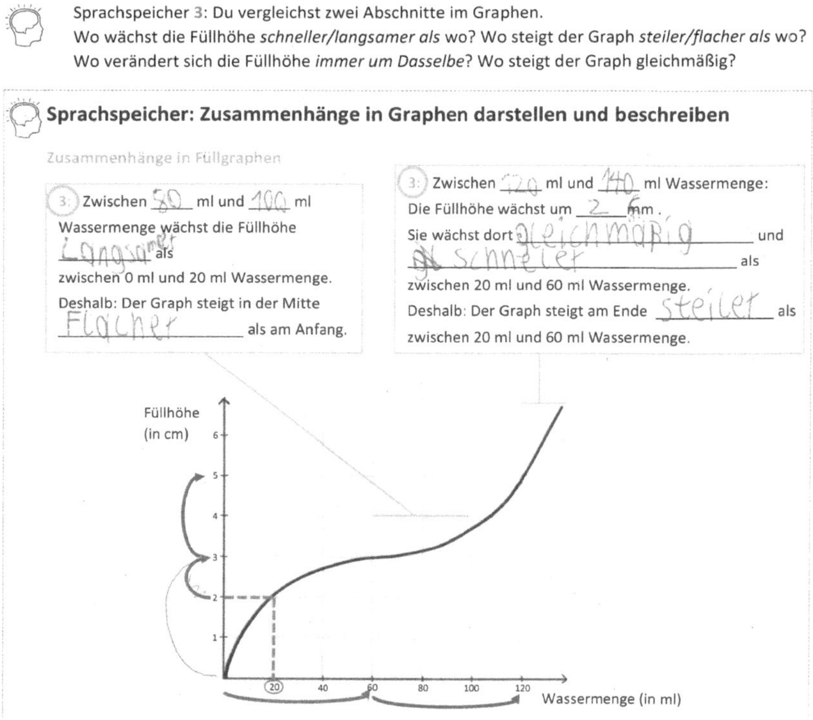

Abb. 5.8 Aufgabe Sprachspeicher 3 im Lehr-Lern-Arrangement zu funktionalen Veränderungsprozessen sowie ausgefüllte Sprachspeicheraufgabe 3 (Zentgraf et al.2023)

Ziel der Sprachspeicheraufgabe 3 (Abb. 5.8) ist neben der Systematisierung und Sicherung des Verstehenselements *Stückweise qualitative Änderung* auch das Vernetzen zwischen Verstehenselementen, die einerseits Abstände im Bestand beschreiben, und andererseits jenen, die die Änderungsebenen stärker in den Blick nehmen. Nach dem Vernetzen zwischen *Quantifizierten Abständen* und *Stückweise Qualitativer Änderung* in den Aufgaben 3c und 4a regt die

Sprachspeicheraufgabe 3 hier ein erstes Verknüpfen mit dem Verstehenselemente *Qualitative Abstände* (‚immer um Dasselbe verändern‘) und dem linearen Aspekt des Verstehenselements *Ganzheitliche Änderung der Änderung* an (‚gleichmäßig steigen‘).

Design der Aufgaben 4b und 5: Ganzheitliche Änderung der Änderung und Ganzheitlicher Vergleich von Situationen
Die beiden folgenden Aufgaben 4b und 5 (Abb. 5.9 & 5.10) führen die Aspekte des Verstehenselements *Ganzheitliche Änderung der Änderung* fort, indem zunächst die linearen Eigenschaften vertieft (Aufgabe 4b, Abb. 5.9) und anschließend die Unterscheidung zwischen konvexen und konkaven Abschnitten untersucht werden (Aufgabe 5, Abb. 5.10). Zusätzlich initiiert Aufgabe 5 auch das Verstehenselement des *Ganzheitlichen Vergleichs.* Zum erfolgreichen Bearbeiten dessen müssen die Lernenden hier alle bereits erarbeiteten Verstehenselemente nutzen, diese miteinander verknüpfen und zwischen einander auffalten sowie verdichten.

b) Zeichne: Welches Glas gehört zum Füllgraphen aus a)? Erkläre: Warum?

Das Glas Die Füllhöhe Der Graph	ist wächst steigt	unten/oben in der Mitte am Anfang/am Ende	breit/schmal. schnell/langsam. gleichmäßig. immer um Dasselbe. steiler als/flacher als...

Skizze:	Erklärung:
	Das Glas ist ... *Deshalb: Die Füllhöhe wächst ...* *Deshalb: Der Graph steigt ...*

Abb. 5.9 Aufgabe 4b im Lehr-Lern-Arrangement zu funktionalen Veränderungsprozessen (Zentgraf et al. 2023)

5 **Füllgraphen beschreiben und erklären**

a)

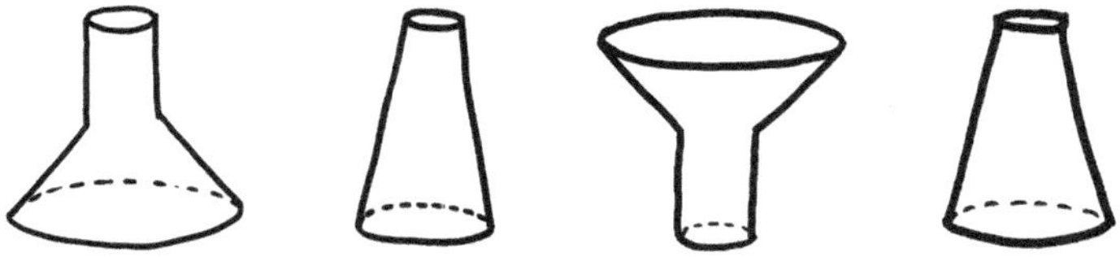

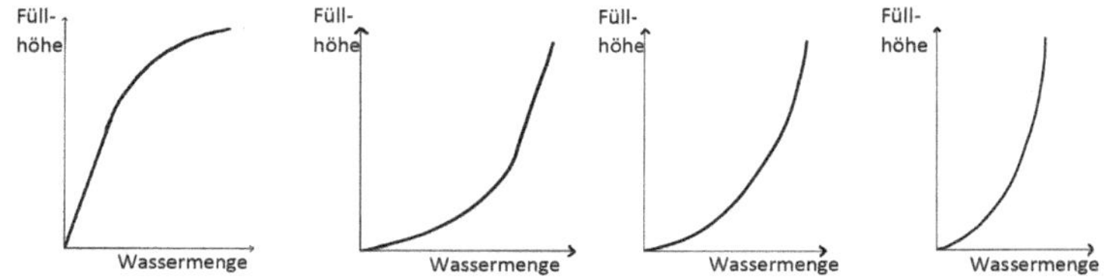

- Verbinde: Welches Glas – welcher Füllgraph?
- Beschreibe: Wie sieht Füllgraph 1 aus?

Die Füllhöhe Der Graph	wächst steigt	am Anfang in der Mitte am Ende	gleichmäßig. schneller als... flacher als... um immer mehr. **immer steiler.** **immer langsamer.**

b) Erkläre: Warum hast du das 1. Glas so verbunden?
Was passiert mit Wassermenge und Füllhöhe?

Abb. 5.10 Aufgabe 5 im Lehr-Lern-Arrangement zu funktionalen Veränderungsprozessen (Zentgraf et al. 2023)

Die Aufgaben verfolgen vorrangig das Prinzip der Darstellungs- und Sprachebenenvernetzung: Neben den visuellen Darstellungen der Füllgläser und Füllgraphen sollen die Lernenden diese auch immer explizit mit der kontextuellen Darstellung des Füllprozesses in Beziehung setzen. Von den Lernenden wird also gefordert, die relevanten Verstehenselemente in den jeweiligen Darstellungen zu adressieren, ggf. aufzufalten und zu verdichten, sowie diese miteinander in Beziehung zu setzen (konzeptuelle Dimension), um die Bedeutung der Veränderung sowie die Passung der Darstellungen zu erklären (diskursive Dimension). Die Aufgaben verfolgen demnach auch das Prinzip der reichhaltigen Diskursanregung.

Um die Lernenden beim Bearbeiten der Aufgaben zu unterstützen, hat sich in konzeptueller Dimension ein struktureller Dreischritt bewährt: Glasform – Auswirkung auf die Füllhöhe – damit einhergehende Darstellung im Füllgraphen. Durch diesen wird strukturell das Verknüpfen der Darstellungen einfordert und gleichzeitig der Relevanz der kontextuellen Darstellung Rechnung getragen.

In grammatischer Dimension werden die Lernenden in den Freitextaufgaben durch sogenannte Satzgitter aus der Zweitsprachendidaktik unterstützt, um den grammatischen Anspruch der aktiven Satzkonstruktion zu reduzieren. Gleichzeitig werden in lexikalischer Dimension notwendige bedeutungs- und formalbezogene Sprachmittel angeboten, die die Lernenden entweder im angelegten Satzschema oder in einer eigenständigen, freien Sprachproduktion nutzen können.

Exemplarischer Einblick in Lern- und Erklärprozesse zu Aufgabe 4b

In Aufgabe 4b werden die Lernenden zunächst zum Verknüpfen der graphischen und ikonischen Darstellungen aufgefordert, indem sie ein zum Füllgraphen passendes Glas skizzieren. Anschließend sollen sie die Passung der Darstellungen erklären. Der folgende Transkriptausschnitt stammt aus dem dritten Zyklus im Laborsetting mit dem Lernenden Emir, der hier spontan die Form des Glases beschreibt (bevor er sie zeichnet, s. Abbildung in Transkript 5.3) und nach Anregung der Lehrkraft die Passung begründet:

Transkript 5.3, Zyklus 3, Laborsetting, Aufgabe 4b, Turns 421–541

Im Transkript werden erste Ideen und Vorstellungen der Lernenden zu Füllgraphen und zum Zusammenhang zwischen der Breite der Füllgefäße und des Verlaufs des Füllgraphen vorgestellt. Diese sind im Verlauf der Plenumsphase aufgetreten, in der die Lernenden ihre Füllgraphen vorgestellt haben.

Zeichne: Welches Glas gehört zum Füllgraphen aus a)? Erkläre: Warum? Überlege: Wie viel Platz hat das Wasser im Glas?

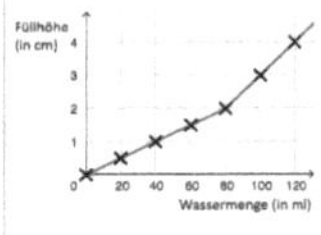

Emirs Glas:

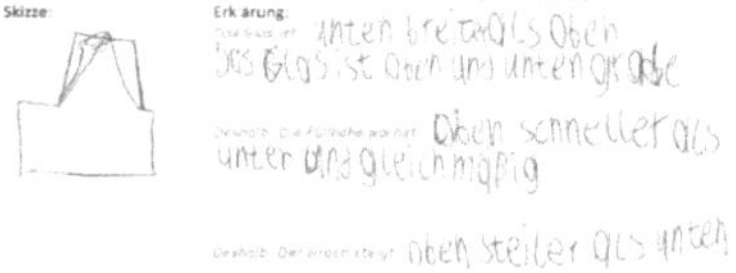

138	Leh	[...] Jetzt gucken wir uns einmal an, welches Glas gehört zu dem Graphen, den wir hier sehen *[zeigt auf Graph]*? Wie könnte das Glas aussehen?
139	Emir	... Unten ist die breit und oben wird die immer schmaler.
140	Leh	[...] Warum?
141	Emir	Ja, weil hier sie wird sie unten langsa - ehm langsamer *[zeigt auf unteren Abschnitt im Graph]*. Da oben- Da oben wird sie immer schneller.
142	Leh	Okay. Was bedeutet das? Also dass dass - die Füllhöhe steigt hier langsamer und hier schneller *[zeigt erst auf unteren dann auf oberen Abschnitt im Graph]*. Wieso?
143	Emir	Unten ist sie flacher und oben ist sie steiler.
144	Leh	Ja. Der Graph ist flacher und oben ist der Graph steiler. Aber was hat das mit dem Glas zu tun?
145–147	Emir	Ja weil der Glas - Wenn das Glas unten breit ist, dann wird die langsamer als oben, weil oben immer schmaler wird.
		[...]
229	Emir	Je weiter es nach oben geht - also weil da weniger Platz ist, gleich, geht das schnell nach oben.
		[...]
271	Leh	[...] Wie sieht das Glas aus oder was ist wichtig bei dem Glas?
272/282	Emir	.. Das Glas ist unten sehr breit und oben wird die schmal. [...] Deshalb die Füllhöhe wächst-
		[...]
307–315	Leh	So. Was bedeutet das für die Füllhöhe? [...] Wie wächst sie oben?
316	Emir	Ja da oben weniger Platz, ist schmal.
317	Leh	Ja. Mhm. Wächst sie dann schneller oder langsamer als unten?
318	Emir	Schneller.

Im Erstzugriff adressiert Emir direkt das Verstehenselement *Stückweise qualitative Änderung* und beschreibt die beiden groben Abschnitte des Glases: unten breit und oben wird es schmaler (Turn 139). Die Lehrkraft fordert in den folgenden Turns immer wieder das Vernetzen der Darstellungen ein, indem sie entweder offene Erklärimpulse gibt (z. B. Turns 140, 142) oder explizit auf bestimmte Darstellungen verweist (z. B. Turns 142, 144). Dadurch verknüpft Emir alle Darstellungen miteinander und setzt schließlich die Breite des Glases mit der Füllgeschwindigkeit und der Graphensteigung in Beziehung. In Turn 141 lokalisiert er die Füllgeschwindigkeit etwa direkt am Graphen, in den Turns 145–147 verknüpft er die ikonische und kontextuelle Darstellung explizit miteinander („Wenn das Glas unten breit ist, dann wird die langsamer als oben"). Auch im Abschluss der Aufgabe (Turns 307–318) verknüpft Emir selbstständig diese beiden Darstellungen miteinander und expliziert den Zusammenhang zudem anhand des Platzes, den das Wasser im Glas hat (Turn 316). Diesen Zwischenschritt über den Platz im Glas zu argumentieren, nutzen verschiedene Lernende immer wieder, während sie sich ein mentales Bild des Füllprozesses aufbauen (vgl. mentale Anforderung Kap. 6).

In Turn 282 wird deutlich, dass der im Material verankerte Dreischritt Glas – Füllgeschwindigkeit – Graphensteigung Emir beim Vernetzen der Darstellungen hilft, denn er leitet nach dem Beschreiben des Glases in den Turns 272–281 selbstständig zur kontextuellen Darstellung über. Der Dreischritt unterstützt die Lernenden auch in der Verschriftlichung, wie hier in Emirs Beispiel (vgl. Emirs Erklärung in Transkript 5.3). Viele Sprachlernende nutzen die Reihenfolge der beschriebenen Aspekte zur Herstellung von Verbindungen, die sie sprachlich (noch) nicht formulieren können. Emir nutzt dazu ebenfalls die Abfolge seiner Aussagen (‚unten breiter als oben' – ‚oben schneller als unten' – ‚oben steiler als unten'; anschließend ‚oben und unten gerade' – ‚gleichmäßig'). Der Dreischritt sensibilisiert dabei für die notwendige Darstellungsvernetzung, die Emir in dieser Aufgabe unterstützt durch die Lehrkraft immer wieder vollzieht und (häufig anhand von weil-Formulierungen) expliziert (z. B. Turn 229 „weil da weniger Platz ist, [...] geht das schnell nach oben").

Design der Aufgabe 6: Graph-als-Bild-Vorstellungen aufdecken und bearbeiten

In Abschnitt 2.3.2 wurde als eine typische Herausforderung im Umgang mit der graphischen Darstellung funktionaler Zusammenhänge das Graph-als-Bild-Phänomen beschrieben (etwa Janvier 1981). Aufgabe 6 (vgl. Abb. 5.11) hat zum Ziel, diese Fehlvorstellung, falls vorhanden, sichtbar zu machen und ihr entgegen zu wirken. Zudem ist hier die Unterscheidung zwischen konvexen und konkaven Graphenabschnitten und damit die ausführliche Auseinandersetzung mit dem höchst anspruchsvollen Verstehenselement der *Ganzheitlichen Änderung der Änderung* notwendig, um die Darstellungen einander tragfähig zuzuordnen. Dazu ist ein Auffalten der komplexen Verstehenselemente zur Erklärung der Passung der Darstellungsvernetzung nötig (Prinzipien der Darstellungs- und Sprachenvernetzung sowie der reichhaltigen Diskursanregung). Dem Prinzip des Scaffolding folgend, werden in dieser fortgeschrittenen Aufgabe konzeptuelle und sprachliche Hilfen zurückgenommen, können jedoch von den Lernenden durch Rückgriff auf die vorangegangenen Aufgaben genutzt werden.

6* Füllgraphen erklären

a) Verbinde: Welcher Füllgraph gehört zum Glas?

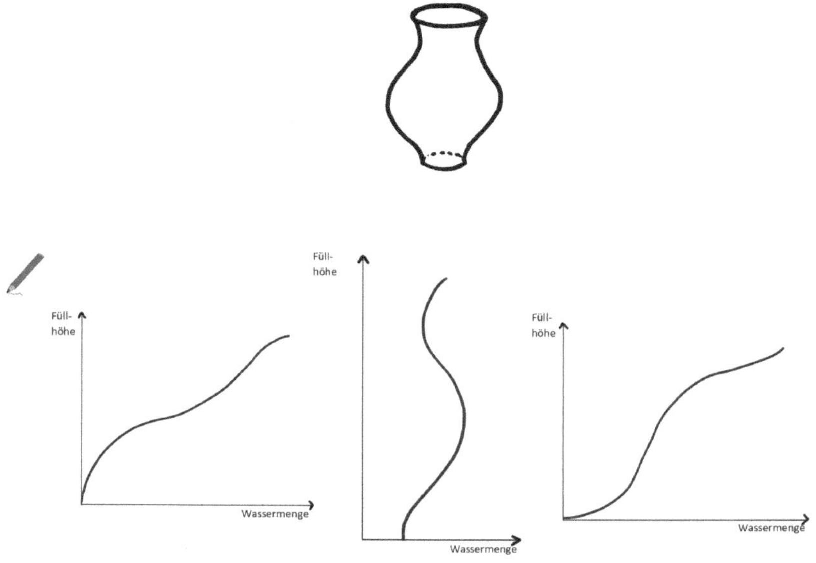

b) Erkläre mit der Füllhöhe: Warum hast du deinen Füllgraphen ausgewählt?

Abb. 5.11 Aufgabe 6 im Lehr-Lern-Arrangement zu funktionalen Veränderungsprozessen (Zentgraf et al. 2023)

Exemplarischer Einblick in Lern- und Erklärprozesse zu Aufgabe 6
Die Lernenden Fetije und Kara aus Zyklus 1 ordnen in Aufgabe 6 dem vorgegebenen Füllgefäß einen der drei angebotenen Graphen zu und begründen diese Zuordnung. Der Transkriptausschnitt 5.4 stammt direkt vom Beginn der Aufgabe, an dem die Lernenden sich zwar bereits ausführlich mit den verschiedenen Verstehenselementen und Darstellungen, aber noch nicht mit diesem deutlich anspruchsvolleren Füllgefäß auseinandergesetzt haben.

Transkript 5.4, Zyklus 1, Laborsetting, Aufgabe 6, Turns 9–22

Im Transkript wird Fetijes und Karas Wahl an möglichen Füllgraphen und deren Begründung präsentiert. Fetije zeigt hier noch Schwierigkeiten bei der Unterscheidung konvexer und konkaver Graphenabschnitte, während Kara eine Variante der Graph-als-Bild-Vorstellung zeigt.

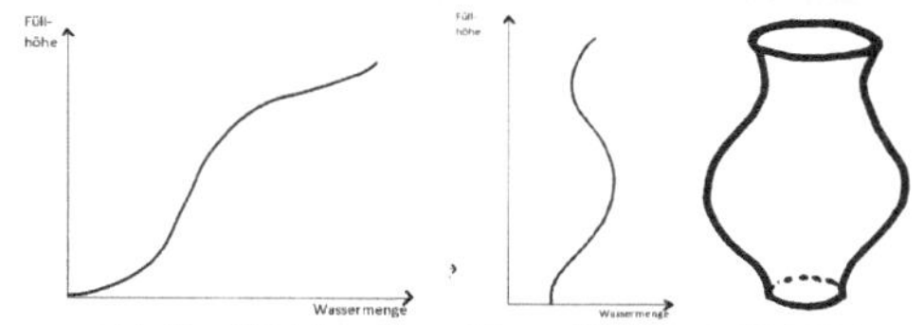

Fetijes Wahl (Graph 3) — Karas Wahl (Graph 2) — Füllglas (gegeben)

9	Fetije	Ich glaube, das passt das Dritte *[zeigt auf Graph 3]* [...]
13		wenn es breiter wird, dann wird der Grafik flacher *[Hände sind weit auseinander]*. Und dann ich glaube hier bei hier ein bisschen also ganz unten ist ein bisschen breiter. Und dann der Grafik hier ist ein bisschen so flacher *[Zeigt unten auf Gefäß, dann an den Anfang d. Graphen]*.
15		Und dann da oben wird immer noch so breit # breiter, breiter und hier wird immer noch breiter.
16	Leh	# Breiter, breiter, breiter. Aber wird es- wird der Graph denn da auch flacher?
17	Fetije	Nein. Doch ein bisschen. Ja. [...]
19		Ja. Wird es flacher. Und dann immer noch nach hier wird es ehh schmaler - ehh nein schmaler- steiler und hier wird auch ein bisschen flacher, flacher bis hier. Dann ist auch schmaler- ehh steiler.
20	Leh	Hmh, okay. Kara, was meinst du?
22	Kara	Ich glaube die Zwei, weil hier steht ehh gleichmäßig hier *[zeigt auf unteren Teil d. Vase]*. Und dann flacher. Und dann die steiler. Und dann die oben flach.

Kara (Turn 22) wählt die zweite Grafik aus, die entsprechend der Gefäßkante gestaltet ist, und zeigt damit eine deutliche Graph-als-Bild-Vorstellung. Zudem fällt auf, dass sie Sprachmittel zur Beschreibung der graphischen Darstellung (gleichmäßig, flach, steil) für die Beschreibung des Gefäßes nutzt und weder explizit mit der Graphensteigung verknüpft noch mit der kontextuellen Darstellung des Füllprozesses in Beziehung setzt. Dies passt zu der bereits in der

Literatur beschriebenen Fokussierung auf Oberflächenmerkmale sowie zum Nutzen derselben Beschreibungsmittel für beide Darstellungen (Sierpinska 1992; Moore et al. 2013; vgl. Abschnitt 3.2.3).

Fetije hat bereits den Zusammenhang zwischen engem (bzw. breitem) Gefäß und steiler (bzw. flacher) Steigung hergestellt. In der Unterscheidung zwischen konvexen und konkaven Abschnitten (Verstehenselement *Ganzheitliche Änderung der Änderung*) benötigt sie mit ihrer Auswahl des dritten Graphen jedoch noch Unterstützung. Auch die Vernetzung der Darstellungen und die bedeutungsbezogene Erklärung anhand des Füllprozesses sind hier nur oberflächlich bzw. gar nicht vorhanden, was darauf hindeutet, dass sie den Füllprozess noch nicht ausreichend internalisiert hat (vgl. mentale Anforderung Kap. 6). Beide Lernende zeigen hier unterschiedliche Bedarfe, die durch die sehr anspruchsvolle Aufgabe identifiziert und bearbeitet werden können. Möglichkeiten dazu werden in den diskursiv-konzeptuellen Tiefenanalysen (Kap. 6) diskutiert.

Zusammenfassung: Umsetzung der Designprinzipien im fach- und sprachintegrierten Lernpfad

In den vorangegangenen Abschnitten wurde herausgearbeitet, wie die fachlichen und sprachlichen Teillernziele im doppelten Lernpfad angelegt und auf Aufgabenebene in der Füllgraphen-Umgebung umgesetzt sind (Zentgraf et al. 2020 anknüpfend an Pöhler und Prediger 2020; vgl. auch Makro-Scaffolding Abschnitt 5.1).

Zur Strukturierung des *konzeptuellen Lerngegenstands* wird die epistemische und semiotische Dimension berücksichtigt: dienen dabei in *epistemischer Dimension* die in Kapitel 2 identifizierten Verstehenselemente, die aufgabenweise immer weiter verdichtet werden und zunehmend weitere Aspekte von qualitativem Funktionsverständnis aufnehmen. Die Aufgaben 4b und 5 (ebenso wie 6, hier jedoch mit Fokus auf die Graph-als-Bild-Vorstellung) fordern damit die komplexesten Verstehenselemente wie die *Ganzheitliche Änderung der Änderung* und den *Ganzheitlichen Vergleich* von unterschiedlichen Füllsituationen ein. Dazu zeigen die unterschiedlichen Einblicke in Lernprodukte und Transkripte zu den Aufgaben, dass die Füllgraphen-Umgebung reichhaltige Gelegenheiten für neuzugewanderte Lernende zum (Re-)Aktivieren, Verknüpfen und Aufbauen von qualitativem Funktionsverständnis bietet. Dazu wurden die drei anderen in Abschnitt 5.1 vorgestellten Design-Prinzipien auf Aufgabenebene durch verschiedene Design-Elemente umgesetzt. Das Einfordern reichhaltiger Sprachhandlungen (Designprinzip reichhaltige Diskursanregung) stellt hier einen zentralen Ansatz dar: Die Lernenden werden immer wieder dazu aufgefordert, die Passung der Darstellungen zu erklären, was das Adressieren sowie Auffalt-, Verdichtungs- und Verknüpfungsaktivitäten erfordert.

In *semiotischer Dimension* grundlegend für die Füllgraphen-Umgebung ist das Designprinzip der Darstellungs- und Sprachebenenvernetzung: Von den Lernenden wird in allen Aufgaben die Verknüpfung verschiedener Darstellungen und meist auch explizit die verschiedener Sprachebenen (z. B. bedeutungs- und formalbezogene Sprachmittel) eingefordert. Für die tatsächliche Vernetzung von Darstellungen konnte bereits in Abschnitt 2.1.4 herausgearbeitet werden, dass die Lernenden die relevanten Verstehenselemente in den jeweiligen Darstellungen identifizieren und miteinander in Beziehung setzen müssen (vgl. auch Renkl et al. 2013; Uribe & Prediger 2021; Post & Prediger 2024). Dazu sind auch immer wieder Auffalt- und Verdichtungsaktivitäten nötig. Dieses Designprinzip fordert also gleichzeitig eine reichhaltige Diskursanregung von den Lernenden ein.

Zur Strukturierung des *sprachlichen Lerngegenstands* wurden diskursive, lexikalische und grammatische Dimension berücksichtigt:

In *diskursiver Dimension* wurden relevante Sprachhandlungen identifiziert, insbesondere das Erklären der Passung der Darstellungen, es wird immer wieder eingefordert und dazu gezielt in lexikalischer und grammatischer Dimension unterstützt:

In *lexikalischer Dimension* werden die Lernenden insbesondere durch das Angebot von bedeutungsbezogenem Sprachmitteln zum Beschreiben der Veränderung der Füllhöhe unterstützt, aber auch durch formalbezogenen Sprachmitteln zum Beschreiben der Füllgraphen und durch alltagssprachliche Mittel zum Adressieren der Füllgläser. Beide sind notwendigen lexikalische Mittel für das Adressieren der Verstehenselemente in den einzelnen Darstellungen und deren Verknüpfen, die auf diese Weise konkretisiert wurden.

In *grammatischer Dimension* sind die Aufgabentexte des gesamten Lehr-Lern-Arrangement orientiert an der Stufe 3 des grammatischen Stufenmodells (Berkemeier & Schmidt 2020), das spezifisch für neuzugewanderte Seiteneinsteigende ins Schulsystem konzipiert und durch Prediger et al. (2019c) für den Fachunterricht Mathematik erweitert wurde. Zusätzlich werden durch typische Unterstützungsformate aus dem Zweitsprachenunterricht herangezogen wie Satzgitter oder Lückentexte.

Mit zeigen die vorangegangenen Abschnitte insgesamt, inwiefern das Designprinzip Darstellungs- und Sprachebenenvernetzung auf Aufgabenebene und in den verschiedenen Dimensionen ausgearbeitet wurde. In diesem Abschnitt 5.3 wird nun noch einmal vertieft darauf eingegangen, wie die einzelnen Designelemente in Aufgabe 5 über die verschiedenen Zyklen weiterentwickelt wurden, um das Vernetzen der Darstellungen und Sprachebenen erfolgreich von den Lernenden einzufordern.

5.3 Entwicklung des Designprinzips Darstellungs- und Sprachebenenvernetzung über drei Zyklen hinweg am Beispiel von Aufgabe 5

In Abschnitt 5.2 wurde der intendierte Lernpfad mit den fachlichen und sprachlichen Lernzielen (vgl. Abschnitt 5.2.1) und seine Konkretisierung durch das im Laufe von drei Zyklen immer weiter optimierte Lehr-Lern-Arrangement vorgestellt (vgl. Abschnitte 5.2.2 & 5.2.3).

Nach Vorstellung des Entwicklungs*produkts* wird nun der Entwicklungs*prozess* im methodologischen Rahmen der Fachdidaktischen Entwicklungsforschung (Hußmann & Prediger 2016) genauer beschrieben, mit dem das Unterrichtsmaterial über die drei Zyklen auf Grundlage der Erkenntnisse aus den Erhebungen immer wieder überarbeitet und optimiert wurde. Dieser Überarbeitungsprozess soll nicht flächendeckend, sondern nur exemplarisch für das Designprinzip der Darstellungs- und Sprachebenenvernetzung am Beispiel von Aufgabe 5 dargestellt werden.

Die Aufgabe 5 wurde dafür ausgewählt, weil sie konzeptuell die zuvor erarbeiteten Verstehenselemente und Darstellungen sowie sprachliche Unterstützungsangebote beinhaltet, die teilweise auch in anderen Aufgaben wiederzufinden sind. Damit eignet sie sich, um die relevanten Überarbeitungsschritte für das Designprinzip der Darstellungs- und Sprachebenenvernetzung exemplarisch vorzustellen.

5.3.1 Zyklus 1: Fokus auf die Verknüpfung von Füllgraphen und -gefäßen

Umsetzung des Designprinzips Darstellungs- und Sprachebenenvernetzung in Zyklus 1: Reichhaltiges Einfordern, aber noch wenig Unterstützen

Bereits in Zyklus 1 wurden die drei relevanten Darstellungen der ikonischen Füllgefäße, des kontextuellen Füllprozesses und der Füllgraphen eingeführt. Während des Aufbaus der Verstehenselemente bis einschließlich Aufgabe 4 wurde das Verknüpfen untereinander und mit den zugehörigen bedeutungs- und formalbezogenen Sprachmitteln eingefordert.

In Abbildung 5.12 ist Aufgabe 5 in ihrer ersten Fassung dargestellt. Sie ist an den Erkenntnissen und Designs von bestehenden Füllumgebungen orientiert (Bell & Janvier 1981; Swan 1985; Affolter 2005; Lichti & Roth 2021), in denen Füllgefäße und Füllgraphen einander (begründet) zugeordnet werden sollen. Für den Beschreibungsauftrag in Aufgabe 5a werden formalbezogene Sprachmittel im Satzgitter angeboten. Das Angebot kann auch für den Erkläräuftrag in Aufgabe 5b genutzt werden.

Füllgraphen beschreiben und erklären

a) • Verbinde: Welches Glas – welcher Füllgraph?

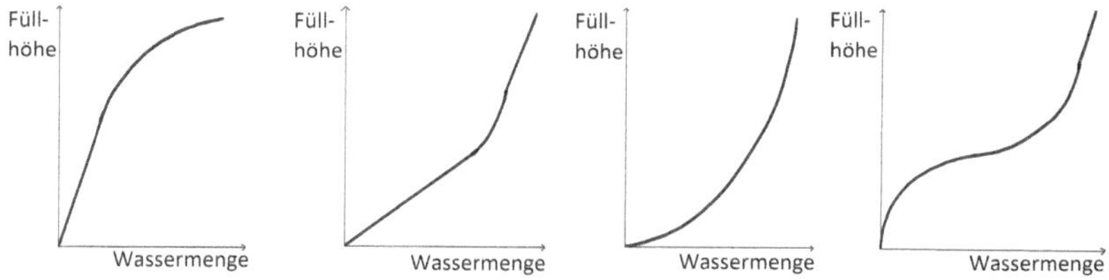

• Beschreibe: Wie sieht der 1. Graph aus? Z.B.:

Die Füllhöhe Die Wassermenge	steigt	am Anfang in der Mitte am Ende	gleichmäßig. steiler als... flacher als... immer steiler. immer flacher.

b) Erkläre: Warum hast du das 1. Glas so verbunden?

Abb. 5.12 Aufgabe 5 im Lehr-Lern-Arrangement zu funktionalen Veränderungsprozessen (Version aus Zyklus 1)

Einblick in erste Lern- und Erklärprozesse
Die Aufgabe zur Erklärung der Passung der Darstellungen ist sehr offen gestellt und fordert nicht explizit die Erklärung anhand des Füllprozesses ein (konzeptuelle Dimension). In Anlehnung an die sichtbaren Darstellungen und die angebotenen formalbezogenen Sprachmittel konzentrierten sich viele Lernende in Zyklus 1 entsprechend zunächst auf die direkte Übersetzung von Merkmalen statt einer Bedeutungserklärung. Dies wird in Belas Bearbeitung (Abb. 5.13) deutlich, der zwar die relevanten mathematischen Aspekte in den beiden Darstellungen identifiziert, diese allerdings nicht explizit in Beziehung setzt (wie die Nutzung des relativ vagen Konnektors ‚und' andeutet; Renkl et al. 2013; Post & Prediger 2022), sondern die Aspekte eher direkt übersetzt (vgl. mentale Anforderung der Konstruktion eines mentalen Füllprozesses Kap. 6).

Auch zahlreiche andere Beobachtungen aus Zyklus 1 deuteten darauf hin, dass viele Lernende trotz eigener Füllexperimente und verschiedener Gelegenheiten zum Aufbau eines (zumindest groben) mentalen Bildes eines Füllprozesses bei der anspruchsvollen Aufgabe 5 eher direkt zwischen Füllgefäß und Füllgraph übersetzten, statt diese einander tragfähig zuzuordnen.

Als Konsequenz sollte genau dies im Re-Design für Zyklus 2 gezielter unterstützt werden.

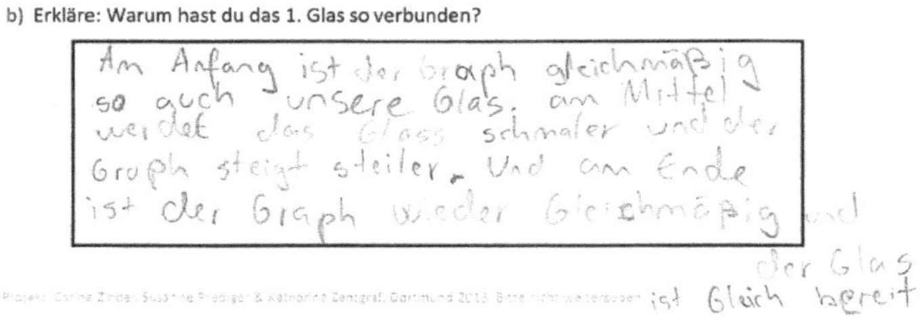

Abb. 5.13 Belas Bearbeitung von Aufgabe 5b im Lehr-Lern-Arrangement zu funktionalen Veränderungsprozessen (Version aus Zyklus 1)

5.3.2 Zyklus 2: Konkretisierung der Unterstützung für die Darstellungs- und Sprachebenenvernetzung

Fokussieren auf kontextuelle Darstellung zur gezielten Umsetzung des Designprinzips Darstellungs- und Sprachebenenvernetzung in Zyklus 2
Zentrales Ziel des Re-Designs für Zyklus 2 war, Lernende zum Überwinden der in Zyklus 1 häufig beobachteten direkten Übersetzen zu befähigen,

indem der Aufbau einer mentalen Vorstellung des Füllprozesses (vgl. mentale Anforderung Kap. 6) ausgehend vom *Designprinzip der Darstellungs- und Sprachebenenvernetzung* stärker unterstützt werden sollte.

5 Füllgraphen beschreiben und erklären

a)

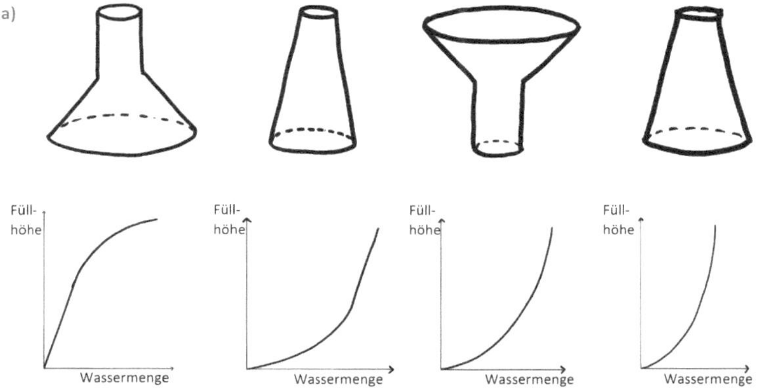

- Verbinde: Welches Glas – welcher Füllgraph?
- Beschreibe: Wie sieht Füllgraph 1 aus?

Die Füllhöhe Der Graph	wächst steigt	am Anfang in der Mitte am Ende	gleichmäßig. schneller als... flacher als... **immer steiler.** **immer langsamer**.

b) Erkläre: Warum hast du das 1. Glas so verbunden?
Was passiert mit Wassermenge und Füllhöhe?

Abb. 5.14 Aufgabe 5 im Lehr-Lern-Arrangement zu funktionalen Veränderungsprozessen (Version aus Zyklus 2)

Dazu wurde Aufgabe 5 um eine explizite Aufforderung zur Vernetzung mit der kontextuellen Darstellung ergänzt (vgl. Abb. 5.14, Teilaufgabe b). Dadurch soll (auch im Rückgriff auf die bereits bearbeiteten Aufgaben) die bestehende internalisierte Vorstellung eines Füllprozesses um das Verstehenselement der *Ganzheitlichen Änderung der Änderung* mit der Unterscheidung zwischen konvex und konkav steigenden Graphenabschnitten erweitert werden.

Für dieses fachliche Ziel wurden auch weitere sprachliche Unterstützungen ergänzt, indem die bereits vorhandenen formalbezogenen durch bedeutungsbezogene Sprachmittel zum Verstehenselement der *Ganzheitlichen Änderung der Änderung* im Satzgitter ergänzt wurden (vgl. Abb. 5.14, Teilaufgabe a).

Einblick in Lern- und Erklärprozesse

Das ergänzte Designelement zum expliziten Einbezug der kontextuellen Darstellung (‚Was passiert mit Wassermenge und Füllhöhe?') lenkte den Fokus der Lernenden wie gewünscht auf den Füllprozess und unterstützte die Lernenden dadurch in der Anforderung, ein inneres Bild des Füllprozesses aufzubauen (vgl. mentale Anforderung Kap. 6). Viele Lernende, so wie hier Arta (Abb. 5.15), beschrieben u. a. mit den angebotenen bedeutungsbezogenen Sprachmittel die Veränderung der Füllhöhe und häufig auch die Veränderung des Füllgraphen, dann mit formalbezogenem Wortschatz.

Sie erklärten jedoch nicht die Passung der Darstellungen (wie in Kap. 6 als diskursiv-konzeptuelle Anforderung genauer zu beschreiben sein wird): Die Lernenden identifizierten ähnlich wie in Zyklus 1 die relevanten Aspekte in den verschiedenen Darstellungen, diesmal auch in der kontextuellen Darstellung. Sie setzten diese Merkmale aber weder explizit miteinander in Beziehung noch falteten sie sie zur Erklärung dieser Beziehung in weniger komplexe Verstehenselemente auf.

Für die Erklärung der Passung der Darstellungen, die in dieser Aufgabe angeregt werden soll, scheinen die Prozesse der Lernenden zur Darstellungs- und Sprachebenenvernetzung also noch gezielter unterstützt werden zu müssen.

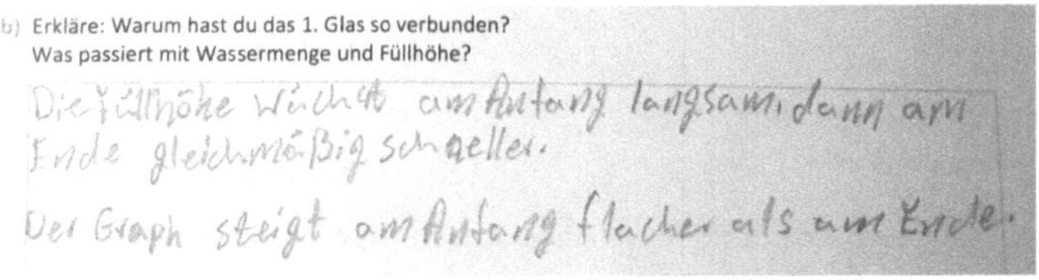

Abb. 5.15 Artas Bearbeitung von Aufgabe 5b im Lehr-Lern-Arrangement zu funktionalen Veränderungsprozessen (Version aus Zyklus 2)

5.3.3 Zyklus 3: Initiieren von Auffalt- und Verdichtungsaktivitäten zum Explizieren der Darstellungs- und Sprachebenenvernetzung

Überarbeitung der Umsetzung des Designprinzips Darstellungs- und Sprachebenenvernetzung in Zyklus 3
Zur Ergänzung der Darstellungsvernetzung und des Einbezugs der kontextuellen Darstellung wurde in Zyklus 3 der in Abschnitt 5.2.3 beschriebene Dreischritt *Glas – Füllprozess – Füllgraph* eingeführt und in Aufgabe 4 explizit eingefordert (semiotischer Teil der konzeptuellen Dimension). Für Aufgabe 5 blieb der Dreischritt zugänglich, etwa durch die Möglichkeit, auf Teilaufgabe 4b zurückzugreifen, der Erkläraufrag an sich wurde dabei jedoch im Vergleich zu Zyklus 2 nicht verändert.

Die schriftlichen Ergebnisse aus Aufgabe 5b ähneln in Zyklus 3 denen aus Zyklus 2 stark, wobei viele Lernende aufgrund des zuvor eingeführten Dreischritts häufiger alle drei Darstellungen verschriftlichen und über die Satzstruktur bereits implizit miteinander in Beziehung setzen. Dennoch gibt es auch hier in den schriftlichen Produktionen keine Auffaltaktivitäten, wie sie in der Erklärung der Passung der Darstellungsvernetzung (vgl. diskursiv-konzeptuelle Anforderung Kap. 6) zu erwarten wären (epistemischer Teil der konzeptuellen Dimension). Es besteht die Vermutung, dass zum Zeitpunkt der Verschriftlichung bereits die konzeptuell relevanten Auffalt- und Verdichtungsaktivitäten für die Erklärung der Passung abgeschlossen sind. Deshalb zeigt der folgende Einblick in Lern- und Erklärprozesse für Zyklus 3 das Transkript eines Bearbeitungswegs *vor* der Verschriftlichung in Aufgabe 5b und fokussiert dabei die möglichen Impulse der Lehrkraft, die zur Initiierung der verschiedenen Aktivitäten eingesetzt werden.

Die Lehrkraft unterstützte in diesem Zyklus die Lernenden in konzeptueller Dimension mündlich durch das Initiieren bestimmter Auffalt- und Verdichtungsaktivitäten. Im Folgenden werden zugehörige Impulse aus dem Didaktischen Kommentar für Lehrkräfte präsentiert (vgl. Anhang II). Diese werden im Abschnitt 6.6 ausführlicher konkretisiert und kategorisiert.

- Einfordern von Bedeutungserklärungen für die Passung der Darstellungen (diskursive Dimension)
- Initiieren von Verknüpfungsaktivitäten, insb. mit der kontextuellen Darstellung durch den Dreischritt *Gefäßbreite – Füllgeschwindigkeit – Graphensteigung* (semiotischer Teil der konzeptuellen Dimension)
- Unterstützen durch den Zwischenschritt von Gefäßbreite und Platz für das Wasser (konzeptuelle Dimension)

- Adressieren konzeptuell relevanter Aspekte, z. B. durch Vergleichen von Situationen (epistemischer Teil der konzeptuellen Dimension, diskursive Dimension)
- Initiieren von Auffaltaktivitäten, insb. vom Verstehenselement *Ganzheitliche Änderung der Änderung*, z. B. Vergleichen von Intervallen auch als Annährung an immer flacher werdende Steigung oder konzeptuelles Erklären der linearen Steigung durch Rückbezug auf die gleichbleibende Veränderung der Füllhöhe (epistemischer Teil der konzeptuellen Dimension, diskursive Dimension)

Zyklus 3: Einblicke in Lern- und Erklärprozesse sowie Konsequenzen für das Design
Im Transkript 5.5 wird ein Ausschnitt aus Adhikars Bedeutungskonstruktionsprozesses des Verstehenselements *Ganzheitliche Änderung der Änderung* präsentiert. Die Analysekommentare dazu weisen das jeweils von ihm adressierte Verstehenselement aus. Eine ausführliche Zusammenstellung möglicher Scaffolds findet sich außerdem in Abschnitt 6.6 sowie in Zentgraf und Prediger (2024).

Transkript 5.5, Zyklus 3, Laborsetting, Aufgabe 5, Turns291–297

Im Transkript versucht Adhikar zum ersten Mal, die lineare Steigung zu erklären und faltet nach Anregung durch die Lehrkraft dazu in ein weniger verdichtetes Verstehenselement auf.

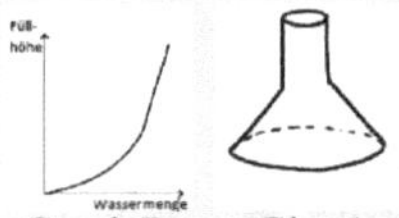

Graph B Glas 1

291	Leh	[…] Adhikar, was heißt denn gleichmäßig für die Füllhöhe?	[Einfordern Bedeutungserklärung, Initiieren Verknüpfungsaktivität]
294	Adhikar	Wenn ehm die das also Füllhöhe- unvereinbar heißt das?	Ganzh. Änderung d. Änderung
295	Leh	Füllhöhe- was? Was meinst du?	[Initiieren Auffaltaktivität]
296a	Adhikar	Also die verändert sich nicht. # Also wenn das Was- ehm das Füllhöhe verändert sich nicht.	Ganzh. Änderung d. Änderung
296b		Das geht immer gleich weiter so hoch [*bewegt Hand immer ein Stückchen höher*].	Qualitative Abstände
297	Leh	#Wie meinst-	[Initiieren Auffaltaktivität]

Adhikar wird beim Erklären der Passung (vgl. diskursiv-konzeptuelle Anforderung Kap. 6) zwischen Graph B und Glas 1 (vgl. Abb. in Transkript 5.5) von der Lehrkraft zum Erklären der Bedeutung des formalbezogenen Sprachmittels ‚gleichmäßig' aufgefordert (Turn 291). Sie initiiert hier also das Verknüpfen der graphsichen Darstellung mit der kontextuellen. Adhikar versucht zunächst, die Veränderung der Füllhöhe im Verstehenselement *Ganzheitliche Änderung der Änderung* zu adressieren (Turn 294) und damit die graphische mit der kontextuellen Darstellung in Beziehung zu setzen. Allerdings fehlen Adhikar an dieser Stelle noch die sprachlichen Mittel, um die Beschleunigung der Füllhöhe präzise zu adressieren. Die Lehrkraft fordert ihn deshalb auf, seine Äußerung zu explizieren (Turn 295 „Füllhöhe- was?"), und regt zusätzlich eine Auffaltaktivität an (Turn 295 „Was meint du?"). Adhikar präzisiert zunächst seine Aussage im Verstehenselement *Ganzheitliche Änderung der Änderung* (Turn 296a „Also die verändert sich nicht."), wobei er hier den Bezug zur Beschleunigung immer noch nicht formulieren kann. Die wiederholte Rückfrage der Lehrkraft nach einer genaueren Erklärung (Turn 297) initiiert schließlich ein Auffalten in das Verstehenselement *Qualitative Abstände* (Turn 296b).

Die Impulse der Lehrkraft verfolgen hier zunächst ein explizites in-Beziehung-Setzen der graphischen und kontextuellen Darstellung (Turn 291; semiotischer Teil der konzeptuellen Darstellung), was durch das Initiieren von Auffaltaktivitäten (Turns 295 & 297) unterstützt wird.

5.4 Zusammenfassung und Beantwortung der Entwicklungsfragen

Die Fachdidaktische Entwicklungsforschung umfasst zwei Erkenntnisinteressen (vgl. Abschnitt 4.1): Neben den Forschungsinteressen, die die Arbeitsbereiche „(3) Designexperimente durchführen und auswerten" sowie „(4) Lokale Theorien (weiter-) entwickeln" beinhalten, werden auch auf der Entwicklungsebene mit den Bereichen „(1) Lerngegenstände spezifiziere und strukturieren" und „(2) Design (weiter-) entwickeln" Produkte ausgearbeitet. Das Entwicklungsinteresse der vorliegenden Arbeit lautet:

(E) Wie kann ein fach- und sprachintegriertes Lehr-Lern-Arrangement für Neuzugewanderte gestaltet sein, um qualitatives Funktionsverständnis aufzubauen und Lernende in der Überwindung auftretender Hürden zu fördern?

Um diesem detailliert nachgehen zu können, wurden Entwicklungsfragen konkretisiert, zu deren Beantwortung das vorliegende Kapitel 5 beiträgt.

(E1) Wie kann ein fach- und sprachintegriertes Lehr-Lern-Arrangement für Neuzugewanderte gestaltet sein, um Lernende in der Bewältigung konzeptueller und sprachlicher Anforderungen im Umgang mit qualitativem Funktionsverständnis zu fördern?

(E1.1) Wie kann der Lerngegenstand „qualitatives Funktionsverständnis", insbesondere der Übergang von der Kovariationsvorstellung zur Vorstellung der Funktion als Ganze bzgl. der konzeptuellen und sprachlichen Anforderungen spezifiziert werden? (Spezifizierung des Lerngegenstands, vgl. Kap. 2 & 3)

(E1.2) In welchem Lernpfad kann der Lerngegenstand strukturiert werden?

(E2) Durch welche Designelemente können die relevanten Designprinzipien, insbesondere das der Darstellungs- und Sprachebenenvernetzung, in der Gestaltung eines Lehr-Lern-Arrangements zu qualitativem Funktionsverständnis von Neuzugewanderten realisiert werden?

(E3) Durch welche Designelemente können neuzugewanderte Lernende bei Anforderungen in grammatischer Dimension durch das Unterrichtsmaterial unterstützt werden?

Auf Grundlage der in den Kapiteln 2 und 3 spezifizierten fachlichen und sprachlichen Anforderungen (Entwicklungsfrage E1.1) konnte in Abschnitt 5.2 der Lerngegenstand entlang der zuvor identifizierten Verstehenselemente strukturiert werden. Dort wurden entsprechend der Lernpfad (Entwicklungsfrage E1.2) sowie das entwickelte und mehrfach durchgeführte Lehr-Lern-Arrangement zu qualitativem Funktionsverständnis vorgestellt (Entwicklungsfrage E1). Dabei wurden die in Abschnitt 5.1 vorgestellten fach- und sprachintegrierten Designprinzipien umgesetzt, die sich im iterativen Durchlaufen der Design-Research-Arbeitsbereiche als ausschlaggebend für die Realisierung der Lehr-Lern-Arrangements herausgestellt haben.

Diese Umsetzung wurden wiederum durch konkrete Designelemente innerhalb der einzelnen Aufgaben verwirklicht (Entwicklungsfragen E2 & E3). Bezüglich der Designprinzipien und -elemente konnten für die einzelnen Aufgaben Einblicke in individuelle Lern- und Erklärprozesse von Lernenden gegeben werden (vgl. Abschnitte 5.2 & 5.3). Eine Ausdifferenzierung der Designelemente über die durchgeführten Zyklen hinweg konnte am Beispiel des Prinzips der Darstellungs- und Sprachebenenvernetzung vorgestellt werden, das eng mit den Prinzipien der reichhaltigen Diskursanregung sowie des Mikro-Scaffoldings verschlungen ist (vgl. Abschnitt 5.3).

In Tabelle 5.2 ist die Realisierung der Designprinzipen (vgl. Abschnitt 5.1) anhand der für das Lehr-Lern-Arrangement (vgl. Abschnitt 5.2) vorgestellten Designelemente dargestellt. Das *Designprinzip des Makro-Scaffoldings* ist grundlegend für die in Abschnitt 5.2 dargelegte Strukturierung des Lehr-Lern-Arrangement (Hußmann & Prediger 2016; vgl. auch Abschnitt 5.1). Aufgrund der identifizierten Anforderungen für die spezielle Zielgruppe der Neuzugewanderten sind zusätzlich Angebote im Material verankert, die eine grammatische Entlastung und eine lexikalische Unterstützung gewährleisten. Die grammatische Entlastung für die Sprachrezeption basiert zunächst auf der Nutzung des grammatischen Stufenmodells in Stufe 3 (Prediger et al. 2019c; Berkemeier & Schmidt 2020). Zusätzlich wurden zur grammatischen Unterstützung in der Sprachproduktion Formate wie Satzgitter, Lückentexte und Sprachvorbilder in das Design integriert. Diese fokussieren immer den konzeptuellen Kern und ermöglichen den Lernenden, entsprechend ihrer Bedarfe Hilfen zu nutzen (vgl. Abschnitte 2.1.2 & 3.3). In lexikalischer Dimension werden den Lernenden zusätzlich alltagssprachliche Mittel angeboten, um die Füllgläser sowie den Aufbau des Füllexperiments beschreiben zu können (zu mögliche lexikalischen Hürden in den alltagssprachlichen Kompetenzen vgl. Abschnitt 3.4).

Die drei weiteren Designprinzipien fokussieren die Aufgabenebene. Für die Verwirklichung des *Prinzips der reichhaltigen Diskursanregung* werden neben dem Beschreiben von beispielsweise Veränderungen innerhalb einer Darstellung vor allem die Sprachhandlungen des Erklärens von Bedeutung und des Vergleichens eingefordert und gezielt unterstützt. Dazu werden Lernende befähigt, durch fokussierte Aufträge bestimmte Verstehenselemente zu adressieren, aufzufalten oder zu verdichten (vgl. Abschnitt 2.1.4, vgl. auch diskursiv-konzeptuelle Anforderung Kap. 6). Auch das in-Beziehung-Setzen von Verstehenselementen in verschiedenen Darstellungen gehört zur Sprachhandlung des Erklärens (der Passung der Darstellungen), die gezielt unterstützt werden kann.

Die *Prinzipien der reichhaltigen Diskursanregung* und *der Darstellungs- und Sprachebenenvernetzung* sind also in dieser Arbeit insofern eng miteinander verwoben, als gerade das Erklären der Vernetzung von Darstellungen die zentrale Sprachhandlung ist. Um Lernende dazu zu befähigen, fordern verschiedene Aufgaben im Lehr-Lern-Arrangement immer wieder explizit die Verknüpfung der beteiligten Darstellungen, insb. mit der kontextuellen, ein. Um die Lernenden im Vernetzungsprozess zu unterstützen, in dem die Beziehungen zwischen den Darstellungen expliziert werden müssen, wurde das Designelement des Dreischritts zwischen den relevanten Darstellungen ikonisch, kontextuell und graphisch eingeführt. Für das Explizieren der Verknüpfungen beziehungsweise das Erklären der Passungen mehrerer Darstellungen sind zudem Adressierungs- sowie

Auffalt- und Verdichtungsaktivitäten notwendig, die unter anderem schriftlich durch das Unterrichtsmaterial eingebunden sind. Um die Vernetzung der Darstellungen weiter zu unterstützen und die Ressourcen der Lernenden mit einzubeziehen, werden bedeutungs- und formalbezogener Sprachschatz, die jeweils passend zu einer konkreten Darstellung in Beziehung stehen, parallel eingeführt. Dies verstärkt außerdem die Vernetzung der Sprachebenen.

Das *Prinzip des Mikro-Scaffoldings* umfasst hier insbesondere adaptive, spontane Lehrkraft-Impulse zur Unterstützung von Lernenden in der Bearbeitung verschiedener Anforderungen. Im didaktischen Kommentar sind dazu verschiedene Vorschläge integriert (vgl. Anhang II). Sie übertragen aber vor allem die wichtigsten Umsetzungen der anderen Designprinzipen, wie das Einfordern von Erklärungen der Passung von Darstellungen, das Anregen von Adressierungen, Auffalt-, Verdichtungs- und Verknüpfungsaktivitäten und das Unterstützen durch Einbeziehen des Dreischritts. Eine genauere Ausgestaltung dieser Mikro-Scaffolding-Impulse muss allerdings erst empirisch identifiziert werden. Dies wird in den diskursiv-konzeptuellen Tiefenanalysen (vgl. Kap. 6, Abschnitt 6.6) mitberücksichtigt.

Tabelle 5.2 Realisierung der Designprinzipien durch Designelemente

Designprinzip	Realisierung durch Designelement
Prinzip des Makro-Scaffoldings zur grammatischen Entlastung & lexikalischen Unterstützung	• Konzeptuelle Sequenzierung von weniger komplexen zu komplexeren Aufgaben im stets gleichen Kontext • Grammatische Reduktion der sprachrezeptiven Anforderungen auf Stufe 3 (grammatisches Stufenmodell) und sprachproduktive Unterstützung durch Satzgitter • Lexikalische Unterstützung durch Sprachvorbilder für alltagssprachliche, bedeutungs- und formalbezogene Sprachmittel • Konzeptuelle Unterstützung durch Lückentexte mit konzeptuellem Fokus
Prinzip der reichhaltigen Diskursanregung	• Einfordern des Erklärens der Passung der Darstellungen • Unterstützen des Erklärens durch fokussierendes Vergleichen untersch. Ergebnisse, Intervalle und Füllsituationen • Unterstützen des Erklärens durch Anregen von Adressierungs-, Auffalt- & Verdichtungsaktivitäten zum Erklären

(Fortsetzung)

Tabelle 5.2 (Fortsetzung)

Designprinzip	Realisierung durch Designelement
Prinzip der Darstellungs- und Sprachebenen-vernetzung	• Einfordern des Erklärens der Passung der Darstellungen • Unterstützen der Verknüpfungsaktivitäten, insb. kontextuelle Darstellung; Unterstützen durch d. strukturellen Dreischritt, insb. kontextuelle Darstellung • Unterstützen durch Anregung von Adressierungs-, Auffalt- & Verdichtungsaktivitäten zur Vernetzung von Darstellungs- und Sprachebenen • Parallele Einführung von bedeutungs- & formalbezogenem Wortschatz
Prinzip des Mikro-Scaffoldings zur adaptiven Unterstützung	• Einfordern des Erklärens der Passung der Darstellungen • Unterstützen durch Anregung von fokussierenden Adressierungs-, Auffalt- und Verdichtungsaktivitäten • Unterstützen durch Initiieren von Verknüpfungsaktivitäten, insb. mit der kontextuellen Darstellung; Unterstützen durch strukturellen Dreischritt, insb. kontextuelle Darstellung • … vgl. auch Abschnitt 6.6

Die Vorstellung der Aufgaben im Lehr-Lern-Arrangement sowie die Einblicke in die individuellen Lern- und Erklärprozesse (vgl. Abschnitt 5.2) zeigen, dass besonders die beiden *Designprinzipien der reichhaltigen Diskursanregung* und der *Darstellungs- und Sprachebenenvernetzung* eng miteinander verknüpft sind. Die Sprachhandlung des Erklärens der Passung von Darstellungen (also der Darstellungsvernetzung) fordert das explizite Adressieren bestimmter Verstehenselemente in unterschiedlichen Darstellungen sowie gegebenenfalls Auffalt- und Verdichtungsaktivitäten. Diese können sowohl schriftlich im Material als auch mündlich durch die Lehrkraft initiiert werden, wobei die Lehrkraft-Scaffolds an den Designelementen orientiert sind.

Die starke Verknüpfung der Designprinzipen wird auch in den in Abschnitt 3. 5 spezifizierten Anforderungen sichtbar, die in Kapitel 6 zu den diskursiv-konzeptuellen Tiefenanalysen vertieft beleuchtet werden. Damit bieten Kapitel 6 und 7 eine vertiefte empirische Begründung für die hier in diesem Kapitel 5 beschriebenen Design-Entscheidungen.

6 Diskursiv-konzeptuelle Tiefen- und Breitenanalysen

In den Kapiteln 2 und 3 wurden verschiedene Dimensionen herausgearbeitet, in denen unterschiedliche Hürden für die Lernenden im Umgang mit Füllgraphen auftreten. Das zurückführen der sichtbaren Hürden in Lern- und Erklärprozessen auf Anforderungen zu ihrer Bewältigung in den verschiedenen Dimensionen wird in den folgenden empirischen Analysen genauer erläutert. Die Analyseergebnisse dieser diskursiv-konzeptuellen Analyse bezüglich dieser betrachteten Dimensionen wurden im vorangegangenen Kapitel 5 bereits für die Begründung der Ausgestaltung des Lehr-Lern-Arrangements zusammengefasst herangezogen. Im vorliegenden Kapitel 6 werden diese Erkenntnisse nun analytisch fundiert dargelegt.

In Kapitel 2 wurde der Kontext der Füllgraphen bereits als eine konzeptuell reichhaltige Lernumgebung vorgestellt (vgl. etwa Abb. 6.1). Dort wurden verschiedene Herausforderungen von Lernenden identifiziert, die im Folgenden genauer bezüglich der zugrundeliegenden konzeptuellen Anteile untersucht werden sollen. Daraus wurden zum einen die fünf/sechs/sieben Verstehenselemente abgeleitet (epistemische Dimension; vgl. Abschnitt 2.3) und zum anderen die beteiligten Darstellungen ausgeschärft (semiotische Dimension; vgl. Abschnitt 2.3).

Die in Abschnitt 2.3 vorgestellten Verstehenselemente sind spezifisch für Lernumgebungen mit Füllgraphen. Sie lassen sich bereits aus der einbezogenen Literatur ableiten und wurden anschließend empirisch als die in der entwickelten Füllgraphen-Umgebung als die Elemente herausgestellt, die von den Lernenden in ihren Lern- und Erklärprozessen tatsächlich adressiert werden. Die hier dargestellten diskursiv-konzeptuellen Analysen leisten also einen Beitrag zur empirischen Fundierung dieser aus der Literatur abgeleiteten Verstehenselemente und zur Rekonstruktion ihrer Zusammenhänge.

K. Zentgraf, *Aufbau von Funktionsverständnis bei Neuzugewanderten*, Dortmunder Beiträge zur Entwicklung und Erforschung des Mathematikunterrichts 61, https://doi.org/10.1007/978-3-658-50179-2_6

Die semiotische Dimension wird hier durch die Darstellungsvernetzung der Gläser (ikonisch), des Füllprozesses (Kontext) sowie der Füllgraphen angesprochen. Dabei hat sich neben dem Adressieren und Verknüpfen der beteiligten Darstellungen auch herausgestellt, dass der Aufbau eines mentalen Bildes des Füllprozesses besonders bedeutsam für den Aufbau konzeptuellen Verständnisses zu sein scheint. Dies lässt sich bereits anhand älterer Veröffentlichungen vermuten (etwa Bell & Janvier 1981; Janvier 1981, 1987b; Leinhardt et al. 1990; vgl. Abschnitt 2.3.2), wird aber in den nachfolgenden Abschnitten genauer belegt werden. Diese *mentale Anforderung* ist hier also als Teil der semiotischen Dimension zu betrachten, die neben der konzeptuellen Dimension (zusammengesetzt aus epistemischer und semiotischer Dimension) eine eigenständige Rolle spielt. Dies ist darauf zurückzuführen, dass die relevante Darstellung nach Abschluss der Füllversuche innerlich, d. h. mental, zu erzeugen ist und nicht mehr external als tatsächlicher Füllvorgang vorliegt. Der tatsächliche Aufbau einer mentalen Vorstellung des Füllprozesses kann oft (jedoch nicht immer) anhand der Äußerungen der Lernenden vermutet werden, wenn diese die kontextuelle Darstellung verbal oder gestisch adressieren.

Die sprachliche Ebene zum fachlichen Lernen konnte in Kapitel 3 in die diskursive, die lexikalische und die grammatische Dimension konkretisiert werden. Dabei hat sich die grammatische Dimension durch einen entlastenden Ansatz besonders in der Entwicklung des Lehr-Lern-Arrangements als maßgeblich erwiesen (vgl. Abschnitt 3.5 & Kap. 5). Die dort umgesetzten grammatischen Gestaltungsmaßnahmen wurden bereits unter Rückgriff auf das grammatische Stufenmodell (Prediger et al. 2019c; Berkemeier & Schmidt 2020; vgl. Abschnitt 3.4.1) begründet. Analytisch werden daher in den folgenden Abschnitten vor allem die diskursive sowie die lexikalische Dimension untersucht, um zu den beschriebenen Hürden in diesen Dimensionen die Anforderungen zu ihrer Überwindung zu rekonstruieren.

In Lernumgebungen zu Füllgraphen hat es sich bewährt, die Lernenden die Gläser und Graphen einander tragfähig zuordnen (Aufbau eines mentalen Bildes des Füllprozesses als Teil der semiotischen Dimension) und diese Zuordnung erklären zu lassen (diskursive Dimension). Dazu sind Alltags-, bedeutungsbezogener sowie formalbezogener Sprachschatz notwendig (lexikalische Dimension, vgl. Abschnitt 3.2). Die Lernenden müssen dabei die relevanten Verstehenselemente (epistemische Dimension) innerhalb der jeweiligen Darstellungen (semiotische Dimension) identifizieren und miteinander in Beziehung setzen (konzeptuelle Dimension; Renkl et al. 2013; Uribe & Prediger 2021; Post & Prediger 2024; vgl. auch Abschnitt 2.1.4). Die nachfolgenden Analysen zeigen, welche lexikalischen Anforderungen an die Lernenden durch das gewählte Aufgabensetting entstehen.

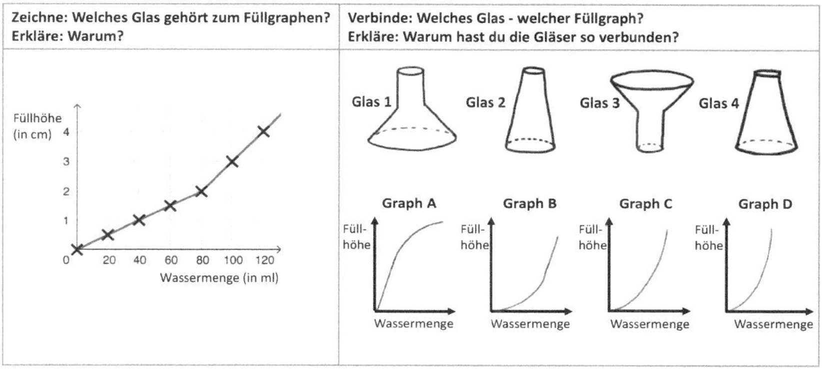

Abb. 6.1 Die Füllgraphen-Aufgaben (Aufgabe 4b links, Aufgabe 5 rechts)

Für den Kontext der Füllgraphen konnten in der Literatur drei Hürden identifiziert werden, die sich auch empirisch in den nachfolgenden diskursiv-konzeptuellen Tiefenanalysen nachvollziehen lassen: Die Lernenden sollen

- die Darstellungen tragfähig einander zuordnen, statt diese direkt ineinander zu übersetzen (*mentale Hürde* als Teil der semiotischen Dimension; vgl. auch Abschnitt 2.3).
- die Darstellungsvernetzung erklären, statt nur die ganzheitliche Zuordnung zu benennen (*diskursiv-konzeptuelle Hürde*; vgl. Abschnitte 2.3, 3.2 & 3.3).
- diese Erklärungen möglichst präzise formulieren (*lexikalische Hürde*; vgl. Abschnitte 2.3 & 3.2).

Diese werden in Abschnitt 6.1 am Beispiel von Jahzeels Lernweg durch die Fokusaufgaben 4 und 5 (Abb. 6.1) illustriert und es werden erste Ausblicke auf zugehörige, empirisch rekonstruierte Anforderungen an die Lernenden gegeben, die zur Überwindung der sichtbaren Hürden bearbeitet werden müssen:

- Um tragfähige Zuordnungen zu tätigen, müssen die Lernenden ein inneres Bild des Füllprozess konstruieren bzw. internalisieren. Dies stellt eine *mentale*

Anforderung, die Teil der semiotischen Dimension ist. Operationalisiert ist dieser Aufbau durch das (verbale oder gestische) Adressieren der kontextuellen Darstellung.

- Zur Bedeutungserklärung (hier die Passung der Darstellungen) hat es sich bereits in verschiedenen anderen Kontexten als produktiv erwiesen, stark verdichtete Aussagen in weniger komplexe Verstehenselemente aufzufalten. Damit wird die diskursive Dimension mit der semiotischen und der epistemischen Dimension verknüpft und es entsteht eine *diskursiv-konzeptuelle Anforderung* an die Lernenden.
- Die empirischen Analysen werden zeigen, dass die hier zunächst einzeln untersuchten Ebenen an Hürden und Anforderungen auch immer miteinander verflochten sind und entsprechend zusammen betrachtet werden müssen. Die Erklärung (diskursive Dimension) der Darstellungsvernetzung erfordert die Adressierung der relevanten Verstehenselemente in den jeweiligen Darstellungen (konzeptuelle Dimension), was wiederum eine innere Vorstellung des Füllprozesses voraussetzt (mentale Anforderung, Teil der semiotischen Dimension). Dazu müssen die passenden lexikalischen Mittel genutzt werden (lexikalische Dimension). Es entsteht also eine *mental-diskursiv-konzeptuell-lexikalische Anforderung*, die im Folgenden kurz *verflochtene Anforderung* genannt wird.

Die Hürden und die zugehörigen Anforderungen zu deren Überwindung werden in den Analysen durch den Navigationsraum visualisiert (vgl. Abschnitt 3.5), was in den folgenden Abschnitten ausführlicher erläutert wird. Dieser wird aufgespannt durch die epistemische (Zeilen) und die semiotische (Spalten) Dimension. Die lexikalisch relevanten Sprachmittel finden sich dort innerhalb der einzelnen Zellen wieder, während die diskursive Dimension anhand der im Navigationsraum visualisierten Bewegungen (Navigationen) sichtbar gemacht werden kann. Er dient als Analysewerkzeug (vgl. Abschnitt 4.4), um das Forschungsinteresse dieser Arbeit zu verfolgen:

(F) Wie verlaufen die Lern- und Erklärprozesse von Sprachlernenden bei Darstellungsvernetzungsaufgaben im Aufbau qualitativem Funktionsverständnis im entwickelten Lehr-Lern-Arrangement?

Konkretisiert wird dieses zunächst in den beiden folgenden Forschungsfragen:

(F1) Welche konzeptuellen, diskursiven und lexikalischen Anforderungen können zur Überwindung der bekannten Hürden identifiziert werden und wie hängen diese Anforderungen zusammen?

(F2) Wie können Sprachlernende adaptiv unterstützt werden, um die Anforderungen zur Überwindung der Hürden erfolgreich zu meistern?

6.1 Einblick in Jahzeels Lernweg in der Füllgraphenumgebung

Jahzeel (18 Jahre, aus Syrien) ist zum Erhebungszeitpunkt (Zyklus 3) seit über drei Jahren in Deutschland und besucht die einjährige Berufsfachschule (mit dem Ziel des Hauptschulabschlusses nach Klasse 10). Seine Mathematikleistungen wurden durch die Lehrkraft im mittleren Leistungsdrittel der Klasse verortet, seine sprachlichen Kompetenzen wurden anhand des grammatischen Stufenmodells (Prediger et al. 2019c) in allen Kategorien etwa in Stufe 3 kategorisiert (Ausbau der verbalen Anteile etwas schwächer). Damit entsprechen Jahzeels Kompetenzen den Anforderungen in grammatischer Dimension, die im Lehr-Lern-Arrangement angelegt sind. Dieser Abschnitt 6.1 ermöglicht Einblicke in Jahzeels Lernweg über die Fokusaufgaben 4 und 5 der Lernumgebung hinweg. Dabei werden die drei Hürden illustriert, denen Lernende bei der Bearbeitung der Darstellungsvernetzungsaufgaben in Füllgraphen-Settings begegnen können. Außerdem werden die drei bereits skizzierten Anforderungen, die die Lernenden bewältigen müssen, um die beschriebenen Hürden zu überwinden, auch empirisch nachgezeichnet. So können die Anforderungen zum Überwinden der Hürden in den verschiedenen konzeptuellen und sprachlichen Dimensionen genauer gefasst und deren Zusammenhang untersucht werden. Entlang dieser Anforderungen werden zudem bereits erste Scaffolds identifiziert, um die Bearbeitung zu unterstützen (vgl. auch Abschnitt 6.6).

Jahzeel hat sich in Aufgabe 4 (Abb. 6.1, links) bereits mit dem Verstehenselement *Quantifizierte Abstände* (QTA) der Füllhöhe auseinandergesetzt. In diesem Zusammenhang sind erste, noch oberflächliche Vermutungen über die Form des passenden Füllglases entstanden. In der folgenden Situation skizziert Jahzeel ein für ihn zum Graphen passendes Füllgefäß (vgl. Abb. in Transkript 6.1), das er im Folgenden beschreibt und mit der Füllhöhe in Beziehung setzt.

In der Analysespalte rechts sind bereits die epistemische und semiotische Dimension kodiert: zunächst das adressierte Verstehenselement (hier die

Stückweise qualitative Änderung, kurz SQÄ) und anschließend die genutzte Darstellung (ikonische Darstellung IK der Gläser, kontextuelle Darstellung KO des Füllprozesses, graphische Darstellung GR der Füllgraphen).

Transkript 6.1, Jahzeel, Zyklus 3, Aufgabe 4, erste Verknüpfung der Darstellungen

Im Transkript verknüpft Jahzeel zum ersten Mal qualitativ die verschiedenen Darstellungen: Glas (Skizze) – Füllprozess – Füllgraph (Aufgabe). Das Transkript behandelt die Frage, inwiefern die Füllgeschwindigkeit (langsam zu Beginn, schnell zum Ende) mit dem Glas und dem Graphen zusammenhängt.

(Rechts Jahzeels Skizze zu eines Füllglases zum Graphen in Aufgabe 4)
Stückweise qualitative Änderung SQÄ; Ikonische Darstellung IK, Kontextuelle Darstellung KO, Graphische Darstellung GR

28-30	Jahzeel	[...] und von unten ist der groß. Ist so. Von unten ist der groß [*Hände in breitem Abstand*]. Und von oben ist eng [*Hände in schmalem Abstand*]. [...] Ich meinte hier, von unten zum Beispiel ist so groß [*zeichnet mit seinem Stift die abgebildete Skizze eines Glases*].	Stückweise qualitative Änderung SQÄ, Ikonische Darstellung IK
31	Leh	[...] Aber- groß und klein verstehe ich ja auch. Genau. Und wieso geht es dann schneller hoch? [...]	SQÄ, Kontextuelle Darstellung KO
34a	Jahzeel	Weil die Glas ist unten, andere Sache, ist eng [*Hände in schmalem Abstand*]. Weil ist eng [*Hände in schmalem Abstand*].	SQÄ, IK
b		Weil Wasser direkt ist schnell [*zeigt kleinen Kreis mit seinen Fingern*].	SQÄ, KO
39a	Leh	Und dann haben wir jetzt gerade gesagt, genau, die Füllhöhe wächst hier eher langsam.	SQÄ, KO
b		Passt das eher hierzu oder eher hierzu [*zeigt auf unteren, dann auf oberen Abschnitt im Graphen*]?	SQÄ, Graphische Darstellung GR
40	Jahzeel	[murmelt etwas] Hier, hier unten [*zeigt auf unteren Abschnitt im Graphen*].	SQÄ, GR

Jahzeel beginnt mit dem Beschreiben eines zum Füllgraphen passenden Glases (Aufgabe 4, Abb. 6.1, links), dessen beide Abschnitte er einander gegenüberstellt (Turns 28–30: unten ist es groß, oben eng). Er adressiert also das Verstehenselement *Stückweise qualitative Änderung* (SQÄ) in der ikonischen Darstellung (IK). Zur Verdeutlichung seiner Beschreibung skizziert Jahzeel ein für ihn passendes Füllgefäß (vgl. Abb. in Transkript 6.1). Hier besteht für ihn jedoch möglicherweise noch die Hürde, die Form des Glases nicht direkt und oberflächlich in die graphische Darstellung zu übersetzen, sondern die Darstellungen einander tragfähig und nicht aufgrund oberflächlicher Merkmale zuzuordnen. Um dem nachzugehen, lenkt Lehrkraft Jahzeels Aufmerksamkeit auf die kontextuelle Darstellung und fordert die Erklärung des Zusammenhangs zwischen skizzierter Glasform und Füllgeschwindigkeit ein (Turn 31, Verstehenselement *Stückweise qualitative Änderung* SQÄ, kontextuelle Darstellung KO). Daraufhin beginnt Jahzeel, die hohe Füllgeschwindigkeit mit der engen Form eines Glases zu verbinden (Turn 34a ikonische Darstellung IK zu Turn 34b kontextuelle Darstellung KO, im Verstehenselement *Stückweise qualitative Änderung* SQÄ). Hier wird also eine mentale Anforderung an Jahzeel deutlich, der durch den Kontext an ihn gestellt und von der Lehrkraft genauer eingefordert wird: Der Füllprozess muss internalisiert, also ein inneres Bild davon aufgebaut werden, um die direkte Übersetzung zwischen ikonischer und graphischer Darstellung tragfähig begründen und die beiden Darstellungen miteinander vernetzen zu können. Entsprechend regt die Lehrkraft Jahzeel auch an, die kontextuelle Darstellung (KO) mit der graphischen (GR) zu verknüpfen (Turn 39a KO zu Turn 39b GR, im Verstehenselement *Stückweise qualitative Änderung* SQÄ). Diese, stark unterstützte, Verknüpfung der Füllgeschwindigkeit mit einem Graphenabschnitt gelingt Jahzeel durch das Lokalisieren des langsamen Wachstums im unteren Abschnitt des Füllgraphen (Turn 40, Verstehenselement *Stückweise qualitative Änderung* SQÄ, graphische Darstellung GR).

Die Verknüpfung der drei relevanten Darstellungen im Verstehenselement *Stückweise qualitative Änderung* (SQÄ) lassen sich im Navigationsraum visualisieren (Abb. 6.2), der durch die epistemische (Zeilen) und die semiotische (Spalten) Dimension aufgespannt wird (vgl. Abschnitte 3.5 & 4.4).

Die Aussagen von Jahzeel und der Lehrkraft sind entsprechend der epistemischen wie semiotischen Kodierung im Navigationsraum (Abb. 6.2) verortet (vgl. auch Kodierungen in Transkript 6.1). Der Beginn der Szene ist stets durch das Einkreisen der ersten Turns gekennzeichnet (hier Turns 28–30). In epistemischer Dimension wird in diesem Abschnitt ausschließlich das Verstehenselement der *Stückweisen qualitativen Änderung* (SQÄ) adressiert, sodass alle Äußerungen im Navigationsraum in der entsprechenden Zeile angeordnet sind. Das Fortschreiten von der ikonischen Darstellung zur kontextuellen bis hin zur graphischen wird im Navigationsraum durch die drei semiotischen Spalten verdeutlicht, die für die jeweilige Darstellung stehen. Der chronologische Verlauf ist durch die Turnnummerierung sowie durch die Pfeile symbolisiert, wobei die farbigen Pfeile für die Lernenden stehen (hier grün für Jahzeel) und die schwarzen Pfeile für die Lehrkraft.

Verstehens-element	**Ikonische Darstellung: Geometrische Form d. Glases**	**Kontextuelle Darstellung: Füllprozess**	**Graphische Darstellung: Steigung d. Graphen**
Ganzh.-geom. Beschreibung			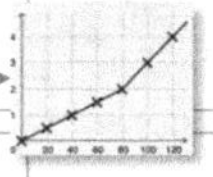
Ganzheitlicher Vergleich			
Ganzheitliche Änderung d. Änderung			
Stückweise Qualitative Änderung	28-30 Jah: Ja, weil der [unverständlich] und von unten ist der groß. Ist so. Von unten ist der groß [*zeigt breiten Abstand mit beiden Händen*]. Und von oben ist eng [*zeigt schmalen Abstand*]. […] Ich meinte hier, von unten zum Beispiel ist so groß [*zeichnet ein Glas, unten oval und breit, oben gerade und schmal*]. 34a Jah: Weil die Glas ist unten, andere Sache, ist eng [*zeigt schmalen Abstand mit seinen Händen*]. Weil ist eng [*zeigt schmalen Abstand mit seinen Händen*].	31 Leh: […] Aber- groß und klein verstehe ich ja auch. Genau. Und wieso geht es dann schneller hoch? […] 34b Jah: Weil Wasser direkt ist schnell [*zeigt mit seinen Fingern einen kleinen Kreis*]. 39a Leh: Und dann haben wir jetzt gerade gesagt, genau, die Füllhöhe wächst hier eher langsam.	39b Leh: Passt das eher hierzu oder eher hierzu [*zeigt auf unteren, dann oberen Abschnitt im Graphen*]? 40 Jah: [murmelt etwas] Hier, hier unten [*zeigt auf unteren Abschnitt im Graphen*].

Abb. 6.2 Graphische Zusammenfassung der Analyse im Navigationsraum von Jahzeels erster qualitativer Verknüpfung aller beteiligter Darstellungen; == als gleichzeitiges Adressieren zweier Darstellungen, NT nicht tragfähige Aussagen

Durch die Visualisierung der Szene im Navigationsraum entsteht eine graphische Zusammenfassung der Beobachtungen im Transkript: Die grünen Pfeile zwischen den Spalten (hier alle in derselben Zeile für das Verstehenselement *Stückweise qualitative Änderung* SQÄ) verdeutlichen Jahzeels Verknüpfungen der Darstellungen innerhalb des Verstehenselements. Die Schleife für die Turns 34a und 34b beispielsweise zeigt, dass Jahzeel die enge Glasform (Turn 34a, ikonische Darstellung IK, Verstehenselemente *Stückweise qualitative Änderung* SQÄ) und die schnelle Füllgeschwindigkeit (Turn 34b, kontextuelle Darstellung KO im selben Verstehenselement) miteinander verknüpft und in Beziehung setzt, sie also vernetzt. Die graphische Zusammenfassung im Navigationsraum zeigt außerdem, dass Jahzeel den Impulsen der Lehrkraft folgt (die Äußerungen sind durch die Pfeile aneinander angeknüpft) und hier in einem (bezüglich der Gesprächssteuerung) gelungenen Austausch steht. In diesem Fall fordert die Lehrkraft von Jahzeel konkrete Verknüpfungen von Darstellungen ein (etwa Turns 31, 39), unterstützt ihn aber gleichzeitig auch in der Lokalisierung der Füllgeschwindigkeit im Graphen (Turn 39b).

Die direkte Übersetzung zwischen Glas und Füllgraph, also die erste der aus der Literatur abgeleiteten Hürden, würde (anknüpfend an Sierpinska 1992; Moore et al. 2013) durch eine Verknüpfung von der Spalte ikonische Darstellung IK direkt in die Spalte graphische Darstellung GR visualisiert. Dabei liegt der Fokus in der Beschreibung des Füllgraphens auf oberflächlichen, oft geometrischen Merkmalen, sodass das Verstehenselement *Ganzheitlich-geometrische Beschreibung* (GGB) involviert und die visualisierte Verknüpfung in diesem Verstehenselement in der graphischen Darstellung verankert wäre. In der graphischen Zusammenfassung im Navigationsraum wäre dies sichtbar durch eine Navigation in den oberen rechten Bereich der Matrix (vgl. Abschnitt 6.2).

In Jahzeels Beispiel wird sichtbar, dass, auch durch die Impulse der Lehrkraft, keine direkte Übersetzung aufgrund oberflächlicher Merkmale erfolgt. Vielmehr beginnt Jahzeel, seine mindestens vage, innere Vorstellung des Füllprozesses mit den beiden anderen Darstellungen explizit in Verbindung zu bringen. Die Bearbeitung der mentalen Anforderung wird also durch die Adressierung der Spalte der kontextuellen Darstellung auch in der graphischen Zusammenfassung im Navigationsraum sichtbar. Durch die kontextuelle Erklärung und den Einbezug des Füllprozesses kann hier also eine tragfähigere Zuordnung erfolgen.

Jahzeels erste Verknüpfung der verschiedenen Darstellungen greif die Lehrkraft zu einem späteren Zeitpunkt im Bearbeitungsprozess noch einmal auf (Transkript 6.2, Turn 71), wobei sie nun deutlicher auf die zuvor stark unterstützte, graphische Darstellung eingehen möchte.

Transkript 6.2, Jahzeel, Zyklus 3, Aufgabe 4, Verknüpfung kontextueller und graphischer Darstellung

Im Transkript verknüpft Jahzeel die kontextuelle Darstellung des Füllprozesses mit dem zugehörigen Füllgraph.

Quantifizierte Abstände QTA, Stückweise qualitative Änderung SQÄ, Ganzheitlich-geometrische Beschreibung GGB; Ikonische Darstellung IK, Kontextuelle Darstellung KO, Graphische Darstellung GR; gleichzeitiges Adressieren zweier Darstellungen ==

71	Leh	Zu welchem Teil in dem Graphen kann man- passt schnell und langsam [*zeigt auf Graphen*]? Ist das hier eher schnell oder eher langsam [*zeigt auf unteren Abschnitt im Graphen*]?	SQÄ, kontextuelle & graphische Darstellung KO==GR
72a	Jahzeel	schnell [nicht tragfähig]	SQÄ, KO
b		weil das äh gerade [*geht unteren Graphenabschnitt mit seinem Stift nach*] [nicht tragfähig].	GGB, GR
	…		
78a	Leh	[…] Also die Füllhöhe steigt langsam oder schnell.	SQÄ, KO
b		Welches ist welches? Jahzeel, in dem Graphen [*zeigt auf den Graphen*]	SQÄ, GR
79	Jahzeel	Der schnell [*zeigt auf oberen Abschnitt*]. […] und das hier ist dann langsam [*zeigt auf unteren Abschnitt*].	SQÄ, KO==GR
	…		
83-87a	Jahzeel	[zu Hania] Und warum? […] Wenn du willst diese Glas ausfüllen, steigt wieder, 5 Milli, 5 Millimeter [*zeigt auf unteren Abschnitt im Graphen*]	Quantifizierte Abstände QTA, KO==GR
b		Und weil die Glas ist von unten ist groß [*hält Hände weit auseinander*] und von oben ist es schmal [*hält Hände enger zusammen*]. Schmal, ja?	SQÄ, IK
c		Ja und manchmal wird es schnell [*zeigt auf oberen Abschnitt im Graphen*], tamam? Weil ist- [*schaut fragend zu Leh*].	SQÄ, KO
88	Leh	Mh, wenig Platz?	SQÄ, KO
89	Jahzeel	Weil ist enge Platz [*hält Hände eng zusammen*]. Und kann immer schnell ausfüllen.	SQÄ, KO

Die zugehörige graphische Zusammenfassung der Szene im Navigationsraum ist in Abbildung 6.3 dargestellt, in der nur noch die Turns, aber keine Transkriptausschnitte mehr enthalten sind.

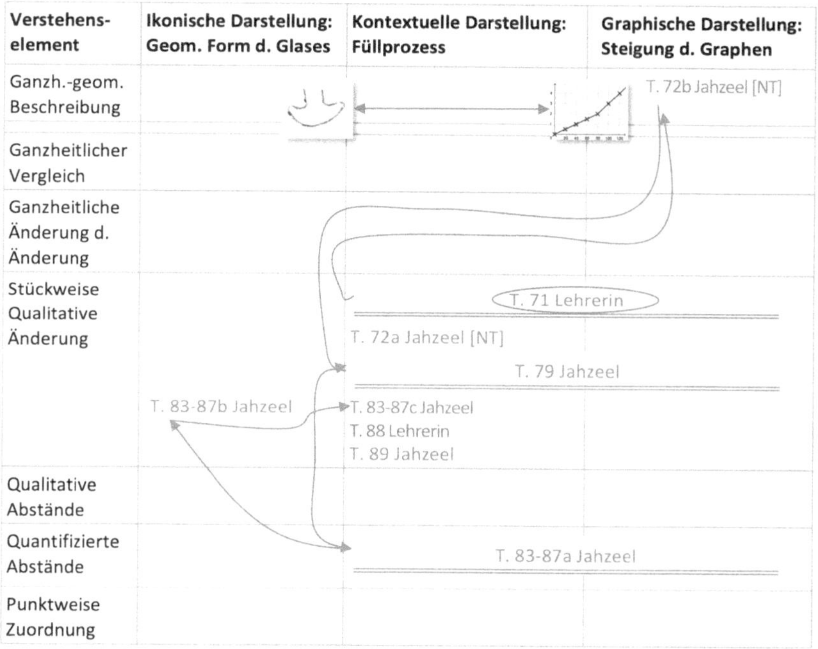

Abb. 6.3 Graphische Zusammenfassung der Analyse im Navigationsraum von Jahzeels Verknüpfung der kontextuellen und der graphischen Darstellung; == als gleichzeitiges Adressieren zweier Darstellungen, NT nicht tragfähige Aussagen

Jahzeels zunächst nicht tragfähige Zuordnung der hohen Füllgeschwindigkeiten zum unteren Graphenabschnitten (Turn 72a, SQÄ, KO) begründet er anhand der stark verdichteten, *ganzheitlich-geometrischen Beschreibung* des Aussehens des Objekts Graph anstelle einer Interpretation der Steigung (Turn 72b: ‚gerade', GGB, GR). Im Navigationsraum wird dies sichtbar durch die Bewegung nach rechts oben, also zu einer oberflächlichen, geometrischen Beschreibung des Graphen anstelle der weiter aufgefalteten Graphensteigung. Diese Bewegung auf dem Navigationsraum symbolisiert, dass Jahzeel die Hürde der direkten Übersetzung zwischen Glas und Füllgraph offenbar noch nicht vollständig überwunden hat. Entsprechend ist die Verknüpfung, die die Lehrkraft zwischen kontextueller und graphischer Darstellung explizieren lassen möchte (Turn 71, SQÄ, KO==GR), für Jahzeel noch nicht erfolgreich zu bewältigen.

Deshalb fokussiert die Lehrkraft noch einmal auf die kontextuelle Darstellung (Turn 78a, SQÄ, KO) und fordert von Jahzeel, die Füllgeschwindigkeit im Vergleich der beiden Abschnitte der graphischen Darstellung zuzuordnen (Turn 78b; SQÄ, GR). Dazu ist es nötig, die mentale Anforderung zu bearbeiten, nämlich eine innere Repräsentation des Füllprozesses aufzubauen und mit den anderen Darstellungen zu vernetzen. Dies gelingt Jahzeel im folgenden Turn 79 (SQÄ, KO==GR). In der graphischen Zusammenfassung wird dies anhand der Verortung von Jahzeels Aussage in der Spalte der kontextuellen Darstellung (bzw. hier in der Lokalisierung in kontextueller und graphischer Darstellung gleichzeitig KO==GR) sichtbar.

In Jahzeels erster Aussage dieser Szene (Turn 72a, SQÄ, KO → Turn 72b, GGB, GR) wird ein weiterer Punkt deutlich: Im Gleichsetzen der schnellen Füllgeschwindigkeit mit der linearen Graphensteigung wird eine Ebenenverschmelzung von Änderung sowie Änderung der Änderung sichtbar. In der epistemischen Dimension gelingt ihm hier noch nicht die Unterscheidung zwischen den entsprechenden Verstehenselementen, was Teil einer größeren *konzeptuellen Hürde* ist, die Darstellungen miteinander zu vernetzen, wozu das Adressieren und das in-Beziehung-Setzen der relevanten Verstehenselemente nötig ist (Renkl et al. 2013; Post & Prediger 2024). Dies wird im Navigationsraum graphisch als konzeptuelle Verdichtung hin zum Verstehenselement *Ganzheitlich-geometrische Beschreibung* visualisiert. Als die Lehrkraft Jahzeel in Turn 84 auffordert, die Zuordnung der Darstellungen (Turn 79, SQÄ, KO==GR) zu erklären, faltet Jahzeel das Verstehenselement der *Stückweise qualitativen Änderung* in der kontextuellen Darstellung (Turn 79: schnell & langsam, SQÄ, KO) weiter auf. Dazu verweist er zunächst auf die *Quantifizierten Abstände* der Füllhöhe zu Beginn der Füllsituation (Turns 83–87a, QTA, KO) und verknüpft diese anschließend explizit mit der breiten (bzw. großen) Form des Glases (Turns 83–87b, SQÄ, IK). Ausgehend von der stückweisen, qualitativen Beschreibung der Glasform erklärt Jahzeel die Auswirkung einer schmalen (bzw. engen) Form auf die Füllgeschwindigkeit (Turns 83–87c: ‚manchmal schnell', SQÄ, KO).

Diese Auffalt- und Verdichtungsaktivitäten werden in der graphischen Zusammenfassung im Navigationsraum durch die Pfeile nach unten (zu Turns 83–87a) und nach oben (zu Turns 83–87b) visualisiert. Um also die *konzeptuelle Anforderung* der Darstellungsvernetzung bearbeiten zu können, müssen die Lernenden in den verschiedenen semiotischen Repräsentationen die relevanten epistemischen Verstehenselemente identifizieren, verdichtete Elemente ggf. weiter auffalten bzw. weniger komplexe Elemente auch weiter verdichten und so Beziehungen zwischen den Darstellungen herstellen.

Jahzeel nutzt das Auffalten und Verdichten zur genaueren Erklärung der Passung der Darstellungen (Turns 83–87a: ‚Und warum?'). Hier wird eine weitere *diskursive Hürde* deutlich, nämlich die Darstellungen einander nicht nur zuzuordnen (so eingefordert von der Lehrkraft in Turn 71), sondern diese Zuordnung auch zu erklären (so eingefordert von der Lehrkraft in Turn 84, nicht abgedruckt). Zur Bewältigung dieser Hürde und der Umsetzung einer tragfähigen Erklärung der Passung der Darstellungen ist ein Auffalten, Verdichten und Verknüpfen der relevanten Verstehenselemente in den jeweiligen Darstellungen nötig (Renkl et al. 2013; Uribe & Prediger 2021; Post 2025). Konzeptuelle und diskursive Dimension sind hier also untrennbar miteinander verwoben, sodass im Folgenden von der diskursiv-konzeptuellen Hürde gesprochen wird, die Passung der Darstellungen zu erklären, statt nur (ganzheitliche) Zuordnungen zu benennen (vgl. auch Abschnitt 3.5). Die damit verknüpfte diskursiv-konzeptuelle Anforderung an die Lernenden besteht darin, Verstehenselemente aufzufalten, zu verdichten und in verschiedenen Darstellungen miteinander in Beziehung zu setzen.

Diese Anforderung wird in der graphischen Zusammenfassung der Szene im Navigationsraum durch Pfeile zwischen den semiotischen Spalten sowie vertikale Bewegungen in der epistemischen Dimension sichtbar (vgl. auch Abschnitte 3.5 & 4.4).

Zusammengefasst vertieft Jahzeel in dieser Szene seine bisher eher vage mentale Repräsentation des Füllprozesses, arbeitet also weiter an der mentalen Anforderung, und kann tragfähig die Auswirkung der Gefäßform auf die Füllgeschwindigkeit anhand des Platzes, den das Wasser im Glas einnimmt, begründen (Turns 83–89). Durch die explizite Aufforderung der Lehrkraft (Turn 84, nicht abgedruckt) zur Erklärung der Passung der Darstellungen, wird zudem die diskursiv-konzeptuelle Anforderung an Jahzeel gestellt, zur Erklärung das Verstehenselement *Stückweise qualitative Änderung* weiter aufzufalten (hier in Turns 83–87a, *Quantifizierte Abstände*, KO), dieses anschließend wieder zu verdichten (Turn 83–87b, QTA, IK) und so die Beziehung zwischen den Darstellungen zu formulieren (Turns 83–87b & c: ‚oben ist es schmal [...] und manchmal wird es schnell', SQÄ, IK → KO).

In Aufgabe 5 wird das Verstehenselement *Ganzheitliche Änderung der Änderung* (GÄÄ) zunehmend relevant. Die Lehrkraft steuert dieses im Verlauf entsprechend wiederholt an.

Transkript 6.3, Jahzeel, Zyklus 3, Aufgabe 5, Verknüpfung nicht erfolgreiche Adressierung des Verstehenselements Ganzheitliche Änderung der Änderung in der Verknüpfung von Glasform und Graphensteigung

Im Transkript verknüpft Jahzeel die Glasform von Glas 3 mit dem Aussehen des Füllgraphen A (beide sichtbar in Abb. 6.4). Es gelingt ihm noch nicht, das Verstehenselement Ganzheitliche Änderung der Änderung zu adressieren.

Ganzheitliche Änderung der Änderung GÄÄ, Ganzheitlich-geometrische Beschreibung GGB; Ikonische Darstellung IK, Graphische Darstellung GR; gleichzeitige, oberflächliche Zuordnung/Übersetzung zweier Darstellungen —

40	Leh	Also hier das Glas [*kreist Glas 3 ein*] ist hier unten überall gleich breit oder gerade, ne [*bewegt Hände parallel nach oben*]? Wie sehe ich das hier im Graphen?	GÄÄ, GR
45a	Jahzeel	Hier unten ist geradeaus *[zeigt auf Glas 3]*	GGB, IK—GR
b		und ist *[Hände parallel & nah beieinander]*	GGB, IK
46	Leh	[...] Aber hier [*zeigt auf unteren Teil Glas 3*] ist es ja etwas Besonderes, ne? Also, es verändert sich nicht, das Glas [*schlängelnde Handbewegung*]. Es ist ganz gerade an am Rand, ne? Wie sehe ich das in dem Graphen [*zeichnet Gerade in Graph A nach*]?	

Beginnend mit einer Verknüpfung zu Jahzeels bisherigen Erfahrungen mit linearen Graphen (Aufgabe 4) initiiert die Lehrkraft in diesem Ausschnitt zunächst die Verknüpfung der ikonischen mit der graphischen Darstellung, diesmal jedoch indem sie das Verstehenselement *Ganzheitliche Änderung der Änderung* (GÄÄ) direkt adressiert (Turn 40). Die graphische Zusammenfassung dieser Szene ist im Navigationsraum Abbildung 6.4 visualisiert.

Jahzeel übersetzt hier direkt vom der Glasform zum Graphen und fokussiert dabei dessen Aussehen (Turn 45a: ‚geradeaus', GGB, GR). Da er gleichzeitig zu dieser geometrischen Beschreibung eines passenden Graphen auf den entsprechenden Abschnitt des Glases zeigt und die Darstellungen dadurch direkt miteinander in Verbindung bringt, ist Jahzeels Aussage im Navigationsraum als einfache, allerdings oberflächliche Übersetzung der Darstellungen visualisiert (Turn 45a, horizontale grüne Linie).

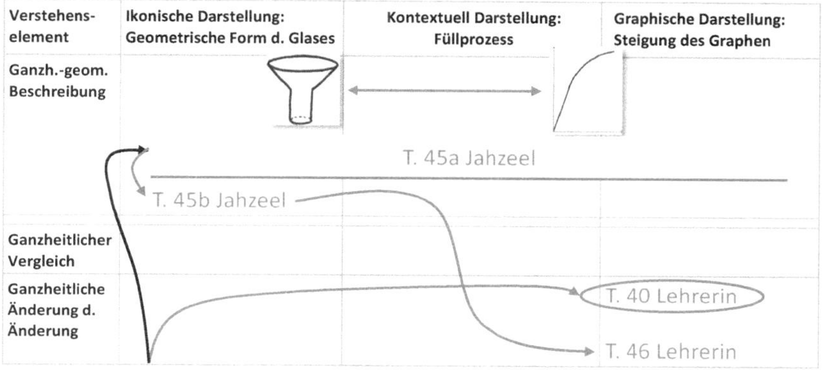

Abb. 6.4 Graphische Zusammenfassung der Analyse im Navigationsraum von Jahzeels Verknüpfung der ikonischen und der graphischen Darstellung; — als gleichzeitiges, oberflächliches Übersetzen zweier Darstellungen

Das direkte Ansteuern des Verstehenselements durch die Lehrkraft konnte Jahzeel nicht darin unterstützen, eine tragfähige Zuordnung zu tätigen, die nicht auf Oberflächenmerkmalen des Graphen und des Glases beruht. Er steht mit Blick auf das Verstehenselement Ganzheitliche Änderung der Änderung also noch immer der *mentalen Hürde* gegenüber. Jahzeel hat bereits das Verstehenselement *Stückweise qualitative Änderung* tragfähig im Kontext erklärt und mit der graphischen Darstellung in diesem Verstehenselement verknüpft (Transkript 6.2). Dennoch scheint Jahzeel seine innere Vorstellung des Füllprozesses noch nicht auf das Verstehenselement *Ganzheitliche Änderung der Änderung* ausgeweitet zu haben, um entsprechende tragfähige Zuordnungen tätigen zu können (mentale Anforderung). In der graphischen Zusammenfassung im Navigationsraum wird dies sichtbar, da die kontextuelle Darstellung nicht von Jahzeel adressiert wird und er sich stattdessen ausschließlich im höchst verdichteten Verstehenselement *Ganzheitlich-geometrische Beschreibung* bewegt.

Da Jahzeel bereits früher die graphische Darstellung erfolgreich adressiert hat (etwa Transkript 6.2), weist die Lehrkraft ihn noch einmal auf das Verstehenselement der *Ganzheitlichen Änderung der Änderung* hin und fragt gezielt nach der Graphensteigung (Turn 46, nicht abgedruckt). Dies stellt einen konzeptuellen Impuls dar, der auf die epistemische und die semiotische Dimension fokussiert. Sie versucht dabei, Jahzeel zu einem Auffalten seiner stark verdichteten Aussage (Turn 45, GBB) anzuregen, jedoch ohne Erfolg (grauer Pfeil nach unten zu Turn

46). Es besteht die Möglichkeit, dass die Lehrkraft Jahzeel hier nicht adaptiv genug unterstützt hat. Eine Fokussierung auf die kontextuelle Darstellung wäre im Sinne der mentalen Anforderung möglicherweise reichhaltiger verlaufen als die konzeptuelle Aufforderung zum Auffalten.

Dies bestätigt sich auch im weiteren Verlauf der Aufgabenbearbeitung. Hier soll Jahzeel beim Vergleich der Gläser 1 und 4 (Verstehenselement *Ganzheitlicher Vergleich* GV) den Unterschied zwischen einem quadratisch-konvexen und einem linearen Graphenabschnitt erläutern.

Transkript 6.4, Jahzeel, Zyklus 3, Aufgabe 5, erste Adressierung des Verstehenselements Ganzheitliche Änderung der Änderung

Im Transkript soll Jahzeel die Gläser 1 und 4 miteinander vergleichen und so den Unterschied zwischen zwei Graphenverläufen erklären.

Graph B Glas 1 Glas 4

Stückweise qualitative Änderung SQÄ, Ganzheitliche Änderung der Änderung GÄÄ, Ganzheitlich-geometrische Beschreibung GGB; Ikonische Darstellung IK, Kontextuelle Darstellung KO, Graphische Darstellung GR; gleichzeitiges, tragfähiges Adressieren zweier Darstellungen ==

87a	Jahzeel	Man könnte die Glas hier zeichnen und von unten ist der gro-	SQÄ, IK
b		ßer.	
c		Man kann es langsam ja ausfüllen.	SQÄ, KO
d		Und dann geht geradeaus.	GGB, GR
		Weil die Glas ist unten so.	GGB, IK
88	Leh	[...] Wieso gehört das hier hierzu [*zeigt auf Graph B & Glas 1*]?	SQÄ, IK
89	Jahzeel	Weil Glas einmal so und einmal so.	GGB, IK
93a	Jahzeel	Ja. Von unten zuerst ist der groß [*Hände weit auseinander*]	SQÄ, IK
b		weil [unverständlich] # und danach wird schneller, ein bisschen. Also-	SQÄ, KO
94	Leh	Es wird ein bisschen, ein bisschen, ein bisschen schneller [*bewegt Hände langsam enger zusammen*].	GÄÄ, IK==KO
95	Jahzeel	Weil die Glas wird bisschen, ein bisschen [*Hände parallel zueinander, eher eng*] und deswegen# und deswegen nicht die ganze Zeit die Glas ist gerade [*bewegt Hände gerade hoch*].	GÄÄ, IK

In der graphischen Zusammenfassung der Szene im Navigationsraum (Abb. 6.5) werden die verschiedenen Anforderungen sichtbar.

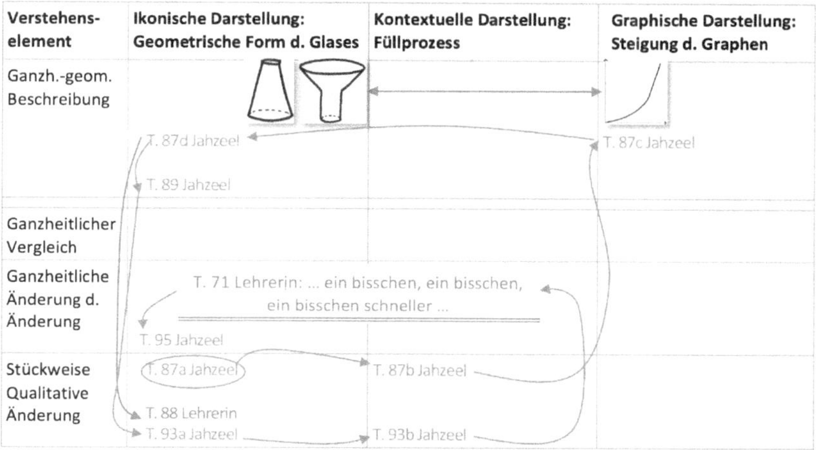

Abb. 6.5 Graphische Zusammenfassung der Analyse im Navigationsraum von Jahzeels erster Adressierung der *Ganzheitlichen Änderung der Änderung*

Jahzeel beginnt tragfähig damit, die ikonische Darstellung des Glases stückweise qualitativ mit der kontextuellen Darstellung der Füllhöhe zu verknüpfen (Turns 87a & 87b, SQÄ, IK → KO). Das erfolgreiche Verknüpfen mit der kontextuellen Darstellung zeigt, dass Jahzeel für dieses Verstehenselement die mentale Anforderung an ihn, eine innere Repräsentation des Füllprozesses aufzubauen, bereits bewältigt hat. Dadurch ist er in der Lage, auch die zugehörige Hürde zu überwinden, nämlich eine tragfähige Zuordnung der Darstellungen zu tätigen, anstatt die ikonische und die graphische Darstellung direkt und nur aufgrund oberflächlicher Merkmale ineinander zu übersetzen.

Sobald Jahzeel die Änderung der Änderung für den linearen Abschnitt betrachten müsste, verdichtet er allerdings seine Aussagen zur *Ganzheitlich-geometrischen Beschreibung* (Turns 87c, GR → 87d, IK, GGB). Die Lehrkraft fasst daraufhin besonders die bisherigen kontextuellen Aspekte zusammen, um Jahzeel im Ausbau dessen Vorstellung eines Füllprozesses auf das Verstehenselement der Ganzheitlichen Änderung der Änderung zu unterstützen (mentale Anforderung, Turn 88, nicht abgedruckt).

Anschließend daran fordert sie Jahzeel auf, die Passung zwischen Glas 1 und Graph B zu erklären (diskursiv-konzeptuelle Anforderung, Turn 88). Er beginnt bei der vertrauten Form der Gläser, die er zunächst deiktisch beschreibt (Turn 89,

GGB, IK), zur Explikation anschließend aber noch einmal in das Verstehenselement *Stückweise qualitative Änderung* auffaltet (Abb. 6.5, Pfeil nach unten zu Turn 93a). Die bereits mehrfach tragfähig formulierte Verknüpfung zwischen ikonischer und kontextueller Darstellung kann Jahzeel auch hier nutzen (Turn 93a: ‚von unten ist zuerst groß', IK → 93b: ‚und danach wird schneller, ein bisschen', KO in SQÄ). Das anschließende Verdichten zum Verstehenselement *Ganzheitliche Änderung der Änderung* wird ebenfalls durch die Lehrkraft initiiert (Turns 94–95).

Bereits zum Ende von Turn 93b wird deutlich, dass Jahzeel in seiner sprachlichen Produktion eingeschränkt ist, da er seine Ausführung und eine möglicherweise eigenständige Verdichtung hier abbricht. Es besteht also die lexikalische Hürde für Jahzeel, die Darstellungsvernetzung bzw. die Adressierung der Verstehenselemente präzise zu formulieren. Dementsprechend nimmt die Lehrkraft seine Aussage auf und überformt diese gleichzeitig zur Verdichtung des Verstehenselements *Ganzheitlichen Änderung der Änderung.* Dazu initiiert sie einen Vergleich mehrerer Intervalle (Turn 94: ‚ein bisschen, ein bisschen, ein bisschen schneller', GÄÄ, KO) und setzt diesen gleichzeitig mit der Form des Glases in Beziehung. Diese Explizierung der immer schneller werdenden Füllgeschwindigkeit unterstützt Jahzeel in seiner sprachlichen Produktion im folgenden Turn in der parallelen Beschreibung der passenden Glasform (Turn 95: ‚die Glas wird ein bisschen, ein bisschen [*Hände eng beieinander*]', GÄÄ, IK).

In dieser Szene werden verschiedene Anforderungen deutlich, die den jeweiligen sichtbaren Hürden zugrunde liegen und auch im Navigationsraum visualisiert werden (Abb. 6.5): Jahzeel scheint die mentale Anforderung, ein inneres Bild des Füllprozesses aufzubauen, bereits erfolgreich für das Verstehenselement der *Stückweise qualitativen Änderung* bewältigt zu haben (Verknüpfung in Turns 87 & 93, Pfeile zwischen den Zellen zur Visualisierung der Verknüpfung, vgl. Abb. 6.5). Jedoch gilt dies noch nicht für das Verstehenselement der *Ganzheitlichen Änderung der Änderung.* Dieses adressiert er selbstständig bisher nur in der ikonischen Darstellung (Turn 95), nachdem er sich zuvor auf oberflächliche, geometrische Gemeinsamkeiten zwischen Glas und Graph konzentriert hat (mentale Hürde: direkte Übersetzung). In der graphischen Zusammenfassung im Navigationsraum wird dies dadurch sichtbar, dass keine Adressierung der entsprechenden Zelle (*Ganzheitliche Änderung der Änderung* GÄÄ – Kontextuelle Darstellung KO) auftritt.

Um die Hürde zu überwinden, die Passung zwischen verschiedenen Darstellungen, hier der ikonischen und der kontextuellen, zu erklären (diskursiv-konzeptuelle Hürde), ist es außerdem nötig, die stark verdichteten, ganzheitlichen Aussagen in weniger komplexe Verstehenselemente aufzufalten (diskursiv-konzeptuelle Anforderung an Jahzeel). Dies wird in den Turns 89 zu 93 sichtbar, in denen Jahzeel nach Aufforderung der Lehrkraft die *Ganzheitlich-geometrische Beschreibung* (GGB) auffaltet in die *Stückweise qualitative Änderung* (SQÄ; vertikaler Pfeil im Navigationsraum Abb. 6.5).

Das Verdichten zum Verstehenselement im Fokus dieser Szene, der *Ganzheitlichen Änderung der Änderung*, gelingt Jahzeel in Turn 93 (SQÄ, KO) jedoch immer noch nicht selbstständig. Jahzeel bricht hier seine Formulierung und möglicherweise auch die eigenständige Verdichtung ab (lexikalische Hürde; Turn 93b). Durch das lexikalische Sprachmittelangebot der Lehrkraft (Turn 94: ‚ein bisschen, ein bisschen, ein bisschen schneller', GÄÄ, KO) formuliert sie jedoch die Verdichtungsaktivität und regt gleichzeitig Jahzeels Verknüpfung der ikonischen mit der kontextuellen Darstellung (Turn 95). Die Lehrkraft unterstützt Jahzeel hier durch das Angebot bedeutungsbezogenen Wortschatzes (Turn 94: ‚ein bisschen, ein bisschen, ein bisschen schneller', GÄÄ, KO).

Insgesamt zeigt Jahzeels Lernweg durch die beiden Füllgraphen-Aufgaben Beispiele für verschiedene Anforderungen, denen Lernenden in diesem Kontext begegnen können. Um die mentale Hürde zu überwinden, Darstellungen einander tragfähig zuzuordnen, statt sie nur oberflächlich direkt ineinander zu übersetzen, nutzt Jahzeel ein zumindest vage aufgebautes, inneres Bild des Füllprozesses für das Verstehenselement *Stückweise qualitative Änderung* (Transkript 6.1, Aufgabe 4, Turns 28–34). Für das komplexere Verstehenselement *Ganzheitliche Änderung der Änderung* kann er dies jedoch noch nicht formulieren, was darauf hindeutet, dass er die mentale Anforderung, eine Repräsentation des Füllprozesses zu erweitern, noch nicht erfolgreich bearbeitet hat (etwa Transkript 6.3, Aufgabe 5, Turn 45). In den graphischen Zusammenfassungen in den Navigationsräumen wird diese mentale Hürde beispielsweise dadurch sichtbar, dass Jahzeel das relevante Verstehenselement nicht in der kontextuellen Darstellung adressiert, sondern in dem stärker verdichteten Verstehenselement *Ganzheitlich-geometrische Beschreibung* verdichtet (etwa Transkript 6.2, Aufgabe 4, Turn 72b; Transkript 6.3, Aufgabe 5, Turn 45; Transkript 6.4, Aufgabe 5, Turns 87c & d). Die erfolgreiche Überwindung der mentalen Hürde durch die Bewältigung der mentalen Anforderung zeigt sich im Verknüpfen der kontextuellen Darstellung des Füllprozesses mit anderen Darstellungen im fokussierten Verstehenselement (etwa Transkript 6.1, Aufgabe 4, Turn 34; Transkript 6.2, Aufgabe 4, Turns 79 & 83–87a; Transkript 6.4, Aufgabe 5, Turns 87 & 93). Unterstützend können dabei insbesondere Lehrkraftimpulse sein, die die Aufmerksamkeit der Lernenden auf den Füllprozess lenken (etwa Transkript 6.1, Aufgabe 4, Turn 31; Transkript 6.2, Aufgabe 4, Turn 88).

Gerade bezüglich der *Ganzheitlichen Änderung der Änderung* fällt auf, dass Jahzeel bei seinen Erklärungen der Passung (etwa Transkripte 6.2 & 6.3) die graphische Darstellung oft nur hoch verdichtet adressiert und diese kompakten Formulierungen kaum weiter in weniger komplexe Verstehenselemente auffaltet, um deren Bedeutung zu erklären. Um also die diskursiv-konzeptuelle Hürde zu überwinden, die Darstellungsvernetzung tatsächlich zu erklären, statt nur die Zuordnungen zu benennen, wird an die Lernenden die diskursiv-konzeptuelle Anforderung gestellt, zur Bedeutungserklärung in die relevanten Verstehenselemente aufzufalten, diese dort in den verschiedenen Darstellungen miteinander in Beziehung zu setzen und ggf. anschließend wieder zu kompakteren Verstehenselementen zu verdichten. Dies trifft besonders auf die oberflächlichen Aussagen im Verstehenselement der *Ganzheitlich-geometrischen Beschreibung* zu (vgl. etwa Transkript 6.2, Aufgabe 4, Turn 72b; Transkript 6.3, Aufgabe 5, Turn 45; Transkript 6.4, Aufgabe 5, Turns 87c & d). In den graphischen Zusammenfassungen der Navigationsräume wird diese Anforderung durch die Bewegung (Pfeile) in die oberste ganzheitlich-geometrische Zeile sichtbar, bzw. deren Bearbeitung durch das Auffalten (Pfeile nach unten) in weniger komplexe Verstehenselemente. Das direkte Adressieren und Vernetzen der *Ganzheitlichen Änderung der Änderung* gelingt Jahzeel bis zum Ende der Aufgabe noch nicht. Ein kleinschrittiges Ansteuern weniger komplexer Verstehenselemente wäre hier ein denkbarer Impuls gewesen, um Jahzeel beim Auffalten zu unterstützen.

Besonders in der letzten Szene wird die Relevanz präziser, bedeutungsbezogener Sprache deutlich, um präzise Formulierungen produzieren zu können. Diese lexikalische Hürde lässt sich in verschiedenen Aspekten der mentalen, konzeptuellen, diskursiven und lexikalischen Anforderungen verorten: Für die präzise Erklärung der Darstellungsvernetzung (diskursive Dimension) ist es nötig, die relevanten Verstehenselemente (epistemische Dimension) in den jeweiligen Darstellungen (semiotische Dimension) miteinander in Beziehung zu setzen, aufzufalten und ggf. wieder zu verdichten. Dazu ist es jedoch nötig, dass die mentale Anforderung (semiotische Dimension), nämlich ein (mindestens vages) inneres Bild des Füllprozesses bereits aufgebaut und bedeutungsbezogen adressiert wird (lexikalische Dimension). Ein Beispiel dafür stellt Jahzeels letzte Szene dar. Diese Anforderung wird im Folgenden als die verflochtene Anforderung bezeichnet, die mentale, diskursiv-konzeptuelle sowie lexikalische Komponenten einbezieht. In der graphischen Zusammenfassung im Navigationsraum sind dazu die bereits erläuterten Teilaspekte der anderen Anforderungen zu berücksichtigen, nämlich die Adressierung der kontextuellen Darstellung (Ansteuern der kontextuellen Spalte), das Auffalten komplexer Verstehenselemente in weniger verdichtete Aspekte (Bewegungen auf dem Navigationsraum nach unten) und zusätzlich die relevanten bedeutungsbezogenen Sprachmittel (Aussagen innerhalb der Zellen).

In Abschnitt 6.1 wurde ein erster Einblick in den Lernweg von Jahzeel bei der Bearbeitung der Fokusaufgaben 4 und 5 der designten Füllgraphen-Umgebung gegeben. Dabei wurden die drei bekannten Hürden sowohl im Transkript als auch in der graphischen Zusammenfassung in den Navigationsräumen illustriert. Damit verknüpft wurden Anforderungen in den unterschiedlichen konzeptuellen wie sprachlichen Dimensionen rekonstruiert, die den Hürden zugrunde zu liegen scheinen. Auch erste Hinweise auf Unterstützungsmöglichkeiten seitens der Lehrkraft wurden in dieser Szene identifiziert:

- Die Hürde, Darstellungen tragfähig zuzuordnen, statt direkt zwischen diesen zu übersetzen enthält zu ihrer Überwindung insbesondere die mentale Anforderung, eine innere Repräsentation des Füllprozesses aufzubauen. Dazu erweisen sich fokussierende (schriftliche oder mündliche) Impulse auf die kontextuelle Darstellung als vielversprechende Unterstützung.
- Um die Hürde zu überwinden, die Passung der Darstellungen zu erklären, statt nur die Zuordnungen dieser zu benennen, müssen sich Lernende der zugrundeliegenden diskursiv-konzeptuellen Anforderung stellen, zur Bedeutungserklärung in die relevanten Verstehenselemente aufzufalten. Dabei können fokussierte Aufforderung zum Erklären der Passung eine Unterstützung bieten.
- Die Hürde, präzise Erklärungen zu formulieren, konnte anhand der Transkriptanalysen durch die zugrundeliegende verflochtene, mental-diskursiv-konzeptuell-lexikalische Anforderung genauer erklärt werden, dass die Erklärung der Darstellungsvernetzung (diskursive Dimension) die Adressierung, das Auffalten, Verdichten sowie das Vernetzen der relevanten Verstehenselemente in den jeweiligen Darstellungen (konzeptuelle Dimension) voraussetzt, wozu Lernende ein mindestens vages innere Bild des Füllprozesses konstruiert haben müssen (mentale Anforderung als Teil der semiotischen Dimension), was wiederum bedeutungsbezogener Sprache bedarf (lexikalische Dimension). Besonders in der letzten Szene (vgl. Transkript 6.4) wurde das Ineinandergreifen der verschiedenen Anforderungen deutlich illustriert. Interessanterweise können lexikalische Scaffolds, also das Angebot von lexikalischen, bedeutungsbezogenen Mitteln eine Unterstützung zur Bewältigung der vieldimensionalen verflochtenen Anforderung bilden.

In Abschnitt 6.1 wurde ein erster Überblick über die bekannten Hürden und über die Anforderungen zu deren Überwindung in den verschiedenen konzeptuellen wie sprachlichen Dimensionen sowie zu deren Zusammenspiel gegeben. Diese werden in den folgenden Abschnitten noch einmal genauer untersucht und in verschiedenen Lern- und Erklärprozessen nachgezeichnet. Hier können auch weitere Scaffolds durch die Lehrkraft empirisch identifiziert werden.

6.2 Tiefenanalysen zur mentalen Anforderung: Konstruktion einer mental-kontextuellen Repräsentation

In diesem Abschnitt 6.2 wird die erste der drei bei Jahzeel zuerst rekonstruierten Anforderungen, nämlich die mentale Anforderung, genauer betrachtet. Dazu werden zwei Lernwege, der von Havah und der von Idir, einander gegenübergestellt. In Jahzeels Lernweg wurde die Hürde deutlich, die beteiligten Darstellungen einander tragfähig zuzuordnen, statt zwischen Glas und Graphen(form) direkt zu übersetzen. Diese wurde in Jahzeels Lernprozess für die Verstehenselemente *Stückweise qualitative Änderung* (SQÄ) sowie *Ganzheitliche Änderung der Änderung* (GÄÄ) deutlich (vgl. Abschnitt 6.1) und konnte dort bereits auf die mentale Anforderung an Lernende zurückgeführt werden, eine innere Repräsentation des Füllprozesses aufzubauen. Jahzeel ist dies für das Verstehenselement *Stückweise qualitative Änderung* (SQÄ) bereits erfolgreich gelungen, für das Verstehenselement *Ganzheitliche Änderung der Änderung* konnten bereits erste Ansätze beschrieben werden.

An Einblicken in die Lernwege von Havah und Idir (beide Zyklus 3) wird sowohl die Hürde der direkten Übersetzung zwischen Glas und Füllgraph als auch die zugrundeliegende mentale Anforderung an die Lernenden konkretisiert. Zusätzlich werden erfolgreiche Scaffolds der Lehrkraft aus diesen Prozessen gesammelt, um die Lernenden in der Bearbeitung der mentalen Anforderung zu unterstützen.

6.2.1 Einblick in Havahs Lernweg: unzureichende innere Repräsentation des Füllprozesses als Hürde im Denk- und Bearbeitungsprozess

Havah (18 Jahre, aus dem Irak) besucht eine internationale Ausbildungsvorbereitungsklasse eines Berufskolleg, in der sie den Hauptschulabschluss nach Klasse 9 erreichen kann. Zum Erhebungszeitraum ist sie seit etwa 2 Jahren in Deutschland und entspricht in ihrer sprachlichen Entwicklung überwiegend Stufe 3 des grammatischen Stufenmodells (Prediger et al. 2019c), wobei die Äußerungen bezüglich Satzbau-Komplexität oft noch etwas hinter der Entwicklung der anderen grammatischen Kompetenzen liegt (oft erst Stufe 2). Ihre Mathematikleistungen liegen nach Einschätzung der Lehrkraft im unteren Leistungsdrittel der Klasse.

In Havahs Tandem wurden bereits vor Beginn der Aufgabe 4 (Abb. 6.1, links) die beiden Graphenabschnitte die Füllhöhe als zunächst langsam und anschließend schnell beschrieben. Die Lehrkraft greift diese Äußerung während der Bearbeitung von Aufgabe 4 auf (Turn 45, nicht abgedruckt) und fordert Havah zu einer Verknüpfung mit der Form des Glases auf (Turns 57–59).

Transkript 6.5, Havah, Zyklus 3, Aufgabe 4, isolierte Adressierung der ikonischen Darstellung

Im Transkript beschreibt Havah zunächst das Aussehen des Glases, verknüpft die Darstellungen jedoch noch nicht. Im Anschluss beschreibt sie, ebenfalls isoliert, die Graphensteigung.

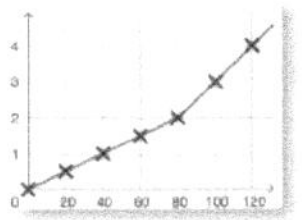

Stückweise qualitative Änderung SQÄ; Ikonische Darstellung IK, Kontextuelle Darstellung KO, Graphische Darstellung GR

57-59	Leh	Havah, wie sieht das Glas aus, wenn die Füllhöhe langsam steigt? ... Eher breit oder eher schmal? *[Hände erst weit, dann eng auseinander]* [...] Genau. Also hier unten ist das Glas eher breit. Und oben?	SQÄ, IK
60	Havah	Schmal.	SQÄ, IK
61	Leh	*[Hände eng beieinander]* Weil- Wieso?	SQÄ, KO
62	Havah	Hmm?	
63	Leh	Woher weißt du, oben ist es schmal?	
64	Havah	Schmal?	SQÄ, IK
65	Leh	Du hast gerade gesagt: Oben ist das Glas schmal. [...]	SQÄ, IK
67	Leh	Woher weißt du das? *[H zuckt mit den Schultern]*	SQÄ, KO
		...	
210	Havah	Der Graph steigt.	SQÄ, GR
211	Leh	Steiler oder flacher? Ist der hier#	
212	Havah	Flacher.	

Die graphische Zusammenfassung der Szene findet sich im folgenden Navigationsraum (Abb. 6.6).

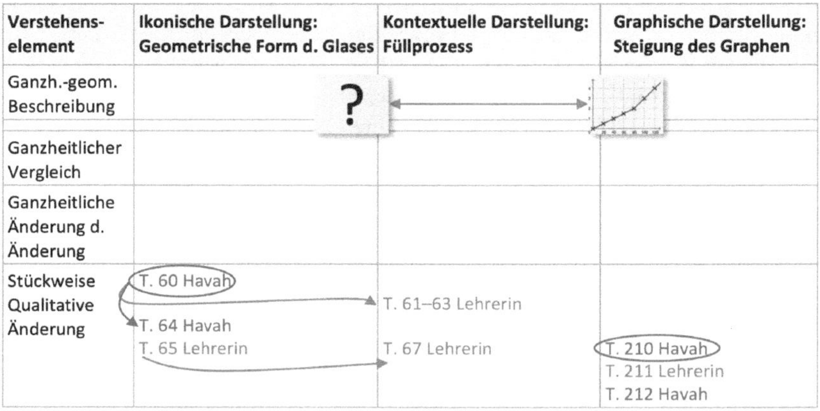

Abb. 6.6 Graphische Zusammenfassung der Analyse im Navigationsraum von Havahs isolierter Adressierung der ikonischen Darstellung

Havah fokussiert sich zunächst auf die Form des Glases und beschreibt diese als ‚schmal' (Turn 60, SQÄ. IK). Obwohl die Lehrkraft mehrfach reformuliert nach einer Erklärung der Passung zwischen Glasform und Veränderung der Füllhöhe fragt (Turns 61, 63 & 67), deutet Havah durch ihr Schulterzucken Unsicherheiten an (Turn 67). Die Zuordnung der Glasform zum Füllgraphen anhand der Verknüpfung zum Füllprozess (Turns 58, nicht abgedruckt, & 60) stellt Havah also noch vor eine Herausforderung. Für sie besteht also vermutlich noch die Hürde einer tragfähigen Zuordnung der beteiligten Darstellungen, was sich auf die mentale Anforderung an Havah zurückführen lässt, zunächst ein inneres Bild des Füllprozesses aufzubauen. In der graphischen Zusammenfassung (Abb. 6.6) wird dies durch die wiederholten Verknüpfungsversuche der Lehrkraft von der ikonischen zur kontextuellen Darstellung (graue, horizontale Pfeile) visualisiert.

Die erste Beschreibung der Graphensteigung 150 Turns später findet erst ganz zum Ende der Aufgabenbearbeitung 4 statt und ist stark durch die Lehrkraft unterstützt (Turns 210–212, nicht abgedruckt, SQÄ, GR). Außerdem verknüpft Havah die Graphensteigung auch nicht mit anderen Darstellungen, was im Navigationsraum durch die isolierte Visualisierung deutlich wird (zugehörige Turns in ausschließlich einer Zelle, keine Verknüpfungspfeile).

Diese isolierte Adressierung einzelner Darstellungen sowie der Fokus auf die ikonische und die graphische Darstellung sind auch im weiteren Verlauf der Erhebung erkennbar. Im weiteren Verlauf der Bearbeitung ist Havah zwar in der Lage, langsam eine mentale Repräsentation des Füllprozesses aufzubauen, die Verknüpfung der ikonischen bzw. kontextuellen Darstellung mit den Füllgraphen stellt für sie jedoch auch im Verlauf der Bearbeitung von Aufgabe 5 eine Herausforderung dar. Dort spricht sie bezüglich der graphischen Darstellung nur auf ganzheitlich-geometrische Weise über das Aussehen der Graphen und ordnet damit Glas und Graph einander direkt zu, anstatt diese Passung anhand des Füllprozesses zu erklären. Eine solche Situation wird in der nächsten Szene beispielhaft vorgestellt (Transkript 6.6), in der Havah aufgefordert ist, die Passung zwischen Graph D und Glas 2 bzw. Graph C und Glas 4 zu erklären (vgl. Abb. in Transkript 6.6).

Transkript 6.6, Havah, Zyklus 3, Aufgabe 5, direkte Übersetzung zwischen Gläsern und Graphen statt kontextuelle Erklärungen der Passung

Graph C Graph D Glas 2 Glas 4

Im Transkript beschreibt Havah das Aussehen der Gläser und ordnet diese den Gläsern zu, erklärt diese Zuordnung jedoch nicht weiter.

Ganzheitlich-geometrische Beschreibung GGB, Ganzheitlicher Vergleich GV; Ikonische Darstellung IK, Kontextuelle Darstellung KO, Graphische Darstellung GR; gleichzeitige, oberflächliche Zuordnung/Übersetzung zweier Darstellungen —

222	Havah	Weil das ist *[zeigt auf Graph D & Glas 2]* und das ist das *[zeigt auf Graph B & Glas 4]*	GGB, IK—GR
223	Leh	Aber warum?	GV, KO
224	Havah	Weil das schmaler ist *[zeigt auf Glas 4]*. Nein das ist schmaler *[zeigt auf Glas 2]*.	GV, IK
225	Leh	[...] Und welcher Graph, der oder der [*zeigt erst auf Graph C, dann auf D*], gehört zu dem schmaleren Gefäß?	GGB, GR
226	Havah	Das [*zeigt auf Graph D*].	
227	Leh	Mhm. Warum? [...]	GV, KO
228	Havah	Schmaler als das [*zeigt erst auf Graph D, dann auf C*].	GGB, GR
231	Leh	Warum ist das schmaler, das Glas *[zeigt auf Graph D]*? .. Was passiert denn mit der Füllhöhe? *[H zuckt mit den Schultern]*	GV, KO

Die graphische Zusammenfassung dieser Szene im folgenden Navigationsraum ist in Abbildung 6.7 visualisiert.

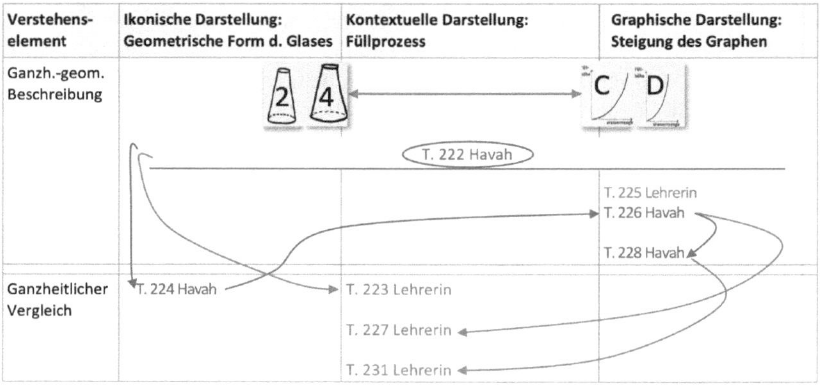

Abb. 6.7 Graphische Zusammenfassung der Analyse im Navigationsraum von Havahs direkter Übersetzung zwischen Gläsern und Graphen

Nachdem Havah korrekt Gläser und Graphen einander zuordnet (Turn 222, GGB, IK—GR), erläutert sie dies anhand des unterschiedlichen Aussehens der Gläser (Turn 224: ‚[Glas 2 ist] schmaler [als Glas 4]‘, GV, IK). Die Lehrkraft fordert daraufhin eine Begründung für die Passung ein, bei der Havah sich darauf fokussiert, dass sich die Breite der Gläser in der geometrischen ‚Breite‘ der Graphen widerspiegelt (Turn 226–228, GGB, GR). Daraufhin gibt die Lehrkraft verschiedene diskursiv-konzeptuelle Hinweise, um Havah zum Auffalten ihrer Äußerung zu bewegen (Turns 223, 227 & 231, GV, KO), doch auch die explizite Frage nach der Veränderung der Füllhöhe beantwortet Havah nicht und macht dies zuletzt auch durch ihr Schulterzucken deutlich (Turn 231). Havah steht also auch in dieser Szene noch vor der Hürde, tragfähige Zuordnungen der ikonischen und graphischen Darstellung zu tätigen. In der graphischen Zusammenfassung der Szene im Navigationsraum (Abb. 6.7) zeigt, dass sich Havahs Aussagen beinahe ausschließlich in der obersten Zeile der *Ganzheitlich-geometrischen Beschreibung* einordnen lassen. Die Versuche der Lehrkraft, Havah zum Nachdenken über die Füllhöhe zu bewegen, scheitern in dieser Szene (graue Pfeile nach unten in kontextueller Spalte). Da Havah die kontextuelle Darstellung nicht adressiert und auch die unterschiedlichen Angebote der Lehrkraft sie nicht darin zu unterschützen scheinen, besteht die mentale Anforderung, eine innere Repräsentation des Füllprozesses aufzubauen, also vermutlich weiterhin.

Zwar ist das Verstehenselement *Ganzheitlicher Vergleich* (GV) besonders anspruchsvoll, da die Lernenden hier die weniger komplexen Verstehenselemente und ggf. die *Ganzheitliche Änderung der Änderung* mit einbeziehen und zueinander in Bezug setzen müssen. Havahs Schulterzucken als Reaktion auf die explizite Frage nach der Füllhöhe (Turn 231) macht aber auch deutlich, dass das bloße explizite Ansteuern der kontextuellen Darstellung in diesem Fall nicht ausreichend ist, um die vage Idee des Füllprozesses aus der vergangenen Szene weiterzuführen und Havah bei einer Erklärung der Passung zu unterstützen.

In dieser Episode wird insgesamt deutlich, dass Havah vermutlich keine oder eine nur sehr vage Vorstellung über den Füllprozess hat (mentale Anforderung), da sie die kontextuelle Darstellung nicht mit den getätigten Zuordnungen von Glas und Füllgraph in Beziehung setzt. Obwohl sie das Verstehenselement *Stückweise qualitative Änderung* während der Bearbeitung zunehmend auch bezüglich der kontextuellen Darstellung ansteuern kann (hier nicht abgedruckt), spricht Havah kaum über den Füllprozess oder erklärt ihre hoch verdichteten, direkten Zuordnungen von Glas und Graph anhand dessen. Die unzureichend aufgebaute, mentale Repräsentation des Füllprozesses stellt für Havah hier also eine zentrale Hürde im Verständnis- und Bearbeitungsprozess dar, da sie die Darstellungen kaum miteinander in Beziehung setzt. Havahs Bearbeitungsprozess genügt an dieser Stelle noch nicht der mentalen Anforderung, überhaupt erst eine mentale Repräsentation des Füllprozesses zu konstruieren, um die direkte Zuordnung von Glas und Graph erklären zu können.

Das Fallbeispiel illustriert hier einen typischen Ausschnitt aus einem beginnenden Lern- und Erklärprozess, bei dem die mentale Hürde im Zentrum steht. Im Navigationsraum wird die Hürde durch die direkte Verknüpfung von ikonischer und graphischer Darstellung im am stärksten verdichteten Aspekt (*Ganzheitlich-geometrische Beschreibung*) visualisiert. Ähnliche Szenen wurden auch zum Beginn der Prozesse anderer Lernenden gefunden.

Die Impulse der Lehrkraft unterstützen Havah an vielen Stellen der Bearbeitung noch nicht ausreichend. Das bloße Anstoßen, über den Füllprozess nachzudenken (Turn 231, GV, KO), genügt nicht, dies tatsächlich zu tun und Darstellungen (insb. die kontextuelle) zu verknüpfen. Denkbar wäre, zunächst in einer ausführlichen Erarbeitung ein inneres Bild für das Verstehenselement *Stückweise, qualitative Änderung* mit Havah aufzubauen, um dieses in den weiteren Aufgaben nutzen, anpassen und (ggf. sogar zur *Ganzheitlichen Änderung der Änderung* GÄÄ) erweitern zu können.

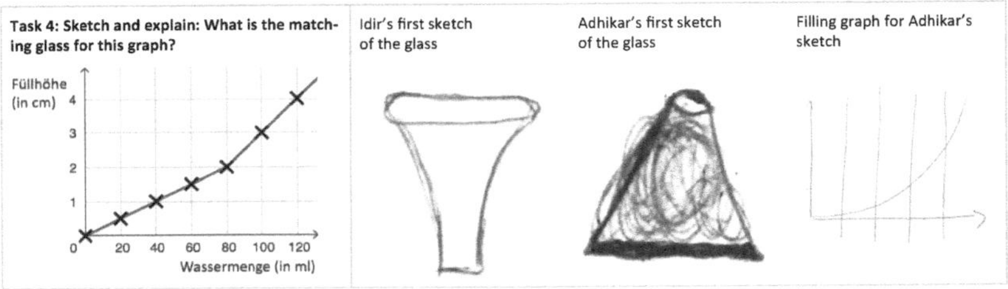

Abb. 6.8 Aufgabe 4 (links), Idirs und Adhikars Skizzen (Mitte), möglicher Füllgraph zu Adhikars Skizze (rechts)

6.2.2 Idirs Weg von der Graph-als-Bild-Vorstellung zu einer tragfähigen Zuordnung von Glas und Füllgraph

Idir (Zyklus 3) ist 17 Jahre alt und ist aus Guinea zugewandert. Er ist im oberen Leistungsdrittel der einjährigen Ausbildungsvorbereitungsklasse International. Zum Zeitpunkt der Erhebung ist er seit 18 Monaten in Deutschland und seine sprachlichen Kompetenzen entsprechen überwiegend den Anforderungen in grammatischer Dimension auf Stufe 3 des grammatischen Stufenmodells (Prediger et al. 2019c). Bezüglich der Satzbau-Komplexität formuliert er sogar einige deutlich anspruchsvollere Aussagen, die oft in Stufe 4, einzeln sogar in Stufe 6 anzusiedeln sind. Die folgenden Ausschnitte wurden teilweise bereits in Zentgraf und Prediger (2024) betrachtet.

Idir und seine beiden Mitlernenden Said (nicht abgedruckt) und Adhikar (Kleingruppe aus Zyklus 3) haben für die Bearbeitung der Aufgabe 4 jeweils eigenständig ein Füllgefäß zum Graphen skizziert (Abb. 6.8). Wie Jahzeel (vgl. Abschnitt 6.1) übersetzt Idir dabei zunächst direkt zwischen Glas und Füllgraph und zeigt im Folgenden sogar eine Variante der Graph-als-Bild-Vorstellung. In dem folgenden Transkriptausschnitt 6.7 begründet Idir seine Skizze.

Transkript 6.7, Idir, Zyklus 3, Aufgabe 4, erster Erklärungsansatz mit Anzeichen einer Graph-als-Bild-Vorstellung

Im Transkript begründet Idir seine Skizze (vgl. Abb. 6.8) anhand der direkten Übersetzung zum Füllgraphen aus Aufgabe 4.

Ganzheitlich-geometrische Beschreibung GGB, Stückweise qualitative Änderung SQÄ; Ikonische Darstellung IK, Kontextuelle Darstellung KO, Graphische Darstellung GR; gleichzeitige, oberflächliche Zuordnung/Übersetzung zweier Darstellungen —, gleichzeitiges, tragfähiges Adressieren zweier Darstellungen ==

257a	Idir	Ja, weil hier ist immer unten, also bis- also null bis achtzig,	GGB, GR
b		ist kleiner [*Hände eng zusammen*]. So habe ich das gemalt.	SQÄ, IK
c		Dann geht das hoch	GGB, GR
d		geht immer breit [*bewegt Hände immer weiter auseinander*].	SQÄ, IK
		...	
262	Leh	Was sagt dir der Graph [*zeigt auf Graph*]?	SQÄ, KO
263	Idir	Ja. Mein Graph sagt, das sieht so aus [*zeigt auf seine Skizze*].	GGB, IK—GR
264	Leh	Aber, warum?	SQÄ, KO
265	Idir	Weil unten hier null, also bei nullko- also null- zum Beispiel null und zwanzig, der wächst so langsam.	

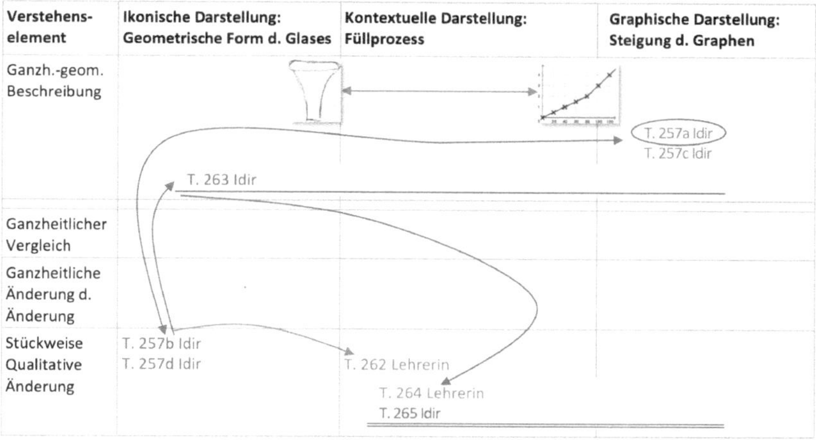

Abb. 6.9 Graphische Zusammenfassung der Analyse im Navigationsraum von Idirs Graph-als-Bild-Vorstellung aufgrund der direkten Übersetzung zwischen Glas und Füllgraph

Zu Beginn beschreibt Idir das Aussehen der beiden Graphenabschnitte (0 ml bis 80 ml und 80 ml bis 120 ml; Turns 257a, c, *Ganzheitlich-geometrische Beschreibung* GGB, Graphische Darstellung GR) und übersetzt diese direkt in die Glasform (Turns 257b, d, *Stückweise qualitative Änderung* SQÄ, Ikonische Darstellung IK). Er konzentriert sich auf das Aussehen des Graphen, das er direkt auf die Glasform zurückführt bzw. ineinander überträgt. Idirs erneute Aussage (Turn 263: ‚Mein Graph sagt, das sieht so aus [*zeigt auf seine Skizze*]', GGB, IK—GR) macht dieses direkte Übertragen oberflächlicher Merkmale in den beiden Darstellungen noch deutlicher und lässt auch eine Variante der Graph-als-Bild-Vorstellung schließen, bei der er den Rand des Glases (um 90° gekippt) im Verlauf des Graphen wiedererkennt (etwa Janvier 1981; Clement 1985; Hadjidemetriou & Williams 2002; Li 2006). Idir steht hier also der mentalen Hürde gegenüber, eine tragfähige Zuordnung zwischen den Darstellungen zu tätigen, statt diese direkt ineinander zu übersetzen. Das wird auch in der graphischen Zusammenfassung der Szene im Navigationsraum (Abb. 6.9) deutlich, in der Idir die ikonische und die graphische Darstellung vor allem höchst verdichtet miteinander verknüpft (Ausnahme bildet das Verknüpfen mit der ikonischen Darstellung in Turn 257, das jedoch anschließend verdichtet wird, Turn 263). Der Frage der Lehrkraft nach der Bedeutung des Graphenverlaufs (Turn 262, SQÄ, KO) folgt Idir zunächst nicht (grauer Pfeil in Abb. 6.9 in entsprechende Zelle SQÄ, KO).

Erst das explizitere Einfordern einer Erklärung seitens der Lehrkraft (Turn 264, SQÄ, KO) veranlasst Idir dazu, über den Füllprozess nachzudenken. Hier faltet Idir die stark verdichtete Verknüpfung zwischen Glas und Graphform (Turn 263, GGB, IK—GR) auf in eine erste kontextuelle Beschreibung der Änderung der Füllhöhe im ersten Graphenabschnitt (Turn 265, SQÄ, KO==GR). Er greift hier also auf seine (bisher vermutlich noch vage) inneren Repräsentation der Füllsituation zurück und arbeitet entsprechend an der mentalen Anforderung.

Die Lehrkraft steuert hier mehrfach die kontextuelle Darstellung an, zunehmend expliziter, und fordert im zweiten Anlauf (Turn 264, SQÄ, KO) schließlich eine (kontextuelle) Erklärung ein. Dieser Impuls bringt Idir schließlich zum Nachdenken über die Füllhöhe und unterstützt ihn damit in der Bearbeitung der mentalen Anforderung, eine innere Repräsentation des Füllprozesses aufzubauen und mit anderen Darstellungen zu verknüpfen.

Dieser erste Zugang ist allerdings noch nicht ausreichend, um die hoch verdichtete Graph-als-Bild-Vorstellung (GGB, IK—GR) tatsächlich aufzubrechen und Idir zu einer tragfähigen Zuordnung zu befähigen (mentale Anforderung). Auch im weiteren Verlauf der Bearbeitung nimmt er ähnlich wie in dieser Szene immer wieder Bezug auf oberflächliche und geometrische Aspekte des gesamten Graphen, also auf das Aussehen des Graphen, und damit das Verstehenselement *Ganzheitlich-geometrische Beschreibung* statt auf weiter aufgefaltete Verstehenselemente in der kontextuellen Darstellung (Adressierung des Füllprozesses). Im Verlauf der folgenden 100 Turns sowie der Besprechung der unterschiedlichen Gläser steuert die Lehrkraft deshalb immer wieder die kontextuelle Darstellung an, sodass Idir schließlich die Passung zwischen Adhikars Glas und dem entsprechenden, im Gespräch entstandenen Füllgraphen inhaltlich erklärt (vgl. Abb. 6.8).

Transkript 6.8, Idir, Zyklus 3, Aufgabe 4, tragfähige Zuordnung durch Adressierung des Füllprozesses

Im Transkript verknüpft Idir die ikonische mit der kontextuellen Darstellung in deutlich aufgefalteten Verstehenselementen (Qualitative & Quantifizierte Abstände, Stückweise qualitative Änderung) und setzt die Darstellungen in diesen Verstehenselementen miteinander in Beziehung. Das besprochene Glas und der entsprechende Graph sind in Abbildug 6.10 sichtbar.

Ganzheitlich-geometrische Beschreibung GGB, Stückweise qualitative Änderung SQÄ, Qualitative Abstände QLA, Quantifizierte Abstände QTA; Ikonische Darstellung IK, Kontextuelle Darstellung KO, Graphische Darstellung GR

435a	Idir	Ja, das zeigt auch zum Beispiel - Er hat auch gesagt, wenn der unten breit ist,	SQÄ, IK
b		dann wird das immer so keine Ahnung, nimmt weniger Platz immer und dann-	QLA, KO
436	Leh	Was nimmt weniger Platz?	
437a	Idir	Zum Beispiel wenn unten breit ist, meint er, dann-	SQÄ, IK
b		Zum Beispiel, wenn hoch, zum Beispiel, hier hoch, nimmt mehr als hier unten Platz.	QLA, KO
		...	
442a	Leh	Hier unten breit,	SQÄ, IK
b		ist viel Platz. Und dann?	SQÄ, KO
443	Idir	Das heißt, wenn hier wenn wenn hier ein Milliliter- ein Zentimeter nimmt #, hier unten nimmt also halb.	QTA, KO
446	Leh	Mhm. Also unten steigt die Füllhöhe langsamer als oben.	SQÄ, KO
447	Idir	Und hier zeigt auch wie hier hoch geht. Ist immer- Also ist kleiner hier, hier, hier [*geht seinen Graphen entlang*] geht also der Graph ist auch der gleiche. Geht immer hocher [*geht Glas entlang*] und breit [*hält Hände weit auseinander*]. Also schmal [*hält Hände eng zusammen*] #	GGB, GR

Die graphische Zusammenfassung der Szene im Navigationsraum ist in Abbildung 6.10 dargestellt.

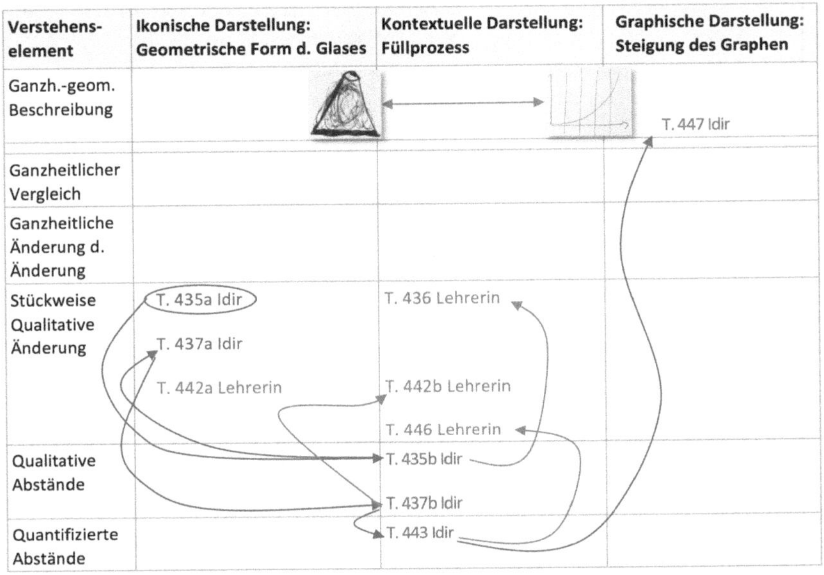

Abb. 6.10 Graphische Zusammenfassung der Analyse im Navigationsraum von Idirs tragfähiger Zuordnung durch den Füllprozess

Idir greift die zuvor besprochene Idee auf, über den Platz nachzudenken, den das Wasser im Glas ausfüllt, interpretiert diese aber auf seine eigene Art. Im Fokus steht nicht das Volumen des Glases, sondern der Abstand, um den die Füllhöhe steigt – bei einem breiten Glas entsprechend ein eher geringer Abstand (ab Turn 435b, QLA, KO). Um Adhikars Skizze und den gezeichneten Graphen einander tragfähig zuzuordnen (mentale Hürde) nutzt Idir hier sein inneres Bild des Füllprozesses und adressiert entsprechend die kontextuelle Darstellung, zunächst im Verstehenselement *Qualitative Abstände* (Turn 437b, QLA, KO, im Sinne von ‚die Füllhöhe steigt weiter oben um mehr, nimmt also mehr Höhe ein als unten') und anschließend in den *Quantifizierten Abständen* (Turn 443, QTA, KO). In der graphischen Zusammenfassung (Abb. 6.10) wird diese erste Verknüpfung von Idir zwischen der ikonischen und der kontextuellen Darstellung sichtbar (Turns 435, 437, 443; Pfeile zwischen den Spalten der Darstellungen).

Der Übergang zur graphischen Darstellung ist für Idir allerdings noch herausfordernd. Hier übersetzt er die Form des Glases direkt in das Aussehen des Graphen und greift damit auf das Verstehenselement *Ganzheitlich-geometrische*

Beschreibung und Teile der Graph-als-Bild-Vorstellung zurück (Turn 447, GGB, GR). Dieses starke Verdichten wird im Navigationsraum durch die Bewegung nach rechts oben visualisiert.

Mit Blick auf die mentale Hürde, Glas und Füllgraph nicht direkt ineinander zu übersetzen, sondern diese einander tragfähig zuzuordnen, unterstützt die Lehrkraft Idir hier ähnlich wie in der vorangegangenen Szene durch Impulse, die auf die kontextuelle Darstellung abzielen (Turns 436, 442b, 446; SQÄ, KO). Sie fokussiert diese einerseits, aber überformt Idirs Aussage auch bezüglich der Füllgeschwindigkeit (Turns 442 & 446).

Die explizite Adressierung der Füllgeschwindigkeit übernimmt also die Lehrkraft in dieser Szene (Turn 446, SQÄ, KO). Idir hätte dazu seine Aussagen in den Verstehenselementen *Qualitative* bzw. *Quantifizierte Abstände* wieder zum Verstehenselement *Stückweise qualitative Änderung* verdichten müssen (Bewegung nach oben in die Zeile *Stückweise qualitative Änderung* (SQÄ), hier übernommen durch die Lehrkraft, Turn 446). Diese Bewegungen weisen aber bereits auf eine weitere Anforderung, nämlich die diskursiv-konzeptuelle, hin, in der u. a. Auffalt- und Verdichtungsbewegungen zur Erklärung der Passung genutzt werden müssen (vgl. Abschnitt 6.3).

6.2.3 Zusammenfassung zur mentalen Anforderung

Sowohl Havah als auch Idir zeigen im ersten Zugriff aus der Literatur wohlbekannte Strategien der direkten Übersetzung von Gläsern und Füllgraphen mit Graph-als-Bild-Vorstellung (in den graphischen Zusammenfassungen der Szenen sichtbar in der Adressierung der ikonischen Spalte) oder die aus der Literatur bekannte direkte Übersetzung zwischen Glas und Graph auf extrem kondensierte, ganzheitliche Art und Weise (Verknüpfung in der obersten Zeile, *Ganzheitlich-geometrische Beschreibung* GGB in den Navigationsräumen; z. B. Janvier, 1981; Sierpinska 1992; Moore et al. 2013). Hierbei handelt es sich um die bereits bei Jahzeel deutlich gewordene mentale Hürde, Glas und Füllgraph einander tragfähig und begründbar zuzuordnen, statt diese nur oberflächlich ineinander zu übersetzen ohne Aktivieren der mentalen Vorstellung des Füllprozesses.

Die empirischen Analysen der dokumentierten Lernwege helfen, die zugrundeliegenden Anforderungen zu ihrer Überwindung genauer zu rekonstruieren: Um auftretenden Schwierigkeiten und Hürden (wie Varianten der Graph-als-Bild-Vorstellung bei Idir) zu überwinden, ist die mentale Anforderung zentral, zunächst eine innere Repräsentation des Füllprozesses zu konstruieren. Sowohl bei Jahzeel (vgl. Abschnitt 6.1) als auch bei Idir (vgl. Abschnitt 6.2.2) findet nach und nach ein Aufbau dieser mentalen Darstellung statt, der durch die Adressierung der kontextuellen Spalte in den graphischen Zusammenfassungen in den Navigationsräumen sichtbar wird (Transkripte 6.4, 6.7 & 6.8). In Havahs Fall wird jedoch deutlich, dass ihr die Verknüpfung der Darstellungen nur sehr oberflächlich gelingt (Transkript 6.6), wenn überhaupt (Transkript 6.5). Hier wird deutlich, dass Havah vermutlich keine innere Vorstellung des Füllprozesses aufgebaut und diese entsprechend auch nicht mit den beiden gegebenen Darstellungen verknüpfen kann. In allen Fällen gelingt eine tragfähige Zuordnung von Glas und Füllgraph erst, nachdem die Lernenden erfolgreich die kontextuelle Darstellung adressiert haben (in den Navigationsräumen also die Verknüpfungspfeile in die kontextuelle Spalte) bzw. bei Havah gar nicht.

Insgesamt zeigen die untersuchten Ausschnitte, die zugrundeliegenden mentalen Anforderungen in semiotischer Dimension, die sich Lernenden typischerweise stellen, wenn diese Gläser und Füllgraphen einander tragfähig, also nicht aufgrund oberflächlicher Merkmale zuordnen sollen. Auch bei anderen Lernenden konnte dabei das Adressieren und Verknüpfen mit der kontextuellen Darstellung in den Navigationsräumen sichtbar gemacht und aufgrund dieser Rückschlüsse auf (vage) aufgebaute, innere Vorstellungen zum Füllprozess gezogen werden.

Die Lernenden können bezüglich der Bearbeitung der mentalen Anforderung unterstützt werden, indem die Aufgabenstellung oder die Lehrkraft immer wieder explizit das Nachdenken über den Füllprozess einfordert, etwa durch das Fragen nach der Bedeutung der Graphen bzw. den Auswirkungen der Glasform auf Füllhöhe und -geschwindigkeit (z. B. Transkript 6.2, Turn 78 bei Jahzeel; Transkript 6.7, Turn 264 sowie Transkript 6.8, Turns 436–442 bei Idir). Die Analyse von Havahs Episode zeigt aber auch, dass das bloße Einfordern manchmal nicht ausreicht. Denkbar wäre hier also ein noch stärkerer Fokus auf den Füllprozess als Unterstützung in der mentalen Anforderung gewesen.

Die Wirkung solcher *aufmerksamkeitsfokussierenden Scaffolds* lässt sich auf das Designelement der Darstellungs- und Sprachebenenvernetzung zurückführen, die hier durch die Verknüpfung der Darstellungen oberflächliche Übersetzungen aufbrechen und durch tragfähige Zuordnungen der Gläser und Füllgraphen ersetzen.

6.3 Tiefenanalysen zur diskursiv-konzeptuellen Anforderung: Erklären der Darstellungsvernetzung durch Auffalt- und Verdichtungsaktivitäten

Neben der mentalen Hürde, tragfähige Zuordnungen zwischen Darstellungen zu tätigen (vgl. Abschnitt 6.2), sollen ebendiese auch erklärt statt nur benannt werden. Im ersten Ausschnitt aus Jahzeels Lernweg (vgl. Abschnitt 6.1) wurde rekonstruiert, dass die zugrundeliegende Anforderung sowohl die diskursive als auch die konzeptuelle Dimension einbezieht: Das Erklären der Passung ist als anspruchsvolle, diskursive Sprachhandlung zu werten. Dazu musste Jahzeel die stark verdichteten, ganzheitlich-geometrischen Zuordnungen in weniger komplexe Teilelemente des Verstehens auffalten. Das Ende von Idirs Lernwegausschnitt zeigt zudem, dass auch das anschließende Verdichten zu komplexeren Verstehenselementen durchaus Teil des Lern- und Erklärprozesses darstellt.

In diesem Abschnitt 6.3 werden daher die diskursiven und die konzeptuellen Anteile der Anforderung genauer betrachtet, die zur Überwindung der Hürde beitragen, tragfähige Zuordnungen zu erklären, statt diese nur zu benennen. Dazu werden die Lern- und Erklärprozesse von Hania und Emir vorgestellt (beide Zyklus 3): Hanias Erarbeitung verdeutlicht zunächst die Hürde, höchst verdichtete Aussagen und Zuordnungen zu erklären, während Emirs Beispiel Einblicke in gelungene Auffaltprozesse und entsprechend auch in bedeutungsvolle Erklärungen der Zuordnungen der Darstellungen gewährt. Dadurch wird illustriert, dass der Hürde der Erklärung der Darstellung sowohl diskursive als auch konzeptuelle Aspekte zugrunde liegen, die nicht voneinander getrennt werden können. Des Weiteren können mündliche Scaffolds der Lehrkraft in diesen Prozessen herausgestellt werden, die dabei unterstützen, diese diskursiv-konzeptuelle Anforderung zu bearbeiten und die Hürde zu überwinden.

6.3.1 Hanias Erklärungsversuche der Passung der Darstellungen noch ohne erfolgreiche Auffaltaktivitäten

Hania (18 Jahre, Zyklus 3) besucht zusammen mit Jahzeel die einjährige Berufsvorbereitungsklasse für den Hauptschulabschluss nach Klasse 10. Dort wird sie durch die Mathematiklehrkraft im unteren Leistungsdrittel der Klasse verortet. Zum Zeitpunkt der Erhebung ist Hania vor über drei Jahren aus dem Irak nach Deutschland zugewandert und liegt in der sprachlichen Einschätzung anhand des grammatischen Stufenmodells (Prediger et al. 2019c) unter den Erwartungen: Ihre Kompetenzen liegen zwischen den Stufen 2 und 3, wobei der Ausbau der verbalen Anteile in Stufe 2 stagniert, der Wortgruppen-Ausbau aber bereits erfolgreich in Stufe 3 zu verorten ist.

Hania hat in Aufgabe 4 bereits erste Verknüpfungen im Verstehenselement *Stückweise qualitative Änderung* zwischen der Glasform und der Füllgeschwindigkeit hergestellt. Dazu gehörte es, die unterschiedlichen Geschwindigkeiten am konkreten Füllgefäß zu verorten und selbstständig die langsame Füllgeschwindigkeit mit der breiten Glasform in Beziehung zu setzen (nicht abgedruckt). Sie hat also bereits eine zumindest vage mentale Repräsentation des Füllprozesses aufgebaut, die Verknüpfung mit der graphischen Darstellung ist in der bisherigen Bearbeitung jedoch noch nicht tragfähig gelungen.

Nachdem das Tandem zu Beginn von Aufgabe 5 Graph A korrekt Glas 3 zugeordnet hat (Abbildungen in Transkript 6.9), geht die Lehrkraft im Folgenden konkreter auf die einzelnen Segmente der Situation und damit auf das Verstehenselement *Ganzheitliche Änderung der Änderung* ein. Auf Jahzeels Beschreibung der gleichbleibenden Breite des Glases im unteren Abschnitt fragt die Lehrkraft nach einer Verknüpfung zum Graphen und einer entsprechenden Erklärung (Turn 46, GÄÄ, GR).

Transkript 6.9, Hania, Zyklus 3, Aufgabe 5, stark verdichtete Beschreibung der Passung

Im Transkript benennt Hania oberflächlich die Zuordnung zwischen Abschnitten des Glases und des Füllgraphen.

Ganzheitlich-geometrische Beschreibung GGB, Ganzheitliche Änderung der Änderung GÄÄ, Stückweise qualitative Änderung SQÄ; Kontextuelle Darstellung KO, Graphische Darstellung GR; gleichzeitige, oberflächliche Zuordnung/Übersetzung zweier Darstellungen —

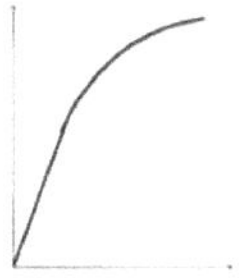

Graph A

Hanias Skizze in Glas 3

46	Leh	[...] Okay. Wie sehe ich das [gleiche Breite d. Glases] dann in dem Graphen [*zeichnet linearen Abschnitt in Graph A nach*]?	GÄÄ, GR
48	Hania	Ach so. Ja. Das ist so [*zeichnet den Graphen A in das Glas 3*].	GGB, IK—GR
49	Leh	Jetzt bin ich irritiert. Was bedeutet das? Was ist *das*?	GÄÄ, KO
50	Hania	Ja das ist diese steil [*zeichnet Graph A nach in Glas 3, vgl. Hanias Skizze oben*].	SQÄ/GGB, GR

Hania greift den Impuls der Lehrkraft auf und zeichnet als Antwort den gesamten Graphen A in das Glas 3 hinein (Turn 48, GGB, IK—GR; Abbildung rechts in Transkript 6.9). Der skizzierte Graph beginnt dabei in der Mitte des Glasfußes und geht über den oberen Rand des Glases hinaus. Damit verknüpft Hania auf stark komprimierte, ganzheitliche Weise die graphische mit der ikonischen Darstellung. Sie ordnet diese einander also aufgrund der oberflächlichen Merkmale einander zu, erklärt diese Zuordnung jedoch nicht. Sie steht hier also der diskursiv-konzeptuellen Hürde gegenüber, die Passung der Gläser tatsächlich auch zu erklären, statt diese (hier skizzierend) zu benennen.

Daraufhin versucht die Lehrkraft neben der sprachlichen Konkretisierung (Turn 49: ‚Was ist *das*?', GÄÄ, KO) vor allem, Hania zum Auffalten der höchst verdichteten, *Ganzheitlich-geometrischen Beschreibung* in das Verstehenselement *Ganzheitliche Änderung der Änderung* zu bewegen (Turn 49: ‚Was bedeutet das?', GÄÄ, KO; konzeptuelle Dimension). In der stark komprimierten *Ganzheitlich-geometrischen*

Beschreibung ist eine Erklärung der Passung (diskursive Dimension) nämlich nicht möglich. Hania versucht sich in einer sprachlichen Konkretisierung durch den expliziteren Verweis auf den abgedruckten Graphen A und dessen Steigung (Turn 50: ‚steil', SQÄ/GGB, GR). Rein sprachlich faltet sie hier bereits in das Verstehenselement *Stückweise qualitative Änderung* (SQÄ) auf. Der inhaltliche Rückbezug zum Glas lässt jedoch dieselbe ganzheitlich-oberflächliche Vorstellung vermuten, sodass die Äußerung immer noch stark verdichtet und bezüglich der Graphensteigung wenig aussagekräftig ist. Insgesamt kann auch hier eine Variante der Graph-als-Bild-Vorstellung vermutet werden (etwa Clement 1985), bei der Hania möglicherweise die Form des Graphen mit dem Schnitt des Glases gleichsetzt.

Die zugrundeliegende diskursiv-konzeptuelle Anforderung an Hania, die Passung der Darstellungen zu erklären, versucht die Lehrkraft mit dem Impuls zum Auffalten in das Verstehenselement *Ganzheitliche Änderung der Änderung* (Turn 49, GÄÄ, KO) zu unterstützen. Diesem Impuls folgt Hania jedoch vermutlich nur in der lexikalischen Dimension durch die Nutzung des Fachbegriffs ‚steil' zur präziseren Beschreibung des Füllgraphen. Konzeptuell herrscht auch zum Ende der Szene noch eine Variante der Graph-als-Bild-Vorstellung vor.

Die Lehrkraft steuert im weiteren Gespräch konkrete, weiter aufgefaltete Verstehenselemente wie die *Punktweise Zuordnung* (PZ) und die *Qualitativen Abstände* (QLA) explizit an und versucht anschließend, bei Hania über den Vergleich der Graphen C und D ein Auffalten ihrer Verknüpfung zu initiieren.

Transkript 6.10, Hania, Zyklus 3, Aufgabe 5, noch unerfolgreiche Erklärungsversuche der Passung der Darstellungen

Im Transkript konzentriert sich Hania auf die oberflächliche Beschreibung der Füllgraphen, um die Passung zu den Gläsern zu begründen. Es gelingt ihr noch nicht, in weniger verdichtete Verstehenselemente aufzufalten.

Ganzheitlich-geometrische Beschreibung GGB, Ganzheitlicher Vergleich GV; Kontextuelle Darstellung KO, Graphische Darstellung GR

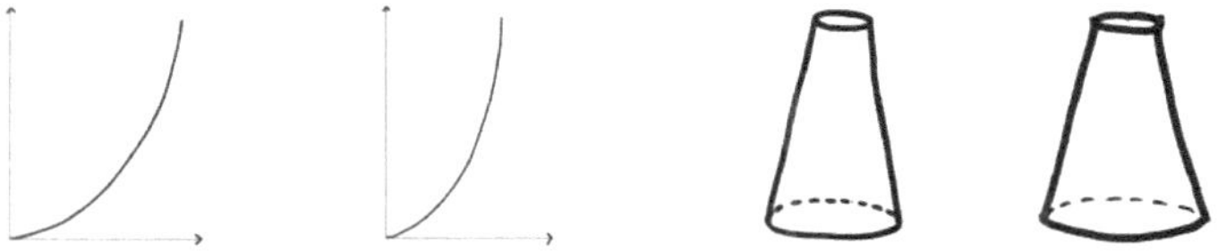

Graph C Graph D Glas 2 Glas 4

58	Hania	Das hier ist größer und das hier ist kleiner [*zeigt erst auf Graph C, dann auf Graph D*].	GGB, GR
59	Leh	Was meinst du damit genau?	GV, KO/GR
60	Hania	Das ist größer und das ist kleiner [*zeigt erst auf Graph C, dann auf Graph D*].	GGB, GR
61	Leh	Hmm, breiter und schmaler, das Glas, meinst du [*Hände weit, dann eng gehalten*]?	GV, IK
62	Hania	Ja.	
63	Leh	Wie siehst du das?	GV, KO/GR
64	Hania	Ja von hier [*zeigt auf Graph C*].	GGB, GR
		...	
77a	Leh	Aber wie sehe ich das hier [*zeigt auf Graphen C & D*]?	GV, GR
b		Woher weiß ich, dass das das Schmale [Glas] ist [*zeigt auf Graph D*]? [...] Was bedeuten die Graphen?	GV, KO
78	Hania	Ach so. Weil hier ist die Linie ist hier ein bisschen größer als diese Linie [*zeigt erst auf Graph D, dann auf Graph C*].	GGB, GR

Die graphische Zusammenfassung im Navigationsraum findet sich für diese Szene in der folgenden Abbildung 6.11.

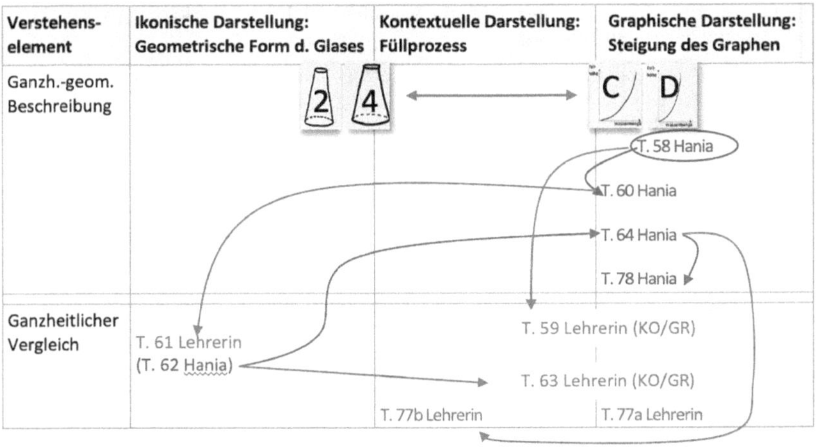

Abb. 6.11 Graphische Zusammenfassung der Analyse im Navigationsraum von Hanias noch unerfolgreichen Versuchen die Passung der Darstellungen zu erklären

Hania beginnt mit einer verdichteten und *ganzheitlich-geometrischen Beschreibung* der Graphen C und D als ‚größer' und ‚kleiner' (Turns 58 & 60, GGB, GR). Der Fokus liegt dabei auf der geometrischen Breite der beiden graphischen Objekte anstatt auf deren Steigung. In der graphischen Zusammenfassung wird dies durch die beinahe ausschließliche Adressierung der rechten oberen Zelle in der graphischen Spalte zum Verstehenselement *Ganzheitlich-geometrische Beschreibung* deutlich. Die Zuordnung zu den Gläsern wird durch die Lehrkraft übernommen, die die lexikalischen Mittel ‚groß' und ‚klein' bezüglich der Glasbreite überformt und damit eine erste Verknüpfung zwischen den Darstellungen formuliert (Turn 61, GV, IK). Im weiteren Gespräch bestätigt Hania die Zuordnung der Lehrkraft zwar (Turn 62, GV, IK), die Erklärung der Passung gelingt ihr jedoch noch nicht. Anstelle einer Erklärung (diskursive Dimension) benennt Hania die Zuordnung zunächst anhand einer Zeigegeste (Turn 64, GGB, GR). Sie ist in dieser Situation also noch mit der Hürde konfrontiert, diese Zuordnung auch zu erklären.

Die Impulse der Lehrkraft, Hania zu einem Auffalten ihrer hoch verdichteten Aussagen zu bewegen (konzeptuelle Dimension) werden im Navigationsraum (Abb. 6.11) durch die grauen Pfeile nach unten in die Zeile des Verstehenselements *Ganzheitlicher Vergleich* deutlich. Hania folgt diesen Impulsen jedoch nicht (sichtbar anhand der grauen statt blauer Pfeile) und bleibt bei hoch verdichteten

Aussagen. Auch in ihrer letzten Aussage in der Szene verbleibt sie in der vorhergehenden *Ganzheitlich-geometrischen Beschreibungen* (Turn 78, GGB, GR) und reformuliert das betrachtete geometrische Objekt als ‚Linie'. Auch hier lässt sich vermuten, dass Hania eine Variante der Graph-als-Bild-Vorstellung aufweist, bei der sie die Breite der graphischen Objekte mit der der Gläser gleichsetzt.

Auch diese Szene zeigt, dass die Anforderungen an Hania sowohl in der diskursiven als auch in der konzeptuellen Dimension zu verorten sind: Um die Passung der Gläser und Graphen zu erklären, statt nur zu benennen (diskursiv), müsste sie in weniger verdichtete Verstehenselemente auffalten (konzeptuell). In der graphischen Zusammenfassung (Abb. 6.11) wird sichtbar, dass Hania die diskursiv-konzeptuelle Anforderung zum Auffalten noch nicht bewältigt hat, hier durch ihr Verweilen in der rechten oberen Zelle, im Verstehenselement *Ganzheitlich-geometrische Beschreibung* in der graphischen Spalte visualisiert. Zusätzlich sind die Bewegungen der Lehrkraft in weniger verdichtete Verstehenselemente, denen Hania noch nicht folgt, typisch für eine noch nicht überwundene diskursiv-konzeptuelle Hürde.

Die Fragen der Lehrkraft zielen vor allem darauf ab, dass Hania ihre Zuordnung bzw. Beschreibungen in weniger kompakte Verstehenselemente auffaltet. Dazu ermutigt sie zu weiteren Erklärungen (Turns 63 & 77a, GV, KO/GR), überformt Hanias (noch nicht tragfähige) Aussagen (Turn 61, GV, IK) oder fragt nach der Bedeutung von Hanias Aussage sowie der Graphen (etwa Turns 59 & 77b, GV, KO/GR). Die Impulse scheinen allerdings nicht adaptiv genug für Hania zu sein. Da Hania bereits die mentale Anforderung, ein zumindest vages, inneres Bild des Füllprozesses aufzubauen, in vorangegangenen Szenen erfolgreich bearbeitet hatte, wäre für die aktuelle Szene ein expliziteres Ansteuern weiter aufgefalteter Verstehenselemente und eine daran anschließende Verknüpfung der Darstellungen zur gezielteren Unterstützung denkbar. Aber auch der erneute explizite Rückgriff auf die kontextuelle Darstellung (mentale Anforderung) stellt eine möglicherweise adaptivere Alternative für diese Szene dar.

6.3.2 Emirs Auffalt- und Verdichtungsaktivitäten zum Erklären der Passung von Darstellungen und zum Konstruieren von Bedeutung

Der folgende Abschnitt gibt einen Einblick in Emirs (18 Jahre, Zyklus 3) Lernweg. Er besucht die einjährige Berufsfachschule (Hauptschulabschluss nach Klasse 10) und zählt dort nach Einschätzung der Lehrkraft zum oberen Leistungsdrittel in Mathematik. Er ist in der Türkei geboren und seit über drei Jahren in Deutschland. Sprachlich gehört er zu den eher stärkeren Lernenden dieser Erhebung, da seine Äußerungen in allen grammatischen Kategorien mindestens in Stufe 3 des grammatischen Stufenmodells (Prediger et al. 2019c) einzuordnen sind, bezüglich der Kategorie Satzbau bereits erfolgreich Formulierungen der Stufen 5 und 6 getätigt werden und auch im Wortgruppen-Ausbau bereits einzelne Äußerungen Stufe 6 zugeordnet werden können.

Emir hat in Aufgabe 4 bereits den unteren Teil seiner Skizze (vgl. Abb. in Transkript 6.11) beschrieben und dem Graphen zugeordnet, indem er die gleichbleibende Steigung des ersten Graphenabschnitts mit der gleichbleibenden Breite des Glases verknüpft hat. Die Lehrkraft macht Emir anschließend auf den zweiten Teil seiner Skizze aufmerksam (Turn 226), den er als immer schmaler werdend gezeichnet hat.

Transkript 6.11, Emir, Zyklus 3, Aufgabe 4, Auffalten der linearen Steigung

Im Transkript benennt Emir zunächst die Zuordnung zwischen dem Füllgraphen (Aufgabe 4) und seiner Skizze. Zur Erklärung dieser Passung faltet er seine Zuordnung anschließend in das Verstehenselement Ganzheitliche Änderung der Änderung (GÄÄ) auf.

Emirs Skizze, Rodins Skizze

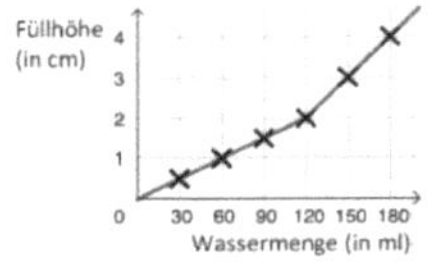

Graph aus Aufgabe 4

Ganzheitlich-geometrische Beschreibung GGB, Ganzheitliche Änderung der Änderung; Ikonische Darstellung IK, Kontextuelle Darstellung KO, Graphische Darstellung GR

226a	Leh	Hier geht's um die Ecke	GGB, IK
b		und dann wird es noch schmaler das Glas [*Hände immer enger zusammen*].	GÄÄ, IK
227	Emir	Dann muss ehm auch gleich sein.	GGB, IK
		…	
249–251a	Emir	Das passt nicht [*zeigt auf Glas von R*] […] Weil es überall gleich ist	GGB, IK
b		und das wird hier nicht immer gleich, es ändert sich [*zeigt auf Graph*] […]	GGB, GR
255-257a	Emir	Das richtig [*zeigt auf sein Glas*]	GGB, IK
b		[…] Aber hier verändert sich was [*zeigt auf oberen Abschnitt im Graph*]	GGB, GR
260	Leh	Aber- Also ich versteh nicht, wieso das hier- hier wird es immer schmaler [*Hände immer enger zusammen*]. […]	GGÄ, KO
264a	Emir	Ach so. Dann muss das oben einfach auch gleich schnell.	GGÄ, KO
b		[*verbessert Skizze*]	GGÄ, IK

Die Szene ist graphisch im folgenden Navigationsraum (Abb. 6.12) zusammengefasst:

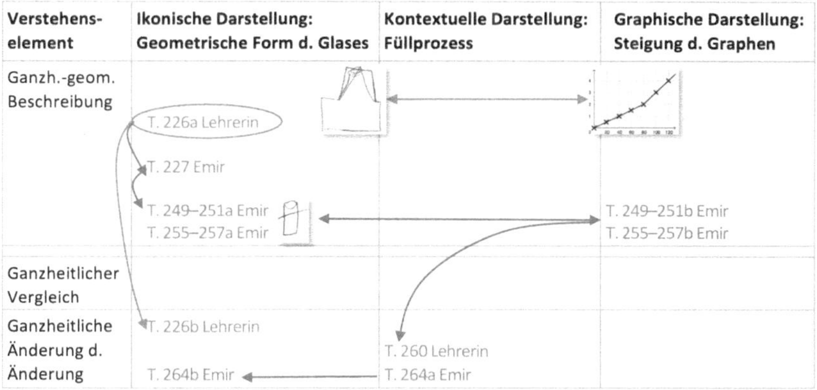

Abb. 6.12 Graphische Zusammenfassung der Analyse im Navigationsraum von Emirs erstem Auffalten der linearen Graphensteigung

Auf die Zusammenfassung seines Glases durch die Lehrkraft (Turn 226, GGB → GGÄ, IK) korrigiert Emir zunächst das Aussehen seines Glases auf ganzheitlich-geometrische Weise (Turn 227: ‚Dann muss auch gleich sein.', GGB, IK). Er erklärt jedoch nicht, wie er auf diese Anpassung kommt und setzt diese auch nicht weiter in Bezug zum Graphen und zum Füllprozess. Im weiteren Verlauf fokussiert Emir insgesamt das Oberflächenmerkmal Knick im Graphen, das sich auch im Glas zeigen muss (insb. Turns 249–257, GGB, IK/GR). Dabei nutzt er die stark verdichtete Formulierung ‚gleich sein' sowohl für die ikonische als auch die graphische Darstellung (für das Glas in Turn 249–251a & 255–257a, für den Graphen in Turns 249–251b & 255–257b). Emir ordnet hier die Darstellungen aufgrund oberflächlich-geometrischer Merkmale einander zu, was in der graphischen Zusammenfassung ähnlich wie bei Hania durch die Verknüpfung der ikonischen mit der graphischen Spalte in der obersten Zeile der *Ganzheitlich-geometrischen Beschreibung* sichtbar wird. Er erklärt diese Verknüpfung zunächst nicht und hat damit die diskursiv-konzeptuelle Hürde noch nicht überwunden.

In Turn 257a weist Emir allerdings bereits auf eine Veränderung in der Steigung hin, die er an dieser Stelle jedoch noch nicht präzisiert (Turn 257a: ‚Aber hier verändert sich was', GGB, GR). Nach fast 40 weiteren Turns gelingt es ihm, seine zunächst auf Oberflächenmerkmale konzentrierte Zuordnung von Glas und Graph durch das Auffalten in das weniger verdichtete Verstehenselement *Ganzheitliche Änderung der Änderung* im Kontext zu erklären (Turn 264: ‚gleich schnell', GÄÄ, KO). Diese Sprachhandlung des Erklärens (diskursive Dimension) ist auch in dieser Szene mit einem gleichzeitigen Auffalten der verdichteten Zuordnung in weniger komplexe Verstehenselemente verbunden (konzeptuelle Dimension), sodass Emir hier die Hürde der Erklärung der Passung der Darstellungen (statt der Nennung der Zuordnung) durch die Arbeit an der diskursiv-konzeptuellen Anforderung des Auffaltens zum Erklären überwindet. Abweichend zu Hanias Bewegungen auf dem Navigationsraum, wird in der graphischen Zusammenfassung von Emirs Szene hier die Bewegung in das weniger komplexe Verstehenselement durch den Pfeil nach unten deutlich (von Turn 255–257b in GGB, IK zu Turn 264a in GGÄ, KO).

Um das Auffalten der oberflächlichen Zuordnung von Glas und Graph anzuregen, navigiert die Lehrkraft gezielt zu konkreten Verstehenselementen. Da Emir bereits tragfähig im Verstehenselement *Stückweise qualitative Änderung* erklärt und Darstellungen verknüpft hat, steuert sie zunächst dieses an (nicht abgedruckt). In Turn 260 regt sie schließlich eine Erklärung über die Beschleunigung der Füllgeschwindigkeit im Verstehenselement *Ganzheitliche Änderung der Änderung* an, der Emir folgt und so seine stark verdichtete Zuordnung durch Auffalten erklärt (diskursiv-konzeptuelle Anforderung).

Im Verlauf der Aufgaben 4 und 5 erschließt sich Emir immer weiter das Verstehenselement *Ganzheitliche Änderung der Änderung*, indem er von dort zum Verstehenselement *Stückweise qualitative Änderung* auffaltet und andersherum auch wieder verdichtet. Die folgende Szene zeigt seine Erklärung der Passung zwischen dem oberen Segment von Graph A und Glas 3 (vgl. Abb. in Transkript 6.12).

Transkript 6.12, Emir, Zyklus 3, Aufgabe 5, Auffalten und Verdichten zwischen *Ganzheitlicher Änderung der Änderung* und *Stückweise qualitativer Änderung*

Im Transkript erklärt Emir die Zuordnung von Graph A und Glas 3 durch wiederholte Auffalt- und Verdichtungsaktivitäten zwischen den Verstehenselementen Stückweise qualitative Änderung und Ganzheitliche Änderung der Änderung.

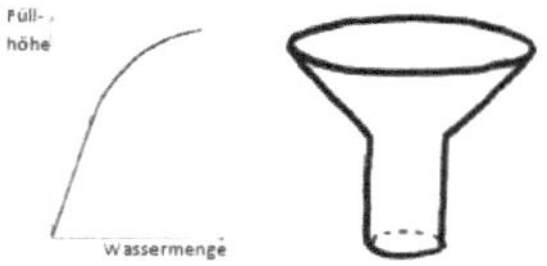

Graph A Glas 3

Ganzheitliche Änderung der Änderung, Stückweise qualitative Änderung SQÄ; Ikonische Darstellung IK, Kontextuelle Darstellung KO, Graphische Darstellung GR

75b	Emir	Oben wird der wieder langsamer	SQÄ, KO
c		bisschen flacher	SQÄ, GR
d		Ja langsamer, etwas langsamer. So.	GÄÄ, KO
76	Leh	Wieso?	SQÄ, KO
77a	Emir	Weil da oben mehr Platz	
b		breit ist [*Hände weit auseinander*].	SQÄ, IK
79	Emir	Du hast ja immer langsamer oben.	GÄÄ, KO

Um die Zuordnung zwischen Graph A und Glas 3 genauer zu erklären (diskursiv-konzeptuelle Hürde), adressiert Emir zunächst das Verstehenselement *Stückweise qualitative Änderung*, in dem er die Füllgeschwindigkeit im zweiten Teil der Situation in Relation zum ersten Teil setzt (Turn 75b: Oben wird der wieder langsamer, SQÄ, KO) und diese direkt mit dem Graphen verknüpft (Turn 75c, SQÄ, GR). Emir hat hier also die diskursiv-konzeptuelle Anforderung, ganzheitliche Zuordnungen zum Erklären der Passung aufzufalten, erfolgreich genutzt. Die Verortung in der graphischen Zusammenfassung im Navigationsraum beginnt entsprechend direkt in der Zeile der *Stückweise qualitativen Änderung* (Abb. 6.13).

Im Anschluss daran nimmt Emir im zweiten Abschnitt der Situation mehrere kleine Intervalle in den Blick und beschreibt so die zunehmend langsamer werdende Geschwindigkeit (Turn 75d: ‚Ja, langsamer, etwas langsamer. So.', GÄÄ, KO). Damit verdichtet er seine vorherige Aussage über die zwei großen Intervalle im Vergleich zu einer Formulierung über mehrere kleinere Intervalle, um die *Ganzheitliche Änderung der Änderung* zu adressieren. Diese Verdichtungsaktivität wird in der graphischen Zusammenfassung durch die nach oben gerichtete Bewegung auf dem Navigationsraum visualisiert (Abb. 6.13).

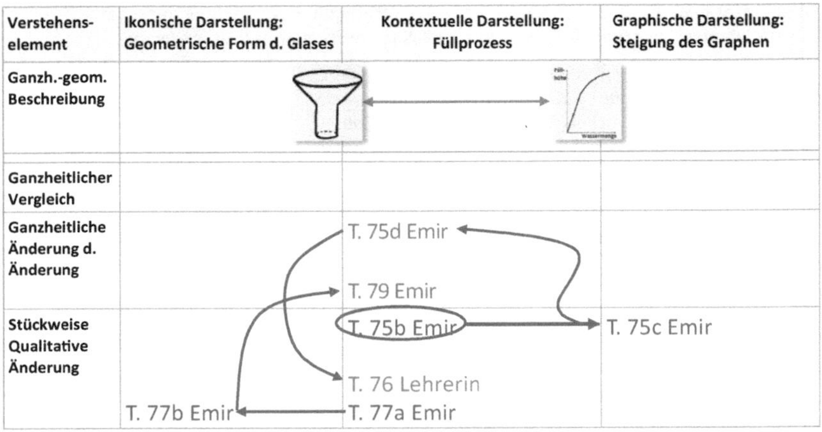

Abb. 6.13 Graphische Zusammenfassung der Analyse im Navigationsraum von Emirs Auffalt- und Verdichtungsaktivitäten zur Erklärung der Passung der Darstellungen

Emir verdichtet also hier seine Erkenntnisse im Verstehenselement *Stückweise qualitative Änderung* zum Verstehenselement *Ganzheitliche Änderung der Änderung* und verknüpft diese weiter. Zur Erklärung der Passung der beteiligten Darstellungen (diskursive Dimension) ist also neben einem Auffalten ganzheitlicher Zuordnungen auch ein anschließendes Verdichten nötig (konzeptuelle Dimension), um Erkenntnisse und Beziehungen zwischen Darstellungen auch in anderen Verstehenselementen nutzen zu können (vgl. Aebli 1981; Drollinger-Vetter 2011).

Auf die Frage der Lehrkraft nach einer Begründung (Turn 76) setzt Emir zunächst wieder beim Verstehenselement *Stückweise qualitative Änderung* an (Turn 77), faltet seine Gedanken also auf, und folgert schließlich ein zweites Mal die immer langsamer werdende Füllgeschwindigkeit (Turn 79).

In dieser Szene gibt die Lehrkraft sehr wenige Impulse, da Emir bereits selbstständig die Darstellungen einander zuordnet und diese Verknüpfung erklärt. Das Einfordern der genaueren Erklärung (Turn 76, SQÄ, KO) gibt Emir hier die Möglichkeit, auch die Glasform in seine Erklärung mit einzubeziehen (Turn 77b, SQÄ, IK) und seine vorherige Aussage im Verstehenselement *Ganzheitliche Änderung der Änderung* anschließend weiter zu präzisieren (Turn 79, GÄÄ, KO).

Emirs erste Episode illustriert, dass die bloße Zuordnung von Glas und Füllgraph zunächst oft anhand geometrischer Oberflächenmerkmale geschieht. Zur tatsächlichen Erklärung der Passung ist es anschließend allerdings notwendig, diese oft unpräzisen, äußerlichen Zuordnungen in weniger verdichtete, insbesondere kontextuellen Verstehenselemente aufzufalten, in Emirs Beispiel hin zur *Ganzheitlichen Änderung der Änderung.*

Beide Szenen zeigen Emirs Auffaltprozesse beim Erklären der Zuordnung zwischen Glas und Füllgraph (diskursiv-konzeptuelle Anforderung, sichtbar in den graphischen Zusammenfassungen in Abb. 6.12 & 6.13): ausgehend von einem komplexen, stark verdichteten Verstehenselement hin zu weiter aufgefalteten Elementen (in den Navigationsräumen visualisiert durch Pfeile von oben weiter nach unten). In der ersten Szene faltet Emir seine oberflächliche und direkte Zuordnung von Glas und Graphen(form) in eine inhaltliche Bedeutungserklärung über gleichmäßige Geschwindigkeit auf. Zur Erschließung der Bedeutung des konkaven Graphenabschnitts in der zweiten Episode faltet Emir immer wieder in das weniger komplexe Verstehenselement *Stückweise qualitative Änderung* auf und verdichtet seine Aussagen anschließend wieder zur *Ganzheitlichen Änderung der Änderung.* Hier wird auch die Notwendigkeit des Verdichtens deutlich, um die Erkenntnisse über die Füllgeschwindigkeit oder Steigung entsprechend auch in komplexeren Verstehenselementen nutzen zu können.

In diesem Ausschnitt aus Emirs Lernweg gibt die Lehrkraft wenige, ausgewählte Impulse, um entweder gezielt bestimmte Verstehenselemente anzusteuern und Emir damit zum Auffalten anzuregen (z. B. Turn 226b in Transkript 6.11) oder alternativ kontextuelle Erklärungen einzufordern (z. B. Turn 76 in Transkript 6.11 & Turn 228 in Transkript 6.12). Diese Impulse sind teilweise noch implizit, sodass bei anderen Lernenden vermutlich eine stärkere Explizierung der Zielelemente notwendig ist. Sie unterstützen Emir aber offenbar in der Bewältigung der Anforderung, die verdichteten Zuordnungen zum Erklären der Passung der Darstellungen aufzufalten (diskursiv-konzeptuelle Anforderung).

6.3.3 Zusammenfassung: Auffalten ganzheitlicher Zuordnungen zur Erklärung der Passung zwischen Gläsern und Füllgraphen

In den beiden Episoden von Hania (vgl. Abschnitt 6.3.1) und Emir (vgl. Abschnitt 6.3.2) finden zunächst Zuordnungen zwischen Gläsern und Füllgraphen statt. Diese sind in beiden Fällen oberflächlich fokussiert und im Verstehenselement *Ganzheitlich-geometrische Beschreibung* verortet. Eine tatsächliche Erklärung dieser Zuordnungen erfolgt in diesen Fällen jedoch nicht. In den graphischen Zusammenfassungen wird hier die Hürde einer Erklärung der

Zuordnung (statt einer bloßen Benennung dieser) durch das Verbleiben in der obersten, höchst verdichteten Zeile der *Ganzheitlich-geometrischen Beschreibung* visualisiert (Abb. 6.11 für Hania, Abb. 6.12 für Emir).

Hanias Beispiel (vgl. Abschnitt 6.3.1) verdeutlich, dass der Fokus auf oberflächliche Merkmale der Graphen und Gläser oft auch mit dem Fehlen von Erklärungen der Passung und dem Adressieren weniger verdichteter Verstehenselemente einhergeht. Ähnliches ist auch in Emirs erster Szene zu beobachten (Transkript 6.11). In Hanias Fall tritt dieser Fokus auf die reine Zuordnung aufgrund oberflächlicher Merkmale sogar wegen einer Fehlvorstellungen, hier einer Variante der Graph-als-Bild-Vorstellung, auf – hier durch das Gleichsetzen des Glasabschnitts mit dem Verlauf des Füllgraphen (Transkript 6.9). Sie hat also die diskursiv-konzeptuelle Hürde Erklärung der Passung der Darstellungen noch nicht überwunden.

Emirs Beispiel (vgl. Abschnitt 6.3.2) zeigt, dass die Benennung der Zuordnung durch ein Auffalten des stark verdichteten Verstehenselements *Ganzheitlich-geometrische Beschreibung* (konzeptuelle Dimension) erklärt werden kann (diskursive Dimension). In dieser Szene wird ähnlich wie bereits bei Jahzeel (vgl. Abschnitt 6.1) deutlich, dass die diskursive und die konzeptuelle Dimension eng miteinander zusammenhängen. Um dies aufzuzeigen, wurden die beiden Dimensionen analytisch getrennt betrachtet. Die Lernenden können die beschriebene Hürde nur überwinden, indem sie die diskursiv-konzeptuelle Anforderung bewältigen, zum Erklären der Passung in weniger verdichtete Verstehenselemente aufzufalten.

Die Sprachhandlung des Erklärens von Bedeutung (diskursive Dimension) hängt steht also in engem Zusammenhang zum flexiblen Adressieren von Verstehenselementen (konzeptuelle Dimension). Emir nutzt Auffalt- und Verdichtungsaktivitäten neben der zur Erklärung der Zuordnung (Transkript 6.11) auch zur Bedeutungskonstruktion des anspruchsvollen Verstehenselements *Ganzheitliche Änderung der Änderung* (Transkript 6.12): Er faltet auf und verdichtet wiederholt zwischen den Verstehenselementen *Stückweise qualitative Änderung* und *Ganzheitliche Änderung der Änderung*. Dies wird in der graphischen Zusammenfassung durch die Pfeile zwischen den entsprechenden Zeilen im Navigationsraum (Abb. 6.13) visualisiert. Emir nutzt zur Bedeutungserklärung auch immer den Kontext und bezieht die ikonische sowie graphische Darstellung auf den Füllprozess. Insgesamt lässt sich also aus den Analysen der vorgestellten (und weiteren ähnlichen) Fallbeispielen schlussfolgern, dass die diskursiv-konzeptuelle Hürde, die Passung der Darstellungen zu erklären, durch ein Auffalten vor allem auch in die kontextuelle Darstellung hin überwunden wird. Sie tragen zudem zur Beantwortung der Frage bei, wie diese Anforderungen im Füllgraphen-Kontext zusammenhängen. Das Analyseinstrument bietet dabei die Möglichkeit, diese Hürde sowie die zur Bewältigung notwendigen Anforderungen zu visualisieren.

Um die Lernenden in Bezug auf die diskursiv-konzeptuelle Anforderung zu unterstützen, können Impulse genutzt werden, die das Auffalten initiieren. Bei Lernenden wie Emir reichen bereits Fragen nach einer Bedeutungserklärung oder Ermutigungen für weitere Erklärungen aus (etwa Transkript 6.11, Turn 260; Transkript 6.12, Turn 76). Der Einblick in Hanias Lernweg zeigt allerdings auch, dass solche Impulse möglicherweise deutlich konkretisiert werden müssen. Vorstellbar sind hier etwa das Adressieren konkreter, weniger verdichteter Verstehenselemente.

6.4 Tiefenanalysen zur mental-diskursiv-konzeptuell-lexikalischen Anforderung: Präzises Erklären durch bedeutungsbezogene Sprache

Zum Ende von Jahzeels Lernweg (vgl. Abschnitt 6.1) konnte eine dritte Hürde rekonstruiert werden, nämlich präzise Erklärungen zu formulieren. Durch den Einblick in Jahzeels Lernprozess wurde außerdem deutlich, dass an ihn zur Überwindung dieser Hürde Anforderungen aus ganz verschiedenen Dimensionen gestellt wurden: Die Sprachhandlung des Erklärens der Darstellungsvernetzung ist Teil der diskursiven Dimension. Dazu muss Jahzeel die relevanten Verstehenselemente in den jeweiligen Darstellungen adressieren, auffalten, verdichten und miteinander verknüpfen (konzeptuelle Dimension). Für die erfolgreiche Verknüpfung ist jedoch ein inneres Bild des Füllprozesses nötig (mentale Anforderung in semiotischer Dimension), die nur durch bedeutungsbezogene Sprachmittel explizit adressiert werden kann (lexikalische Dimension). In Jahzeels Fall stellte sich die Verflechtung dieser vier Dimensionen in ein und derselben Anforderung heraus.

Um dies an weiteren Beispielen zu illustrieren, werden in diesem Abschnitt 6.4 anhand von Einblicken in Lernwege die verschiedenen Dimensionen beleuchtet und anschließend deren Verwobenheit herausgearbeitet. Dazu werden in Adhikars, Saids und Idirs Beispiel (Zyklus 3) die einzelnen Dimensionen und deren Verknüpfung herausgearbeitet und zu den bisher vorgestellten Anforderungen und Hürden in Beziehung gesetzt. Zusätzlich wird auch die Relevanz präziser Sprache bei zunehmendem konzeptuellem Anspruch erläutert. Die Gegenüberstellung von Adhikars und Emirs Lernwegen vertieft diese Rekonstruktion.

6.4.1 Adhikar, Said und Idir: Lexikalische Unterstützung zur konzeptuellen Unterscheidung von Verstehenselementen

In diesem Abschnitt wird der gemeinsame Lernweg von Adhikar (17 Jahre, aus Guinea), Idir (17 Jahre, aus Guinea) und Said (17 Jahre, aus Afghanistan) vorgestellt. Die drei Lernenden besuchen die Ausbildungsvorbereitungsklasse mit dem Ziel, den Hauptschulabschluss nach Klasse 9 zu erreichen. Alle drei gehören dort zum oberen Leistungsdrittel in Mathematik. Idir ist etwa18 Monate in Deutschland, Adhikar und Said seit ca. 2 Jahren. Die drei Lernenden gehören sprachlich zu den stärksten im untersuchten Sample: alle drei erreichen im grammatischen Stufenmodell (Prediger et al. 2019c) mindestens Stufe 3, v. a. bezüglich der verbalen Anteile. Said und Adhikar sind beim Wortgruppen-Ausbau aber bereits in Stufe 4 zu verorten und alle drei Lernenden formulieren Äußerungen, deren Satzbau-Komplexität meist bereits in Stufe 4 anzusiedeln ist, mit einzelnen deutlich anspruchsvolleren Phrasen aus Stufe 6.

Zu Beginn von Aufgabe 4 (vgl. Abb. in Transkript 6.13) erarbeiten Adhikar, Said und Idir den Zusammenhang zwischen den Verstehenselementen *Stückweise qualitative Änderung* sowie *Quantifizierte Abstände*. Die *quantifizierten Abstände* in den Intervallen zwischen 40 ml und 60 ml sowie zwischen 90 ml und 100 ml sind identisch, da die Füllhöhe dort jeweils um 1 cm wächst. Die Füllgeschwindigkeit ist aufgrund der unterschiedlichen Wassermengen jedoch nicht dieselbe.

Transkript 6.13, Idir und Said, Zyklus 3, Aufgabe 4, Unpräzise Adressierung im Verstehenselement Quantifizierte Abstände

Im Transkript versuchen Idir und Said, die Passung der graphischen und kontextuellen Darstellung im Vergleich der beiden groben Graphenabschnitte zu erklären.

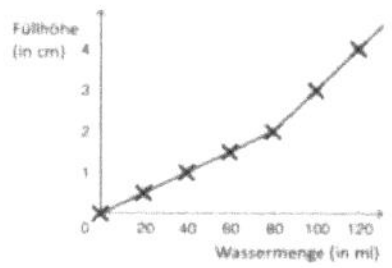

Graph aus Aufgabe 4

Stückweise qualitative Änderung SQÄ, Quantifizierte Abstände QTA; Kontextuelle Darstellung KO

106-108	Leh	Mhm. Okay. Also stimmt es doch, was du gesagt hast? Zwischen vierzig und sechzig wächst die Füllhöhe langsamer als zwischen neunzig und hundert? […]	SQÄ, KO
109	Idir	… Ich- Also weil ich- was ich denke, das stimmt gar nicht. Für mich das das Gleiche, weil beide nullkommafünf.	QTA, KO
111	Leh	Beide wachsen *um* nullkommafünf Zentimeter.	
112	Said	Vierzig bis sechzig ist nullkommafünf.	
114	Leh	Vierzig bis sechzig wächst sie *um* nullkommafünf und neunzig bis hundert wächst die Füllhöhe *um* nullkommafünf. […]	

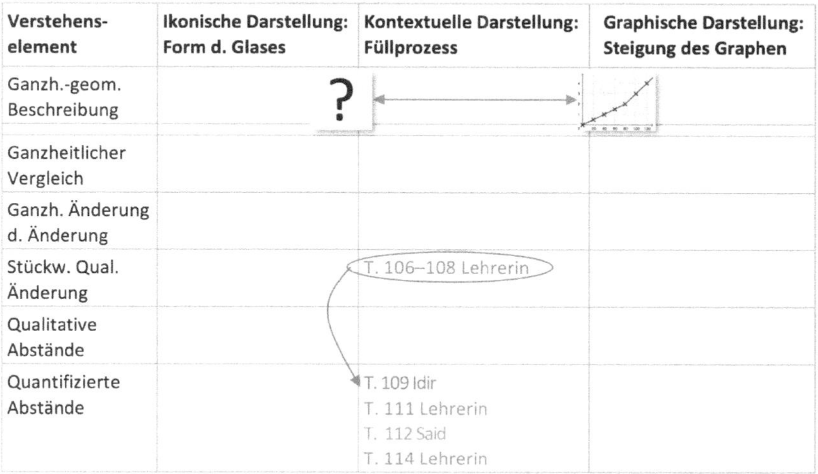

Abb. 6.14 Graphische Zusammenfassung der Analyse im Navigationsraum von Idirs und Saids Auffaltaktivität zur Erklärung der Passung der Darstellungen

Die Lehrkraft fordert von den Lernenden hier eine Erklärung der Passung zwischen graphischer und kontextueller Darstellung ein (Turn 106–108, SQÄ, KO; diskursive Dimension). Dazu falten Said und Idir in das Verstehenselement *Quantifizierte Abstände* auf, bei dem sie jedoch den Umfang der ersten Größe außer Acht lassen (Turns 109 & 112, QTA, KO). Diese Auffaltaktivität wird in der graphischen Zusammenfassung (Abb. 6.14) im Navigationsraum durch die Bewegung nach unten, in das weniger verdichtete Verstehenselement *Quantifizierte Abstände* (Zeile QTA) sichtbar. Said und Idir unterscheiden sprachlich allerdings nicht explizit zwischen der Zuordnung von Wertepaaren im Verstehenselement *Punktweise Zuordnung* und dem Verstehenselement Quantifizierte Änderung (etwa Turn 109: ‚weil beide nullkommafünf' anstelle von ‚wachsen um'). Entsprechendes gilt für die Benennung der beiden Größen in dieser Szene. Diese Aspekte lassen darauf schließen, dass die Lernenden in der epistemischen Dimension die beiden Verstehenselemente noch nicht tragfähig miteinander in Beziehung setzen und entsprechend noch nicht zwischen diesen differenzieren, auffalten oder verdichten können.

Said und Idir scheinen die mentale Anforderung, eine Vorstellung des Füllprozesses aufzubauen, zumindest teilweise bereits erarbeitet zu haben. Die beiden stehen hier jedoch vor der Hürde, die Verknüpfung der kontextuellen Darstellung mit der graphischen Darstellung (semiotische Dimension) präzise zu formulieren (lexikalische Dimension). Dabei liegt die Möglichkeit nahe, dass ihnen konzeptuell die genaue Unterscheidung der Verstehenselemente in den jeweiligen Darstellungen noch unklar ist (epistemische und semiotische Dimension, die zur konzeptuellen Dimension zusammengeführt werden).

In dieser Episode werden die vielfältigen Anforderungen an die beiden Lernenden aus allen vier Analysedimensionen deutlich: Diskursiv fordert die Lehrkraft die Erklärung der Passung der Darstellungen ein (Turns 106–108). Dazu falten die Lernenden in ein weniger komplexes Verstehenselement, die *Quantifizierten Abstände*, auf (Turns 109–112, QTA, KO), differenzieren jedoch noch nicht explizit zwischen diesem Verstehenselement und der *Punktweisen Zuordnung* (konzeptuelle Dimension). Das Nachdenken über den Füllprozess (mentale Anforderung in semiotischer Dimension) wird zwar einbezogen, doch dieser wird genauso wie die relevanten Verstehenselementen nur sehr unpräzise adressiert (lexikalische Dimension).

Die Lehrkraft überformt die Aussagen von Said und Idir hier, um einerseits die Veränderung in der kontextuellen Darstellung deutlich zu machen (etwa Turn 111: wächst um …, QTA, KO). Gleichzeitig bezieht sie wiederholt die erste Größe mit ein und expliziert die zweite Größe (Turn 114: ‚Vierzig bis sechzig […] neunzig bis hundert wächst die Füllhöhe um nullkommafünf', QTA, KO). So macht sie die

Unterscheidung der Verstehenselemente auch sprachlich sichtbar, indem sie die *Quantifizierten Abstände* in der zweiten Größe, der Füllhöhe, präzise adressiert und von der *Punktweisen Zuordnung* abhebt. Gleichzeitig bietet die Lehrkraft hier ein sprachliches Vorbild für die Lernenden an. Über die nächsten Diskussionen hinweg, überformt die Lehrkraft immer wieder die Aussagen der Lernenden in Bezug auf die explizite Adressierung der Größen sowie die präzise sprachliche Unterscheidung der Verstehenselemente.

Transkript 6.14, Adhikar und Said, Zyklus 3, Aufgabe 4, Zunehmend präzisere Adressierung der zweiten Größe

Im Transkript versuchen Idir und Said, die Passung der graphischen und kontextuellen Darstellung im Vergleich der beiden groben Graphenabschnitte zu erklären.

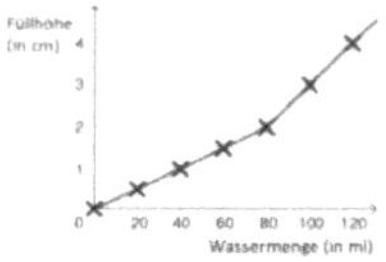

Graph aus Aufgabe 4

Stückweise qualitative Änderung SQÄ, Quantifizierte Abstände QTA; Ikonische Darstellung IK, Kontextuelle Darstellung KO; gleichzeitiges, tragfähiges Adressieren zweier Darstellungen ==

176	Adhikar	Also es nach meiner Meinung [*zeigt auf sich*] [...]- zwischen neunzig und zwanzig geht ehm wächst die Wasserhöhe, also das wächst schneller als da unten. [...]	SQÄ, KO
180a	Adhikar	Ja. Schmaler und breit.	SQÄ, IK
b		Und da oben- da unten ist zwanzig [...]	QTA, KO
c		und das geht so schneller als da unten, meine ich.	SQÄ, KO
		...	
268	Leh	Wann wächst die *Füllhöhe* langsam? Um nullkommafünf, nullkommafünf, nullkommafünf [*Hand steigt stetig etwas höher*]. [...]	SQÄ, IK
272a	Said	Wenn die Glas unten geht- unten von ein Glas ist breit,	SQÄ, IK
b		dann das Füllhöhe geht einfach langsam. [...]	SQÄ, KO
273a	Adhikar	Also, wenn ein Glas unten mehr Platz hat- hat [*Hände weit auseinander*],	SQÄ, IK==KO
b		dann steigt nicht ehm schneller die Füllhöhe.	SQÄ, KO

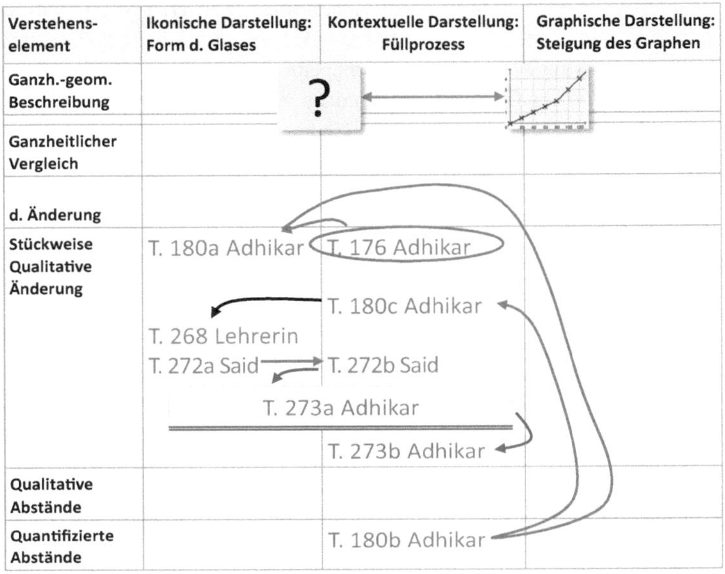

Abb. 6.15 Graphische Zusammenfassung der Analyse im Navigationsraum von Adhikars und Saids zunehmend präziser Erklärung der Passung der Darstellungen

In Turn 176 (SQÄ, KO) benennt Adhikar schließlich die zweite Größe zum ersten Mal explizit (lexikalische Dimension), was zuerst Said (Turn 272, SQÄ, KO), später auch Idir (nicht abgedruckt) vermehrt übernehmen. Diese lexikalische Präzision nutzt Adhikar, um die Erklärung der Passung (diskursive Dimension) zwischen Glasbreite und Füllgeschwindigkeit zu verfeinern (Turns 176 & 180 und zunehmend in Turns 272 & 273). Er bezieht hier die erste Größe zur Unterscheidung ein und faltet dazu in das Verstehenselement *Quantifizierte Abstände* auf (Turn 180b, QTA, KO; konzeptuelle Dimension). Im Vergleich zum oberen Graphenabschnitt verdichtet Adhikar anschließend wieder (Turn 180c, SQÄ, KO). Adhikars Verknüpfung zwischen den Darstellungen sowie die dazu genutzten Auffalt- und Verdichtungsaktivitäten werden in der graphischen Zusammenfassung der Episode im Navigationsraum sichtbar, durch die horizontalen Pfeile zwischen den Darstellungsspalten ikonisch und kontextuell (Turns 176 & 180a) sowie durch die vertikalen Pfeile zur Visualisierung der Auffalt- und Verdichtungsaktivitäten (Turns 180b & c; Abb. 6.15).

Der Großteil der Äußerungen bezieht sich auf die kontextuelle Darstellung, wodurch deutlich wird, dass Adhikar und Said bereits erfolgreich ein inneres Bild des Füllprozesses aufgebaut haben und dieses ggf. noch erweitern (mentale Anforderung in semiotischer Dimension). Dennoch gibt es auch viele Momente, in denen sowohl die Füllhöhe als auch die Unterscheidung zwischen den beteiligten Größen nur implizit über Gesten oder Artikel wie ‚das' (Turn 180b) adressiert werden.

Die Hürde, die Erklärung der Passung präzise zu formulieren besteht für beide Lernenden also weiter. Die Episode zeigt, dass Said und Adhikar bereits Teile der Anforderungen zur Überwindung bewältigt haben, wie die mentale Anforderung, eine Repräsentation des Füllprozesses aufzubauen, genauso wie die Notwendigkeit, zum Erklären der Passung in weniger verdichtete Verstehenselemente aufzufalten (diskursiv-konzeptuelle Anforderung). Dies Szene belegt aber erneut, dass die verschiedenen Dimensionen hier stark miteinander verschlungen sind: Das innere Bild des Füllprozesses (mentale Anforderung in semiotischer Dimension) muss erweitert und bezüglich der relevanten Verstehenselemente konkretisiert und ausgeschärft werden (konzeptuelle Dimension). Bedeutungsbezogene, lexikalische Mittel (lexikalische Dimension) können die Erklärung der Passung (diskursive Dimension) durchaus präzisieren (Turns 176 & 272–273).

Insgesamt zeigt sich, dass das wiederholte Angebot der Lehrkraft für explizite, lexikalische Sprachmittel (in diesem Fall die Bezeichnung der zweiten Größe) durchaus von den Lernenden aufgenommen und zunehmen in deren Sprachgebrauch übernommen wird. Dadurch unterstützt sie die Lernenden nicht nur bezüglich der lexikalischen Dimension, sondern aufgrund der Verflechtung der verschiedenen Dimensionen auch bezüglich der mentalen sowie diskursiv-konzeptuellen Dimension.

Im weiteren Verlauf bearbeitet die Kleingruppe das Verstehenselement *Ganzheitliche Änderung der Änderung* (von der Lehrkraft in den Turns 308–314 angesteuert, nicht abgedruckt). Adhikars Skizze (vgl. Abb. links in Transkript 6.15) beschreibt ein zunehmen schmaler werdendes Glas, dessen Nicht-Passung zum Graphen aus Aufgabe 4 er mit Blick auf die *Ganzheitliche Änderung der Änderung* im Folgenden zu erklären versucht.

Transkript 6.15, Adhikar, Zyklus 3, Aufgabe 4, Unpräzise Adressierung der Ableitungsebenen

Im Transkript beginnt Adhikar, die Nicht-Passung seiner Skizze zum Graphen aus Aufgabe 4 zu erklären.

Adhikars Skizze

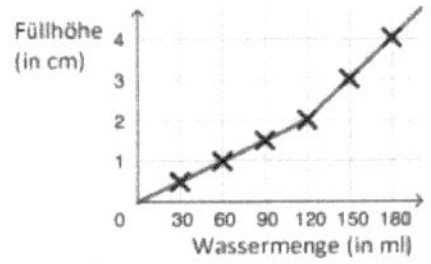

Graph aus Aufgabe 4

Stückweise qualitative Änderung SQÄ, Quantifizierte Abstände QTA; Kontextuelle Darstellung KO; gleichzeitiges, tragfähiges Adressieren zweier Darstellungen ==

315a	Adhikar	Ja, wieso. Weil ehm, wenn wenn Glas so aussieht	GGB, IK
b		dann ehm verändert die ehm Wasserhöhe [*zeigt auf seine Skizze*].	GGÄ/QTA, KO
317	Adhikar	Füllhöhe, weil ehm zum Beispiel hier geht auch ehm ehm ein- ein Zentimeter mehr als hier [*zeigt erst auf oberen dann auf unteren Abschnitt im Graphen*].	QTA, KO==GR
319a	Adhikar	Und wenn Glas so aussieht [*zeigt auf seine Skizze*],	GGB, IK
b		dann am Ende wird es anders aussehen, zum Beispiel zwei Zentimeter.	QTA, KO

Adhikars Aussagen können sich in diesem Zusammenhang unterschiedlich deuten lassen. Im Gesamtverlauf ist es am wahrscheinlichsten, dass er in Turn 315b eigentlich die Änderung der Füllgeschwindigkeit (GÄÄ, KO) anspricht anstelle der Änderung der Füllhöhe (SQÄ, KO), da seine Glas-Skizze für einen insgesamt quadratischen Graphen steht. Diese Füllgeschwindigkeit muss entsprechend seines Glases zunehmend schneller werden (sich also zunehmend verändern). Ein passender Graph würde für Adhikar also insgesamt deutlich steiler verlaufen, sodass die Füllhöhe zum Ende des Prozesses um 2 cm anstatt wie im vorgegebenen Graphen um 1 cm steigt (Turns 317–319, QTA, GR → KO). Alternativ besteht die Möglichkeit, dass sich Adhikar hier ausschließlich auf den Teil konzentriert, um den die Füllhöhe jeweils steigt, und argumentiert, dass sich dieser verändern muss (Turn 315, dann QTA, KO).

Während Adhikar zum Ende der letzten Szene durchaus die beteiligten Größen expliziert (etwa Turns 315 & 317, lexikalische Dimension), fehlen ihm nun Sprachmittel, um die Änderungsebenen (Verstehenselemente SQÄ & GÄÄ) zu unterscheiden, die Änderung der Änderung explizit zu beschreiben und im Auffaltprozess mit den *Quantifizierten Abständen* in Beziehung zu setzen. Dies stellt nicht nur eine lexikalische Anforderung dar, sondern verdeutlicht auch die konzeptuelle Vermischung der Änderungsebenen bzw. der jeweiligen Verstehenselemente im Erklärprozess (diskursive Dimension), die er hier noch nicht vollständig tragfähig voneinander abgrenzt.

Um Adhikar in der Bearbeitung dieser höchst komplexen, *verflochtenen mental-diskursiv-konzeptuell-lexikalischen Anforderung* zu unterstützen, wäre ein Sprachmittelangebot zur Unterscheidung von Füllhöhe und Füllgeschwindigkeit sowie deren Änderung seitens der Lehrkraft denkbar, also das Angebot von situativ passendem bedeutungsbezogenem Sprachschatz.

Ein solches Angebot erfolgt zwar vorrangig auf lexikalischer Ebene. Gleichzeitig kann auch zum Erklären der Passung (diskursive Dimension) die Aufmerksamkeit auf den Füllprozess (mentale Anforderung in semiotischer Dimension) und bestimmte, relevante Verstehenselemente in konkreten Darstellungen gelenkt werden (konzeptuelle Dimension). Damit besteht die Möglichkeit, die Lernenden bezüglich aller beschriebener Anforderungen durch lexikalische Mittel zu unterstützen. Dieses Phänomen wird im folgenden Ausschnitt aus Emirs Lernprozess verdeutlicht.

6.4.2 Emir: Lexikalische Unterstützung in der Erweiterung der mentalen Repräsentation zur Unterscheidung der Änderungsebenen

Emir (18 Jahre, vgl. Abschnitt 6.3.2) hat in Aufgabe 4 (vgl. Abb. rechts in Transkript 6.16) bereits eine eigene Skizze (vgl. Abb. links in Transkript 6.16) zum vorgegebenen Graphen gezeichnet und insbesondere den unteren Teil ausführlicher betrachtet. In Turn 212 (GGÄ, IK) fasst die Lehrkraft die Ansätze der Kleingruppe in Bezug auf die beiden groben Abschnitte des Glases zusammen und überformt die bisherigen Aussagen mit Blick auf den Platz, den das Wasser im Glas einnehmen kann.

Transkript 6.16, Emir, Zyklus 3, Aufgabe 4, Aufnahme von Sprachmittel zur Bedeutungserklärung: Sprachen über den Platz im Glas

Im Transkript differenziert Emir zunehmend präzise zwischen den Verstehenselementen Stückweise qualitative Änderung und Ganzheitliche Änderung der Änderung.

Emirs Skizze

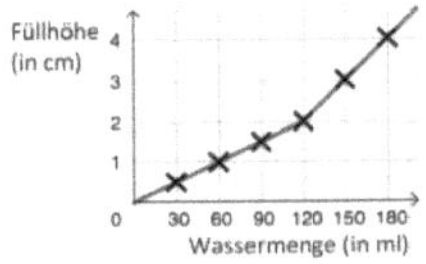

Graph aus Aufgabe 4

Ganzheitlich-geometrische Beschreibung GGB, Ganzheitliche Änderung der Änderung GÄÄ, Stückweise qualitative Änderung SQÄ; Ikonische Darstellung, Kontextuelle Darstellung KO; gleichzeitiges, tragfähiges Adressieren zweier Darstellungen ==

212	Leh	Das habt ihr gerade erklärt. Weil die Füllhöhe steigt erst *langsam*, viel Platz im Glas *[hält Hände weit auseinander]* und dann schneller, weniger Platz *[hält Hände eng zusammen], [zeigt erst auf unteren dann auf oberen Abschnitt im Graphen]*. [...]	SQÄ, IK==KO
		...	
223a	Emir	Je schmaler das,	SQÄ, IK
b		desto desto schneller wird's nach oben.	SQÄ, KO
		...	
226a	Leh	Oder desto schneller steigt die Füllhöhe. [...]	SQÄ, KO
b		Hier steigt der Graph auch gleichmäßig [oberer Abschnitt]. [...]	GGÄ, GR
c		Hier geht's um die Ecke	GGB, IK
d		und dann wird es noch schmaler das Glas [*bewegt Hände aufeinander zu*].	GGÄ, IK
227	Emir	Dann muss ehm auch gleich sein. [...]	GGB, IK
229a	Emir	Je weiter es nach oben geht- also weil da weniger Platz ist,	SQÄ, KO
b		*gleich*,	GGB, IK / GÄÄ, KO
c		geht das schnell nach oben.	SQÄ, KO
		...	
264	Emir	Ach so. Dann muss das oben einfach auch gleich schnell [*verbessert Skizze*]	GÄÄ, KO GÄÄ, IK

In der Erhebung hatte die Lehrkraft bereits mehrfach auch über den Platz im Glas argumentiert, um die Lernenden im Aufbau eines mentalen Bildes des Füllprozesses zu unterstützen, so auch in Turn 212 (SQÄ, IK==KO; mentale Anforderung in semiotischer Dimension). Emir zeigt, dass er den Zusammenhang zwischen der Breite des Glases und der Füllgeschwindigkeit bereits durchaus tragfähig formulieren kann (Turn 223, SQÄ, IK→ KO). Allerdings unterscheidet er hier noch nicht explizit zwischen *Stückweiser Qualitativer Änderung* und *Ganzheitlicher Änderung der Änderung* (konzeptuelle Dimension). Die Lehrkraft setzt bei Emirs aktueller Aussage zur *Stückweisen qualitativen Änderung* an (Turn 226a, SQÄ, KO) und adressiert anschließend das Verstehenselement *Ganzheitliche Änderung der Änderung*. Ziel ist hier die Abgrenzung zwischen den beiden Verstehenselementen (konzeptuelle Dimension), indem sie auf die jeweils linearen Steigungen in den Graphenabschnitten im Vergleich zu den sehr unterschiedlichen Glasabschnitten in Emir Skizze hinweist (Turns 226b–d). Damit fordert sie von Emir eine fokussiertere Erklärung für die Passung oder Nicht-Passung der beiden Darstellungen ein (diskursive Dimension).

Emir nimmt an dieser Stelle die Argumentation über den Platz im Glas vom Beginn der Szene auf (Turns 227–229). Zuerst nimmt er die gleichbleibende Breite des Glasabschnitts in den Blick (Turn 227: ‚Dann muss auch gleich sein', GGB, IK). Zur Erklärung der Passung zwischen ikonischer und graphischer Darstellung (diskursive Dimension) faltet er zunächst in das Verstehenselement der *Stückweisen qualitativen Änderung* auf nutzt für seine Erklärung die kontextuelle Aussage über den Platz im Glas und die damit zusammenhängende, hohe Füllgeschwindigkeit (Turn 229a & c, SQÄ, KO).

In diesem Turn (229b) greift Emir erneut auf das Sprachmittel ‚gleich' zurück. Dies kann einerseits ein stark verdichteter Rückgriff auf die gleichbleibende Breits des Glases darstellen (wie in Turn 227, GGB, IK). Denkbar wäre aber auch, dass Emir hier versucht, die gleichbleibende Füllgeschwindigkeit zu formulieren, was der Adressierung des Verstehenselements *Ganzheitliche Änderung der Änderung* entspräche (GGÄ, KO). Es wird deutlich, dass ihm in jedem Fall bedeutungsbezogene Sprachmittel fehlen (lexikalische Dimension), um die gleichbleibende Füllhöhe zu verbalisieren und damit anhand der kontextuellen Darstellung (mentale Anforderung in semiotischer Dimension) die Passung zwischen Glas und Füllgraph zu erklären und die Änderungsebenen bzw. die jeweiligen Verstehenselemente hier exakt zu adressieren und zu unterscheiden (diskursiv-konzeptuelle Dimension). Dies gelingt ihm erst (ohne lexikalisches Angebot) 35 Turns später, wo er die ‚gleich schnelle' Füllgeschwindigkeit direkt mit der gleichbleibenden Breite des Glases verknüpfen kann (Turn 264, GÄÄ, KO → IK). Emir muss also die Hürde überwinden, die Erklärung der Passung möglichst präzise zu formulieren – auch, um die beteiligten Verstehenselemente zu differenzieren. Dazu nutzt er bedeutungsbezogenen Wortschatz (lexikalische Dimension), um seine Auffalt- Verdichtungs- und Verknüpfungsaktivitäten (konzeptuelle Dimension) zunehmend präzise zu verbalisieren und sein bereits bestehendes inneres Bild des Füllprozesses weiter zu verfeinern (mentale Anforderung in semiotischer Dimension). Ähnlich wie bei Adhikar, Said und Idir (vgl. Abschnitt 6.4.1) sowie Jahzeel (vgl. Abschnitt 6.1) zeigt sich hier die starke Verflechtung der verschiedenen Dimensionen zu einer höchst komplexen, verflochtenen Anforderung an die Lernenden.

Das Nachdenken über den Platz, den das Wasser im oberen Abschnitt des Glases einnehmen kann, ermöglicht es Emir jedoch, eine (wenn auch stark implizite) Aussage darüber zu tätigen, *was* gleichbleibt (der Platz im Glas). Somit unterstützen die Überformung und das sprachliche Angebot der Lehrkraft zum Platz im Glas (Turn 212) Emir konzeptuell dabei, einen ersten Schritt in Richtung der Differenzierung der Änderungsebenen in Form der Verstehenselemente *Stückweise qualitative Änderung* sowie *Ganzheitliche Änderung der Änderung* zu gehen.

6.4.3 Zusammenfassung: Verflochtene mental-diskursiv-konzeptuell-lexikalische Anforderung

Die Füllgraphenumgebung konfrontiert die Lernenden mit der höchst anspruchsvollen Sprachhandlung des Erklärens ihrer Zuordnungen von Gläsern und Graphen (diskursive Dimension). Um dies zu bewältigen, müssen die Lernenden einerseits den Füllprozess als solchen (mentale Anforderung in semiotischer Dimension) und andererseits die Veränderung der Füllhöhe (konzeptuelle Dimension) visualisieren und möglichst explizit adressieren (lexikalische Dimension). Die Anforderungen in den unterschiedlichen Dimensionen treten zwar nicht immer gleichzeitig auf, doch insbesondere die letzten Szenen haben verdeutlicht, wie verflochten sie oft sind. Das Beispiel von Adhikar, Said und Idir verdeutlicht, dass eine fehlende Explizierung der Größen (etwa Turns 109–112) dazu führen kann, dass die relevanten Verstehenselemente verschwimmen und damit ein produktiver Austausch erschwert wird. Dadurch wird aber auch der Aufbau einer tragfähigen mentalen Repräsentation des Füllprozesses behindert (mentale Anforderung in semiotischer Dimension) und ein Auffalten in weniger komplexe bzw. das anschließende Verdichten in die herausfordernderen Verstehenselemente ist kaum möglich (so auch in Adhikars Beispiel Turns 315–319; konzeptuelle Dimension).

Zudem wird in den Einblicken in Adhikars (vgl. Transkript 6.13) und Emirs Lernprozessen deutlich, dass mit zunehmendem konzeptuellem Anspruch (bei

Emir z. B. die Unterscheidung der Änderungsebenen in den Verstehenselementen *Stückweise qualitative Änderung* sowie *Ganzheitliche Änderung der Änderung*, vgl. Transkript 6.16) auch die Bedeutung von präziser Sprache zunimmt, um die verschiedenen Verstehenselemente tragfähig adressieren, auffalten, verdichten und verknüpfen zu können (vgl. Transkript 6.15).

Um diese konzeptuelle Teilanforderung zu bewältigen, bedarf es sprachlicher Unterstützung. Dies gelingt in den vorgestellten Beispielen durch das Angebot lexikalischer Mittel der bedeutungsbezogenen Kontextsprache. Die Überformung der Lehrkraft bezüglich der Benennung der beteiligten Größen lässt Said und Adhikar auf die kontextuelle Darstellung fokussieren (mentale Anforderung) und unterstützt sie gleichzeitig beim Verdichten des Verstehenselements *Quantifizierte Abstände* hin zur *Stückweisen qualitativen Änderung* (Transkript 6.14; konzeptuelle Anforderung). In Emirs Fall konnte die Lehrkraft durch das lexikalische Angebot zum Platz im Glas einen ersten konzeptuellen Ansatz ermöglichen, die Verstehenselemente *Stückweise qualitative Änderung* sowie *Ganzheitliche Änderung der Änderung* zu differenzieren (Transkript 6.16).

Um die Hürde zu überwinden, die Erklärung der Passung zwischen Gläsern und Füllgraphen präzise zu formulieren, wird also eine stark verflochtene Anforderung an die Lernenden gestellt, die alle vier betrachteten Dimensionen beinhaltet: die mentale Anforderung (Teil der semiotischen Dimension) im Adressieren der kontextuellen Darstellung zur tragfähigen Zuordnung; die diskursiv-konzeptuelle Dimension, in der zum Erklären der Passung Auffalt-, Verdichtungs- und Verknüpfungsaktivitäten durchgeführt werden müssen; sowie die lexikalische Dimension, in der der bedeutungsbezogene Sprachschatz zur Erklärung genutzt werden muss.

Zum Beschreiben der Gläser und der Graphensteigung benötigen die Lernenden durchaus auch lexikalische Mittel der Alltags- und Fachsprache (z. B. ‚immer gleich breit' oder ‚gleichmäßige Steigung'). Die Erklärung der Passung und damit die Bedeutungskonstruktion des qualitativen Funktionsverständnisses gelingt allerdings nur durch die Anknüpfung der Kontextsprache an die Alltagssprache der Gläser als konzeptuell bedeutungsvolle Brücke zur graphischen Darstellung (etwa Herbel-Eisenmann 2002; Ortner 2009). Genutzt werden können dazu einerseits schriftliche Scaffolds wie die Satzgitter, auf die die Lernenden während ihrer Erarbeitung permanent Zugriff haben. Aber auch gezielte individuelle Angebote der Lehrkraft auf lexikalischer Ebene unterstützen die Lernenden, wie in Emirs Fall in deren Verstehensprozessen.

Die getrennte analytische Betrachtung der Anforderungen in konzeptuellen und sprachlichen Dimensionen ermöglicht dann, starke Verflechtung der einzelnen Aspekte in vielen Lern- und Erklärsituationen aufzuzeigen, wie in den Analysen des Abschnitts 6.4 gezeigt. Allerdings beeinflussen natürlich nicht in jeder Situation alle Dimensionen den Lern- und Erklärprozess gleichermaßen (vgl. etwa Abschnitte 6.2 & 6.3). Zusätzlich ist die analytische Trennung zum Identifizieren gezielter Unterstützungsangebote der Lernenden in der Überwindung der Hürden relevant. Um weitere Rückschlüsse aus diesen Analyseergebnissen ziehen zu können, werden in den folgenden Abschnitten die Analyseergebnisse aus allen Kleingruppen berichtet (Abschnitt 6.5) und die identifizierten Mikro-Scaffolds bezüglich der unterschiedlichen Anforderungen erläutert (Abschnitt 6.6).

6.5 Breitenanalyse: Systematischer Vergleich aller Lernender bezüglich der drei beschriebenen Anforderungen

In den qualitativen Tiefenanalysen (vgl. Abschnitte 6.1–6.4) konnten für die hier entwickelte Füllgraphen-Umgebung drei Hürden und die zugrundeliegenden Anforderungen an die Lernenden empirisch rekonstruiert werden: Die erste Hürde besteht darin, Gläser und Füllgraphen einander tragfähig zuzuordnen, statt die Darstellungen direkt ineinander zu übersetzen. Dazu müssen die Lernenden zunächst ein (mindestens vages) inneres Bild des Füllprozesses aufbauen (mentale Anforderung). Des Weiteren besteht in der Lernumgebung die Hürde, die Passung der Darstellungen zu erklären, statt ausschließlich die Zuordnung zu benennen. Hier wird von den Lernenden in der Sprachhandlung des Erklärens das Auffalten stark verdichteter Verstehenselemente in weniger komplexe Aspekte eingefordert (diskursiv-konzeptuelle Anforderung). Zuletzt existiert für die Lernenden die Hürde, die Erklärung der Darstellungsverknüpfung möglichst präzise zu formulieren. Die Einblicke in die verschiedenen Lernwege (vgl. Abschnitte 6.1 & 6.4) haben dabei verdeutlicht, dass zur Überwindung dieser Hürde Anforderungen aus vier verschiedenen Dimensionen an die Lernenden gestellt werden: Zur Erklärung der Passung der Darstellungen (diskursive Dimension) müssen die relevanten Verstehenselemente adressiert, aufgefaltet, verdichtet und in den verschiedenen Darstellungen miteinander verknüpft werden (konzeptuelle Dimension). Zur Verknüpfung der Darstellungen müssen die

Lernenden allerdings eine zumindest vage, innere Repräsentation des Füllprozesses aufgebaut haben und dieses im Lernprozess erweitern, korrigieren und anpassen (mentale Anforderung). Bedeutungsbezogene Sprachmittel (lexikalische Dimension) ermöglichen dabei nicht nur die Adressierung der kontextuellen Darstellung und so überhaupt erst die Auseinandersetzung mit der mentalen (Teil-) Anforderung. Sie ermöglichen es außerdem, Verstehenselemente gezielt und präzise zu adressieren und Auffalt-, Verdichtungs- sowie Verknüpfungsaktivitäten durchzuführen. Die zugrundeliegende Anforderung an die Lernenden wird als verflochtene mental-diskursiv-konzeptuell-lexikalische Anforderung bezeichnet.

Die drei Hürden und Anforderungen wurden auch in den graphischen Zusammenfassungen in den Ausschnitten der Lernwege anhand der Navigationsräume sichtbar. Diese Visualisierungsmöglichkeit soll nun auf alle erhobenen Kleingruppen ausgeweitet werden, um die verschiedenen Anforderungen gruppenübergreifend nachzeichnen zu können. Als Möglichkeit, die Lernwege der Gruppen kompakt zusammenzufassen und systematisch zu vergleichen, werden im folgenden Abschnitt die visualisierten Kerne der Navigationsräume als hoch komprimierte Zusammenfassungen der Lernprozesse vorgestellt und genutzt. Während Abschnitt 6.5.1 einen ausführlichen Einblick in den Lernweg von Emir und Rodins gibt und dieser anhand der Navigationskerne visualisiert wird (vgl. Abschnitt 4.4.1), werden in Abschnitt 6.5.2 alle Navigationskerne systematisch bezüglich der drei Anforderungen miteinander verglichen.

6.5.1 Emirs und Rodins Lernweg: Einführung von Navigationskernen zum systematischen Vergleich von Lernwegen

Die Kerne der Navigationsräume entsprechen im Aufbau den Navigationsräumen, in denen in der epistemischen Dimension die Verstehenselemente zeilenweise und in der semiotischen Dimension die relevanten Darstellungen spaltenweise aufgespannt werden. Allerdings zeigen die Kerne keine chronologischen Lernverläufe einzelner Situationen auf (vgl. dazu die Tiefenanalysen in den Abschnitten 6.1–6.4), sondern sind auf die tragfähigen Aussagen der Lernenden jeweils einer vollständigen Aufgabe reduziert. Verstehenselemente, die an einem Punkt in der Aufgabenbearbeitung von den Lernenden eigenständig in einer der Darstellungen adressiert wurden, sind grau hinterlegt (Zellen). Die tragfähige Verknüpfung von Verstehenselementen ist anhand der Pfeile verdeutlicht, während doppelte Linien das gleichzeitige tragfähige Ansprechen zweier Zellen bedeuten (entsprechend der Tiefenanalysen). Letzteres wird als anspruchsvollere Handlung gewertet, weshalb bei solchen Verknüpfungen keine weiteren Pfeile für Auffalt-, Verdichtungs- oder Verknüpfungsaktivitäten zu finden sind. Des Weiteren wurde bereits in den vorangegangenen Abschnitten illustriert, dass das Adressieren und Verknüpfen der *Ganzheitlichen Änderung der Änderung* in der kontextuellen Darstellung für viele Lernende besonders herausfordernd zu sein scheinen. Entsprechend wird dieses Verstehenselement in der kontextuellen Darstellung in diesem Abschnitt für alle Gruppen noch einmal besonders betrachtet (dunkelgrau hinterlegte Zelle, wenn adressiert).

Abbildung 6.16 zeigt die Kerne der Navigationsräume von Emir (Türkei) und Rodin (Pakistan, beide Zyklus 3) für die Aufgaben 4 und 5. Die beiden Lernenden sind je 18 Jahre alt und besuchen zusammen die einjährige Berufsfachschule mit dem Ziel des Hauptschulabschlusses nach Klasse 10. Während Emir im oberen Leistungsdrittel verortet wird, schätzt die Lehrkraft Rodins Kompetenzen eher im mittleren Bereich ein. Beide sind seit über 3 Jahren in Deutschland, wobei Emir bezüglich des grammatischen Stufenmodells etwas höhere Kompetenzen in allen Bereichen zeigt: Der Wortgruppenausbau ist bei beiden hauptsächlich auf Stufe 3 einzuordnen, wobei Emir teils auch anspruchsvollere Äußerungen formuliert; seine Satzbaukomplexität (Stufen 5–6) ist jedoch deutlich anspruchsvoller als Rodins (Stufe 3); der Ausbau der verbalen Anteile liegt bei beiden wieder auf ähnlicher Stufe 3, bei Rodin etwas weniger weit ausgebaut (Stufen 2–3).

Bei der Bearbeitung des stückweise linearen Füllgraphen (Aufgabe 4) haben die Lernenden Glasform und Graphen über die *Ganzheitlich-geometrische Beschreibung* häufig direkt ineinander übersetzt (Abb. 6.16 oben: grau markierte Zellen in oberster Zeile sowie Pfeile, die dort anfangen und enden; ein Beispiel hierfür ist in den Abschnitten 6.2.1 & 6.2.2 zu finden). Hier wird also die mentale Anforderung an die Lernenden visualisiert, eine innere Repräsentation der Füllsituation aufzubauen, um tragfähige Zuordnungen zu tätigen. Dieser Anforderung werden die Emir und Rodin im Verlauf der Aufgabe gerecht, indem sie alle drei Darstellungen, insbesondere die kontextuelle, miteinander verknüpfen. Im Navigationskern wird das im Verstehenselement *Stückweise qualitative Änderung* anhand der vielen unterschiedlichen Pfeile sichtbar, die die Verknüpfungen der Darstellungen in die unterschiedlichen Richtungen anzeigen (horizontale Pfeile). Auch die *Ganzheitliche Änderung der Änderung* wird bereits tragfähig von den Lernenden in verschiedenen Darstellungen adressiert und verknüpft. Auffällig ist, dass auch hier Verknüpfungen zwischen Glasform und Füllgraphen teils noch über die *Ganzheitlich-geometrische Beschreibung* miteinander

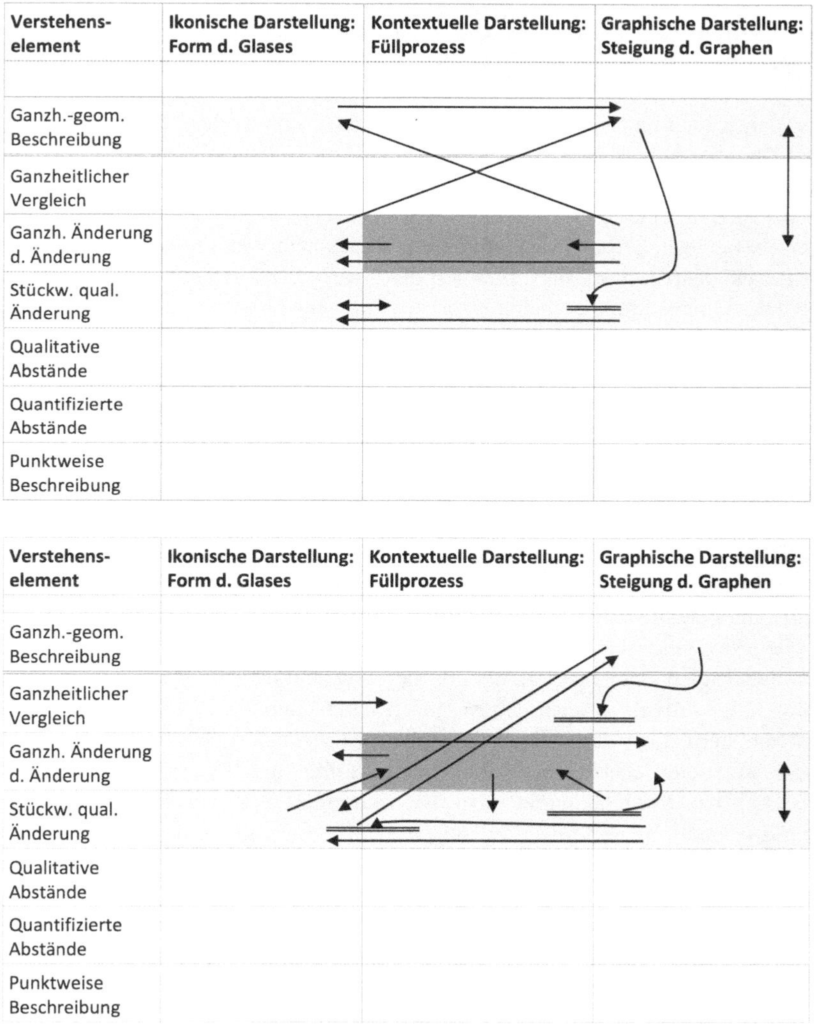

Abb. 6.16 Abstraktion der graphischen Zusammenfassungen in Kernen der Navigationsräume von Emir und Rodin zu Aufgabe 4 (oben) und Aufgabe 5 (unten). Grau markiert alle von den Lernenden adressierten Zellen; unterschiedliche Verknüpfungen der Zellen durch Pfeile bzw. doppelte Linien gekennzeichnet; dunkelgrau markiert die adressierte *Ganzheitliche Änderung der Änderung* in kontextueller Darstellung

in Beziehung gesetzt wurden (diagonale Pfeile in die oberste Zeile). Das lässt darauf schließen, dass die Lernenden einzelne Elemente des Glases bzw. des Graphen zwar bezüglich der *Ganzheitlichen Änderung der Änderung* formuliert haben, diese jedoch direkt in die jeweils andere Darstellung übersetzt haben und dabei noch einen oberflächlichen Blick auf das Aussehen der Grafiken hatten. Dies bestätigt sich auch in den qualitativen Tiefenanalysen der Lern- und Erklärprozesse der jeweiligen Kleingruppen (s. Anhang III).

Im Navigationskern von Aufgabe 4 werden bereits einzelne Auffaltprozesse, hier als Bewegungen im Navigationskern sichtbar, in weniger kondensierte Verstehenselementen visualisiert, hier von der *Ganzheitlich-geometrischen Beschreibung* des Graphen (obere, rechte Zelle) zur *Stückweise qualitative Änderung* sowie zur *Ganzheitlichen Änderung der Änderung*. Diese Bewegungen deuten auf die Arbeit der Lernenden an der *diskursiv-konzeptuellen Anforderung* hin: des Erklärens der hoch verdichteten Zuordnung durch Auffalten einzelner Aussagen in weniger komplexe Verstehenselemente. Insgesamt konzentrieren sich Emir und Rodin in Aufgabe 4 vor allem auf Verknüpfungen zwischen den Darstellungen innerhalb eines Verstehenselements (horizontale Pfeile, insbesondere in den Zeilen *Stückweise qualitative Änderung* und *Ganzheitliche Änderung der Änderung*) und binden eher Verdichtungen hin zur *Ganzheitlich-geometrischen Beschreibung* ein (hier von der *Ganzheitlichen Änderung der Änderung* in der graphischen Darstellung aus).

Der Navigationskern von Aufgabe 5 ist bereits aufgrund der Menge an Pfeilen und Linien deutlich gefüllter als der von Aufgabe 4. Das liegt zunächst daran, dass Aufgabe 5 auch den Vergleich kompletter Situationen mit aufnimmt und die Lernenden damit auch die Zeile *Ganzheitlicher Vergleich* adressieren. Insgesamt treten aber auch deutlich mehr Auffalt- und Verdichtungsaktivitäten zwischen den Verstehenselementen *Stückweise qualitative Änderung* und *Ganzheitliche Änderung der Änderung* auf (vertikale sowie diagonale Pfeile zwischen diesen Zeilen). Das lässt auf die in Abschnitt 6.3 (am Beispiel von Emir in Abschnitt 6.3.2) bereits illustrierten Bedeutungskonstruktionen beim Auffalten und auch beim Verdichten zwischen den Verstehenselementen schließen und damit auf die diskursiv-konzeptuelle Anforderung an die Lernenden.

Im Vergleich zu Aufgabe 4 gibt es kaum noch direkte Übersetzungen zwischen den Gläsern und dem Aussehen des Graphen (mentale Anforderung, Zeile *Ganzheitlich-geometrische Beschreibung*). Es wird zudem deutlich, dass die *Ganzheitliche Änderung der Änderung* in Aufgabe 5, nicht zuletzt wegen der Vielzahl an Lern- und Erklärgelegenheiten, deutlich häufiger in der kontextuellen

Darstellung adressiert und verknüpft wird, was auf die Erweiterung des mentalen Bildes der Füllsituation hinweist – hier insbesondere auf die Unterscheidung zwischen konvexer und konkaver Graphensteigung.

Die Anforderung, Erklärungen möglichst präzise zu formulieren (*verflochtene Anforderung*), beinhaltet wie in Abschnitt 6.4 beschrieben sowohl mentale als auch konzeptuelle Aspekte wie das Identifizieren der beteiligten Größen im Füllprozess (vgl. Abschnitt 6.4.1) und die Unterscheidung zwischen den Änderungsebenen bzw. den zugehörigen Verstehenselementen (vgl. Abschnitte 6.4.1 & 6.4.2). Von den Lernenden wird also eingefordert, ihre Erklärungen exakt zu artikulieren, was durch bedeutungsbezogene Sprache initiiert und unterstützt werden kann. Im Vergleich der beiden Aufgaben 4 und 5 wird das für die Bearbeitung von Emir und Rodin in den Navigationskernen besonders in Bezug auf die Adressierung des Verstehenselements *Ganzheitliche Änderung der Änderung* deutlich. Dieses wird bereits in Aufgabe 4 erstmalig auch in der kontextuellen Darstellung angesprochen (dunkelgrau markiert), oft aber mit Verdichtungen hin zur *Ganzheitlich-geometrischen Beschreibung* verknüpft (Pfeile in die oberste Reihe). Im Navigationskern von Aufgabe 5 wird schließlich deutlich, dass das Auffalten und Verdichten in den Erklärprozessen von und hin zur *Ganzheitlichen Änderung der Änderung* gerade anhand von bedeutungsbezogener Kontextsprache geschieht (diagonale Pfeile in die Zeile der *Ganzheitlichen Änderung der Änderung* in die Zelle der kontextuellen Darstellung).

Der Blick auf die Kerne der Navigationsräume von Emirs und Rodins Lernweg zeigt zunächst eine Abstraktion der bereits bekannten graphischen Zusammenfassungen einzelner Szenen in Navigationsräumen. Hier können die drei Anforderungen für den gesamten Lernweg des Tandems visualisiert werden: die mentale Anforderung in der Adressierung und der Verknüpfung der kontextuellen Darstellung (graue Markierung der Zellen in der kontextuellen Spalte); die diskursiv-konzeptuelle Anforderung in den Auffalt-, aber auch in einigen Verdichtungsaktivitäten zwischen den relevanten Verstehenselementen (vertikale und diagonale Pfeile zwischen den Verstehenselemente-Zeilen, insbesondere aus der obersten, *Ganzheitlich-geometrischen Beschreibung* nach unten); die verflochtene Anforderung durch die Adressierung anspruchsvoller Verstehenselemente in der kontextuellen Darstellung (bei Emir und Rodin die grau hinterlegte Zelle zur *Ganzheitlichen Änderung der Änderung*, die sich in den Tiefenanalysen als besonders herausfordernd gezeigt hat).

6.5.2 Systematischer Vergleich der Kerne der Navigationsräume über alle erhobenen Gruppen

Die Kerne der Navigationsräume werden in diesem Abschnitt für alle Kleingruppen erstellt. Dadurch können die beschriebenen Hürden und die zugrundeliegenden Anforderungen visualisiert werden und systematisch miteinander verglichen. Obwohl die individuelle Unterstützung der Lehrkraft in den Lern- und Erklärprozessen eine relevante Rolle spielt, werden diese in der folgenden Analyse ausgeklammert. In den Tiefenanalysen wurde nämlich die Unterscheidung zwischen den Verstehenselementen der *Stückweisen qualitativen Änderung* und der *Ganzheitlichen Änderung der Änderung*, also konzeptuell zwischen den Änderungsebenen, als besonders herausfordernd für viele Lernende identifiziert. Der Vergleich der Navigationskerne wird zeigen, inwiefern diese Hypothese in den anderen Gruppen durch die Abstraktion sichtbar gemacht wird.

In Abbildung 6.17 sind die Navigationskerne aller sechs Gruppen mit insgesamt 14 Lernenden für die Aufgaben 4 und 5 aufgeführt. Bela und Elena sowie Fazila, Fetije und Kara sind die Gruppen aus Zyklus 1, die anderen vier Gruppen waren Teil des Zyklus‘ 3. Entsprechend der Darstellung von Emirs und Rodins Lernweg (vgl. Abschnitt 6.5.2), finden sich in Abbildung 6.17 jeweils die Zusammenfassungen der Aufgaben 4 und 5 in Kernen aller im Lernweg erstellen Navigationsräume (links Aufgabe 4, rechts Aufgabe 5).

Grau markiert sind dabei alle von den Lernenden adressierten Zellen, dunkelgrau markiert ist die adressierte *Ganzheitliche Änderung der Änderung* in kontextueller Darstellung, unterschiedliche Verknüpfungen der Verstehenselemente und Darstellungen sind durch Pfeile bzw. doppelte Linien zwischen den Zellen gekennzeichnet. Die Verstehenselemente sind abgekürzt durch die bekannten Anfangsbuchstaben: *Punktweise Zuordnung* PZ, *Quantifizierte Abstände* QTA, *Qualitative Abstände* QLA, *Stückweise qualitative Änderung* SQÄ, *Ganzheitliche Änderung der Änderung* GÄÄ, *Ganzheitlicher Vergleich* GV, *Ganzheitlich-geometrische Beschreibung* GGB.

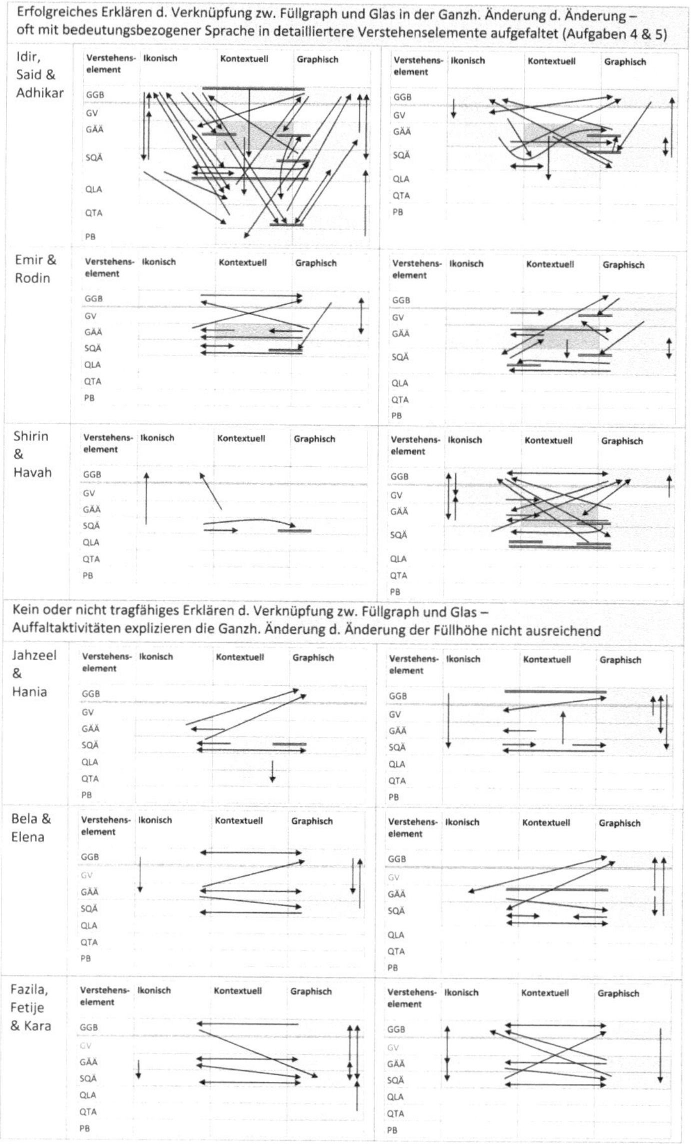

Abb. 6.17 Abstraktion der graphischen Zusammenfassungen in Navigationskernen aller Kleingruppen, Aufgaben 4 (links) und 5 (rechts) (vgl. auch Zentgraf & Prediger 2024)

In allen Bearbeitungen dominieren insbesondere zu Beginn von Aufgabe 4, in vielen Gruppen auch zu Beginn von Aufgabe 5, Verknüpfungen in der *Ganzheitlich-geometrischen Beschreibung* (Verknüpfungsaktivitäten in der obersten Zeile zwischen der ikonischen und der graphischen Spalte). Dies spricht für die Hürde einer direkten Übersetzung zwischen Glas und Graphen, die auf die mentale Anforderung verweist. Um diese zu bewältigen, also nicht nur direkte Übersetzungen zu tätigen, sondern mathematisch korrekte Zuordnungen zu finden, müssen die Lernenden eine mindestens vage, innere Repräsentation des Füllprozesses aufbauen (vgl. Abschnitt 6.2). In den Navigationskernen wird sichtbar, dass alle Gruppen aus Zyklus 3 die kontextuelle Darstellung adressieren, was auf die Arbeit am inneren Bild des Füllprozesses hinweist (grau markierte Zellen in der kontextuellen Spalte). Diese Gruppen verknüpfen die kontextuelle zudem mit anderen Darstellungen, was durch die horizontalen und diagonalen Pfeile/Linien visualisiert wird, die in der kontextuellen Spalte starten und enden. Dies gilt auch für Aufgabe 5 in der Gruppe Bela und Elena. In der Gruppe Fazila, Fetije und Kara wird die kontextuelle Darstellung gar nicht angesprochen und ausschließlich direkt übersetzt zwischen Glas und Füllgraphen, oft auch unter Beteiligung der *Ganzheitlich-geometrischen Beschreibung*, was auf einen oberflächlichen Fokus der Lernenden auf die Objekte Glas und Füllgraph schließen lässt. Die Gruppe tätigt also keine tragfähigen Zuordnungen, da sie diese nie anhand der kontextuellen Darstellung erklärt. Im Verlauf der Aufgabe 5 traten in dieser Gruppe in den Aufgabenbearbeitungen neben direkten Übersetzungen auch Fehler wie die Graph-als-Bild-Vorstellung oder Schwierigkeiten mit der Unterscheidung der Änderungsebenen auf, die, im Gegensatz zu anderen Gruppen (z. B. bei Idir oder Emir), nicht aufgelöst werden konnten. Für Jahzeel und Hania treten diese Schwierigkeiten auf, sobald das Verstehenselement der *Ganzheitlichen Änderung der Änderung* betrachtet wird, das die beiden nicht in der kontextuellen Darstellung adressieren. Dies verdeutlicht noch einmal die Relevanz der kontextuellen Darstellung im Lernprozess sowie der mentalen Anforderung an die Lernenden, eine innere Vorstellung des Füllprozesses aufzubauen, um tragfähige Zuordnungen zu tätigen.

Anstatt extrem verdichtet Zuordnungen nur zu benennen, sollen die Lernenden auch die Passung zwischen den Darstellungen erklären. Wie in Abschnitt 6.3 illustriert, wird dabei die Sprachhandlung des Erklärens durch die konzeptuelle Anforderung eines Auffaltens in weniger verdichtete Verstehenselemente umgesetzt, sodass die diskursiv-konzeptuelle Anforderung entsteht. Dabei falten die Lernenden (wie Jahzeel in Abschnitt 6.1 oder Emir in Abschnitt 6.3.2) von der *Ganzheitlich-geometrischen Beschreibung* hin zu weniger kondensierten Verstehenselementen wie der *Stückweisen qualitativen Änderung*, aber auch in *Quantifizierten Abstände* auf. Die Navigationskerne zeigen, dass alle Gruppen im Verlauf der Aufgaben 4 und 5 weiter aufgefaltete Verstehenselemente adressieren, wobei insbesondere die *Stückweise qualitative Änderung* bei allen Gruppen adressiert wird (grau markierte Zellen unterhalb der oberen ganzheitlich-geometrischen Zeile sowie Verknüpfungen dort; insbesondere in der Zeile *Stückweise qualitative Änderung*). In zehn der Aufgabenbearbeitungen (ausgenommen sind hier Aufgabe 4 von Shirin und Havah sowie Aufgabe 4 von Jahzeel und Hania) sind zudem Auffaltbewegungen von der *Ganzheitlich-geometrischen Beschreibung* hin zu weniger kondensierten Verstehenselementen sichtbar, wobei einige Gruppen sogar die *Qualitativen Abstände* oder die *Punktweise Zuordnung* adressieren (diagonale oder vertikale Pfeile aus der oberen Zeile nach unten). Bei den oberen drei Gruppen werden diese Auffaltbewegungen zudem zur kontextuellen Darstellung durchgeführt, was das Erklären der Zuordnung im Kontext visualisiert (Pfeile aus der oberen, stark verdichteten, ganzheitlich-geometrischen Zeile hinunter in weniger komplexe Verstehenselemente in der kontextuellen Spalte). Neben einzelnen anderen Auffaltbewegungen zwischen den verschiedenen Verstehenselementen (z. B. Aufgabe 5 von Emir und Rodin zwischen der *Ganzheitlichen Änderung der Änderung* sowie der *Stückweisen qualitativen Änderung*), falten die Lernenden ansonsten vor allem die *Ganzheitlich-geometrischen Beschreibung* innerhalb der ikonischen oder graphischen Darstellung auf (vertikale Pfeile an den Rändern der Navigationskerne). Dies zielt insbesondere auf sprachliche Präzisierungen ab (etwa die Reformulierung der *Ganzheitlich-geometrischen Beschreibung* des ‚geraden Graphen' zur ‚gleichmäßigen Steigung'). Hier finden zwar durchaus Auffaltaktivitäten statt. Allerdings eben nicht zur Erklärung der Passung in die kontextuelle Spalte, sondern zur Präzisierung einer Beschreibung von Glas oder Graphen. Damit wird die Hürde des Erklärens der Passung statt der Benennung der Zuordnung nicht überwunden und die Lernenden müssen weiter an der diskursiv-konzeptuellen Anforderung arbeiten.

Neben solchen Präzisierungen bezüglich des Fachwortschatzes der Graphen sowie alltagssprachlichen Mitteln für die Gläsern, nutzen die Lernenden zum Erfüllen der oben beschriebenen mentalen sowie diskursiv-konzeptuellen Anforderungen auch präzise, bedeutungsbezogene Sprachmittel. Die in Abschnitt 6.4 genauer vorgestellte verflochtene mental-diskursiv-konzeptuelle-lexikalische Anforderung zeigt die Wirkung expliziter Kontextsprache beim Aufbau von konzeptuellem Verständnis, gleichzeitig aber auch die Notwendigkeit für eine mentale und konzeptuelle Adaptivität. Damit wird die Bewältigung der verflochtenen Anforderung nicht allein durch ein lexikalisches Angebot einzelner (bedeutungsbezogener) Worte unterstützt, stattdessen bezieht auch diese Unterstützung auch das aktuelle mentale und konzeptuelle Verständnis der Lernenden mit ein, auf das das Angebot fokussiert sein muss (vgl. etwa Adhikar in Abschnitt 6.4.1 oder Zentgraf & Prediger 2024).

Die bisherigen qualitativen Tiefenanalysen haben gezeigt, dass diese Anforderungen für die Lernenden besonders bei der Erarbeitung und Differenzierung des Verstehenselements *Ganzheitliche Änderung der Änderung* relevant wird (vgl. etwa Jahzeel in Abschnitt 6.1, Emir in den Abschnitten 6.3.2 & 6.4.2 sowie Adhikar und Said in Abschnitt 6.4.1). In den Navigationskernen sind die fünf Fälle der Gruppen gekennzeichnet, die die *Ganzheitliche Änderung der Änderung* erfolgreich im Kontext erklären (dunkelgrau schraffierte Zelle der oberen Gruppen, mit Ausnahme von Shirin & Havah in Aufgabe 4, mit entsprechenden Pfeil-Verknüpfungen). In den meisten Navigationskernen werden zudem Auffaltbewegungen von der kontextuellen Adressierung der *Ganzheitlichen Änderung der Änderung* hin zu weniger komplexen Verstehenselementen sichtbar, wie der *Stückweise qualitativen Änderung* (etwa Emir und Rodin in Aufgabe 4) oder *Qualitativen Abständen* (etwa Idir, Adhikar & Said in Aufgabe 5). Dieses Auffalten des äußerst anspruchsvollen Verstehenselements geschieht mithilfe von bedeutungsbezogenem Sprachschatz der kontextuellen Darstellung.

Die unteren drei Navigationskerne der Lernendenbearbeitungen (Abb. 6.17) decken auf, dass die Lernenden dieser Gruppen zwar überwiegend korrekte Zuordnungen von Glas- und Graphenabschnitten bezüglich der Änderung der Änderung treffen (etwa Bela & Elena), diese jedoch nicht mithilfe des Füllprozesses erklären (fehlende Schraffierung der *Ganzheitlichen Änderung der Änderung* in der kontextuellen Spalte). Auch Auffaltbewegungen ausgehend von diesem Verstehenselement sind kaum vorhanden, die einzelnen Fälle stellen wie bereits beschrieben hauptsächlich Verknüpfungen auf fachsprachlicher und weniger auf konzeptueller Ebene dar. Diese seltenen diskursiven Erklärungen treten bei den drei unteren Gruppen also zusammen mit begrenzt expliziten Adressierungen der detaillierteren Verstehenselemente in der kontextuellen Darstellung auf, was noch einmal die Verwobenheit der Anforderungen hervorhebt. Besonders herausfordernd im Verstehenselement *Ganzheitliche Änderung der Änderung* ist die Unterscheidung zwischen konvexen und konkaven Graphenabschnitten, die von den Lernenden entweder nicht wahrgenommen werden (z. B. Fazila, Fetije, Kara) oder trotz mehrfachen Ansteuerns der Lehrkraft nicht erklärt werden können (z. B. Jahzeel und Hania). Die vergleichsweise eher vage Idee des Füllprozesses im Verstehenselement *Stückweise qualitative Änderung*, das Jahzeel und Hania erfolgreich auch in der kontextuellen Darstellung erklären können, ist nicht ausreichend für eine Erklärung der *Ganzheitlichen Änderung der Änderung.* Die verflochtene Anforderung wird also in der präsentierten Füllgraphen-Umgebung in den Kernen der Navigationsräume sichtbar in der kontextuellen Adressierung des anspruchsvollen Verstehenselements der *Ganzheitlichen Änderung der Änderung.*

Die hier vorgestellte Herausforderung bei der Adressierung der *Ganzheitlichen Änderung der Änderung* lässt sich insbesondere auf lexikalischer Ebene nachverfolgen, obwohl sie sich sowohl auf die mentale als auch auf die diskursiv-konzeptuelle Anforderung auswirkt. In der lexikalischen Analyse (Kap. 7) wurden deshalb u. a. die bedeutungsbezogenen Sprachmittel zur Adressierung der verschiedenen Verstehenselemente inventarisiert.

6.6 Scaffolds zur Überwindung der drei Hürden und zur Bearbeitung der drei zugrundeliegenden Anforderungen

In den vorangegangenen Abschnitten wurden drei Hürden in der Bearbeitung von Aufgaben im Situationskontext von Füllgraphen, die darin fokussierten Darstellungsvernetzungsaktivitäten veranschaulicht und die zugrundeliegenden Anforderungen, die mentale, die diskursiv-konzeptuelle sowie die verflochtene Anforderung, empirisch über alle erhobenen Kleingruppen rekonstruiert. Des Weiteren konnten in den Tiefenanalysen (vgl. Abschnitte 6.1–6.4) bereits erste mündliche Scaffolds der Lehrkraft identifiziert werden, um die Lernenden in der Bearbeitung der Anforderungen zu unterstützen. Diese werden ergänzt durch schriftliche Scaffolds im Lehr-Lern- Arrangement, meist in Form fokussierender Fragen oder Formulierungshilfen. Im Gegensatz zu einem Großteil des Zweitsprachenmaterials, das sich häufig exklusiv auf eine lexikalische Unterstützung des Fachwortschatzes beschränkt (de Araujo & Smith 2022; vgl. auch Abschnitt 3. 4), konnten anhand der qualitativen Tiefenanalysen die Relevanz von Unterstützungsmaßnahmen in weiteren Sprachdimensionen gezeigt werden, nämlich in der mentalen, der diskursiven, der konzeptuellen sowie lexikalisch bzgl. des bedeutungsbezogenen Wortschatzes.

(1) Der ersten, der mentalen Hürde, tragfähige Zuordnungen zu tätigen, anstatt Gläser und Graphen direkt ineinander zu übersetzen, liegt die mentale Anforderung an die Lernenden zugrunde, ein zumindest vages, inneres Bild des Füllprozesses aufzubauen und dieses im Verlauf der Bearbeitungen weiterzuentwickeln. Zur Unterstützung in der Bewältigung dieser mentalen Anforderung zeigen sich *aufmerksamkeitsfokussierende Scaffolds* als wirkungsvoll. Diese lenken den Fokus der Lernenden auf den Aufbau einer mentalen Repräsentation des Füllprozesses und damit insbesondere auf die kontextuellen, beteiligten Größen und deren Veränderung. Dazu gehören einerseits Fragen bezüglich des Füllprozesses und andererseits Impulse, um Darstellungsvernetzungen anzuregen und einzufordern:

- Aufmerksamkeitsfokussierung auf den Füllprozess, die beteiligten Größen und deren Änderung, z. B. „Wie verändert sich die Füllhöhe/ Füllgeschwindigkeit?“, „Beschreib mal, was mit der Füllhöhe passiert.“ oder „Wie kann die Füllhöhe denn überhaupt wachsen?“
- Anregung der Darstellungsvernetzung von ikonischer, kontextueller sowie graphischer Darstellung, z. B. „Was hat das mit dem Glas zu tun?“, „Wie kann ich den Unterschied im Graphen sehen?“ oder „Wieso passt denn jetzt ausgerechnet dieses Glas?“

(2) Die diskursiv-konzeptuelle Anforderung beinhaltet, nicht nur ganzheitliche Zuordnungen zu benennen, sondern die Passung dieser durch ein Auffalten in weniger kompakte Verstehenselemente zu erklären. Aber auch das höchst komplexe Verstehenselement *Ganzheitliche Änderung der Änderung* benötigt zur Bedeutungskonstruktion ein Auffalten in weniger kondensierte Elemente. Diese Auffaltaktivitäten betreffen zum Erklären der Passung zwischen Glas und Graphen zusätzlich die dritte, kontextuelle Darstellung. Entsprechend wurden verschiedene *diskursiv-konzeptuelle Scaffolds* identifiziert, um die Lernenden zum Auffalten in weniger komplexe Verstehenselemente, insb. in der kontextuellen Darstellung zu bewegen.

- Ermuntern zu (weiteren) Erklärungen, vor allem von direkten Übersetzungen, z. B. „Was passiert dann? Wieso ist das so?“ oder „Du meinst genau das Richtige. Versuch mal, genauer zu erklären!“
- Explizites Ansteuern eines (noch nicht aufgefalteten) Verstehenselements, z. B. „Du hast gerade was von 20, 40, 60 und so weiter gesagt. Wie hoch ist die Füllhöhe denn dann bei 80 ml?“
- Überformen hin zu verdichteten Verstehenselementen (nach Auffalten), z. B. Idir: „Wenn hier ein Zentimeter nimmt, hier unten nimmt also halb.“ Leh: „Also steigt die Füllhöhe unten langsamer als oben.“

(3) Um diese Erklärungen der Darstellungspassung präzise formulieren zu können, müssen die Lernenden in die Lage versetzt werden, die beteiligten Größen zu adressieren und zwischen den Änderungsebenen (sprachlich und konzeptuell) zu unterscheiden. Während diese Hürde sowohl mentale, konzeptuelle als auch diskursive Aspekte mit sich bringt, konnte in den qualitativen Tiefenanalysen herausgearbeitet werden, dass diese nicht separiert werden können, sondern zu einer verflochtenen mental-diskursiv-konzeptuell-lexikalischen Anforderung gehören. Die präzise Artikulation kann durch bedeutungsbezogene lexikalische Scaffolds nicht nur lexikalisch, sondern bei der Bewältigung der verflochtenen mental-diskursiv-konzeptuell-lexikalischen Anforderung unterstützen.

- Anregung zu präziseren Reformulierungen, z. B. “Was genau meinst du mit ‚das‘?” oder „Der Graph wird immer flacher. Was bedeutet das für den Graphen?“
- Angebot von bedeutungsbezogenen Sprachmitteln, z. B. „Wächst die Füllhöhe eher schnell oder eher langsam?“
- Vernetzung der eigensprachlichen Ressourcen mit bedeutungsbezogenem Wortschatz, z. B. Idir: „Geht immer höher und breit.“ Leh: „Mhm, die Füllhöhe wächst also und zwar langsam.“

Viele dieser Unterstützungsmaßnahmen wurden in Zyklus 2 und 3 im schriftlichen Material eingebunden, etwa die Anregung zur Darstellungsvernetzung, die Fokussierung auf die kontextuelle Darstellung oder das Angebot von bedeutungsbezogenen Sprachmitteln (vgl. Kap. 5). Einige Impulse müssen allerdings adaptiv durch die Lehrkraft auf die Aussagen der Lernenden abgestimmt werden, sie werden daher im Didaktischen Kommentar auch als mündliche Impulse noch einmal bereitgestellt.

6.7 Zusammenfassung der illustrierten Hürden am Beispiel der entwickelten Füllgraphen-Umgebung, der zugrundeliegenden Anforderungen sowie der unterstützenden Scaffolds

In diesem Kapitel 6 konnten anhand der diskursiv-konzeptuellen Tiefenanalyse den folgenden Forschungsfragen F1 und F2 nachgegangen werden:

(F) Wie verlaufen die Lern- und Erklärprozesse von Sprachlernenden bei Darstellungsvernetzungsaufgaben im Aufbau qualitativen Funktionsverständnisses im entwickelten Lehr-Lern-Arrangement?

(F1) Welche konzeptuellen, diskursiven und lexikalischen Anforderungen können zur Überwindung der bekannten Hürden identifiziert werden und wie hängen diese Anforderungen zusammen?

(F2) Wie können Sprachlernende adaptiv unterstützt werden, um die Anforderungen zur Überwindung der Hürden erfolgreich zu meistern?

Dabei wurden drei Anforderungen bei Darstellungsvernetzungsaktivitäten in der designten Füllgraphen-Umgebung zur Überwindung der bereits bekannten Hürden (vgl. Kap. 2 & 3) empirisch rekonstruiert (vgl. Abschnitte 6.1–6.4). Diese

Anforderungen werden an die Lernenden beim Überwinden von zugehörigen Hürden gestellt, die bereits aus der Literatur bekannt sind (vgl. Kap. 2 & 3):

1. Die Hürde, mathematisch tragfähige Zuordnungen zwischen Darstellungen anstelle direkter Übersetzungen durchzuführen, kann durch die mentale Anforderung bewältigt werden, eine innere Repräsentation des Füllprozesses aufzubauen (vgl. Abschnitte 6.1–6.2). Diese Anforderung ist in der semiotischen Dimension verankert und umfasst die hohe Relevanz einer bestimmten, der kontextuellen, Darstellung.
2. Die ganzheitliche Zuordnung der Füllgläser und -graphen soll von den Lernenden des Weiteren nicht nur benannt, sondern deren Passung und die damit zusammenhängende Darstellungsvernetzung auch erklärt werden. Dieser Hürde liegt die diskursiv-konzeptuelle Anforderung zugrunde, zum Erklären der Zuordnung oder eines stark verdichteten Verstehenselements in weniger komplexe Elemente aufzufalten und die kontextuelle Darstellung des Füllprozesses mit einzubeziehen (vgl. Abschnitte 6.1 & 6.3).
3. Hier stoßen die Lernenden auf die Hürde, diese Erklärungen möglichst präzise zu formulieren, um die Verstehenselemente in den jeweiligen Darstellungen adressieren und die Verknüpfungen artikulieren zu können. Hierzu werden Anforderungen aus vier verschiedenen Dimensionen an die Lernenden gestellt: Die Erklärung der Passung (diskursive Dimension) erfordert Adressierungen der sowie Auffalt-, Verdichtungs- und Verknüpfungsaktivitäten zwischen den relevanten Verstehenselementen und Darstellungen (konzeptuelle Dimension). Dazu müssen die Lernenden insbesondere die kontextuelle Darstellung des Füllprozesses mit einbeziehen (mentale Anforderung in semiotischer Dimension), die sie anhand bedeutungsbezogener Sprachmittel präzise ansprechen können (lexikalische Dimension). Zusammengefasst ergibt sich die verflochtene mental-diskursiv-konzeptuell-lexikalische Anforderung an die Lernenden (vgl. Abschnitte 6.1 & 6.4).

Diese Anforderungen konnten im folgenden Schritt anhand abstrahierter graphischer Zusammenfassungen auch in der Breite von insgesamt sechs Lernendengruppen aus zwei Zyklen nachgewiesen und in den Kernen der Navigationsräume visualisiert werden (vgl. Abschnitt 6.5). Dort zeigte sich auch, dass besonders das Verstehenselement der *Ganzheitlichen Änderung der Änderung* für viele Lernenden besonders herausfordernd ist und viele Phänomene, die bereits in anderen Zusammenhängen beschrieben wurden, auch in der hier untersuchten Füllgraphen-Umgebung auftauchen, wie beispielsweise die Graph-als-Bild-Vorstellung (Clement 1985) oder die Verwechslung der Änderungsebenen (Prediger & Şahin-Gür 2020).

Bekannte Hürden	**Identifizierte, zugrundeliegende Anforderungen und Hintergründe**		**Scaffolds ausgerichtet auf die zugrundeliegenden Anforderungen**
Tragfähige Zuordnungen treffen statt direkt zu übersetzen	**Mentale Anforderung:** Lernende müssen ein (mindestens vages) mentales Bild der kontextuellen Darstellung des Füllprozesses aufbauen		**Aufmerksamkeitsfokussierende Scaffolds**, z.B. • Aufmerksamkeit auf die Füllhöhe lenken, insb. auf deren Änderung • beteiligte Darstellungen durcharbeiten: Glas, Füllgraph und kontextuelle Darstellung des Füllprozesses
Erklären der Passung der Darstellungen statt ganzheitlich Zuordnungen zu benennen	**Diskursiv-konzeptuelle Anforderung:** Die Sprachhandlung Erklären der Passung erfordert das Auffalten in weniger verdichtete Verstehenselemente	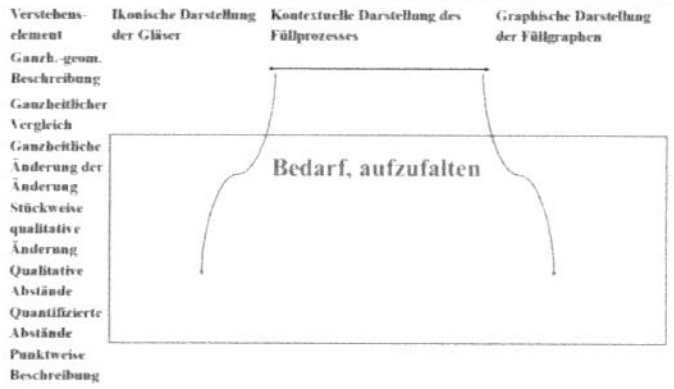	**Diskursiv-konzeptuelle Scaffolds** um das Auffalten in weniger verdichtete Verstehenselemente zu unterstützen, z.B. • weitere Erklärungen einfordern • Bedeutungserklärungen ganzheitlich-geometrischer Aussagen einfordern • explizites Adressieren (noch nicht aufgefalteter) Verstehenselemente • nach dem Auffalten auch Verdichtungen anbieten oder überformen
Präzise Erklärungen formulieren	**Mental-diskursiv-konzeptuell-lexikalische Anforderung:** Das präzise Erklären der Passung erfordert das Adressieren der Füllhöhe & ihrer Änderungen, wozu bedeutungsbezogene Sprache benötigt wird	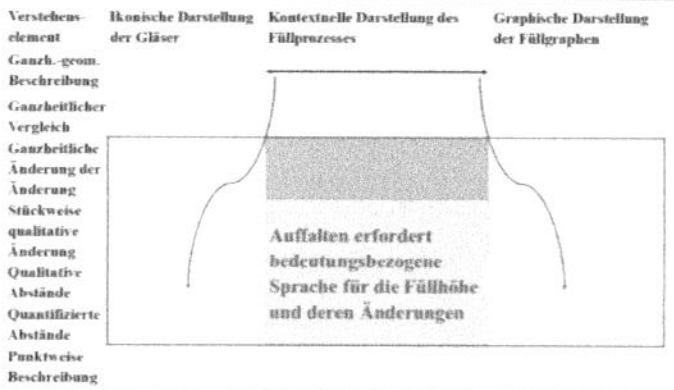	**Lexikalische Scaffolds** um bedeutungsbezogene Sprachmittel für die Füllhöhe und deren Änderungen zu etablieren, z.B. • Lernendenäußerungen präziser überformen • anbieten von bedeutungsbezogenen Sprachmitteln • verbinden der sprachlichen Ressourcen der Lernenden mit bedeutungsbezogener Sprache

Abb. 6.18 Zusammenfassung der bekannten Hürden und empirisch rekonstruierten, zugrundeliegenden Anforderungen an die Lernenden in der entwickelten Füllgraphen-Umgebung sowie situative Scaffolds zur Unterstützung der Lernenden

Anknüpfend hieran wurden situative Scaffolds für die jeweiligen Anforderungen identifiziert und gesammelt (vgl. Abschnitt 6.6), um die Lernenden in den an sie gestellten Anforderungen zu unterstützen. Die Zusammenfassung der Ergebnisse ist in Abbildung 6.18 zu finden.

In diesem Zusammenhang stellt sich die Frage, inwiefern die lexikalische Unterstützung bei der verflochtenen Anforderung tatsächlich beim Aufbau von konzeptuellem Verständnis der Verstehenselemente hilft. Dazu wird im folgenden Kapitel 7 vertiefend untersucht, wie sich lexikalisch unterstützte Erklärprozesse bei anspruchsvollen Darstellungsvernetzungsaufgaben in der hier designten Füllgraphen-Umgebung auf fachlicher und sprachlicher Ebene im Verlauf der Erhebung entwickeln.

Um diese Entwicklung differenziert betrachten zu können, werden zunächst alle eigensprachlichen Ressourcen der Lernenden inventarisiert und die Entwicklung der sprachlichen Eigenständigkeit sowie der fachlichen Tragfähigkeit illustriert.

7 Ergebnisse der lexikalischen Analyse

Die vorliegende Arbeit stellt das Einfordern und Unterstützen von anspruchsvollen Sprachhandlungen und konzeptuellen Aktivitäten am Beispiel einer Lernumgebung mit Füllgraphen in den Mittelpunkt der Untersuchungen. Dabei werden bereits bezüglich der weniger komplexen Verstehenselemente in Bestand und Änderung immer wieder Adressierungs-, Auffalt- und Verknüpfungsaktivitäten explizit eingefordert (vgl. Kap. 5 & Abschnitt 6.6). Das Einfordern dieser Aktivitäten und der anspruchsvollen Sprachhandlungen, wie dem Erklären der Passung der Darstellungen, wird gleichzeitig durch verschiedene Angebote unterstützt, von denen viele auch passgenau auf typische Hürden bei Darstellungsvernetzungaufgaben im Kontext der Füllgraphen zugeschnitten sind (vgl. Kap. 6): In Abschnitt 6.4 wurde herausgearbeitet, dass es lernförderlich zu sein scheint, bedeutungsbezogenen Sprachschatz immer wieder anzubieten; die Wirkung des Dreischritts zur Unterstützung beim Erklären der Passung der Darstellungen wurde in den Abschnitten 5.2.3 und 6.2 nachgezeichnet, ebenso wie die zu den Anforderungen passenden Scaffolds (vgl. Abschnitt 6.6) und die weiteren, im Material verankerten Unterstützungsangebote (vgl. Abschnitt 5.2). In den beiden vorangegangenen Kapitel 5 und 6 wurden bereits zahlreiche Einblicke in erfolgreiche Momente der Lern- und Erklärprozesse gegeben.

Einen großen Teil der Unterstützung machen lexikalische Angebote im Material sowie durch die Lehrkraft aus. Bisher ist jedoch noch offen, ob und inwieweit die Lernenden diese Angebote überhaupt nutzen, in welchem Ausmaß sie eigensprachliche Mittel einbringen und wie fachlich tragfähig die Äußerungen der Lernenden in ihren Lern- und Erklärprozessen sind. Des Weiteren bleibt bezüglich dieser Zielgruppe noch zu klären, wie sprachlich eigenständig die Lernenden erklären und beschreiben. Diesen Fragen wird in Kapitel 7 nachgegangen, aus

K. Zentgraf, *Aufbau von Funktionsverständnis bei Neuzugewanderten*, Dortmunder Beiträge zur Entwicklung und Erforschung des Mathematikunterrichts 61, https://doi.org/10.1007/978-3-658-50179-2_7

Platzgründen fokussiert auf die bereits vorgestellten Fokusaufgaben 4b und 5. Außerdem wird die Untersuchung der sprachlichen Eigenständigkeit auf das Verstehenselement *Ganzheitliche Änderung der Änderung* beschränkt, das bereits in Abschnitt 6.5 als besonders anspruchsvoll für viele Lernende identifiziert wurde. Dadurch kann besonders gut aufgezeigt werden, ob und wie die Lernenden mit diesem Verstehenselement umgehen.

Der Datensatz stammt von den sechs Kleingruppen der Zyklen 1 und 3, zu denen Einblicke in einzelne Ergebnisse und beispielhafte Verläufe gegeben werden. Dabei wird die Analysemethode der Spurenanalyse genutzt (vgl. Abschnitt 4.4.2) und bezüglich fachlicher Tragfähigkeit sowie sprachlicher Eigenständigkeit in der Nutzung der Mittel erweitert. Ziel des Kapitels ist die Bearbeitung der Forschungsfrage (F3), die in zwei Teilfragen (F3.1) und (F3.2) ausdifferenziert ist:

(F3) Welche lexikalischen Mittel nutzen die Lernenden im Abgleich mit dem entwickelten Lehr-Lern-Arrangement für Adressierungs-, Auffalt-, Verdichtungs- und Verknüpfungsaktivitäten und wie fachlich tragfähig und sprachlich eigenständig sind die Formulierungen (am Beispiel des Verstehenselements *Ganzheitliche Änderung der Änderung*)?

(F3.1) Welche Sprachmittel aktivieren die Lernenden während der Bearbeitung der Fokusaufgaben zum Adressieren der relevanten Verstehenselemente und wie sind diese mit dem Sprachmittelangebot verknüpft?

(F3.2) Wie fachlich tragfähig und sprachlich eigenständig setzen die Lernenden die Sprachmittel in den Fokusaufgaben zum Adressieren des Verstehenselements *Ganzheitliche Änderung der Änderung* ein?

Die Analyse in Abschnitt 7.1 trägt dabei zur Bearbeitung der ersten, die Ergebnisse aus Abschnitt 7.2 zur zweiten Teilfrage bei. Im abschließenden Abschnitt 7.3 werden die Ergebnisse mit Blick auf die Forschungsfrage zusammengefasst und auch bezüglich ihrer Anschlussfähigkeit diskutiert.

7.1 Wie adressieren Lernende die relevanten Verstehenselemente? Lexikalische Spurenanalyse in den Fokusaufgaben

Das Lehr-Lern-Arrangement bietet für die Lernenden gezielt bedeutungs- und formalbezogene Sprachmittel an, um die Lernenden beim Adressieren und Verknüpfen der Verstehenselemente in den jeweiligen Darstellungen zu unterstützen.

Hierfür wird in diesem Abschnitt 7.1 in Schritt 1 der lexikalischen Spurenanalyse (vgl. Abschnitt 4.4.2) zunächst untersucht, welche Mittel und Formulierungen die Lernenden überhaupt nutzen. Diese Inventarisierung wird in Schritt 2, beispielhaft für die Fokusaufgaben 4b und 5 (Abb. 7.1), dem schriftlichen Angebot im Material sowie den zusätzlichen mündlichen Impulsen durch die Lehrkraft gegenübergestellt. Zudem wird hier untersucht, aus welcher Quelle das jeweilige Sprachmittel ursprünglich stammt, also ob es von den Lernenden selbst eingeführt wurde (SE), aus dem Unterrichtsmaterial (s) stammt oder durch die Lehrkraft (Leh) beigetragen wurde. Dadurch werden Schritte zur Entwicklung des Lehr-Lern-Arrangements abgeleitet und die folgende Teilforschungsfrage bearbeitet:

(F3.1) Welche Sprachmittel aktivieren die Lernenden während der Bearbeitung der Fokusaufgaben und wie sind diese mit dem Sprachmittelangebot verknüpft?

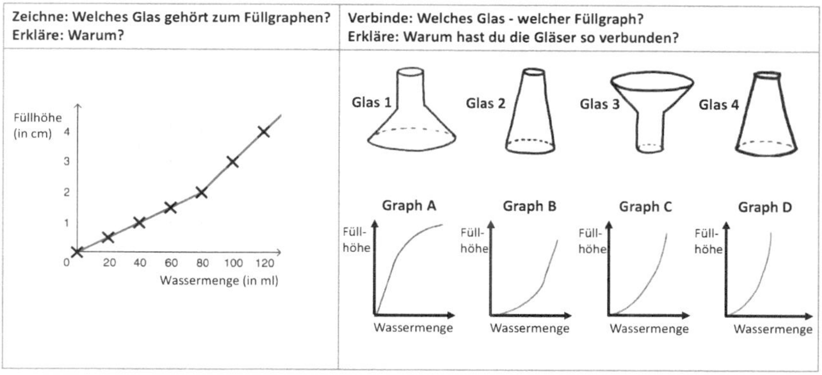

Abb. 7.1 Die Füllgraphen-Aufgaben (Aufgabe 4b links, Aufgabe 5 rechts)

Lexikalischer Nachvollzug von Emirs und Rodins Bearbeitungen

In Tabelle 7.1 sind die Ergebnisse zu Emirs und Rodins Bearbeitung der Aufgabe 4b zusammengefasst. Beide Lernende sind 18 Jahre alt, seit über drei Jahren in Deutschland und gehören nach Einschätzung der Fachlehrkraft zum oberen (Emir) bzw. mittleren (Rodin) Leistungsdrittel ihrer Klasse (mit dem Ziel des Hauptschulabschlusses nach Klasse 10). Bezüglich des grammatischen Stufenmodells können ihre grammatischen Kompetenzen im Schnitt auf Stufe 3 (bei Emir teils auch höher) eingeordnet werden.

Die relevanten Verstehenselemente für die Bearbeitung sind die *Stückweise qualitative Änderung* und die *Ganzheitliche Änderung der Änderung* (vgl. Tabelle 7.1). In der lexikalischen Inventarisierung von Sprachmitteln aus Emirs und Rodins Lern- und Erklärprozessen (Schritt 1 der Spurenanalyse; vgl. Abschnitt 4.4.2) fällt auf, dass das Verstehenselement der *Ganzheitlichen Änderung der Änderung* in Aufgabe 4b kaum adressiert wird, hier gibt es gerade einmal drei Nennungen von Emir (vgl. Tabelle 7.1 Sprachmittelverwendung Emir in der Zeile *Ganzheitliche Änderung der Änderung*). Die *Stückweise qualitative Änderung* adressiert das Tandem deutlich häufiger, nämlich in 19 Fällen. Beide Lernenden nutzen dabei sowohl bedeutungs- als auch formalbezogene Sprachmittel, die in der jeweiligen Zelle entsprechend sortiert sind.

In der Gegenüberstellung mit dem schriftlichen und mündlichen Angebot für diese Aufgabe (Schritt 2 der Spurenanalyse) wird zunächst deutlich, dass die Lernenden die Angebote nutzen und diese ihren Bedürfnissen anpassen. Während im Unterrichtsmaterial sowohl das Sprachmittel ‚schnell wachsen' als auch der Vergleich ‚steiler steigen als' (wenn auch formalbezogen) angeboten werden, adressiert Emir die *Stückweise qualitative Änderung* mit Formulierungen wie ‚desto schneller' (Turn 223), ‚schnell nach oben gehen' (Turn 229c) oder ‚immer schneller werden' (Turn 141b, hier zum Adressieren der Änderung statt der Änderung der Änderung). Rodin hält sich hingegen noch stärker an das Angebot und nutzt vor allem die schriftlichen Scaffolds (z. B. ‚schneller' Turn 346; ‚flacher (als)', Turns. 366 & 368a).

Dieser Abgleich leitet bereits in das Identifizieren der Quelle der Sprachmittel über. Beinahe alle Formulierungen stammen direkt oder leicht abgewandelt aus dem Unterrichtsmaterial, vor allem aus der vorangegangenen Aufgabe 4a (s, 17 von insgesamt 22 aufgezählten Sprachmitteln, also ca. 77 %) und eine von der Lehrkraft (Leh, ca. 5 %). Emir bringt außerdem einige eigensprachliche Mittel ein (SE, z. B. ‚weniger Platz', Turns 229b & 316a für die *Stückweise qualitative Änderung*; ‚gleich schnell', Turn 264 für die *Ganzheitliche Änderung der Änderung*, ca. 18 %).

Tabelle 7.1 Inventarisierung der angebotenen und von Emir & Rodin verwendeten Sprachmittel in Aufgabe 4b gemäß Spurenanalyse

Verstehenselement	Sprachmittelangebot	Sprachmittelverwendung	
		Emir	Rodin
Ganzheitliche Änderung der Änderung	• gleichmäßig steigen / wachsen (s/A4b) • gleichmäßig nach oben (Leh, 337)	• gleich schnell **1** (SE, 264) • sich nicht ändern **1** (s/A4a, 170) • gleichmäßig nach oben gehen **1** (Leh, 337)	
Stückweise qualitative Änderung	• schnell / langsam wachsen (s/A4b) • steiler / flacher steigen als (s/A4b)	• langsamer (als) **2** (s/A4a, 141a, 147b) • immer schneller **1** (SE, 141b) • schnell(er / nach oben) **4** (s/A4a, 223, 229c, 318, 322) • weniger Platz **2** (SE, 229b, 316a) • flacher sein **1** (s/A4a, 143) • steil(er / als) **4** (s/A4a, 143, 335, 365, 345)	• langsam **1** (s/A4a, 368b) • schneller **1** (s/A4a, 346) • steiler **1** (s/A4a, 355) • flacher (als) **2** (s/A4a, 366, 368a)

Erläuterung der Kodierung: Herkunft der Sprachmittel als selbsteingeführt durch Lernende (SE), aus schriftlichem Unterrichtsmaterial (s) oder von Lehrkraft (Leh) eingebracht; Zahlen **fett** gedruckt für Häufigkeit des Vorkommens

Die Ergebnisse der Spurenanalyse für Emirs und Rodins Bearbeitung von Aufgabe 4b spiegeln sich auch in der Bearbeitung der Aufgabe 5 wider (vgl. Tabelle 7.2). Für die Inventarisierung (Schritt 1) der genutzten Sprachmittel wurde hier allerding zusätzlich das Verstehenselement *Ganzheitlicher Vergleich* ergänzt, da sowohl Emir als auch Rodin dieses in ihren Erklärprozessen adressieren. Mit insgesamt 50 inventarisierten Sprachmitteln ist sowohl der Umfang als auch die Vielfältigkeit der Nutzung bedeutungs- und formalbezogener Sprachmittel noch einmal deutlich höher als in Aufgabe 4b. Allerdings wird durch die gezielte Inventarisierung auch sichtbar gemacht, dass Rodin das Verstehenselement der *Ganzheitlichen Änderung der Änderung* nie selbst adressiert, sondern insbesondere Emir hier sprachlich im Vordergrund steht.

Tabelle 7.2 Inventarisierung der angebotenen und von Emir & Rodin verwendeten Sprachmittel in Aufgabe 5

Verstehenselement	**Sprachmittelangebot**	**Sprachmittelverwendung**	
		Emir	Rodin
Ganzheitlicher Vergleich		• noch langsamer **1** (SE, 111b)	• ganz schneller **1** (SE, 125) • langsamer **1** (s/A4a, 190)
Ganzheitliche Änderung der Änderung	• gleichmäßig steigen / wachsen (s/A5) • immer steiler steigen (s/A5) • immer langsamer wachsen (s/A5) • gleichmäßig nach oben (Leh/A4b, 337)	• immer langsam(er) **3** (s/A5, 79, 157a, 266) • langsamer, etwas langsamer **1** (SE, 75f) • (immer) gleich schnell **1** (SE, 81b, 161) • immer schneller **1** (s/A5, 157c) • gleichmäßig schnell **2** (s/A5, 250, 260) • bisschen, bisschen mehr noch verändern **1** (SE, 169d) • da auch gehen **1** (SE, 75a) • immer flacher **5** (s/A5, 30b, 32, 300b, 303b, 313b) • immer steil nach oben **1** (s/A5, 75b) • gleichmäßig steil **2** (s/A4b, 303a, 313a) • gleichmäßig (nach oben) **5** (s/A4b/Leh, 48, 51a, 84b, 243a, 258)	

(Fortsetzung)

Tabelle 7.2 (Fortsetzung)

Verstehensele-ment	Sprachmittelangebot	Sprachmittelverwendung	
		Emir	Rodin
Stückweise qualitative Änderung	• schneller wachsen als (s/A5) • flacher steigen als (s/A5)	• langsamer (als) **4** (s/A4a, 75d, 243b, 246, 248) • schnell **1** (s/A4a, 159b) • mehr / viel Platz **2** (SE, 77a, 157b) • steil **3** (s/A4a, 30a, 46, 300a) • flach(er) **3** (s/A4a, 75e, 81a, 300b)	• schnell(er / als) **5** (s/A4a, 20a, 98c, 131, 141, 143c) • langsam(er / nach oben) **4** (s/A4a, 20b, 34, 98a, 182) • flacher **2** (s/A4a, 26, 38)

Erläuterung der Kodierung: Herkunft der Sprachmittel als selbsteingeführt durch Lernende (SE), aus schriftlichem Unterrichtsmaterial (s) oder von Lehrkraft (Leh) eingebracht; Zahlen **fett** gedruckt für Häufigkeit des Vorkommens

Auch in der Bearbeitung der Aufgabe 5 in Tabelle 7.2 wird in der Gegenüberstellung von Angebot und Nutzung (Schritt 2) sichtbar, dass das Tandem die schriftlichen Angebote annimmt, insbesondere die zur *Ganzheitlichen Änderung der Änderung*. Wie in der vorangegangenen Aufgabe (vgl. Tabelle 7.1) werden hier zudem lexikalische Anpassungen des Angebots deutlich: Emir passt dabei die Sprachmittel sehr variabel an, um die *Ganzheitliche Änderung der Änderung* zu adressieren (z. B. ‚langsamer, etwas langsamer' Turn 75f; ‚gleichmäßig schnell' Turns 250 & 260).

In dieser Aufgabe 5 ist der Teil der eigensprachlich eingebrachten Mittel außerdem noch etwas höher als in Aufgabe 4b: sieben unterschiedliche Formulierungen wurden von den Lernenden eingebracht (SE, im Gegensatz zu drei in Aufgabe 4b), was insgesamt 16 % aller Äußerungen entspricht. Die restlichen Sprachmittel, also 84 %, stammen direkt oder leicht angepasst aus dem Lehr-Lern-Arrangement. Das Sprachmittel ‚gleichmäßig nach oben' bringt die Lehrkraft in der vorausgegangenen Aufgabe ein, ist aber dem schriftlichen Angebot sehr ähnlich. Dieses ist entsprechend mit dem Scaffold ‚gleichmäßig' im Unterrichtsmaterial zusammengefasst.

Insgesamt lässt sich zunächst festhalten, dass Emir und Rodin in den beiden untersuchten Fokusaufgaben 4b und 5 eine Vielzahl an bedeutungs- und formalbezogenen Sprachmitteln nutzen, um die hier relevanten Verstehenselemente zu adressieren (Schritt 1: Inventarisierung).

Im Abgleich von schriftlichem bzw. mündlichem Angebot und der Nutzung (Schritt 2: Gegenüberstellung) wird deutlich, dass die im Material verankerten Scaffolds sowie einzeln zusätzlich von der Lehrkraft mündlich angebotenen Scaffolds durch die Lernenden aufgegriffen und aktiv zum Adressieren oder Verknüpfen der Verstehenselemente genutzt werden. Dabei entstehen viele sprachliche Anpassungen, etwa durch die Nutzung von Intensivieren (‚immer, noch') oder der Ergänzung von zusätzlichen Informationen (‚nach oben') zur Verstärkung einer Aussage. Auch kombinieren die Lernenden verschiedene Angebote (z. B. ‚gleichmäßig schnell') oder nutzen diese zum Adressieren anderer Verstehenselemente als ursprünglich vorgesehen (‚langsamer, etwas langsamer' Emir, Turn 75f für die *Ganzheitliche Änderung der Änderung*).

Wenn man die ursprünglichen Quellen der genutzten Sprachmittel (Schritt 2) betrachtet, so stammen diese zum Großteil aus dem Material (insgesamt ca. 81,9 %), aber die Lernenden bringen auch zunehmend eigensprachliche Mittel ein (insgesamt ca. 16,7 %) – insbesondere für das Adressieren der gleichmäßigen Zunahme der Füllhöhe (‚gleich schnell wachsen'), die so noch nicht im Material des hier analysierten Zyklus 3 verankert war.

Vollständige Spurenanalyse der Fokusaufgaben

Die Analyseschritte 1 und 2 für ein einzelnes Lernendenpaar wurden in der folgenden Tabelle 7.3 ausgeweitet auf alle sechs Kleingruppen. Die Tabelle inventarisiert sämtliche Sprachmittel zum Adressieren und Bearbeiten der relevanten Verstehenselemente in den Fokusaufgaben (Schritt 1 der lexikalischen Spurenanalyse), insgesamt gibt es 377 Nutzungen eines Sprachmittels, um die relevanten Verstehenselemente zu adressieren. Bei den Sprachmittelangeboten wird unterschieden zwischen Zyklus 1 (Z1) und Zyklus 3 (Z3).

Tabelle 7.3 Inventarisierung der angebotenen und genutzten Sprachmittel in den Fokusaufgaben 4b & 5

Sprachmittelangebot	**Sprachmittelverwendung** Lernende Zyklus 1 & 3
Ganzheitlicher Vergleich	
/	• (noch) langsamer **2** (s) • (ganz) schneller **2** (s)
Ganzheitliche Änderung der Änderung	
• immer steiler / flacher steigen (s, Z1 & Z3) • gleichmäßig steigen / wachsen (s, Z1 & Z3) • immer langsamer wachsen (s, Z3) • gleichmäßig nach oben (Leh, Z3)	• immer flacher **6** (s) • ein bisschen flacher, flacher **1** (s) • steiler und noch steiler **1** (s) • immer (noch) steiler **11** (s) • immer steil nach oben **1** (s) • steiler **3** (s) • gleichmäßig (nach oben) **42** (s bzw. Leh) • gleichmäßig steil **3** (s) • *langsamer, etwas langsamer / langsam und langsamer* **2** (s bzw. SE) • immer langsam(er) **3** (s) • alles schneller als **1** (s) • *(immer) gleich schnell* **3** (SE) • immer schneller **1** (s) • gleichmäßig schnell **3** (SE) • ganz schnell nach oben **1** (SE) • ganz nach oben **1** (SE) • immer gleicher **1** (SE) • gleich sein **1** (SE) • da auch gehen **1** (SE) • *sich nicht verändern* **10** (s) • *bisschen, bisschen mehr noch verändern* **1** (SE) • ein bisschen höher werden **1** (SE) • immer noch ein bisschen mehr Richtung hoch **1** (SE) • *immer mehr / viel mehr Platz* **2** (SE) • unvereinbar **1** (SE) • also höher **1** (SE)

(Fortsetzung)

Tabelle 7.3 (Fortsetzung)

Stückweise qualitative Änderung	
• steiler / flacher steigen als (s, Z1 & Z3) • schnell / langsam wachsen (s, Z3) • schneller wachsen als (s, Z3) • gleichmäßig flacher (Leh) • schnell nach oben (Leh) • immer schneller nach oben (Leh)	• flach(er / als) **74** (s) • (sofort) steil(er / als) **78** (s) • gleichmäßig flacher **1** (s bzw. Leh) • schnell(er / nach oben) **3** (s bzw. Leh) • (immer / eher) schnell(er / nach oben) **42** (s bzw. Leh) • langsam(er / als) **37** (s) • *langsamer und langsamer* **1** (SE) • *mehr / viel / weniger Platz* **6** (SE) • *sich (nicht) ändern* **2** (s) • ein bisschen hoch gehen / nach oben gehen **2** (SE) • mehr von oben Richtung **1** (SE) • (immer) höher / hoch **6** (SE) • schwacher **2** (SE)
Qualitative Abstände	
/	• die Gleiche sein für beide / *das Gleiche rein kommen* **3** (SE) • weniger /mehr Platz **2** (SE) • (immer) gleich (weiter hoch) **5** (SE) • *sich nicht ändern* **2** (s)
Quantifizierte Abstände	
/	• immer fünf, fünf (Millimeter) **2** (SE) • ein Zentimeter mehr als **1** (SE)

Erläuterung der Kodierung: Herkunft der Sprachmittel als selbsteingeführt durch Lernende (SE), aus schriftlichem Unterrichtsmaterial (s) oder von Lehrkraft (Leh) eingebracht; Zahlen **fett** gedruckt für Häufigkeit des Vorkommens; *kursiv* gedruckt Sprachmittel sind in die letzte Fassung des Lehr-Lern-Arrangements bzw. des didaktischen Kommentars übernommene Scaffolds

Es wird auch im Vergleich zu der Inventarisierung von Emirs und Rodins Sprachnutzung deutlich, dass die Lernenden in der Bearbeitung der Fokusaufgaben unterschiedliche Verstehenselemente adressieren. Dazu kommt eine große Vielfalt an genutzten, angepassten oder selbsteingebrachten Sprachmitteln. In der Gegenüberstellung zum Angebot (Schritt 2 der lexikalischen Spurenanalyse) fällt zudem auf, dass die Lernenden das gesamte schriftliche und mündliche Angebot nutzen und ihren Bedürfnissen anpassen. Durch die Kodierung der Quellen der Sprachmittelverwendung wird zudem deutlich, dass 327 produzierte Sprachmittel der Lernenden, also 87 % durch das schriftliche Angebot oder teils durch die Lehrkraft in den gemeinsamen Sprachschatz eingeführt wurde. In 50 der insgesamt 377 Fällen (13 %) wurden von den Lernenden selbsteingebrachte Sprachmittel genutzt.

Durch die Nachverfolgung der ursprünglichen Quellen können zudem Konsequenzen für die Entwicklung des Lehr-Lern-Arrangements gezogen werden, indem eigensprachliche Ressourcen der Lernenden identifiziert werden, die aus empirischen oder fachdidaktischen Gründen als weitere Scaffolds genutzt werden können. Diese sind entweder direkt in das schriftliche Angebot im Lehr-Lern-Arrangement (vgl. auch Kap. 5) oder als mögliche Scaffolds für Lehrkräfte in den didaktischen Kommentar (vgl. Kap. 5 und Anhang I & II) aufgenommen worden. Im Unterrichtsmaterial werden die Lernenden nun auf den Platz, den das Wasser im Glas hat, hingewiesen und das Sprachmittel ‚gleich schnell wachsen' ist im Satzgitter integriert (Aufgabe 4b, vgl. Abschnitt 5.2). Als zusätzliche mündliche Scaffolds durch die Lehrkräfte sind im didaktischen Kommentar Sprachmittel wie ‚das Gleiche hineinfüllen', ‚langsamer, langsamer und noch langsamer' oder ‚ein bisschen, ein bisschen und noch ein bisschen schneller' zu finden. Außerdem wird die verstärkt die Aufmerksamkeit auf die Änderung (‚sich (nicht) verändern') gelenkt.

Neben der lexikalischen Nachverfolgung der angebotenen und genutzten Sprachmittel ist auch interessant, inwiefern die Lernenden diese tragfähig einsetzen. Mit Blick auf das Prinzip des Scaffolding, bei dem die Hilfestellungen nach und nach zurückgenommen werden sollen (Hannafin et al. 1999), stellt sich außerdem die Frage, wie sprachlich eigenständig die Mittel genutzt werden. Diese Fragen werden im folgenden Abschnitt exemplarisch am Verstehenselement der *Ganzheitlichen Änderung der Änderung* bearbeitet.

7.2 Konzeptuell-lexikalische Analyse: Fachliche Tragfähigkeit und sprachliche Eigenständigkeit der Sprachmittelnutzung

Im vorangegangenen Abschnitt 7.1 wurde beschrieben, dass die Lernenden beim Adressieren der relevanten Verstehenselemente in den Fokusaufgaben viele verschiedene Sprachmittel nutzen, von denen die meisten aus dem Unterrichtsmaterial stammen. Um einen genaueren Einblick in die Nutzung der lexikalischen Mittel zu gewinnen, wird in diesem Abschnitt 7.2 untersucht, inwiefern die Lernenden diese Sprachmittel in ihren Lern- und Erklärprozessen fachlich tragfähig einsetzen. So kann nachvollzogen werden, inwiefern die Sprachmittel auch (erfolgreich) in der Bedeutungskonstruktion und im Verknüpfen der Darstellungen sowie Verstehenselemente einbezogen werden.

Des Weiteren wird beleuchtet, inwieweit die Sprachmittel sprachlich bereits eigenständig verwendet werden. Diese Fragestellung ist auf das Prinzip des Scaffoldings zurückzuführen (Hannafin et al. 1999), dessen Ziel der Abbau der Unterstützungsmaßnahmen ist, sodass die Lernenden in ihrer individuellen Zone der nächsten Entwicklung selbstständig agieren können. Für das schriftliche und mündliche Angebot an lexikalischen Scaffolds stellt sich also die Frage, inwieweit die Lernenden dieses in ihren eigenen Sprachschatz integrieren und wie eigenständig sie diese Mittel im Verlauf der Bearbeitung nutzen.

In den Abschnitten 6.3, 6.4 & 6.5 wurde an verschiedenen Stellen erläutert, inwieweit die Lernenden das Verstehenselement *Ganzheitliche Änderung der Änderung* beim Einfordern durch die Aufgabe oder die Lehrkraft tragfähig gelungen adressieren und welche Mikro-Scaffolding-Impulse der Lehrkraft unterstützend waren (vgl. auch Abschnitt 6.6). In Bezug auf die Unterstützungsangebote relevanter, bedeutungs- und formalbezogener Sprachmittel wird nun die Nutzung durch die Lernenden genauer untersuchen. Anhand des dritten und vierten Analyseschritts der erweiterten lexikalischen Spurenanalyse (vgl. Abschnitt 4.4.2) wird die Initiative individueller Sprachmittelnutzungen (Pöhler 2018) kombiniert mit dem Grad der sprachlichen Eigenständigkeit (Zentgraf et al. 2021). Des Weiteren wird die fachliche Tragfähigkeit der einzelnen Aussagen bewertet. Insgesamt wird so die folgende Teilforschungsfrage bearbeitet:

(F3.2) Wie fachlich tragfähig und sprachlich eigenständig setzen die Lernenden Sprachmittel zum Adressieren des Verstehenselements *Ganzheitliche Änderung der Änderung* ein?

Einblick in Emirs lexikalischen Erklärprozess: fachliche Tragfähigkeit und sprachliche Eigenständigkeit

Das folgende Transkript 7.1 verdeutlicht an einem Ausschnitt aus Emirs lexikalischem Lernprozess (vgl. auch Abschnitte 6.3.2, 6.4.2 & 7.1), wie die Kodierung der sprachlichen Eigenständigkeit in der Produktion lexikalischer Mittel sowie der fachlichen Tragfähigkeit der Aussagen erfolgt ist. Emir hat bereits Graph 1und Glas 3 einander zugeordnet (vgl. Abb. in Transkript 7.1). Beim Beschreiben des Graphen stockt Emir (nicht abgedruckt), sodass die Lehrkraft ihn mit dem formalbezogenen Sprachmittel ‚gleichmäßig' unterstützt (Turn 47). Im Anschluss fordert sie von ihm das Begründen der Zuordnung ein (Turn 74).

Transkript 7.1, Emir, Zyklus 3, Aufgabe 5, Erklärung der Passung zwischen Graph A & Glas 2

Beispiel für unterschiedliche Level der sprachlichen Eigenständigkeit: Aufnahme (A), Übernahme (Ü), Eigenproduktion (E), sowie deren lokale Initiative (jeweils in Klammern). Zusätzlich wird auch die fachliche Tragfähigkeit der Aussage untersucht, hier als fachlich tragfähig (FT) oder als keine Aussage möglich (kA).
Das Satzgitter ist für diese Aufgabe als Hilfe im Material angegeben.
Im Transkript ordnet Emir Graph A und Glas 3 einander zu.

Die Füllhöhe	wächst	am Anfang	gleichmäßig.
Der Graph	steigt	in der Mitte	schneller als...
		am Ende	flacher als...
			immer steiler.
			immer langsamer.

47	Leh	[…] Das Wort ist gleichmäßig.	
48	Emir	Gleichmäßig. […]	*gleichmäßig*, A (Leh/47), kA
51		Gleichmäßig nach oben.	*gleichmäßig nach oben* , Ü (Leh/47), FT
		[…]	
74	Leh	Wieso?	
75a	Emir	*[Verbindet Glas 3 & Graph A]* .. Ehm weil das- So sieht da geht da geht auch das. Wenn ich Wasser reintue, # tut das immer steil nach oben gehen.	*immer steil nach oben* , Ü/E (s/5a), FT
75b		Oben wird der wieder langsamer,	*langsamer*, E, FT
75c		bisschen flacher.	*bisschen flacher*, E, FT
75d		Ja langsamer, etwas langsamer. So.	*langsamer, etwas langsamer*, E, FT
		…	
79	Emir	Du hast ja immer langsamer oben.	*immer langsamer*, Ü (s/5a), FT

Emir wiederholt zunächst das Sprachmittelangebot der Lehrkraft (Turn 47, ‚gleichmäßig') wörtlich, was als Aufnahme (A) kodiert wird (Turn 48). Hier ist nicht nur die sprachliche Eigenständigkeit kodiert, sondern auch die lokale Initiative der Sprachmittelnutzung, nämlich durch die Lehrkraft in Turn 47. Über die fachliche Tragfähigkeit der Formulierung kann hier keine Aussage (kA) getroffen werden, da Emir hier vor allem sprachlich und noch nicht fachlich fokussiert.

Dies ändert sich im Anschluss, als er in Turn 51 das Sprachmittel ohne weitere Initiative noch einmal produziert und in einen deutlich eigenständigeren Satzteil einfügt (‚gleichmäßig nach oben‘). Diese höhere sprachliche Eigenständigkeit wird entsprechend als Übernahme des Sprachmittels kodiert, mit Verweis auf die mündliche Initiative der Lehrkraft in Turn 47. Im Gegensatz zu der simplen wörtlichen Wiederholung des Sprachmittels (Turn 48) wird hier deutlich, dass Emir die Formulierung auch fachlich tragfähig (FT) in Bezug zum Füllgraphen setzen kann.

Einige Turns später fordert die Lehrkraft von Emir das Begründen der Passung der beiden Darstellungen ein (Turn 74). Emir beginnt hier zu erklären, indem er die lineare Graphensteigung beschreibt (Turn 75a, ‚immer steil nach oben gehen‘). Den Ausdruck ‚steil steigen/gehen‘ hat Emir vor dieser Szene bereits mehrfach eigenständig produziert. Er kombiniert ihn hier mit dem schriftlichen Angebot ‚immer steiler‘ aus dem Satzgitter, um nicht die konvexe, sondern die lineare Steigung auszudrücken. Damit passt Emir das schriftliche Scaffold (‚immer steiler‘) sprachlich aktiv an seinen konzeptuellen Bedarf an, die Linearität im Graphenabschnitt zu beschreiben. In dieser Äußerung zeigt sich damit die Übernahme (Ü) des Begriffs ‚immer‘ aus dem schriftlichen Angebot, den Emir zuvor noch nicht genutzt hat. Allerdings nutzt er nur einen Teil davon, um die Bedeutung der gleichmäßigen Steigung auszudrücken. Diese kreative und selbstständige Zusammenstellung von verschiedenen zur Verfügung stehenden Mitteln wird deshalb als Übergang zwischen Übernahme (aus dem Unterrichtsmaterial) und Eigenproduktion (Ü/E) kodiert.

Des Weiteren beschreibt das Sprachmittel zwar die lineare Steigung noch nicht präzise, aber im Kontext eindeutig und ist damit ebenfalls als fachlich tragfähig zu werten (FT). Ähnlich verhält es sich für die folgenden Teilturns 75b–d:

Während Emir die Steigung des konkaven Graphenabschnitts zunächst anhand des Verstehenselements *Stückweise qualitative Änderung* annähert (die Turns 75b & c sind deshalb grau abgedruckt), verknüpft er die formalbezogene Beschreibung (Turn 75c, ‚bisschen flacher‘) mit der kontextuellen Darstellung des Füllprozesses (Turn 75b, ‚wieder langsamer‘). So arbeitet er sich sukzessive an die *Ganzheitliche Änderung der Änderung* heran, die er in Turn 75d zum ersten Mal in dieser Situation bedeutungsbezogen adressiert (‚langsamer, etwas langsamer‘) – als intervallweise Annäherung. Diese Aussagen können alle als fachlich tragfähig (FT) eingestuft werden. Da Emir die genutzten Sprachmittel zuvor bereits mehrfach eigenständig produziert hat, werden diese hier ebenfalls als Eigenproduktion (E) kodiert.

In Turn 79 gelingt es Emir schließlich, das angebotene Sprachmittel aus dem Unterrichtsmaterial (‚immer langsamer‘) fachlich tragfähig (FT) für ein präzises Beschreiben seiner Annährung an die *Ganzheitliche Änderung der Änderung* zu nutzen: ‚Die Füllhöhe wächst oben immer langsamer‘. Dieses Sprachmittel hat er zuvor noch nicht genutzt, es stammt also direkt aus dem schriftlichen Angebot im Satzgitter (vgl. Abb. in Transkript 7.1). Da er allerdings die Satzstruktur anpasst und das Sprachmittel dort abweichend von der vorgeschlagenen Formulierung im Satzgitter einsetzt, wird diese Nutzung als Übernahme (Ü) kodiert, also als bereits relativ eigenständige Produktion.

Konzeptuell-lexikalische Analyse des Verstehenselements Ganzheitliche Änderung der Änderung für alle Gruppen

In diesem Abschnitt werden die Erkenntnisse aus Emirs und Rodins Erklär- und Lernprozessen ausgeweitet auf alle sechs untersuchten Kleingruppen. Dazu werden in Tabelle 7.4 nur die abstrahierten Daten aufgenommen, die ausführlichen Äußerungen finden sich im Anhang (vgl. Anhang III).

Ebenso wie im Ausschnitt aus Emirs und Rodins Prozess sind hier nur die Adressierungen des Verstehenselements *Ganzheitliche Änderung der Änderung*

Tabelle 7.4 Adressierungen der *Ganzheitlichen Änderung der Änderung*

	Fachlich tragfähig	Fachlich nicht tragfähig	Fachlich fraglich	Keine Aussage	$\sum$
Vorlesen	1	1		1	3
Aufnahme (s)	4				4
Aufnahme (Leh)	1			6	7
Übernahme (s)	26	1			27
Übernahme (Leh)	11				11
Übernahme / Eigenproduktion (s)	3				3
Übernahme / Eigenproduktion (Leh)	2				2
Eigenproduktion	46		1		47
$\sum$	94	2	1	7	104

dargestellt. In den Spalten wird dort die fachliche Tragfähigkeit der Aussagen betrachtet: fachlich tragfähig, fachlich nicht tragfähig, fachlich fraglich sowie keine Aussage möglich. Hier fällt auf, dass beinahe alle Äußerungen fachlich tragfähig sind, konkret 94 von 104 (also 90 %). Lediglich je zwei bzw. eine Aussage sind fachlich sicher nicht tragfähig oder fachlich noch fraglich (2 % bzw. 1 %). Bei 7 der Formulierungen (7 %) kann keine genauere Aussage über die fachliche Tragfähigkeit gemacht werden, da die Lernenden hier entweder direkt vorlesen oder Aussagen wörtlich übernehmen, ohne sich jedoch klar auf eine Erklärung zu beziehen.

In den Zeilen ist die sprachliche Eigenständigkeit kodiert: das Vorlesen einer Aufgabe, einer alten bereits besprochenen Bearbeitung oder eines Scaffolds aus dem Unterrichtsmaterial; die wörtliche Aufnahme eines Satzes oder eines vollständigen Satzteils; die Übernahme von angebotenen Sprachmitteln oder Teilformulierungen in einen eigenständig produzierten Satz(-teil); die Eigenproduktion in einem völlig eigenständigen Satz. Einige Äußerungen lassen sich nicht eindeutig als Übernahme oder Eigenproduktion kodieren, sodass eine zusätzliche Übergangskategorie erstellt wurde (vgl. Abschnitt 4.4). Bemerkenswert ist hier die hohe sprachliche Eigenständigkeit im Adressieren des Verstehenselements: Mit 52 von 104 Äußerungen ist die Hälfte aller Formulierungen bereits völlig eigenständig oder zumindest beinahe. Nur 11 der Kodierungen (ca. 11 %) sind wörtliche Aufnahmen, was besonders für die untersuchte Zielgruppe interessant ist.

Es ist kann vermutet werden, dass die Lernenden entweder bereits selbst den hohen sprachlichen und konzeptuellen Anforderungen des Verstehenselements gewachsen sind (bei fachlich tragfähigen, eigensprachlichen Mittel). Alternativ scheinen die angebotenen Scaffolds die Lernenden zunehmend in ihren Sprachschatz zu übernehmen und zum Adressieren und Bearbeiten des Verstehenselements zu nutzen. Die aufgeführten Zahlen sprechen auch dafür, die bereits im vorangegangenen Abschnitt identifizierten Sprachmittel zusätzlich ins Lehr-Lern-Arrangement sowie den didaktischen Kommentar aufzunehmen.

Bezüglich der lokalen Initiative der Sprachmittelnutzung wird deutlich, dass das schriftliche Unterrichtsmaterial (s) mit 34 Fällen deutlich öfter als direkte Quelle einer sprachlichen Produktion bestimmter bedeutungs- und formalbezogener Mittel dient als das mündliche Angebot der Lehrkraft (Leh) mit 20 Situationen. Dies spricht für die Adaptivität der im Lehr-Lern-Arrangement verankerten Scaffolds für die Lernenden.

Insgesamt scheint es, dass die hohe sprachliche Eigenständigkeit mit einer überwiegenden fachlichen Tragfähigkeit im Verstehenselement der *Ganzheitlichen Änderung der Änderung* einhergeht. Auch besteht die Möglichkeit, dass die hohen fachlichen und sprachlichen Kompetenzen beim Adressieren dieses sehr komplexen Verstehenselements bereits durch die starke Unterstützung in weniger verdichteten Verstehenselementen vorbereitet wurden. Tiefergehende, hier nicht präsentierte Analysen lassen zudem vermuten, dass Lernende, die mithilfe der integrierten Scaffolds die typischen Hürden bei der Bearbeitung der Füllgraphen-Umgebung überwunden haben (vgl. Kap. 6), beim Erschließen des Verstehenselements *Ganzheitliche Änderung der Änderung* eher erfolgreich sind als Lernende, die diesen Hürden noch gegenüberstehen.

7.3 Zusammenfassung der lexikalischen Analyse und Beantwortung der Forschungsfragen

Anknüpfend an die in Kapitel 6 herausgearbeiteten Anforderungen an Lernende in der Bearbeitung der Darstellungsvernetzungsaufgaben sowie an die möglichen Unterstützungen im Material und durch die Lehrkraft (vgl. auch Kap. 5), wurde in Kapitel 7 der Frage nach lexikalisch unterstützten Erklär- und Lernprozessen nachgegangen. Dadurch wurden die Daten bzgl. folgender Forschungsfrage F3 mit den Teilfragen F3.1 und F3.2 untersucht:

(F3) Welche lexikalischen Mittel nutzen die Lernenden im Abgleich mit dem entwickelten Lehr-Lern-Arrangement für Adressierungs-, Auffalt-, Verdichtungs- und Verknüpfungsaktivitäten und wie fachlich tragfähig und sprachlich eigenständig sind die Formulierungen (am Beispiel des Verstehenselements *Ganzheitliche Änderung der Änderung*)?

(F3.1) Welche Sprachmittel aktivieren die Lernenden während der Bearbeitung der Fokusaufgaben zum Adressieren der relevanten Verstehenselemente und wie sind diese mit dem Sprachmittelangebot verknüpft?

(F3.2) Wie fachlich tragfähig und sprachlich eigenständig setzen die Lernenden die Sprachmittel in den Fokusaufgaben zum Adressieren des Verstehenselements *Ganzheitliche Änderung der Änderung* ein?

Dazu wurden in Abschnitt 7.1 zunächst die ersten beiden Schritte der lexikalischen Spurenanalyse durchgeführt. Mithilfe dieser wurde einerseits eine große Vielfalt an sprachlichen Ressourcen bei den Lernenden, aber auch in der kreativen Nutzung von Angeboten deutlich (Schritt 1 der lexikalischen Spurenanalyse). Im Abgleich mit dem schriftlichen und mündlichen Angebot (Schritt 2) wurde festgestellt, dass die Lernenden die integrierten schriftlichen und mündlichen Scaffolds an bedeutungs- und formalbezogenen Mitteln aufnehmen und zum

Adressieren der Verstehenselemente in den jeweiligen Darstellungen sowie zum Verknüpfen dieser nutzen. Der Großteil der ursprünglichen Sprachmittelquellen ist im Lehr-Lern-Arrangement integriert, die Lernenden bringen aber auch selbst einige Formulierungen ein. Hier wurden Sprachmittel identifiziert, die vor allem durch die Lernenden eingebracht wurden und die diese für die Erklärprozesse nutzen. Die folgenden Formulierungen wurden im Unterrichtsmaterial bzw. im didaktischen Kommentar ergänzt:

- Platz, den das Wasser im Glas hat (Impuls in Aufgabe 4b)
- gleich schnell wachsen (Satzgitter, Aufgabe 4b)
- das Gleiche hineinfüllen bzw. der gleichbleibende Teil, der dazu kommt (didaktischer Kommentar)
- langsamer, langsamer und noch langsamer bzw. ein bisschen, ein bisschen und noch ein bisschen schneller (didaktischer Kommentar)
- sich (nicht) verändern (wiederholte Fokussierung, didaktischer Kommentar)

Anknüpfend an diese Erkenntnisse wurde in Abschnitt 7.2 für das Verstehenselement der *Ganzheitlichen Änderung der Änderung* untersucht, inwiefern die Lernenden Unterstützungsangebote fachlich tragfähig nutzen können und sprachlich auf- bzw. übernehmen. Diese Aspekte sind besonders relevant, da sie das Ziel des Scaffolding-Prinzips darstellen, nämlich die eigenständige Bewältigung einer Anforderung in der (ehemals) Zone der nächsten Entwicklung. Bei der Betrachtung dieser sprachlichen Eigenständigkeit wurde zudem die lokale Initiative der Sprachmittelnutzungen einbezogen.

Es stellte sich heraus, dass beinahe alle Aktivierungen von Sprachmitteln fachlich tragfähig waren und die Hälfte sprachlich bereits relativ eigenständig produziert wurde. Zusammen mit der Erkenntnis, dass beinahe doppelt so viele Sprachmittelnutzungen durch das schriftliche Angebot statt durch das mündliche der Lehrkraft (und keins durch Mitlernende) lokal initiiert wurden, spricht dies sehr für das ausführliche Einführen und teilweise Einschleifen der Sprachmittel im Lehr-Lern-Arrangement (vgl. auch Kap. 5). Die Lernenden scheinen durch das umfangreiche schriftliche wie mündliche Angebot beim Adressieren weniger komplexer Verstehenselemente (z. B. *Qualitative/Quantifizierte Abstände* oder *Stückweise qualitative Änderung*) das komplexere Verstehenselement der *Ganzheitlichen Änderung der Änderung* deutlich eigenständiger und gleichzeitig fachlich tragfähig adressieren zu können.

Ähnliche Phänomene lassen sich auch bei Abraham und Prediger (2025) beobachten: In weniger anspruchsvollen Teilaufgaben zur Kommutativität bearbeiten die Lernenden Single-Choice-Items, in denen sprachliche oder aufmerksamkeitsfokussierende Scaffolds enthalten sind (vgl. auch Ergebnisse der diskursiv-konzeptuellen Tiefenanalyse in Abschnitt 6.6). Durch diese Unterstützung werden die Lernenden dazu befähigt, auch in teils komplexeren Situationen relativ eigenständig zu formulieren und die Beziehungen zu erfassen.

Aus diesen parallelen Beobachtungen kann die Vermutung herausgearbeitet werden, dass es durchaus lohnenswert sein kann, die Lernenden bereits bei weniger anspruchsvollen Aufgaben oder Verstehenselementen intensiv zu unterstützen, sodass diese beim Einfordern komplexerer Tätigkeiten auf ihre bestehenden Kompetenzen zurückgreifen können. Das bedeutet, dass auch das kleinschrittige Unterstützen der Lernenden in Kombination mit stets diskursiv anspruchsvollen, einfordernden Aufgaben zu erfolgreichen Lern- und Erklärprozessen führen kann.

Fazit 8

Die vorliegende Entwicklungsforschungsstudie verfolgt das Ziel, den Zusammenhang zwischen dem Einfordern anspruchsvoller Aktivitäten und dem Unterstützen auf Mikro- und Makro-Ebene für den Aufbau von qualitativem Funktionsverständnis zu untersuchen. Dabei spielen sowohl konzeptuelle (vgl. Kap. 2) als auch für das Fachlernen relevante sprachliche Aspekte (vgl. Kap. 3) eine Rolle. Zusätzlich bringt die Zielgruppe der neuzugewanderten Jugendlichen ganz spezifische Ressourcen und Herausforderungen mit sich, sowohl konzeptuell als auch sprachlich (etwa Edele et al. 2021; Maué et al. 2021; Schipolowski et al. 2021; von Dewitz 2022). Obwohl viele Herausforderungen vermutlich von bereits intensiver untersuchten Zielgruppen übertragen werden können (etwa Bell & Janvier 1981; Swan 1985; Leinhardt et al. 1990; Oehrtman et al. 2008; Moore et al. 2013; Thompson & Carlson 2017), treten für diese Gruppe gerade in grammatischer, aber auch lexikalischer Dimension besondere Bedürfnisse auf, auf die in Planung und Durchführung der Fördereinheiten eingegangen werden muss (in konzeptueller, lexikalischer und diskursiver Dimension; vgl. auch de Araujo et al. 2018; Uribe & Prediger 2021).

In den diskursiv-konzeptuellen und lexikalischen Analysen der Kapitel 7 und 8 wurden Erkenntnisse bezüglich der Bedeutungskonstruktion im Umgang mit Funktionsgraphen (vgl. auch Swan 1985; Smit et al. 2016; Thompson & Carlson 2017; Zindel 2019) und bezüglich der Unterstützung von treffsicher gewähltem, bedeutungsbezogenem Sprachschatz bei Anforderungen in der hier untersuchten Füllgraphen-Umgebung gewonnen (vgl. auch Herbel-Eisenmann 2002; Prediger 2022c, 2024). Des Weiteren leistet die Arbeit einen Beitrag zur Fundierung der bereits bestehenden Forderungen, neuzugewanderte Lernende gerade in diskursiver Dimension stärker zu fordern (etwa Moschkovich 2013; de Araujo et al. 2015; Lüssenhop & Kaiser 2024).

K. Zentgraf, *Aufbau von Funktionsverständnis bei Neuzugewanderten*, Dortmunder Beiträge zur Entwicklung und Erforschung des Mathematikunterrichts 61, https://doi.org/10.1007/978-3-658-50179-2_8

In den folgenden Abschnitten werden hierzu die zentralen Forschungs- und Entwicklungsprodukte zusammengestellt (vgl. Abschnitt 8.1). Im Anschluss daran werden die Grenzen dieser Arbeit sowie Fragen für mögliche Anschlussforschung präsentiert (vgl. Abschnitt 8.2). Zuletzt werden etwaige Konsequenzen für die Unterrichtspraxis sowie die Aus- und Fortbildung von Lehrkräften gezogen (vgl. Abschnitt 8.3).

8.1 Zusammenfassung zentraler Ergebnisse

In der vorliegenden Arbeit wurde den folgenden Forschungs- und Entwicklungsinteressen nachgegangen:

(F) Wie verlaufen die Lern- und Erklärprozesse von Sprachlernenden bei Darstellungsvernetzungsaufgaben im Aufbau von qualitativem Funktionsverständnis im entwickelten Lehr-Lern-Arrangement?

(E) Wie kann ein fach- und sprachintegriertes Lehr-Lern-Arrangement für Neuzugewanderte gestaltet sein, um qualitatives Funktionsverständnis aufzubauen und Lernende in der Überwindung auftretender Hürden zu fördern?

Dazu werden in den folgenden Abschnitten die zentralen Ergebnisse auf Forschungsebene (vgl. Abschnitt 8.1.1) sowie auf Entwicklungsebene (vgl. Abschnitt 8.1.2) vorgestellt und zuletzt die relevantesten Produkte der beiden Ebenen herausgestellt (vgl. Abschnitt 8.1.3).

8.1.1 Forschungsprodukte der Arbeit

Diese Entwicklungsforschungsstudie untersucht den Aufbau von qualitativem Funktionsverständnis in einer entwickelten Füllgraphen-Umgebung (Bell & Janvier 1981; Swan 1985). Dabei werden verschiedene, bereits bekannte Hürden in diesem Aufgabensetting genauer untersucht und auf konkrete Anforderungen zurückgeführt, konkrete Unterstützungsmaßnahmen für die fokussierte Zielgruppe bezüglich dieser Anforderungen untersucht und die Lehr-Lernprozesse auf die lexikalische Unterstützung hin ausgewertet. Im Folgenden werden die zentralen Forschungsergebnisse dargelegt.

Rekonstruktion zugrundeliegender Anforderungen in Lernumgebungen zu Füllgraphen durch den gegenstandsspezifischen Navigationsraum
Bereits im theoretischen Teil der Arbeit (vgl. Kap. 2 & 3) wurde der Lerngegenstand des qualitativen Funktionsverständnisses begründet und in fünf unterschiedlichen Dimensionen spezifiziert. Aus dieser Vorarbeit konnte ein gegenstandsspezifischer Navigationsraum abgeleitet werden (Abb. 8.1), in dem die unterschiedlichen fachlichen und sprachlichen Dimensionen visualisiert werden

Verstehens-elemente (Füllgraphen-Kontext)	**Ikonische Darstellung der Füllgläser**	**Kontextuelle Darstellung des Füllprozesses**	**Graphische Darstellung der Füllgraphen**
Ganzheitlicher Vergleich	Glas A ist insgesamt breiter/schmaler als Glas B.	Die Füllhöhe wächst in Situation A insgesamt schneller/langsamer als in Situation B.	Graph A steigt insgesamt steiler/flacher als Graph B.
Ganzheitliche Änderung der Änderung	Das Glas … … wird immer breiter/schmaler; … ist überall gleich breit.	Die Füllhöhe wächst … … immer schneller/ langsamer; … (immer) gleichschnell.	Der Graph steigt … … immer steiler/ flacher; … gleichmäßig.
Stückweise qualitative Änderung	Das Glas ist … … eher breit/ schmal; … unten breiter/ schmaler als oben.	Die Füllhöhe wächst… … eher langsam/ schnell; … am Anfang schneller/ langsamer als am Ende.	Der Graph steigt… … eher steil/flach; … in Intervall A steiler/flacher als in Intervall B.
Qualitative Abstände	(nicht relevant für diese Lernumgebung)	Die Füllhöhe wächst … … immer um Dasselbe; … um einen immer größeren Teil; … um immer mehr/weniger (als …).	Der Graph steigt … … immer um Dasselbe; … um einen immer größeren Teil; … um immer mehr/ weniger (als …).
Quantifizierte Abstände		Die Füllhöhe wächst … … von … cm auf … cm; … um … cm.	Der Graph steigt … … von … (cm) auf … (cm); … um … cm.
Punktweise Zuordnung		Bei … ml Wassermenge: Die Füllhöhe ist … cm hoch.	Bei … (ml): Der Graph ist bei … (cm).

Abb. 8.1 Gegenstandsspezifischer Navigationsraum, aufgespannt durch die epistemische (Verstehenselemente in den Zeilen) und semiotische Dimension (Darstellungen in den Spalten); lexikalische Dimension als Sprachmittel in den Zellen; diskursive Dimension als chronologische Bewegungen (Navigationen) auf dem Navigationsraum

können. Damit eignet sich der Navigationsraum zusätzlich als gegenstandsspezifisches Analyseinstrument für die Rekonstruktion von individuellen Lernwegen (vgl. Abschnitt 3.5).

In der diskursiv-konzeptuellen Tiefenanalyse wurden mithilfe dieses Analyseinstruments drei Anforderungen rekonstruiert, die zur Überwindung bekannter Hürden in der entwickelten Füllgraphen-Umgebung bearbeitet werden müssen. Diese tragen zur Beantwortung von Forschungsfrage (F1) bei:

(F1) Welche konzeptuellen, diskursiven und lexikalischen Anforderungen können zur Überwindung der bekannten Hürden identifiziert werden und wie hängen diese Anforderungen zusammen?

Die Erkenntnisse und Ergebnisse umfassen die folgenden Aspekte:

- Die *mentale Anforderung* (als Teil der semiotischen Dimension) beschreibt die empirisch oft dokumentierte Notwendigkeit, eine innere, mentale Repräsentation des Füllprozesses aufzubauen (vgl. Abschnitte 6.1 & 6.2). In ihrer Bearbeitung trägt sie zur Überwindung der Hürde bei, Darstellungen einander tragfähig zuzuordnen, statt diese direkt ineinander zu übersetzen (Bell & Janvier 1981; Swan 1985; vgl. auch Abschnitte 2.3.1 & 2.3.2). Durch die Einbettung der Analysen mithilfe der graphischen Zusammenfassung wird die Hürde nun im Navigationsraum klar lokalisiert, was über bestehende Befunde hinausgeht. Die Hürde zeigt sich hierbei als lokalisierbar durch direkte Verknüpfungen der ikonischen und der graphischen Darstellung im am stärksten verdichteten Verstehenselement der *Ganzheitlich-geometrischen Beschreibung*. Zur Bewältigung der Anforderung adressieren die Lernenden stattdessen die kontextuelle Darstellung, diese Spalte des Navigationsraums wird durch die empirischen Ergebnisse nochmals in ihrer Bedeutung bestätigt (Abb. 8.2).
- Viele Lernende ordnen Füllgläser und -graphen einander aufgrund ganzheitlicher, oberflächlicher Merkmale zu, anstatt die Passung zu erklären (etwa Leinhardt et al. 1990; Sierpinska 1992; Moore et al. 2013; vgl. auch Abschnitt 2.3.2). Im Navigationsraum lässt sich diese Hürde erklären und ihre Überwindung mit der *diskursiv-konzeptuellen Anforderung* verknüpfen, bei der stärker verdichtete Verstehenselemente zur Erklärung in weniger komplexe Elemente aufgefaltet werden müssen (vgl. Abschnitte 6.1 & 6. 3). Die Bearbeitung dieser Anforderung kann graphisch im Navigationsraum durch Auffaltbewegungen in weniger komplexe Verstehenselemente visualisiert werden (Abb. 8.2).

- Die Erklärungen der Passung (diskursive Dimension) der Darstellungen sollen die Lernenden möglichst präzise formulieren, um die Verstehenselemente zu adressieren und die Verknüpfungen der Darstellungen zu explizieren (konzeptuelle Dimension). Dazu müssen die Lernenden vor allem die kontextuelle Darstellung miteinbeziehen (mentale Anforderung als Teil der semiotischen Dimension) und entsprechend bedeutungsbezogenen Sprachschatz nutzen (lexikalische Dimension). Die Anforderungen in den Dimensionen sind stark miteinander verflochten und können oft nur analytisch getrennt werden, sodass die *mental-diskursiv-konzeptuell-lexikalische Anforderung* entsteht (Prediger et al. 2019a; Prediger 2024; vgl. Abschnitte 6.1 & 6.4). Im Navigationsraum wird diese vor allem durch Auffaltbewegungen hin in die kontextuelle Darstellung visualisiert (operationalisiert durch das Nutzen des bedeutungsbezogenen Wortschatzes) (Abb. 8.2).

Die Festlegung in dieser Arbeit, das Beschreiben der Graphensteigung als formalbezogene Sprachaktivität zu verstehen, stellt auch im Vergleich mit anderen Untersuchungen in ähnlichen Aufgabensettings eine eher enge Auslegung dar. Das Zurückführen der Hürden auf die drei beschriebenen Anforderungen verdeutlicht aber, dass das Beschreiben und ‚Lesen' der Füllgraphen nicht unbedingt mit einer Kontextdeutung einhergeht (Hahn & Prediger 2008). Einige der Lernenden aus Zyklus 1 haben zwar die Passung der Darstellungen nicht ganzheitlich-geometrisch, sondern bereits formalbezogen beschrieben (etwa in der *Stückweise qualitativen Änderung*), allerdings ohne die Veränderung der Graphen im Kontext der Füllexperimente zu interpretieren. Diese letztlich oberflächliche, direkte Übersetzung scheint beim Arbeiten mit dem komplexeren Verstehenselement der *Ganzheitlichen Änderung der Änderung* an Grenzen zu kommen (vgl. Abschnitt 6. 7). Eine zentrale Designkonsequenz aus dieser empirischen Rekonstruktion ist, alle Lernenden durch das Design konsequenter auf die kontextuelle Darstellung zu fokussieren sowie bedeutungsbezogene Sprache zu dem (nur noch mental vorzustellenden) Füllprozess einzufordern. Dazu müssen die entsprechenden Sprachmittel treffsicher identifiziert und eingebracht werden (Prediger 2024).

Die untersuchten Hürden sind bereits in bestehender Literatur zu Füllexperimenten beschrieben und beforscht worden (vgl. Abschnitt 2.3). Die empirischen Untersuchungen dieser Arbeit zeigen, dass diese Hürden bei der untersuchten Zielgruppe der Neuzugewanderten ebenfalls auftreten, jedoch nicht spezifisch für diese Lernendengruppe sind. Entsprechend lässt sich vermuten, dass die drei für die Überwindung dieser Hürden herausgearbeiteten Anforderungen, die in der bestehenden Literatur bislang eher implizit benannt sind, durchaus auf die Arbeit mit anderen Lernenden übertragbar sind.

Bekannte Hürden	Identifizierte, zugrundeliegende Anforderungen und Hintergründe		Scaffolds ausgerichtet auf die zugrundeliegenden Anforderungen
Tragfähige Zuordnungen treffen statt direkt zu übersetzen	**Mentale Anforderung:** Lernende müssen ein (mindestens vages) mentales Bild der kontextuellen Darstellung des Füllprozesses aufbauen		**Aufmerksamkeitsfokussierende Scaffolds**, z.B. • Aufmerksamkeit auf die Füllhöhe lenken, insb. auf deren Änderung • beteilitgte Darstellungen durcharbeiten: Glas, Füllgraph und kontextuelle Darstellung des Füllprozesses
Erklären der Passung der Darstellungen statt ganzheitlich Zuordnungen zu benennen	**Diskursiv-konzeptuelle Anforderung:** Die Sprachhandlung Erklären der Passung erfordert das Auffalten in weniger verdichtete Verstehenselemente	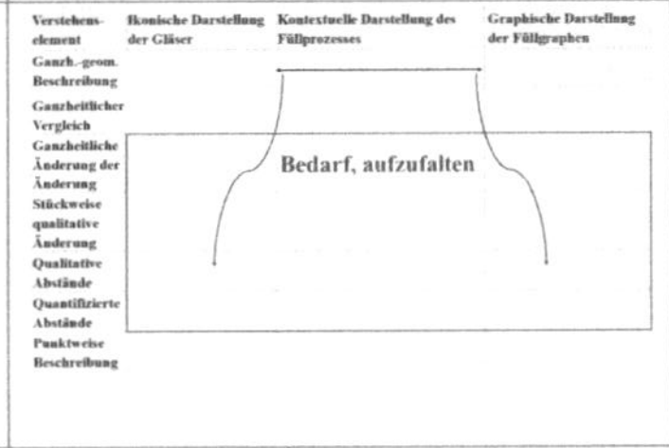	**Diskursiv-konzeptuelle Scaffolds** um das Auffalten in weniger verdichtete Verstehenselemente zu unterstützen, z.B. • weitere Erklärungen einfordern • Bedeutungserklärungen ganzheitlich-geometrischer Aussagen einfordern • explizites Adressieren (noch nicht aufgefalteter) Verstehenselemente • nach dem Auffalten auch Verdichtungen anbieten oder überformen
Präzise Erklärungen formulieren	**Mental-diskursiv-konzeptuell-lexikalische Anforderung:** Das präzise Erklären der Passung erfordert das Adressieren der Füllhöhe & ihrer Änderungen, wozu bedeutungsbezogene Sprache benötigt wird	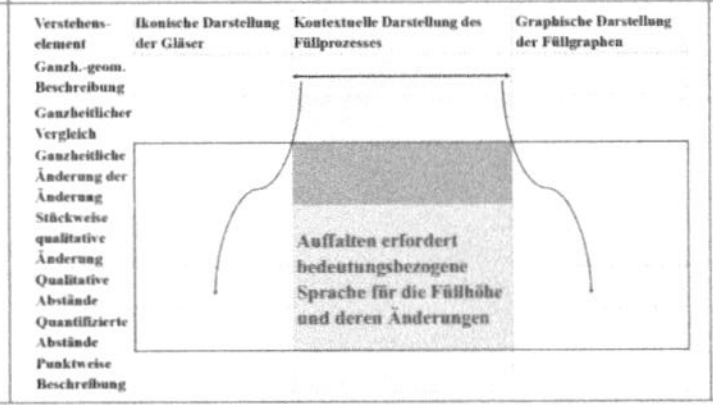	**Lexikalische Scaffolds** um bedeutungsbezogene Sprachmittel für die Füllhöhe und deren Änderungen zu etablieren, z.B. • Lernendenäußerungen präziser überformen • anbieten von bedeutungsbezogenen Sprachmitteln • verbinden der sprachlichen Ressourcen der Lernenden mit bedeutungsbezogener Sprache

Abb. 8.2 Zusammenfassung der bekannten Hürden und empirisch rekonstruierten, zugrundeliegenden Anforderungen an die Lernenden in Lernumgebungen mit Füllgraphen sowie situative Scaffolds zur Unterstützung der Lernenden

Adaptive Mikro-Scaffolding-Impulse zur Unterstützung der Lernenden
Um die Lernenden im Sinne des Einforderns und Unterstützens in der Bearbeitung der beschriebenen Anforderungen adaptiv unterstützen zu können, sind im Lehr-Lern-Arrangement eine Vielzahl an konzeptuellen, lexikalischen und grammatischen Makro-Scaffolds implementiert worden (vgl. Kap. 5). Für eine adaptive Unterstützung der Lernenden in deren Lern- und Erklärprozessen wurden in Abschnitt 6.6 zusätzlich Scaffolding-Impulse der Lehrkraft gesammelt, kategorisiert und den Anforderungen zugeordnet (vgl. auch Abb. 8.2). Diese tragen zur Beantwortung der Forschungsfrage (F2) bei:

(F2) Wie können Sprachlernende adaptiv unterstützt werden, um die Anforderungen zur Überwindung der Hürden erfolgreich zu meistern?

Folgende Scaffolding-Impulse wurden im Rahmen der Arbeit rekonstruiert:

- *Aufmerksamkeitsfokussierende Scaffolds*, die die Konzentration der Lernenden auf den Füllprozess und die Darstellungs- und Sprachebenenvernetzung richten, unterstützen diese in der Bearbeitung der mentalen Anforderung.
- *Diskursiv-konzeptuelle Scaffolds* für die Bearbeitung der entsprechenden Anforderung regen Adressierungen bestimmter Verstehenselemente oder Auffaltaktivitäten an oder geben durch Überformung Beispiele für das Verdichten von Elementen.
- Durch das Einfordern und Anbieten bedeutungsbezogener lexikalischer Mittel können die Lernenden zudem in der *verflochtenen Anforderung* unterstützt werden. Dabei wird durch die Anregung zum Präzisieren oder zum Vernetzen von Sprachebenen sowie durch das Angebot bedeutungsbezogenen Sprachschatzes die kontextuelle Darstellung fokussiert (häufig in weniger verdichteten Verstehenselementen) und helfen den Lernenden dadurch, präzisere Erklärungen zu formulieren.

In den diskursiv-konzeptuellen Analysen wurde eine Vielzahl an erfolgreichen Erklärprozessen gezeigt, die durch das Material angeleitet und durch die Lehrkraft adaptiv unterstützt wurden. Diese Ergebnisse tragen zur Fundierung der bereits bestehenden Forderungen bei, dass es lernförderlich und auch möglich ist, auch von neuzugewanderten Lernenden diskursiv anspruchsvolle und reichhaltige Sprachhandlungen wie das Erklären der Passung einzufordern (Moschkovich 2013; Lüssenhop & Kaiser 2024; vgl. auch Abschnitt 3.4.2). Wie die empirischen Analysen zeigen (vgl. Kap. 6) waren die Lernenden mit entsprechender Unterstützung durchaus dazu in der Lage, diese komplexen Tätigkeiten auszuführen und sich so der Zone der nächsten fachlichen und sprachlichen Entwicklung zu nähren.

Zudem konnte in den Analysen herausgearbeitet werden, dass die präsentierten Anforderungen häufig eng miteinander verflochten sind und teilweise nur analytisch voneinander getrennt werden können. Besonders treffsicher identifizierte bedeutungsbezogene Scaffolds in lexikalischer Dimension leisten daher auch bezüglich der mentalen sowie der diskursiv-konzeptuellen Anforderung Unterstützung.

Konzeptuelle Auswirkungen lexikalisch unterstützter Erklärprozesse
In Kapitel 7 wurde in Anschluss an die Grundlinie des Scaffoldings die folgende dritte Forschungsfrage behandelt:

(F3) Welche lexikalischen Mittel nutzen die Lernenden im Abgleich mit dem entwickelten Lehr-Lern-Arrangement für Adressierungs-, Auffalt-, Verdichtungs- und Verknüpfungsaktivitäten und wie fachlich tragfähig und sprachlich eigenständig sind die Formulierungen (am Beispiel des Verstehenselements *Ganzheitliche Änderung der Änderung*)?

Mithilfe der erweiterten lexikalischen Spurenanalyse wurde zunächst gezeigt, dass die Lernenden den gezielt ausgewählten bedeutungs- und formalbezogenen Sprachschatz ausgewählt und ihn in ihren aktiven Sprachschatz übernommen haben. Viele wandelten die einzelnen Worte und Phrasen ab oder erweiterten diese kreativ, auch um ihre Gedanken möglichst präzise ausdrücken zu können (vgl. auch Abschnitt 6.4.1). Dieses Phänomen kann auf die Besonderheit der Zielgruppe zurückgeführt werden, dass die Sprachlernenden bereits ein Bewusstsein dafür entwickelt haben, lexikalische Scaffolds aktiv zu nutzen und sie ihren Bedürfnissen anzupassen. Gleichzeitig wird auch bei der Betrachtung dieser Ergebnisse der hohe Stellenwert von treffsicher ausgewählten lexikalischen Angeboten deutlich. Dafür spricht zusätzlich, dass einige Lernende eigensprachliche Mittel einbringen, die sie besonders in der Bedeutungskonstruktion, also im Aufbau einer mentalen Vorstellung eines Füllprozesses bzw. im Verknüpfen mit der kontextuellen Darstellung, nutzen.

Im zweiten Teil der erweiterten Analyse wurde gezeigt, dass die Lernenden beim Adressieren und Arbeiten mit dem höchst anspruchsvollen Verstehenselement *Ganzheitliche Änderung der Änderung* die untersuchten Sprachmittel bereits beinahe vollständig fachlich tragfähig nutzen und auch die sprachliche Eigenständigkeit in der Produktion extrem hoch ist. Dies stellt zunächst erneut die

Kompetenzen der untersuchten Lernenden heraus, auch diskursiv und konzeptuell höchst anspruchsvolle und reichhaltige Situationen bewältigen zu können.

Aus diesen Beobachtungen lassen sich weiter Ideen zur Umsetzung von schriftlichen Unterstützungsangeboten ableiten: Das frühe und intensive Angebot von Unterstützungsmaßnahmen (hier insbesondere in lexikalischer Dimension, aber vermutlich auch übertragbar auf die diskursiv-konzeptuelle Dimension) scheint sich als Vorbereitung für komplexere Situationen oder Verstehenselemente auszuzahlen (hier die *Ganzheitliche Änderung der Änderung*) – sofern die Lernenden auch die hier zugrundeliegenden Anforderungen in den weniger komplexen Situationen erfolgreich bewältigt haben. Dieses Herangehen deckt sich mit den Erkenntnissen von Abraham und Prediger (2025), die (nicht neuzugewanderte) Lernenden in weniger anspruchsvollen Situationen Scaffolds angeboten haben, die später wieder verwendet werden konnten. Solange also die intensive Unterstützung (hier beispielsweise in Form von Lückentexten oder dem Verbinden unterschiedlicher Sätze oder Satzgittern mit entsprechenden lexikalischen Mitteln) auf diskursiv reichhaltige Situationen vorbereitet (hier das Erklären und Verknüpfen der *Ganzheitlichen Änderung der Änderung*), scheint diese Art der Unterstützung vielversprechend für die Entwicklung von Scaffolds.

8.1.2 Entwicklungsprodukte der Arbeit

Insgesamt stellen die zusammengefassten Forschungsergebnisse die empirische Fundierung für die Designentscheidungen bereit, die für das beschriebene Entwicklungsinteresse getroffen wurden. Diese werden in diesem Abschnitt als die wichtigsten Entwicklungsprodukte dieser Entwicklungsforschungsstudie zusammengefasst.

Spezifizierung und Strukturierung des fachlichen und sprachlichen Lerngegenstands im gegenstandsspezifischen Navigationsraum
Die Spezifizierung und Strukturierung des Lerngegenstands trägt besonders zu der Bearbeitung der Entwicklungsfrage (E1) bei:

(E1) Wie kann ein fach- und sprachintegriertes Lehr-Lern-Arrangement für Neuzugewanderte gestaltet sein, um Lernende in der Bewältigung konzeptueller und sprachlicher Anforderungen im Umgang mit qualitativem Funktionsverständnis zu fördern?

In epistemischer Dimension wurden sechs Verstehenselemente identifiziert, die für die in Kapitel 5 konkrete ausgestaltete Füllgraphen-Umgebung relevant sind, und im gegenstandsspezifischen Navigationsraum operationalisiert (Zindel 2019; vgl. auch Abschnitt 2.3). Für das Design ist ihre interne Strukturierung auch empirisch bestätigt worden: So zeigte sich, dass Lernende zunehmend verdichtete Verstehenselemente erst in die identifizierten feineren Verstehenselemente auffalten mussten, um Darstellungen in konzeptueller Dimension für diese Verstehenselemente zu vernetzen (vgl. Abschnitt 2.2). Aufgaben und Impulse wurden darauf ausgerichtet, dass Lernende die relevanten Verstehenselemente in den einzelnen Darstellungen explizit miteinander in Beziehung setzen (Post & Prediger 2024; Renkl. et al. 2013; vgl. auch Abschnitte 2.1.4 & 3.3).

Die in Kapitel 3 vorgestellten sprachdidaktischen Ansätze zum fachlichen Lernen wurden auf die Herausforderungen von Lernsettings mit Füllgraphen übertragen. Empirisch bestätigt wurde die Notwendigkeit, in diskursiver Dimension reichhaltige Sprachhandlungen wie das Erklären der Passung der Darstellungen einzufordern (Prediger 2022c; vgl. auch Abschnitte 3.2 & 3.3). Die empirischen Rekonstruktionen, vor allem in den frühen Designexperimentzyklen, haben dazu geführt, dass im Lehr-Lern-Arrangement diese anspruchsvolle Sprachhandlung durch situationsangemessenes Auffalten und Verdichten von Verstehenselementen beim Verknüpfen der beteiligten Darstellungen fokussiert eingefordert wird.

Die Verortung typischer Hürden im gegenstandsspezifischen Navigationsraum (wie z. B. Darstellungen einander tragfähig zuzuordnen, statt diese direkt ineinander zu übersetzen oder die Passung präzise zu erklären, anstatt nur die Zuordnung zu benennen) hilft dabei, adaptiv unterstützende Impulse zur Bewältigung der jeweiligen Anforderungen gezielter anzusteuern. Die Inventarisierung und Kategorisierung solcher Mikro-Scaffolds durch die Lehrkraft ermöglichte es, im didaktischen Kommentar ein möglichst adaptives Angebot für die Gesprächsführung in den Bearbeitungsprozessen bereit zu stellen (vgl. Abschnitt 6.7).

Das Setting der Füllgraphen-Umgebung hat sich bereits langjährig bewährt, der fachliche Lernpfad wurde bislang jedoch eher bei den Lernenden rekonstruiert als im Design der Umgebungen explizit adressiert (vgl. etwa Bell & Janvier 1981; Thompson & Carlson 2017). Die Stufen des *fach- und sprachintegrierten* Lernpfads wurden nun ins Design integriert, so dass mehr Lernende die Stufen erreichen können. Die Anforderungen zur Bewältigung der Hürden wurden empirisch so rekonstruiert, dass fokussierte Ausschärfungen der Scaffolds auf Mikro- und Makroebene ermöglicht wurden.

Insgesamt erweist sich somit der zusammengeführte Navigationsraum als ein sowohl für die empirische Analyse als auch für die Strukturierung des Lerngegenstands hilfreiches Werkzeug, dessen strukturanaloge Übertragung auf andere Aufgaben- und Themengebiete aussichtsreich erscheint. Die Nutzung beschränkt sich dort nicht nur auf die Rekonstruktion individueller oder gemeinsamer Lernwege, sondern kann auch auf das Identifizieren von Hürden und Anforderungen sowie auf die Entwicklung passgenauer Unterstützungsmöglichkeiten übertragen werden (vgl. etwa Post 2025; Şahin-Gür 2025).

Verwirklichung der fach- und sprachintegrierten Designprinzipien
Empirische Ergebnisse sind auch in die Umsetzung der Designprinzipien auf Aufgabenebene eingeflossen, die in Form von Designelementen bzgl. der folgenden Entwicklungsfragen (E2) und (E3) umgesetzt wurden:

(E2) Durch welche Designelemente können die relevanten Designprinzipien, insbesondere das der Darstellungs- und Sprachebenenvernetzung, in der Gestaltung eines Lehr-Lern-Arrangements zu qualitativem Funktionsverständnis von Neuzugewanderten realisiert werden?
(E3) Durch welche Designelemente können neuzugewanderte Lernende bei Anforderungen in grammatischer Dimension durch das Unterrichtsmaterial unterstützt werden?

Die Umsetzung der Prinzipien für den Aufbau von Funktionsverständnis in der entwickelten Füllgraphen-Umgebung wurde bereits in Kapitel 5 vorgestellt. Nach Ausarbeitung der Analysen ist insbesondere folgende empirische Ausdifferenzierung hervorzuheben:

- Prediger & Pöhler (2015) wurde nicht nur der fach- und sprachintegrierte Lernpfad theoretisch begründet strukturiert (s. o.), sondern durch die empirischen Ergebnisse auch für neuzugewanderte Lernende zugänglich gestaltet. Dazu wurden verschiedene Makro-Scaffolds im Lehr-Lern-Arrangement verankert: fokussierte Zergliederungen diskursiv reichhaltiger Sprachhandlungen, lexikalische Unterstützungen sowie eine Entlastung in grammatischer Dimension (vgl. Abschnitt 5.1). Das grammatische Stufenmodell (Berkemeier & Schmidt 2020) wurde dabei erstmalig in den Fachunterricht Mathematik integriert und zeigte sich in den qualitativen Analysen bei den untersuchten Jugendlichen insofern als erfolgreich, als dass keine sprachrezeptiven Hürden die Lernenden von der Bewältigung der diskursiven und konzeptuellen Anforderungen abgelenkt haben. Die Ergebnisse der erweiterten Spurenanalyse zeigen zudem, dass das lexikalische Sprachmittelangebot von den Lernenden tatsächlich genutzt wurde. Diese lokal beobachteten Wirkungen sind zwar noch mit größerem Sample zu validieren. Die qualitativen Analysen geben jedoch substantielle Hinweise, dass dies lohnenswert ist.

- Das Prinzip der reichhaltigen Diskursanregung fordert reichhaltige Sprachhandlungen wie das Erklären der Passung von Darstellungen von den Lernenden ein (Erath et al. 2018; Prediger 2020), was gerade für die untersuchte Zielgruppe herausfordernd ist (etwa Moschkovich 2013; Uribe & Prediger 2021; vgl. auch Abschnitte 3.3 & 5.1). Die analysierten Daten gaben jedoch Einblick in eine Vielzahl an erfolgreichen Erklärprozessen, sodass sich dieses Lehr-Lern-Arrangement auch im Vergleich zu vielen bestehenden Angeboten durch den diskursiv reichhaltigen Anspruch auszeichnen scheint.
- Die reichhaltige Diskursanregung ist eng mit dem Prinzip der Darstellungs- und Sprachebenenvernetzung verbunden, bei dem die relevanten Verstehenselemente in den jeweiligen Darstellungen adressiert und explizit miteinander in Beziehung gesetzt werden müssen (Renkl et al. 2013; Uribe & Prediger 2021; Post & Prediger 2024; vgl. auch Abschnitte 3.3 & 5.1). Mithilfe der empirischen Analysen wurden die relevanten lexikalischen Sprachmittel zur Überwindung der Hürden identifiziert und an geeigneter Stelle ins Angebot eingeflochten (Prediger 2022c, 2024).
- Um die bereits erwähnte zusätzliche Unterstützung durch das Prinzip des Mikro-Scaffoldings (Hammond & Gibbons 2005) tatsächlich treffsicher auszugestalten, war zu ermitteln, welche Impulse der Lehrkraft tatsächlich das Adressieren bestimmter Verstehenselemente oder Auffalt-, Verdichtungs- oder Verknüpfungsaktivitäten initiieren. Passgenaue Impulse für empirisch identifizierte Anforderungen wurden in Abschnitt 6.6 zusammenfassend aus den beobachteten Prozessen rekonstruiert. Zudem wurden einige lexikalische Fokussierungen und Angebote, die sich in der erweiterten Spurenanalyse als fruchtbar erwiesen haben, ebenfalls in den didaktischen Kommentar integriert.

Diese Zusammenstellung illustriert, wie die Ergebnisse der empirischen Analysen auch zur Bearbeitung der zweiten und dritten Entwicklungsfrage zur Umsetzung der Designprinzipien anhand von Designelementen auf Aufgabenebene, auch mit spezifischem Fokus auf neuzugewanderte Lernende, beigetragen haben (Entwicklungsfrage E3; vgl. auch Abschnitt 3.4.2). Diese wurden über die drei Designexperiment-Zyklen iterativ weiterentwickelt und in Designelementen ausgeschärft (vgl. Abschnitt 5.4). In Tabelle 8.1 sind die dazu wichtigsten Umsetzungsmöglichkeiten im final entstandenen Lehr-Lern-Arrangement festgehalten.

Tabelle 8.1 Realisierung der Designprinzipien durch Designelemente

Designprinzip	Realisierung durch Designelement
Prinzip des Makro-Scaffoldings zur grammatischen Entlastung & lexikalischen Unterstützung	• Grammatische Reduktion anhand Stufe 3 (grammatisches Stufenmodell) • Sprachvorbilder • Lückentexte mit konzeptuellem Fokus • Satzgitter • Angebot alltagssprachlicher Mittel
Prinzip der reichhaltigen Diskursanregung	• Einfordern von Erklärungen der Passung der Darstellungen • Vergleichen untersch. Ergebnisse, Intervalle und Füllsituationen • Anregen von Adressierungs-, Auffalt- & Verdichtungsaktivitäten zum Erklären
Prinzip der Darstellungs- und Sprachebenenvernetzung	• Einfordern von Erklärungen der Passung der Darstellungen • Initiieren von Verknüpfungsaktivitäten, insb. mit der kontextuellen Darstellung; Unterstützen durch d. strukturellen Dreischritt, insb. kontextuelle Darstellung • Anregung von Adressierungs-, Auffalt- & Verdichtungsaktivitäten zur Vernetzung von Darstellungs- und Sprachebenen • Parallele Einführung von bedeutungs- & formalbezogenem Wortschatz
Prinzip des Mikro-Scaffoldings zur adaptiven Unterstützung	• Einfordern von Erklärungen der Passung der Darstellungen • Anregung von Adressierungs-, Auffalt- und Verdichtungsaktivitäten • Initiieren von Verknüpfungsaktivitäten, insb. mit der kontextuellen Darstellung; Unterstützen durch d. strukturellen Dreischritt, insb. kontextuelle Darstellung • … vgl. auch Abschnitt 6.6

Fach- und sprachintegriertes Lehr-Lern-Arrangement zu Füllgraphen zum Aufbau qualitativen Funktionsverständnisses

Die erläuterten Designprinzipien und -elemente dienten zur Ausgestaltung eines Lehr-Lern-Arrangements, um qualitatives Funktionsverständnis in einer adaptierten Füllgraphen-Umgebung aufzubauen (vgl. Abschnitte 5.2 & 5.3; anknüpfend etwa an Bell & Janvier 1981; Swan 1985).

Auf Basis der empirischen Befunde wurden in diesem Unterrichtsmaterial die drei ausgearbeiteten Anforderungen (vgl. Kap. 6) gezielt eingebunden und durch verschiedene empirisch validierte Unterstützungsmaßnahmen in konzeptueller, lexikalischer und grammatischer Dimension ergänzt (vgl. Abschnitte 5.2 & 6.6). Dadurch ist ein fach- und sprachintegriertes Fördermaterial für neuzugewanderte Lernende entstanden, das gleichzeitig das (empirisch weiter zu untersuchende) Potential bietet, auf weitere, vor allem sprachlich heterogene Lerngruppen, übertragen zu werden (vgl. Abschnitte 8.2 & 8.3). Zusätzlich wurde ein didaktischer Kommentar verfasst, der die Lehrkräfte für die rekonstruierten Anforderungen sensibilisiert sowie Unterstützungsmöglichkeiten aufbereitet und diese bezüglich der spezifischen Zielgruppe und deren Bedarfen ausdifferenziert.

8.1.3 Zusammenfassung der Entwicklungs- und Forschungsprodukte

Aus der vorliegenden Arbeit sind Produkte sowohl auf Entwicklungs- als auch auf Forschungsebene entstanden, die im Folgenden zusammengefasst werden.

Produkte auf Forschungsebene:

- Navigationsraum als übertragbares gegenstandsspezifisches Analyseinstrument für diskursiv-konzeptuelle Analysen von Lehr-Lern-Prozessen
- Identifikation dreier Anforderungen und deren Verflechtung durch Rekonstruktion individueller Lernwege, die zur Überwindung bereits bekannter Hürden im Kontext von Füllgraphen zu berücksichtigen sind. Hier stellte sich vor allem die lexikalisch unterstützte Verknüpfung mit der kontextuellen Darstellung als besonders reichhaltig heraus, da die Deutung der Funktionsgraphen im (Füll-)Kontext allein durch die formalbezogene Beschreibung der Steigung nicht selbstverständlich ist.
- Identifikation von Mikro-Scaffolding-Impulsen durch die Lehrkraft zur adaptiven Unterstützung neuzugewanderter Lernender in der Bearbeitung dieser Anforderungen
- Lokale Theorien durch die Rekonstruktion lexikalisch unterstützter Lernwege neuzugewanderter Lernender, die untermalen, wie relevant eine für die Zielgruppe angemessene, fachlich treffsichere Auswahl der lexikalischen Mittel (bedeutungs- und formalbezogen) ist. Zudem wurden hier in lexikalischer Dimension die Kompetenzen vieler Neuzugewanderter verdeutlicht, die Angebote erfolgreich in den eigenen Sprachschatz zu übernehmen und entsprechend ihrer konzeptuellen Bedürfnisse zu nutzen.

Produkte auf Entwicklungsebene:

- Ein gegenstandsspezifischer Navigationsraum zur Spezifizierung und Strukturierung fachlicher sowie sprachlicher Ressourcen und Anforderungen in Lernsettings zu Füllgraphen, der durch Anpassung der epistemischen Verstehenselemente sowie der semiotischen Darstellungen auf weitere Aufgaben und Themengebiete übertragen werden kann
- Konkretisierung und Umsetzung des Designprinzips Makro-Scaffolding bezüglich der lexikalischen und grammatischen Dimension für die spezifische Zielgruppe. Das grammatische Stufenmodell wurde erfolgreich genutzt, um diskursiv-konzeptuelle reichhaltige Aufgaben zugänglicher zu gestalten. Zudem scheinen umfangreiche lexikalische Scaffolds in weniger komplexen Aufgaben auf anspruchsvollere Verstehenselemente und Situationen vorzubereiten und die dort eingeführten lexikalischen Mittel später zur Erschließung dieser komplexeren Bearbeitungen verfügbar zu machen.
- Konkretisierung und Umsetzung der ausgewählten Designprinzipien reichhaltige Diskursanregung, Darstellungs- und Sprachebenenvernetzung sowie Mikro-Scaffolding auf Aufgabenebene. Hier wurde gezeigt, wie reichhaltig die anspruchsvollen Sprachhandlungen des Erklärens der Passung für die gewählte Zielgruppe umgesetzt werden konnte.
- Ein empirisch fundiertes, fach- und sprachintegriertes Lehr-Lern-Arrangement im Situationskontext von Füllgraphen zur Förderung qualitativen Funktionsverständnisses für neuzugewanderte Lernende, das konzeptuell und sprachlich reichhaltige Aktivitäten einfordert und die Lernenden adaptiv unterstützt

Viele der untersuchten Dimensionen sind in die vorliegende Entwicklungsforschungsstudie eingeflossen, die sich nicht als spezifisch für Neuzugewanderte herausgestellt haben. Besonders die diskursiven und konzeptuellen sowie Teile der lexikalischen Forschungs- und Entwicklungsprodukte können damit vermutlich auf andere Lerngruppen übertragen werden. Erste Erprobungen mit Lernenden am Berufskolleg, die das deutsche Schulsystem von Beginn an durchlaufen haben, lassen vermuten, dass auch die ungewohnte grammatische und lexikalische Gestaltung des Unterrichtsmaterials die konzeptuell-diskursive Fokussierung nicht beeinflusst und sprachlich schwächere Lernende möglicherweise ebenfalls unterstützt.

8.2 Grenzen der Entwicklungsforschungsstudie und wünschenswerte Anschlussforschung

Für die vorliegende Studie bestehen Grenzen, die in diesem Abschnitt aufgezeigt und mit möglichen Fragestellungen für eine Anschlussforschung ergänzt werden.

Zunächst ist in diesem Zusammenhang der geringe Stichprobenumfang aufgrund verschiedener Schulschließungen zu Corona-Zeiten zu nennen. Das begrenzte Datenmaterial erlaubt daher keine repräsentativen Aussagen über allgemeine Lernwege in Lernumgebungen mit Füllgraphen oder über Lernprozesse von Neuzugewanderten. Zudem weist die Zielgruppe bereits intern eine hohe Heterogenität auf (Barwell et al. 2016), sodass die identifizierten Ressourcen auch ausschließlich für die hier betrachteten Lernenden spezifisch sein könnten. Da es sich um Sprachlernende handelt, bleibt zudem offen, ob einige der Hürden und Herausforderungen in der Erstsprache vermieden hätten werden können (kommunikative Funktion von Sprache) oder entsprechende Vorstellungen tatsächlich noch nicht aufgebaut waren (kognitive Funktion von Sprache, vgl. Abschnitt 3.2). Viele der hier beschriebenen Hürden sind allerdings bereits aus der internationalen Forschung bekannt (vgl. Abschnitt 2.3), sodass die Übertragung der Erkenntnisse auf Lernende mit besseren Sprachkenntnissen nahe liegt. Trotz erster Umsetzungen in einer anderen Lerngruppe am Berufskolleg bleibt die konkrete Untersuchung von Lernenden verschiedener Bildungsgänge an Berufskollegs oder zu Beginn der Mittelstufe an anderen weiterführenden Schulen als Anschlussforschung offen.

Um tiefe Einblicke in individuelle Denk- und Handlungsprozesse zu erhalten, wurden die hier untersuchten Erhebungen in Kleingruppen durchgeführt. Die gezielte Übertragung auf den Klassenunterricht in Vorbereitungsklassen verschiedener Schulformen steht jedoch noch aus. Hier können gemeinsame Lernwege der einzelnen Klasse auf die Übertragbarkeit der Erkenntnisse untersucht werden. Es besteht die Möglichkeit, dass hier weitere Unterstützungsmöglichkeiten im Unterrichtsmaterial oder bezüglich der Lehrkraft-Impulse ergänzt werden können. Des Weiteren unterscheidet sich die Gesprächsführung im Klassenunterricht deutlich von der in Kleingruppen, sodass die Untersuchung der Unterrichtsgestaltung durch die Lehrkräfte mit Blick auf weitere Unterstützungsmöglichkeiten lohnenswert erscheint (vgl. auch Post 2025).

Die hier präsentierten Ergebnisse sind außerdem insofern lokal, da sie in einem sehr spezifischen Kontext situiert sind und vornehmlich den Aufgabenkontext der Füllgraphen fokussieren. Die Analysen müssen also auf weitere Situationskontexte zum Aufbau von qualitativem Funktionsverständnis wie beispielsweise die

Rennwagen-Aufgabe (etwa Janvier 1981) ausgeweitet werden. Für die in Kapitel 2 herausgearbeiteten Verstehenselemente ist dies vor allem in qualitativen Settings durchaus möglich, da diese zwar teils durch die Beforschung verschiedener Füllgraphen-Lernumgebungen identifiziert werden konnten, allerdings auch in anderen untersuchten Aufgabenkontexten auftraten (vgl. Abschnitt 2.3). Allerdings können diese abhängig vom jeweiligen Kontext ergänzt oder ggf. zusammengefasst werden. In diesem Zusammenhang besteht auch die Möglichkeit, weitere Darstellungen wie die Tabelle sowie den Übergang zur Formalisierung zu integrieren. Die Ausweitung von Untersuchungen anderer Themenschwerpunkte könnte zudem Erkenntnisse generieren bezüglich des Zusammenspiels der mentalen, diskursiv-konzeptuellen sowie verflochtenen Anforderung.

Die hier vorgestellten diskursiv-konzeptuellen sowie lexikalischen Analysen lassen bisher keine Aussagen über die Lernwirksamkeit oder langfristige Lernzuwächse des Lehr-Lern-Arrangements zu. Durch eine entsprechende Prä-Post-Intervention, in deren Zuge auch der Vergleich zwischen Neuzugewanderten und anderen Lerngruppen betrachtet werden kann, könnten diese Aspekte weiterverfolgt werden.

Bakker et al. (2015) kritisieren, dass Forschungsergebnisse im Bereich Scaffolding oft aufgabenspezifisch sind, wie auch in dieser Studie. Allerdings sind die Scaffolds in ihren drei Kategorien (vgl. Abschnitte 6.6 & 6.7) ebenso wie die Verstehenselemente und auch die Anforderungen vermutlich übertragbar auf andere Situationskontexte zum Aufbau qualitativen Funktionsverständnisses. Die konkrete Ausgestaltung muss damit zwar aufgabenspezifisch gedacht und wie die relevanten Verstehenselemente oder Darstellungen ergänzt bzw. empirisch fundiert angepasst werden. Die hier identifizierten Unterstützungsmaßnahmen können zur Umsetzung von Scaffolding in sprachlich heterogenen Klassen auch bei anderen Gegenständen adaptiert werden (vgl. dazu etwa auch Smit 2013).

8.3 Konsequenzen für die Unterrichtspraxis sowie Aus- und Fortbildung von Lehrkräften

In der vorliegenden Arbeit wurde am Beispiel einer entwickelten Füllgraphen-Umgebung ein Beitrag zum Zusammenspiel von Einfordern und Unterstützen in der Unterrichtspraxis mit Neuzugewanderten geleistet werden. Anderes bestehendes Unterrichtsmaterial für diese Zielgruppe ist besonders in diskursiver Dimension meist sehr defensiv gestaltet oder fokussiert vom fachlichen Lernen losgelöste Sprachübungen (de Araujo et al. 2018; Uribe & Prediger 2021; vgl. auch Abschnitt 3.4.2). Die Analysen der Daten zeigten auch für den deutschsprachigen Raum, dass diese Gruppe von Lernenden unbedingt diskursiv reichhaltige Aktivitäten bearbeiten sollte, um sowohl fachlich als auch sprachlich ihre Zone der nächsten Entwicklung erreichen zu können. Das entwickelte Lehr-Lern-Arrangement bietet nun ein Angebot, das genau solche anspruchsvollen Sprachhandlungen von den Lernenden einfordert und diese möglichst adaptiv in konzeptueller, diskursiver, lexikalischer und grammatischer Dimension unterstützt.

Gerade im Umgang mit neuzugewanderten Lernenden ist die Art und der Umfang der Unterstützung oft schwierig zu planen, da die Gruppe extrem heterogen zusammengesetzt ist (Schipolowski et al. 2021). Die hier identifizierten und entwickelten Scaffolds im Unterrichtsmaterial zeigen eine weitere Möglichkeit auf, Lernende möglichst adaptiv zu unterstützen, ohne dabei zu stark zu individualisieren: Ein umfassendes lexikalisches (und vermutlich auch konzeptuelles) Angebot in frühen, weniger anspruchsvollen Aufgaben bzw. Verstehenselementen kann Lernende vermutlich auf komplexere Situationen vorbereiten, sodass diese auch ohne weitere ausführliche Unterstützung auf die bereits bekannten Scaffolds zurückgreifen und erfolgreich zur Bearbeitung neuer Situationen nutzen können (vgl. Abschnitt 7.3; vgl. auch Abraham & Prediger 2025). Dieses Vorgehen ist nicht unbedingt spezifisch für die Zielgruppe neuzugewanderter Lernender, es besteht jedoch die Möglichkeit, dass diese aufgrund ihres Bewusstseins für das eigene Sprachlernen einen anderen Zugang zu Unterstützungsmaßnahmen haben als Lernende, die das Bildungssystem von Beginn an durchlaufen haben.

Die hier empirisch identifizierten, *konzeptuellen* und *mentalen Hürden* werden auch in der internationalen Literatur zu Settings mit Füllgraphen beschrieben (vgl. Abschnitt 2.3). Die erfolgreiche Umsetzung in den hier untersuchten Erhebungen zeigt, dass die Lernenden (zumindest aus diesem Sample) mit der passenden Unterstützung durchaus befähigt werden können, diese anspruchsvollen, aber extrem reichhaltigen Sprachhandlungen lernwirksam auszuführen. Dazu benötigen sie wie andere bereits untersuchte Zielgruppen in lexikalischer Dimension vor allem bedeutungsbezogene Sprachmittel zur Bedeutungskonstruktion, die sie mit formalbezogenem Angebot vernetzen können (Petersson 2017; Petersson & Norén 2017; Uribe & Prediger 2021). In grammatischer Dimension hat sich das grammatische Stufenmodell (Berkemeier & Schmidt 2020) als sehr praktikabel in der Umsetzung herausgestellt, um sprachlich heterogenen Gruppen von Neuzugewanderten Zugang zum mathematischen Lerngegenstand zu ermöglichen. In diesem Zusammenhang geben Berkemeier und Kovtun-Hensel (2021) zu bedenken, dass auch Lernende, die das deutsche Schulsystem von Beginn an durchlaufen haben, bereits Schwierigkeiten mit bildungssprachlichen Formulierungen der weniger komplexen Stufen des grammatischen Stufenmodells zeigen, sodass sich die Übertragung des Stufenmodells nicht nur auf weitere Lerngegenstände, sondern ggf. auch auf gezielt ausgewählte, sprachlich starke heterogene Gruppen lohnen könnte.

Erste Durchführungen des Lehr-Lern-Arrangements im Klassensetting zeigen dabei, dass die entwickelte Lernumgebung auch für nicht zugewanderte Lernende vielversprechend ist. Vielmehr wählten stärkere Lernende die für sie hilfreichen Angebote gezielt aus. Konzeptuell und sprachlich schwächere Lernende mussten jedoch von der Lehrkraft oft deutlich nachdrücklicher angeleitet und aktiv in Lern- und Erklärprozesse eingebunden werden als in Kleingruppensettings. Der empirische Nachweis der Übertragbarkeit auf andere, sprachlich heterogene Lerngruppen steht noch aus und sollte auch die Gruppengrößen und -zusammensetzungen berücksichtigen.

In dieser Arbeit wurde somit ein fach- und sprachintegriertes Lehr-Lern-Arrangement im Situationskontext von Füllgraphen entwickelt, das viele Potentiale zu bergen scheint (vgl. Abschnitt 5.2). Es berücksichtigt die bereits international beschriebenen typischen Hürden im Umgang mit Füllexperimenten und beim Aufbau von qualitativem Funktionsverständnis (vgl. Abschnitt 2.3), die empirisch identifizierten, zugrundeliegenden Anforderungen (vgl. Abschnitt 6. 7) und integriert konsequent adaptive Unterstützungsangebote in diskursiv-konzeptueller, lexikalischer und grammatischer Dimension (vgl. Abschnitt 5.2). Dieses Lehr-lern-Arrangement ist zusammen mit dem zugehörigen didaktischen Kommentar unter der Creative Commons Lizenz frei verfügbar unter sima.dzlm. de/um/7–002.

Die in dieser Entwicklungsforschungsstudie generierten Erkenntnisse zu Lern- und Erklärprozessen von (neuzugewanderten) Lernenden und zu den fachlichen Anforderungen von qualitativem Funktionsverständnis (am Beispiel von Füllgraphen-Settings) sollten auch in gegenstandsbezogenen Aus- und Fortbildungen für Lehrkräfte eingebunden werden, um Lehrkräfte dahingehend zu sensibilisieren. Zunächst sollte herausgestellt werden, dass Neuzugewanderte als Gruppe fachlich reichhaltige Angebote benötigen und diese mit der passenden Unterstützung auch erfolgreich bearbeiten können. Dies stellt einen der relevantesten Aspekte dar, diese stetig wachsende Gruppe ins Schulsystem und anschließend in den deutschen Arbeitsmarkt zu integrieren. Hier sollte das Leitmotiv das Zusammenspiel zwischen Einfordern und Unterstützen umfassen. Daran anknüpfend bietet sich der Themenbereich der Mikro-Scaffolding-Impulse in der Führung von Unterrichtsgesprächen an. Um diese Ebene weiter zu beforschen, können dazu typische Praktiken von Lehrkräften in der Umsetzung des Lerngegenstands untersucht werden.

Insgesamt leistet die vorliegende Entwicklungsforschungsstudie somit einen wichtigen Beitrag zum Zusammenspiel von Einfordern und Unterstützen von Lern- und Erklärprozessen neuzugewanderter Lernender beim Aufbau von qualitativem Funktionsverständnis: Durch den gegenstandsspezifischen Navigationsraum konnte zum einen der Lerngegenstand „qualitatives Funktionsverständnis" am Beispiel einer Füllgraphen-Umgebung spezifiziert und strukturiert, zentrale Anforderungen und deren starke Verflechtung in diesem Aufgabensetting rekonstruiert und konkrete Scaffolds (Mikro- & Makro-Ebene) entwickelt werden. Auch hier zeigt sich, dass die Vernetzung mit der kontextuellen Darstellung nicht selbstverständlich stattfindet und vor allem durch treffsicher ausgewählte, bedeutungsbezogene sprachlichen Scaffolds fokussiert werden kann.

Zum anderen zeigen die diskursiv-konzeptuellen sowie die lexikalischen Analysen in ihrer Rekonstruktion von Lern- und Erklärprozessen auch die Potentiale reichhaltiger Erkläranlässe für die spezifische Zielgruppe. Durch adaptive Unterstützungsangebote in verschiedenen Dimensionen wurden die Lernenden auf die Bearbeitung höchst komplexer Verstehenselemente wie der *Ganzheitlichen Änderung der Änderung* vorbereitet. Die Arbeit zeigt damit auf, dass es sich lohnt, die untersuchte Zielgruppe gezielt durch das Einfordern reichhaltiger Aktivitäten zu fordern und sie durch adaptive Scaffolds zu unterstützen.

Die Ergebnisse sind vermutlich auf weitere, vor allem sprachlich heterogene Gruppen übertragbar, es bedarf jedoch weiterer Forschung und Entwicklung sowie Umsetzung der Erkenntnisse in ähnlichen Aufgabenformaten.

Literaturverzeichnis

Abraham, M. & Prediger, S. (2025). Scaffolding fifth graders' learning with a digital multi-representation tool: Design research on focusing multiplicative structures with dynamic dot arrays. Digital Experiences in Mathematics Education, 11(2), 219–246. https://doi.org/10.1007/s40751-024-00156-7

Ademmer, C., & Prediger, S. (2025). How Can Ideas Be Connected Afterwards? Decomposing Teachers' Facilitation Practices for Conceptual Learning in a Case of Formal Volume Calculation. Cognition and Instruction, 43(4), 355–388. https://doi.org/10.1080/07370008.2025.2527688

Adu-Gyamfi, K., Stiff, L. V. & Bossé, M. J. (2012). Lost in Translation. Examining Translation Errors Associated With Mathematical Representations. *School Science and Mathematics*, *112*(3), 159–170. https://doi.org/10.1111/j.1949-8594.2011.00129.x

Aebli, H. (1981). *Denken: das Ordnen des Tuns. Band II. Denkprozesse. Denken.* Stuttgart: Klett-Cotta.

Aebli, H. (1993). *Denken. Das Ordnen des Tuns. Band I. Kognitive Aspekte der Handlungstheorie* (2. Aufl). Stuttgart: Klett-Cotta.

Aebli, H. (1994). *Denken: Das Ordnen des Tuns. Band II. Denkprozesse.* [*Thinking as ordering the doing. Volume II: Thinking processes*]. Klett-Cotta.

Aebli, H. (2001). *Zwölf Grundformen des Lehrens* (11. Aufl.). Stuttgart: Klett-Cotta.

Affolter, W. (2005). Vom Experiment zur Interpretation von Graphen. In *Praxis der Mathematik in der Schule*, *47*(2), 8–12.

Aguado, K. (2012). Progression, Erwerbssequenzen und Chunks. Zur Lehr- und Lernbarkeit von Grammatik im Fremdsprachenunterricht. In *Arbeitskreis Deutsch als Fremdsprache – Deutsch als Zweitsprache in der Schweiz – Rundbrief*, Nr. 64/2012, Lehr- und Lernbarkeit, Teil 2, 7–22.

Ainsworth, S. (1999). The functions of multiple representations. *Computers & Education*, *33*(2–3), 131–152. https://doi.org/10.1016/S0360-1315(99)00029-9

K. Zentgraf, *Aufbau von Funktionsverständnis bei Neuzugewanderten*, Dortmunder Beiträge zur Entwicklung und Erforschung des Mathematikunterrichts 61, https://doi.org/10.1007/978-3-658-50179-2

Avvisati, F. & Ilizaliturri, R. (2023). *PISA 2022 Results (Volume I and II) – Country Notes: Germany.* Zugriff am 27.08.2024 unter https://www.oecd.org/en/publications/pisa-2022-results-volume-i-and-ii-country-notes_ed6fbcc5-en/germany_1a2cf137-en.html

Baas, M. (2021). Bildungsbeteiligung nach Migrationshintergrund. *WISTA – Wirtschaft und Statistik, 73*(2), S. 111–125. Zugriff am 21.09.2024 unter https://www.destatis.de/DE/Methoden/WISTA-Wirtschaft-und-Statistik/2021/02/bildungsbeteiligung-022021.pdf?__blob=publicationFile

Baethge, M. & Seeber, S. (2016). *Herausforderungen der Flüchtlingsmigration für die Strukturen beruflicher Bildung in Deutschland. Expertise im Auftrag des Sachverständigenrats deutscher Stiftungen für Integration und Migration für das Jahresgutachten 2017.* Göttingen. Zugriff am 27.08.2024 unter https://www.svr-migration.de/wp-content/uploads/2017/05/Expertise_Baethge_Seeber_Berufliche-Bildung_fuer-SVR-JG-2017.pdf

Bahn, M., Berkemeier, A., Deger, P., Engin, H., Evers, A., Höhr, R., Kovtun-Hensel, O., Kück, S., Lange, M., Mildenberger, G., Pfeiffer, F., Schmid, V., Sommerfeld, K., Uebel, C., Werner, B. & West, C. (2019). *Reallabor Asylsuchende in der Rhein-Neckar-Region 2016–2019. Analysen und Handlungsempfehlungen.* Zugriff am 27.08.2024 unter https://ftp.zew.de/pub/zew-docs/gutachten/HandlungsempfehlungenReallaborAsylsuchende2019.pdf

Bailey, A. L., Butler, F. A., Stevens, R. & Lord, C. (2007). Further specifying the language demands of school. In A. L. Bailey (Hrsg.), *The Language Demands of School. Putting academic English to the test* (S. 103–156). New Haven, CT: Yale University Press.

Bakker, A., Smit, J. & Wegerif, R. (2015). Scaffolding and Dialogic Teaching in Mathematics Education: Introduction and Review. *ZDM – The International Journal on Mathematics Education, 47*(7), 1047–1065. https://doi.org/10.1007/s11858-015-0738-8

Banner, D. & Overman Cavey, L. (2019). Bottle Filling Task Reasoning: A Comparison of Matching Versus Constructed Student Responses. In S. Otten, A. G. Candela, Z. de Araujo, C. Haines & C. Munter (Hrsg.), *Proceedings of the Forty-First Annual Meeting of the North American Chapter of the International Group for the Psychology of Mathematics Education* (S. 1461–1465). St. Louis, MO: University of Missouri.

Barwell, R. (2009). *Multilingualism in Mathematics Classrooms. Global Perspectives.* Bristol: Multilingual Matters. https://doi.org/10.21832/9781847692061

Barwell, R., Clarkson, P., Halai, A., Kazima, M., Moschkovich, J. N., Planas, N., Setati Phakeng, M., Valero, P. & Villavicencio Ubillús, M. (2016). *Mathematics Education and Language Diversity. The 21st ICMI Study.* Dordrecht: Springer. https://doi.org/10.1007/978-3-319-14511-2

Barzel, B., Glade, M. & Klinger, M. (2021). *Algebra und Funktionen. Fachlich und fachdidaktisch.* Heidelberg: Springer Spektrum. https://doi.org/10.1007/978-3-662-61393-1

Baumann, B. & Riedl, A. (2016). *Neu zugewanderte Jugendliche und junge Erwachsene an Berufsschulen. Ergebnisse einer Befragung zu Sprach- und Bildungsbiografien.* Frankfurt am Main: Peter Lang. https://doi.org/10.3726/978-3-653-06780-4

Baxter, J. A. & Williams, S. (2010). Social and analytic scaffolding in middle school mathematics: Managing the dilemma of telling. *Journal of Mathematics Teacher Education, 13*(1), 7–26. https://doi.org/10.1007/s10857-009-9121-4

Beese, M. & Gürsoy, E. (2012). Bezüge im Deutschen und im Türkischen herstellen: Sprachliche Stolpersteine beim Mathematiklernen für zweisprachige Lernende. *Praxis der Mathematik in der Schule, 54*(45), 34–37.

Bell, A. & Janvier, C. (1981). The Interpretation of Graphs Representing Situations. *For the Learning of Mathematics*, *2*(1), 34–42.

Berkemeier, A. & Schmidt, A. (2020). *Schrittweise Deutsch. Individualisiert Deutsch lernen und lehren mit dem DaZ-Sprachkoffer*. Leipzig: Schubert.

Berkemeier, A. & Kovtun-Hensel, O. (2021). Vorstellung eines grammatischen Kompetenzrasters für einen systematischen (Bildungs-)Sprachausbau. In A.-L. Scherger, B. Lütke, E. Montanari, A. Müller, J. Ricard Brede (Hrsg.), *Deutsch als Zweitsprache – Forschungsfelder und Ergebnisse* (S. 55–74). Stuttgart: Fillibach bei Klett.

Birnbaum, T., Erichsen, G., Fuchs, I. & Ahrenholz, B. (2018). Fachliches Lernen in Vorbereitungsklassen. In N. von Dewitz, H. Terhart & M. Massumi (Hrsg.), *Neuzuwanderung und Bildung. Eine interdisziplinäre Perspektive auf Übergänge in das deutsche Bildungssystem* (S. 231–250). Weinheim & Basel: Beltz Juventa.

Bossé, M. J., Adu-Gyamfi, K. & Cheetham, M. R. (2011). Assessing the Difficulty of Mathematical Translations: Synthesizing the Literature and Novel Findings. *International Electronic Journal of Mathematics Education*, *6*(3), 113–133. https://doi.org/10.29333/iejme/264

Breindl, E. (2021). Forschungsansätze der Linguistik des Deutschen als Fremd- und Zweitsprache. In C. Altmayer, K. Biebighäuser, S. Haberzettl & A. Heine (Hrsg.), *Handbuch Deutsch als Fremd- und Zweitsprache. Kontexte – Themen – Methoden* (S. 105–123). Stuttgart: Metzler. https://doi.org/10.1007/978-3-476-04858-5_8

Broza, O. & Kolikant, Y. B.-D. (2015). Contingent teaching to low-achieving students in mathematics: Challenges and potential for scaffolding meaningful learning. *ZDM – The International Journal on Mathematics Education*, *47*(7), 1093–1105. https://doi.org/10.1007/s11858-015-0724-1

Bruner, J. S. (1966). *Toward a Theory of Instruction*. Harvard University Press.

Bruner, J. S. (1970). *Der Prozeß der Erziehung* (1. Auflage der deutschen Ausgabe). Berlin: Schwann / Düsseldorf: Berlin Verlag.

Bruner, J. S. (1975). From communication to language – A psychological perspective. *Cognition*, *3*(3), 255–287. https://doi.org/10.1016/0010-0277(74)90012-2

Büchter, A. & Henn, H.-W. (2010): *Elementare Analysis. Von der Anschauung zur Theorie*. Heidelberg: Spektrum Akademischer Verlag. https://doi.org/10.1007/978-3-8274-2680-2

Calder, N. (2015). Student wonderings: Scaffolding student understanding within student-centred inquiry learning. *ZDM – International Journal on Mathematics Education*, *47*(7), 1121–1131. https://doi.org/10.1007/s11858-015-0734-z

Carlson, M. P., Jacobs, S., Coe, E., Larsen, S. & Hsu, E. (2002). Applying Covariational Reasoning While Modeling Dynamic Events: A Framework and a Study. *Journal for Research in Mathematics Education*, *33*(5), 352–378. https://doi.org/10.2307/4149958

Carlson, M. P., Smith, N. & Persson, J. (2003). Developing and Connecting Calculus Students' Notions of Rate-of Change and Accumulation: The Fundamental Theorem of Calculus. *International Group for the Psychology of Mathematics Education*. Zugriff am 22.08.2024 unter http://files.eric.ed.gov/fulltext/ED500922.pdf

Carlson, M. P., Oehrtman, M., & Thompson, P. W. (2005). Key aspects of knowing and learning the concept of function. *Mathematical Association of America Research Sampler*, *9*.

Cerna, L. (2019). *Refugee education. Integration models and practices in OECD countries* (OECD Education Working Papers, Bd. 203). Paris: OECD Publishing. https://doi.org/10.1787/a3251a00-en

Chamot, A. U. & O'Malley, J. M. (1994). *The CALLA Handbook. Implementing the Cognitive Academic Language Learning Approach.* Reading, MA: Addison-Wesley.

Chwastek, S., Leyendecker, B. & Busch, J. (2022). Socio-Emotional Problems and Learning Skills of Roma and Recently Arrived Refugee Children in German Elementary Schools. *European Journal of Health Psychology, 29*(1), 38–49. https://doi.org/10.1027/2512-8442/a000096

Clement, J. (1985). Misconceptions in Graphing. In L. Streefland (Hrsg.), *Proceedings of the Ninth Conference for the Psychology of Mathematics Education.* Noordwijkerhout, The Netherlands: University of Utrecht.

Cobb, P., Confrey, J., diSessa, A., Lehrer, R. & Schauble, L. (2003). Design Experiments in Educational Research. *Educational Researcher, 32*(1), 9–13. https://doi.org/10.3102/0013189X032001009

Cohrssen, C., Church, A. & Tayler, C. (2014). Purposeful pauses: Teacher talk during early childhood mathematics activities. *International Journal of Early Years Education, 22*(2), 169–183. https://doi.org/10.1080/09669760.2014.900476

Confrey, J. (2006). The Evolution of Design Studies as Methodology. In K. Sawyer (Hrsg.), *Cambridge Handbook of the Learning Sciences* (S. 135–152). Cambridge: Cambridge University Press. https://doi.org/10.1017/CBO9780511816833.010

Confrey, J. & Smith, E. (1994). Exponential Functions, Rates of Change, and the Multiplicative Unit. *Educational Studies in Mathematics, 26*(2/3), 135–164. https://doi.org/10.1007/BF01273661

Coppola, C., Iannaccone, A., Mollo, M. & Pacelli, T. (2022). Handling a language to think together in the classroom: The case of the notion of equivalence. *The Journal of Mathematical Behavior, 66*. https://doi.org/10.1016/j.jmathb.2022.100951

Corno, L. (2008). On Teaching Adaptively. *Educational Psychologist, 43*(3), 161–173. https://doi.org/10.1080/00461520802178466

Council for Cultural Co-operation, Education Committee (2002). *Gemeinsamer europäischer Referenzrahmen für Sprachen: Lernen, lehren, beurteilen.* München: Goethe-Institut. Zugriff am 27.08.2024 unter https://studienseminar.rlp.de/fileadmin/user_upload/studienseminar.rlp.de/bb-nr/Europ._Referenzrahmen_Deutsch.pdf

Cummins, J. (1979). Cognitive/Academic Language Proficiency, Linguistic Interdependence, the Optimum Age Question and Some Other Matters. *Working Papers on Bilingualism, 19*, 121–129.

Cummins, J. (2000). *Language, Power and Pedagogy. Bilingual Children in the Crossfire.* Clevedon: Multilingual Matters. https://doi.org/10.21832/9781853596773

Cummins, J. (2008). BICS and CALP: Empirical and Theoretical Status of the Distinction. In N. H. Hornberger (Hrsg.), *Encyclopedia of Language and Education* (S. 487–499). New York, NY: Springer. https://doi.org/10.1007/978-0-387-30424-3_36

de Araujo, Z., I, J. Y., Smith, E. & Sakow, M. (2015). Preservice Teachers' Strategies to Support English Learners. In T. G. Bartell, K. N. Bieda, R. T. Putnam, K. Bradfield & H. Dominguez (Hrsg.), *Proceedings of the 37th annual meeting of the North American Chapter of the International Group for the Psychology of Mathematics Education.* East Lansing, MI: Michigan State University.

de Araujo, Z., Roberts, S. A., Willey, C. & Zahner, W. (2018). English Learners in K-12 Mathematics Education: A Review of the Literature. *Review of Educational Research, 88*(6), 879–919. https://doi.org/10.3102/0034654318798093

de Araujo, Z. & Smith, E. (2021). Examining English language learners' learning needs through the lens of algebra curriculum materials. *Educational Studies in Mathematics, 109*(3), 65–87. https://doi.org/10.1007/s10649-021-10081-w

Deutschfuchs. *Sprachsensibler Fachunterricht. Mathematik.* Zugriff am 24.08.2024 unter https://deutschfuchs.de/fachsprache-mathematik/

Diehl, E., Christen, H., Leuenberger, S., Pelvat, I. & Studer, T. (2000). *Grammatikunterricht: Alles für die Katz? Untersuchungen zum Zweitsprachenerwerb Deutsch.* Tübingen: Niemeyer.

DIME. Diversity in Mathematics Education Center for Learning and Teaching (DIME) (2007). Culture, Race, Power, and Mathematics Education. In F. Lester (Hrsg.), *Second Handbook of Research on Mathematics Teaching and Learning* (S. 405–434). Charlotte, NC: Information Age.

Drollinger-Vetter, B. (2011). *Verstehenselemente und strukturelle Klarheit. Fachdidaktische Qualität der Anleitung von mathematischen Verstehensprozessen im Unterricht.* Münster: Waxmann.

Duval, R. (1995) Geometrical Pictures. Kinds of Representation and Specific Processing. In R. Suttherland & J. Mason (Hrsg.), *Exploiting Mental Imagery with Computers in Mathematics Education* (S. 142–157). Berlin: Springer. https://doi.org/10.1007/978-3-642-57771-0_10

Duval, R. (2006). A Cognitive Analysis of Problems of Comprehension in a Learning of Mathematics. *Educational Studies in Mathematics, 61*(1), 103–131. https://doi.org/10.1007/s10649-006-0400-z

Edele, A., Kristen, C., Stanat, P. & Will, G. (Hrsg.) (2021). The education of recently arrived refugees in Germany. Conditions, processes, and outcomes. *Journal for Educational Research Online, 13*(1), 5–15. https://doi.org/10.25656/01:22064

Elia, I., Panaoura, A., Eracleous, A. & Gagatsis, A. (2007). Relations Between Secondary Pupils' Conceptions About Functions and Problem Solving in Different Representations. *International Journal of Science and Mathematics Education, 5*(3), 533–556. https://doi.org/10.1007/s10763-006-9054-7

Erath, K. (2017). *Mathematisch diskursive Praktiken des Erklärens. Rekonstruktion von Unterrichtsgesprächen in unterschiedlichen Mikrokulturen.* Wiesbaden: Springer Spektrum. https://doi.org/10.1007/978-3-658-16159-0

Erath, K., Prediger, S., Quasthoff U. & Heller, V. (2018). Discourse competence as important part of academic language proficiency in mathematics classrooms: The case of explaining to learn and learning to explain. *Educational Studies in Mathematics, 99*(2), 161–179. https://doi.org/10.1007/s10649-018-9830-7

Erath, K., Ingram, J., Moschkovich, J. N. & Prediger, S. (2021). Designing and enacting instruction that enhances language for mathematics learning: a review of the state of development and research. *ZDM – The International Journal on Mathematics Education, 53*(2), 245–262.https://doi.org/10.1007/s11858-020-01213-2

Esquinca, A. (2011). Bilingual college writers' collaborative writing of word problems. *Linguistics and Education, 22*(2), 150–167. https://doi.org/10.1016/j.linged.2010.12.006

Fandrych, C., Hufeisen, B., Krumm, H.-J. & Riemer, C. (2010). Perspektiven und Schwerpunkte des Faches Deutsch als Fremd- und Zweitsprache. In H.-J. Krumm, C. Fandrych, B. Hufeisen & C. Riemer (Hrsg.), *Handbuch Deutsch als Fremd- und Zweitsprache. Ein internationals Handbuch* (1. Halbband, S. 1305–1314). Berlin & New York, NY: De Gruyter Mouton.

Faouzi, Z., Matzick, Y. & Seyferth, S. (2020). Deutschförderung und Prüfungen in einem Bildungsgang für neuzugewanderte Jugendliche an berufsbildenden Schulen in Bremen: Herausforderungen und Lösungsansätze. *Zeitschrift für Interkulturellen Fremdsprachenunterricht, 25*(1), 953–968. Zugriff am 27.08.2024 unter http://tujournals.ulb.tu-darmstadt.de/index.php/zif

Feilke, H. (2012). Schulsprache – Wie Schule Sprache macht. In S. Günthner, W. Imo, D. Meer & J. G. Schneider (Hrsg.), *Kommunikation und Öffentlichkeit. Sprachwissenschaftliche Potenziale zwischen Empirie und Norm* (Reihe Germanistische Linguistik, Bd. 296, S. 149–175). Berlin: de Gruyter. https://doi.org/10.1515/9783110289916.149

Freudenthal, H. (1973). *Mathematics as an Educational Task*. Dordrecht: Reidel. https://doi.org/10.1007/978-94-010-2903-2_2

Freudenthal, H. (1978). *Weeding and Sowing. Preface to a Science of Mathematical Education*. Dordrecht: Reidel.

Freudenthal, H. (1983). *Didactical Phenomenology of Mathematical Structures*. Dordrecht: Reidel.

Freudenthal, H. (1991). *Revisiting Mathematics Education. China Lectures* (*Mathematics Education Library, Bd. 9*). Dordrecht, Boston, & London: Kluwer Academic Publishers.

Gagatsis, A. & Shiakalli, M. (2004). Ability to Translate from One Representation of the Concept of Function to Another and Mathematical Problem Solving. *Educational Psychology, 24*(5), 645–657. https://doi.org/10.1080/0144341042000262953

Gallin, P. & Ruf, U. (1998). *Sprache und Mathematik in der Schule. Auf eigenen Wegen zur Fachkompetenz*. Seelze: Kallmeyer.

Gamper, J., Marx, N., Röttgen, E. & Steinbock, D. (2020). Deutsch für Seiteneinsteiger/innen. Einführung in das Themenheft. *InfoDaF*, *47*(4), 347–358. https://doi.org/10.1515/infodaf-2020-0067

Giannelli, G. C. & Rapallini, C. (2016). Immigrant student performance in Math: Does it matter where you come from? *Economics of Education Review*, *52*, 291–304. https://doi.org/10.1016/j.econedurev.2016.03.006

Gibbons, P. (2002a). *Scaffolding Language, Scaffolding Learning. Teaching Second Language Learners in the Mainstream Classroom*. Portsmouth, NH: Heinemann.

Gibbons, P. (2002b). *Scaffolding Language, Scaffolding Learning. Teaching English Language Learners in the Mainstream Classroom*. Portsmouth, NH: Heinemann.

Gogolin, I. (2006). Bilingualität und die Bildungssprache der Schule. In P. Mecheril & T. Quehl (Hrsg.), *Die Macht der Sprachen: Englische Perspektiven auf die mehrsprachige Schule* (S. 79–85). Münster: Waxmann.

Gogolin, I. (2009). Zweisprachigkeit und die Entwicklung bildungssprachlicher Fähigkeiten. In I. Gogolin & U. Neumann (Hrsg.), *Streitfall Zweisprachigkeit – The Bilingualism Controversy* (S. 263–280). Wiesbaden: VS Verlag für Sozialwissenschaften. https://doi.org/10.1007/978-3-531-91596-8_15

Gogolin, I. & Lange, I. (2011). Bildungssprache und Durchgängige Sprachbildung. In S. Fürstenau & M. Gomolla (Hrsg.), *Migration und schulischer Wandel: Mehrsprachigkeit*

(S. 107–127). Wiesbaden: VS Verlag für Sozialwissenschaften. https://doi.org/10.1007/978-3-531-92659-9_6

Goldin, G. A. & Janvier, C. (1998). Representations and the Psychology of Mathematics Education: Part I. The *Journal of Mathematical Behavior 17*(1), 1–134. https://doi.org/10.1016/S0732-3123(99)80057-1

Goldin, G. A. & Shteingold, N. (2001). Systems of Representations and the Development of Mathematical Concepts. In A. A. Cuoco & F. R. Curcio (Hrsg.), *The Roles of Representation in School Mathematics* (S. 1–23). Reston, VA: National Council of Teachers of Mathematics.

Grabinski, A. (2018). *Maßnahmen der Länder zur Berufsorientierung und am Übergang Schule – Beruf für junge Geflüchtete. Auswertung einer Länderabfrage im Rahmen der Initiative Bildungsketten [Measures of the federal states for vocational orientation and the transition from school to work for young refugees. Evaluation of a survey of the federal states within the framework of the Educational Chains Initiative]* (Arbeitspapier). Bonn: Bundesinstitut für Berufsbildung.

Gravemeijer, K. (1994). Educational Development and Developmental Research in Mathematics Education. *Journal for Research in Mathematics Education, 25*(5), 443–471. https://doi.org/10.2307/749485

Gravemeijer, K. (2007). Emergent modeling and iterative processes of design and improvement in mathematics education. In *Plenary lecture at the APEC-TSUKUBA International Conference III, Innovation of Classroom Teaching and Learning through Lesson Study – Focusing on Mathematical Communication.* Tokyo & Kanazawa, Japan.

Gravemeijer, K. & Cobb, P. (2006). Design research from a learning design perspective. In J. van den Akker, K. Gravemeijer, S. McKenney & N. Nieveen (Hrsg.), *Educational Design Research* (S. 45–85). Routledge.

Gravemeijer, K. & Doorman, M. (1999). Context Problems in Realistic Mathematics Education: A Calculus Course as an Example. *Educational Studies in Mathematics, 39*(1/3), 111–129. https://doi.org/10.1023/A:1003749919816

Gómez, E. & Wolfson, R. A. (2012). Activities for Students: Filling Bottles with Water. *The Mathematics Teacher, 105*(7), 542–548. https://doi.org/10.5951/mathteacher.105.7.0542

Hadjidemetriou, C. & Williams, J. (2002). CHILDREN'S GRAPHICAL CONCEPTIONS. *Research in Mathematics Education, 4*(1), 69–87. https://doi.org/10.1080/14794800008520103

Hahn, S. (2008). *Bestand und Änderung: Grundlegung einer vorstellungsorientierten Differentialrechnung.* Oldenburg: Didaktisches Zentrum der Carl-von-Ossietzky-Universität.

Halliday, M. A. K. (1993). Towards a language-based theory of learning. *Linguistics and Education, 5*(2), 93–116. https://doi.org/10.1016/0898-5898(93)90026-7

Halliday, M. A. K. (2004). *An Introduction to Functional Grammar* (3. Aufl.). London: Oxford University Press.

Hammond, J. & Gibbons, P. (2005). Putting scaffolding to work: The contribution of scaffolding in articulating ESL education. *Prospect, 20*(1), 6–30.

Handt, C., Lipkowski, E. & Weis, I. (2017). *DaZ für den Fachunterricht der Sekundarstufe I. Klasse 5–10. Mathematik.* Cornelsen.

Hannafin, M., Land, S. & Oliver, K. (1999). Open Learning Environments: Foundations, Methods, and Models. In C. M. Reigeluth (Hrsg.), *A New Paradigm of Instructional*

Theory (INSTRUCTIONAL-DESIGN THEORIES AND MODELS, Bd. 2, S. 115–140). Mahwah: Lawrence Erlbaum Associates.

Havkic, A., Dohmann, O., Domenech, M. & Niederhaus, C. (2018). Anforderungen und Ressourcen. Fachunterricht in der sogenannten Regelklasse berufsbildender Schulen aus der Perspektive neu zugewanderter Schülerinnen und Schüler [Challenges and ressources. Content learning in the so called "regular class" in vocational schools from the perspective of recently immigrated students]. In N. von Dewitz, H. Terhart & M. Massumi (Hrsg.), Neuzuwanderung und Bildung. Eine *interdisziplinäre Perspektive auf Übergänge in das deutsche Bildungssystem* (S. 174–194). Weinheim: Beltz Juventa.

Hein, K. (2021). *Logische Strukturen beim Beweisen und ihre Verbalisierung. Eine sprachintegrative Entwicklungsforschungsstudie zum fachlichen Lernen.* Dortmund: Springer Spektrum. https://doi.org/10.1007/978-3-658-35028-4

Hein, K. & Zentgraf, A. K. (2023). The complexity of grammar in students' talk: variations in expressing functional relationships between two quantities. In M. Ayalon, B. Koichu, R. Leikin, L. Rubel & M. Tabach (Hrsg.), *Proceedings of the 46th Conference of the International Group for the Psychology of Mathematics Education* (Bd. 3, S. 3-27–3-34). University of Haifa, Israel: PME Conference.

Hein, K. & Prediger, S. (2024). Scaffolds for seeing, using, and articulating logical structures in proofs: Design research study with high school students. *Journal of Mathematical Behavior*, *74*, 1–23. https://doi.org/10.1016/j.jmathb.2023.101123

Heid, M. K., Larson, M., Fey, J. T., Strutchens, M. E., Middleton, J. A., Gutstein, E., King, K. & Tunis, H. (2006). The Challenge of Linking Research and Practice. *Journal for Research in Mathematics Education*, *37*(2), 76–86.

Heller, V. & Morek, M. (2015). Academic discourse as situated practice. An introduction. *Linguistics and Education*, *31*, 174–186. https://doi.org/10.1016/j.linged.2014.01.008

Hemmers, N. (2016a). *Intro Mathematik SI. Zur Vorbereitung auf den Regelunterricht der Sekundarstufe. Arbeitsheft 1, mit Lösungen.* Westermann.

Hemmers, N. (2016b). *Intro Mathematik SI. Zur Vorbereitung auf den Regelunterricht der Sekundarstufe, Arbeitsheft 3, Brüche und Dezimalbrüche.* Westermann.

Hemmers, N. (2016c). *Intro Mathematik SI. Zur Vorbereitung auf den Regelunterricht der Sekundarstufe, Arbeitsheft 4, Rationale Zahlen, Prozent- und Zinsrechnung, Zuordnungen, mit Lösungsband.* Westermann.

Hemmers, N. (2017). *Intro Mathematik SI. Zur Vorbereitung auf den Regelunterricht der Sekundarstufe, Arbeitsheft 5, Terme, Gleichungen, Funktionen, Mit Lösung.* Westermann.

Hemmers, N. (2022). *Intro Mathematik SI. Zur Vorbereitung auf den Regelunterricht der Sekundarstufe, Arbeitsheft 2.* Westermann.

Hemmers, N. (2023). *Intro Mathematik SI. Zur Vorbereitung auf den Regelunterricht der Sekundarstufe, Arbeitsheft 6.* Westermann.

Henderson, S. & Segal, E. H. (2013). Visualizing Qualitative Data in Evaluation Research. *New Directions for Evaluation*, *2013*(139), 53–71. https://doi.org/10.1002/ev.20067

Herbel-Eisenmann, B. A. (2002). Using Student Contributions and Multiple Representations to Develop Mathematical Language. *Mathematics Teaching in the Middle School*, *8*(2), 100–105. https://doi.org/10.5951/MTMS.8.2.0100

Herget, W. (2013). Funktionen – immer gut für eine Überraschung. In H. Allmendinger, K., Lengnink, A. Vohns & G. Wickel (Hrsg.), *Mathematik verständlich unterrichten* (S. 47–61). Wiesbaden: Springer Spektrum. https://doi.org/10.1007/978-3-658-00992-2_4

Herget W., Malitte E. & Richter K. (2000). Funktionen haben viele Gesichter – auch im Unterricht. In L. Flade & W. Herget (Hrsg.), *Mathematik lehren und lernen nach TIMSS. Anregungen für die Sekundarstufen* (S. 115–124). Berlin: Verlag Volk und Wissen.

Hiebert, J. & Carpenter, T. P. (1992). Learning and teaching with understanding. In D. A. Grouws (Hrsg.), *Handbook of research on mathematics teaching and learning* (S. 65–97). New York, NY: Macmillan.

Hitt, F. & González-Martín, A. S. (2016). Covariation between variables in a modelling process: The ACODESA (collaborative learning, scientific debate and self-reflection) method. *Educational Studies in Mathematics, 88*(2),201–219. https://doi.org/10.1007/s10649-014-9578-7

Höhr, R. (2021). *Blinde Flecken in der Mathematik. Eine explorative Studie zur Betrachtung mathematischer Kompetenzen im interkulturellen Vergleich.* Wiesbaden: Springer. https://doi.org/10.1007/978-3-658-32135-2

Hußmann, S. (2002). *Konstruktivistisches Lernen an Intentionalen Problemen. Mathematik unterrichten in einer offenen Lernumgebung.* Hildesheim: Franzbecker.

Hußmann, S., Thiele, J., Hinz, R., Prediger, S. & Ralle, B. (2013). Gegenstandsorientierte Unterrichtsdesigns entwickeln und erforschen: Fachdidaktische Entwicklungsforschung im Dortmunder Modell. In M. Komorek & S. Prediger (Hrsg.), *Der lange Weg zum Unterrichtsdesign: Zur Begründung und Umsetzung genuin fachdidaktischer Forschungs- und Entwicklungsprogramme* (S. 25–42). Münster: Waxmann.

Hußmann, S. & Prediger, S. (2016). Specifying and Structuring Mathematical Topics. A Four-Level Approach for Combining Formal, Semantic, Concrete, an Empirical Levels Exemplified for Exponential Growth. *Journal für Mathematik-Didaktik, 37*, 33–67. https://doi.org/10.1007/s13138-016-0102-8

Imo, W. (2016). *Grammatik. Eine Einführung.* Stuttgart: J. B. Metzler. https://doi.org/10.1007/978-3-476-05431-9

Janvier, C. (1978). *The interpretation of complex cartesian graph representing situations. Studies and teaching experiences.* Dissertation, University of Nottingham.

Janvier, C. (1981). Use of situations in mathematics education. *Educational Studies in Mathematics, 12*, 113–122. https://doi.org/10.1007/BF00386049

Janvier, C. (1987a). Representation and Understanding: The Notion of Function as Example. In C. Janvier (Hrsg.), *Problems of Representation in the Teaching and Learning of Mathematics* (S. 67–72). Hillsdale, NJ: Lawrence Erlbaum Associates.

Janvier, C. (1987b). *Problems of Representation in the Teaching and Learning of Mathematics.* Hillsdale, NJ: Lawrence Erlbaum Associates.

Janvier, C. (1998). The notion of chronicle as an epistemological obstacle to the concept of function. *The Journal of Mathematical Behavior, 17*(1), 79–103. https://doi.org/10.1016/S0732-3123(99)80062-5

Johnson, H. L. (2015). Together yet separate: Students' associating amounts of change in quantities involved in rate of change. *Educational Studies in Mathematics, 89*(1), 89–110. https://doi.org/10.1007/s10649-014-9590-y

Jordan, A., Ross, N., Krauss, S., Baumert, J., Blum, W., Neubrand, M., Löwen, K., Brunner, M. & Kunter, M. (2006). *Klassifikationsschema für Mathematikaufgaben. Dokumentation der Aufgabenkategorisierung im COACTIV-Projekt* (Materialien aus der Bildungsforschung Nr. 81). Berlin: Max-Planck-Institut für Bildungsforschung.

Jorgensen, R. (2011). Language, Culture and Learning Mathematics: A Bourdieuian Analysis of Indigenous Learning. In C. Wyatt-Smith, J. Elkins & S. Gunn (Hrsg.), *Multiple Perspectives on Difficulties in Learning Literacy and Numeracy* (S. 315–329). Dordrecht: Springer. https://doi.org/10.1007/978-1-4020-8864-3_15

Kaput, J. J. (1989). Linking Representations in the Symbol Systems of Algebra. In S. Wagner & C. Kieran (Hrsg.), *Research Issues in the Learning and Teaching of Algebra* (S. 167–194). Lawrence Erlbaum Associates. https://doi.org/10.4324/9781315044378-13

Klinger, M. (2018). *Funktionales Denken beim Übergang von der Funktionenlehre zur Analysis. Entwicklung eines Testinstruments und empirische Befunde aus der gymnasialen Oberstufe.* Wiesbaden: Springer Spektrum. https://doi.org/10.1007/978-3-658-20360-3

Knapp, W. (2006). Sprachunterricht als Unterrichtsprinzip und Unterrichtsfach. In U. Bredel, H. Günther, P. Klotz, J. Ossner & G. Siebert-Ott (Hrsg.), *Didaktik der deutschen Sprache. Band 2* (2. Aufl., S. 589–601). Paderborn: Ferdinand Schöningh.

Kniffka, G. (2012). Scaffolding – Möglichkeiten, im Fachunterricht sprachliche Kompetenzen zu vermitteln. In M. Michalak & M. Küchenreuther (Hrsg.), *Grundlagen der Sprachdidaktik Deutsch als Zweitsprache* (S. 208–225). Baltmannsweiler: Schneider Verlag Hohengehren.

Kolikant, Y. B.-D. & Broza, O. (2011). The effect of using a video clip presenting a contextual story on low-achieving students' mathematical discourse. *Educational Studies in Mathematics*, *76*(1), 23–47. https://doi.org/10.1007/s10649-010-9262-5

Komorek, M., & Duit, R. (2004). The teaching experiment as a powerful method to develop and evaluate teaching and learning sequences in the domain of non-linear systems. *International Journal of Science Education*, *26*(5), 619–633. https://doi.org/10.1080/09500690310001614717

Korntreff, S. & Prediger, S. (2022). Verstehensangebote von YouTube-Erklärvideos – Konzeptualisierung und Analyse am Beispiel algebraischer Konzepte. *Journal für Mathematik-Didaktik*, *43*(2), 281–310. https://doi.org/10.1007/s13138-021-00190-7

Korntreff, S. & Prediger, S. (eingereicht). How to specify the necessary focus of scaffolds in interactive instructional videos? A design research specification approach for the case of algebraic expressions. Manuskript für die Veröffentlichung eingereicht.

Krabbendam, H. (1982). The non-qualitative way of describing relations and the role of graphs: Some experiments. In G. Van Barnveld & H. Krabbendam (Hrsg.), *Conference on functions: Report 1* (S. 125–146). Enschede: Foundation for Curriculum Development.

Kratzl, J. & Threimeiner-Kulke, H. (2022). *Mathematik in DaZ. Rechenregeln und Rechenbegriffe.* de Vega Medien GmbH für SchlaU-Werkstatt für Migrationspädagogik gGmbH.

Kuhnke, K. (2013). *Vorgehensweisen von Grundschulkindern beim Darstellungswechsel. Eine Untersuchung am Beispiel der Multiplikation im 2. Schuljahr.* Wiesbaden: Springer. https://doi.org/10.1007/978-3-658-01509-1

Kultusministerkonferenz (KMK) (2022). *Bildungsstandards für das Fach Mathematik.* Zugriff am 18.09.2024 unter https://www.kmk.org/fileadmin/veroeffentlichungen_beschluesse/2022/2022_06_23-Bista-ESA-MSA-Mathe.pdf

Lajoie, S. P. (2005). Extending the Scaffolding Metaphor. *Instructional Science*, *33*(5–6), 541–557. https://doi.org/10.1007/s11251-005-1279-2

Leinhardt, G., Zaslavsky, O. & Stein, M. K. (1990). Functions, Graphs, and Graphing: Tasks, Learning, and Teaching. *Review of Educational Research*, *60*(1), 1–64. https://doi.org/10.3102/00346543060001001

Leisen, J. (2005). Wechsel der Darstellungsformen. Ein Unterrichtsprinzip für alle Fächer. *Der fremdsprachliche Unterricht Englisch, 78*, 9–11.

Lesh, R. A. (1979). Mathematical Learning Disabilities: Considerations for Identification, Diagnosis, Remediation. In R. A. Lesh, D. Mierkiewicz & M. Kantowski (Hrsg.), *Applied Mathematical Problem Solving* (S. 111–180). ERIC/SMEAC.

Lesh, R. A., Post, T. R. & Behr, M. (1987). Representations and Translations among Representations in Mathematics Learning and Problem Solving. In C. Janvier (Hrsg.), *Problems of Representation in the Teaching and Learning of Mathematics* (S. 33–40). Hillsdale, NJ: Lawrence Erlbaum Associates.

Leuders, T. & Prediger, S. (2005). Funktioniert's? – Denken in Funktionen. *Praxis der Mathematik in der Schule, 47*(2), 1–7.

Lewalter, D., Diedrich, J., Goldhammer, F., Köller, O. & Reiss, K. (2023). *PISA 2022. Analyse der Bildungsergebnisse in Deutschland*. Münster & New York: Waxmann. https://doi.org/10.25656/01:28666

Li, X. (2006). *Cognitive analysis of students' errors and misconceptions in variables, equations, and functions*. Dissertation, Texas A&M University.

Lichti, M. (2019). *Funktionales Denken fördern. Experimentieren mit gegenständlichen Materialien oder Computer-Simulationen*. Wiesbaden: Springer Spektrum. https://doi.org/10.1007/978-3-658-23621-2

Lichti, M. & Roth, J. (2020). Wie Experimente mit gegenständlichen Materialien und Simulationen das funktionale Denken fördern. *Zeitschrift für Mathematikdidaktik in Forschung und Praxis, 1*, 1–35. https://doi.org/10.1007/978-3-658-23621-2

Lichti, M. & Roth, J. (2021). Einstieg in Funktionen. Darstellungsform und passendes Medium. *Mathematik lehren, 226*, 10–14.

Linnemann, M. (2020). *Fachkompetenzen und Unterrichtssprache parallel entwickeln. Impulse aus Schweden für den Umgang mit neuzugewanderten Schüler*innen* (TraMiS-Arbeitspapier; 6). Bremen: Universität, Fachbereich 12, Arbeitsbereich Interkulturelle Bildung. https://doi.org/10.25656/01:21439

Lüssenhop, M. & Kaiser, G. (2024). Mathematics teaching for migrant students in German schools – How do teachers respond to their students' diverse needs? *Asian Journal for Mathematics Education, 3*(1), 60–80. https://doi.org/10.1177/27527263241236813

Maier, H. & Schweiger, F. (1999). *Mathematik und Sprache. Zum Verstehen und Verwenden von Fachsprache im Mathematikunterricht*. Wien: öbv & hpt.

Malle, G. (2000). Zwei Aspekte von Funktionen: Zuordnung und Kovariation. *Mathematik lehren, 103*, 8–11.

Martin, J. R. (1999). Mentoring semogenesis: 'genre-based' literacy pedagogy. In F. Christie (Hrsg.), *Pedagogy and the Shaping of Consciousness* (S. 123–155). London: Continuum.

Massumi, M., von Dewitz, N. & Terhart, H. (2015). Übergänge in das deutsche Bildungssystem im Kontext von Neuzuwanderung. In N. von Dewitz, H. Terhart & M. Massumi (Hrsg.), *Neuzuwanderung und Bildung. Eine interdisziplinäre Perspektive auf Übergänge in das deutsche Bildungssystem* (S.9–20). Weinheim: Beltz Juventa.

Massumi, M., von Dewitz, N. & Terhart, H. (2018). Übergänge in das deutsche Bildungssystem im Kontext von Neuzuwanderung. In N. von Dewitz, H. Terhart & M. Massumi (Hrsg.), *Neuzuwanderung und Bildung. Eine interdisziplinäre Perspektive auf Übergänge in das deutsche Bildungssystem* (S. 9–19). Weinheim: Beltz Juventa.

Maué, E., Diehl, C. & Schumann, S. (2021). Young refugees in prevocational preparation classes. Who is moving on to the next step? *Journal for Educational Research Online, 13*, 105–127. https://doi.org/10.31244/jero.2021.01.04

McDermott, L. C., Rosenquist, M. L. & van Zee, E. H. (1987). Student difficulties in connecting graphs and physics: Examples from kinematics. *American Journal of Physics, 55*(6), 503–513. https://doi.org/10.1119/1.15104

Mercer, N. (2008). The Seeds of Time: Why Classroom Dialogue Needs a Temporal Analysis. *The Journal of the Learning Sciences, 17*(1), 33–59. https://doi.org/10.1080/10508400701793182

Meyer, F. (ohne Datum). *Mathematik und Deutsch als Zweitsprache.* Zugriff am 27.08.2024 unter https://www.fluchtort-hamburg.de/fileadmin/pdf/2018/FOH_Unterrichtsmaterialien_3_Mathematik.pdf

Meyer, M. & Prediger, S. (2012). Sprachenvielfalt im Mathematikunterricht – Herausforderungen, Chancen und Förderansätze. *Praxis der Mathematik in der Schule, 54*(45), 2–9.

Meyer, M., Prediger, S., César, M. & Norén, E. (2016). Making use of multiple (non-shared) first languages: state of and need for research and development in the European language context. In R. Barwell, P. Clarkson, A. Halai, M. Kazima, J. Moschkovich, N. Planas, M. Setati-Phakeng, P. Valero & M. Villavicencio Ubillús (Hrsg.), *Mathematics Education and Language Diversity* (S. 47–66). Springer. https://doi.org/10.1007/978-3-319-14511-2_3

Ministerium für Schule und Weiterbildung (2024). Das Schulwesen in NRW aus quantitativer Sicht. Zugriff am 30.09.2024 unter https://www.schulministerium.nrw/amtliche-schuldaten

Monk, S. (1992). Students' understanding of function given by a physical model. In E. Dubinsky & G. Harel (Hrsg.), *The Concept of Function: Aspects of Epistemology and Pedagogy* (S. 174–194). Washington, DC: Mathematical Association of America.

Moore, K. C., Paoletti, T. & Musgrave, S. (2013). Covariational reasoning and invariance among coordinate systems. *The Journal of Mathematical Behavior, 32*, 461–473. https://doi.org/10.1016/j.jmathb.2013.05.002

Morek, M. & Heller, V. (2012). Bildungssprache – Kommunikative, epistemische, soziale und interaktive Aspekte ihres Gebrauchs. *Zeitschrift für angewandte Linguistik, 57*(1), 67–101. https://doi.org/10.1515/zfal-2012-0011

Moschkovich, J. N. (1998). Resources for Refining Mathematical Conceptions: Case Studies in Learning About Linear Functions. *The Journal of the Learning Sciences, 7*(2), 209–237. https://doi.org/10.1207/s15327809jls0702_3

Moschkovich, J. N. (2002). A situated and sociocultural perspective on bilingual mathematics learners. *Mathematical Thinking and Learning, 4*, 189–212. 10.1207/S15327833MTL04023_5

Moschkovich, J. N. (2010). Language(s) and learning mathematics. Resources, Challenges, and Issues for Research. In J. N. Moschkovic (Hrsg.), *Language and Mathematic Education. Multiple Perspectives and Directions for Research* (S. 1–28). Charlotte, NC: Information Age Publishing.

Moschkovich, J. N. (2013). Principles and Guidelines for Equitable Mathematics Teaching Practices and Materials for English Language Learners. *Journal of Urban Mathematics Education, 6*(1), 45–57. https://doi.org/10.21423/jume-v6i1a204

Moschkovich, J. N. (2015). Academic literacy in mathematics for English Learners. *The Journal of Mathematical Behavior, 40*(A), 43–62. https://doi.org/10.1016/j.jmathb.2015.01.005

Moschkovich, J. N., Schoenfeld, A. H. & Arcavi, A. (1993). Aspects of Understanding: On Multiple Perspectives and Representations of Linear Relations and Connections Among Them. In T. A. Romberg, E. Fennema & T. P. Carpenter (Hrsg.), *Integrating Research on the Graphical Representation of Functions* (S. 69–100). Hillsdale, NJ: Lawrence Erlbaum Associates.

Murphy, L. D. (1999). Graphing Misinterpretations and Microcomputer-Based Laboratory Instruction, with Emphasis on Kinematics. Zugriff am 22.08.2024 unter http://mste.illinois.edu/murphy/Papers/GraphInterpPaper.html

Nemirovsky, R. & Rubin, A. (1992). *Students' tendency to assume resemblances between a function and its derivative.* TERC Working Paper (S. 2–92). Cambridge: TERC Communications.

Neubauer, M. (2019). *Einfache Sprache – Grundregeln, Beispiele, Übungen. Schreiben und Sprechen in Einfacher Sprache. Kurs- und Arbeitsbuch zum Selbstlernen. Mit Lösungen.* Unabhängig veröffentlicht.

Niss, M. A. (2014). Functions Learning and Teaching. In S. Lerman (Hrsg.), *Encyclopedia of Mathematics Education* (S. 238–241). Dordrecht: Springer. https://doi.org/10.1007/978-94-007-4978-8_96

Nitsch, R. (2015). *Diagnose von Lernschwierigkeiten im Bereich funktionaler Zusammenhänge. Eine Studie zu typischen Fehlermustern bei Darstellungswechseln.* Wiesbaden: Springer Spektrum. https://doi.org/10.1007/978-3-658-10157-2

Nitsch, R., Fredebohm, A., Bruder, R., Kelava, A., Naccarella, D., Leuders, T. & Wirtz, M. (2015). Students' Competencies in Working with Functions in Secondary Mathematics Education – Empirical Examination of a Competence Structure Model. *International Journal of Science and Mathematics Education, 13*(3), 657–682. https://doi.org/10.1007/s10763-013-9496-7

Norén, E. & Svensson Källberg, P. (2018). Fabrication of newly-arrived students as mathematical learners. *Nordic Studies in Mathematics Education, 23*(3–4), 15–37.

OECD and European Commission (2023). *Indikatoren der Integration von Zugewanderten 2023: Settling In.* Paris: OECD Publishing. https://doi.org/10.1787/13226de3-de

Oehrtman, M., Carlson, M. P. & Thompson, P. W. (2008). Foundational Reasoning Abilities that Promote Coherence in Students' Function Understanding. In M. P. Carlson & C. Rasmussen (Hrsg.), *Making the Connection. Research and Teaching in Undergraduate Mathematics Education* (S. 27–42). Washington, DC: Mathematical Association of America. https://doi.org/10.5948/UPO9780883859759.004

Oppelt, S., Reinhold, F. & Bockhorn-Vonderbank, M. (2017). *Prima ankommen. Im Fachunterricht. Mathematik: Klasse 8–10.* Cornelsen.

Ortner, H. (2009). Rhetorisch-stilistische Eigenschaften der Bildungssprache. In U. Fix, A. Gardt & J. Knape (Hrsg.), *Rhetorik und Stilistik* (Bd. 2, S. 2227–2240). Berlin & New York, NY: de Gruyter.

Pellizzoni, S., Apuzzo, G. M., de Vita, C., Agostini, T., Ambrosini, M. & Passolunghi, M. C. (2020). Exploring EFs and Math Abilities in Highly Deprived Contexts. *Frontiers in Psychology, 11*, Article 383. https://doi.org/10.3389/fpsyg.2020.00383

Petersson, J. (2017). *Mathematics achievement of early and newly immigrated students in different topics of mathematics*. Stockholm University.

Petersson, J. & Norén, E. 2017 (2017). To halve a fraction: An issue for second language learners. *Education Inquiry*, *8*(3), 173–191. https://doi.org/10.1080/20004508.2016.1275187

Pimm, D. (1987). *Speaking Mathematically. Communication in Mathematics Classrooms*. London: Routledge.

Planas, N. (2021). How specific can language as resource become for the teaching of algebraic concepts? *ZDM – International Journal on Mathematics Education*, *53*, 277–288. https://doi.org/10.1007/s11858-020-01190-6

Planas, N. & Civil, M. (2013). Language-as-resource and language-as-political: tensions in the bilingual mathematics classroom. *Mathematics Education Research Journal*, *25*, 361–378. https://doi.org/10.1007/s13394-013-0075-6

Planas, N., Morgan, C. & Schütte, M. (2018). Mathematics education and language: Lessons and directions from two decades of research. In T. Dreyfus, M. Artigue, D. Potari, S. Prediger & K. Ruthven (Hrsg.), *Developing Research in Mathematics Education. Twenty Years of Communication, Cooperation and Collaboration in Europe* (S. 196–210). Oxon: Routledge.

Pohl, T. (2016). Die Epistemisierung des Unterrichtsdiskurses – ein Forschungsrahmen. In E. Tschirner, O. Bärenfänger & J. Möhring (Hrsg.), *Deutsch als fremde Bildungssprache. Das Spannungsfeld von Fachwissen, sprachlicher Kompetenz, Diagnostik und Didaktik* (S. 55–79). Tübingen: Stauffenburg.

Pöhler, B. (2018). *Konzeptuelle und lexikalische Lernpfade und Lernwege zu Prozenten. Eine Entwicklungsforschungsstudie*. Wiesbaden: Springer Spektrum. https://doi.org/10.1007/978-3-658-21375-6

Pöhler, B. & Prediger, S. (2015). Intertwining Lexical and Conceptual Learning Trajectories – A Design Research Study on Dual Macro-Scaffolding towards Percentages. *EURASIA Journal of Mathematics, Science and Technology Education*, *11*(6), 1697–1722. https://doi.org/10.12973/eurasia.2015.1497a

Pöhler, B. & Prediger, S. (2020). Sprachbildender Vorstellungsaufbau. In S. Prediger (Hrsg.), *Sprachbildender Mathematikunterricht in der Sekundarstufe: Ein forschungsbasiertes Praxisbuch* (S. 77–85). Berlin: Cornelsen.

Post, M. & Prediger, S. (2024). Teaching practices for unfolding information and connecting multiple representations: The case of conditional probabilityinformation. *Mathematik Education Research Journal*, *36*(1), 97–129. https://doi.org/10.1007/s13394-022-00431-z

Post, M. (2025). *Darstellungsvernetzung bei bedingten Wahrscheinlichkeiten – Entwicklungsforschung mit Fokus auf Praktiken von Lehrkräften*. Wiesbaden: Springer Spektrum. https://doi.org/10.1007/978-3-658-47374-7

Prediger, S. (2013a). Darstellungen, Register und mentale Konstruktion von Bedeutungen und Beziehungen. Mathematikspezifische sprachliche Herausforderungen identifizieren und bearbeiten. In M. Becker-Mrotzek, K. Schramm, E. Thürmann & H. J. Vollmer (Hrsg.), *Sprache im Fach. Sprachlichkeit und fachliches Lernen* (S. 167–183). Münster: Waxmann.

Prediger, S. (2013b). Sprachmittel für mathematische Verstehensprozesse – Einblicke in Probleme, Vorgehensweisen und Ergebnisse von Entwicklungsforschungsstudien. In A.

Pallack (Hrsg.), *Impulse für eine zeitgemäße Mathematiklehrer-Ausbildung*. MNU-Dokumentation der 16. Fachleitertagung Mathematik (S. 26–36). Neuss: Seeberger.

Prediger, S. (2015). Theorien und Theoriebildung in didaktischer Forschung und Entewicklung. In R. Bruder, L. Hefendehl-Hebeker, B. Schmidt-Thieme & H.-G. Weigand (Hrsg.), *Handbuch der Mathematikdidaktik* (S. 643–662). Berlin & Heidelberg: Springer. https://doi.org/10.1007/978-3-642-35119-8_24

Prediger, S. (2017). „Kapital multiplizirt durch Faktor halt, kann ich nicht besser erklären" – Gestufte Sprachschatzarbeit im verstehensorientierten Mathematikunterricht. In B. Lütke, I. Petersen & T. Tajmel (Hrsg.), *Fachintegrierte Sprachbildung: Forschung, Theoriebildung und Konzepte für die Unterrichtspraxis* (S. 229–252). Berlin: De Gruyter. https://doi.org/10.1515/9783110404166-011

Prediger, S. (2018). Design-Research als fachdidaktisches Forschungsformat: Am Beispiel Auffalten und Verdichten mathematischer Strukturen. In Fachgruppe Paderborn (Hrsg.), *Beiträge zum Mathematikunterricht* (S. 33–40). Münster: WTM.

Prediger, S. (2019a). Theorizing in Design Research. Methodological reflections on developing and connecting theory elements for language-responsive mathematics classrooms. *Avances de Investigación en Educatión Matemática, 15*, 5–27. https://doi.org/10.35763/aiem.v0i15.265

Prediger, S. (2019b). Welche Forschung kann Sprachbildung im Fachunterricht empirisch fundieren? Ein Überblick zu mathematikspezifischen Studien und ihre forschungsstrategische Einordnung. In B. Ahrenholz, S. Jeuk, B. Lütke, J. Paetsch & H. Roll (Hrsg.), *Fachunterricht, Sprachbildung und Sprachkompetenzen* (DaZ-Forschung Bd. 18, S. 19–38). Berlin & Boston: De Gruyter. https://doi.org/10.1515/9783110570380-002

Prediger, S. (2020). *Sprachbildender Mathematikunterricht in der Sekundarstufe. Ein forschungsbasiertes Praxisbuch* (1. Aufl.). Berlin: Cornelsen.

Prediger, S. (2022a). Leveraging and connecting conceptions of amount and change: A content-specific approach to adaptive teaching practices. *The Journal of Mathematical Behavior*, *66*(6), 1–16. https://doi.org/10.1016/j.jmathb.2022.100970

Prediger, S. (2022b). Enhancing language for developing conceptual understanding: A research journey connecting different research approaches. In J. Hodgen, E. Geraniou, G. Bolondi & F. Ferretti (Hrsg.), *Proceedings of the Twelfth Congress of the European Society for Research in Mathematics Education (CERME 12)* (S. 8–33). University of Bozen-Bolzano, Italy/ ERME.

Prediger, S. (2022c). Enhancing language for developing conceptual understanding: A research journey connecting different research approaches. In J. Hodgen, E. Geraniou, G. Bolondi & F. Ferretti (Hrsg.), *Proceedings of Twelfth Congress of the European Society for Research in Mathematics Education (CERME12)* (S. 8–33). University of Bozen-Bolzano, Italy/ ERME.

Prediger, S. (2024). Specifying mathematical language demands: Theoretical framework of the language specification grid. In J. Wang (Hrsg.), *Proceedings of the 14th International Congress on Mathematical Education 2021: Volume II: Invited Lectures* (S. 505–519). World Scientific. https://doi.org/10.1142/9789811287183_0034

Prediger, S. & Özdil, E. (2011). *Mathematiklernen unter Bedingungen der Mehrsprachigkeit. Stand und Perspektiven der Forschung und Entwicklung in Deutschland*. Münster: Waxmann.

Prediger, S. & Wessel, L. (2011). Darstellen – Deuten – Darstellungen vernetzen. Ein fach- und sprachintegrierter Förderansatz für mehrsprachige Lernende im Mathematikunterricht. In S. Prediger & E. Özdil (Hrsg.), *Mathematiklernen unter Bedingungen der Mehrsprachigkeit. Stand und Perspektiven der Forschung und Entwicklung in Deutschland* (S. 163–184). Münster: Waxmann.

Prediger, S., Link, M., Hinz, R., Hußmann, S., Thiele, J. & Ralle, B. (2012). Lehr-Lernprozesse initiieren und erforschen. Fachdidaktische Entwicklungsforschung im Dortmunder Modell. *Der mathematische und naturwissenschaftliche Unterricht, 65*(8), 452–457.

Prediger, S. & Wessel, L. (2013). Fostering German-language learners' constructions of meanings for fractions – design and effects of a language- and mathematics-integrated intervention. *Mathematics Education Research Journal, 25*(3), 435–456. https://doi.org/10.1007/s13394-013-0079-2

Prediger, S. & Wittmann, G. (2014). Verständiger Umgang mit Begriffen und Verfahren. Zentrale Grundlagen der Komptenzaspekte Wissen-Erkennen-Beschreiben und Operieren-Berechnen. In H. Linneweber-Lammerskitten (Hrsg.), *Fachdidaktik Mathematik. Grundbildung und Kompetenzaufbau im Unterricht der Sek. I und II* (S. 128–140). Seelze: Kallmeyer.

Prediger, S., Gravemeijer, K. & Confrey, J. (2015a). Design research with a focus on learning processes: an overview on achievements and challenges. *ZDM – International Journal on Mathematics Education, 47*(6), 877–891. https://doi.org/10.1007/s11858-015-0722-3

Prediger, S. & Krägeloh, N. (2015). Low achieving eighth graders learn to crack word problems: a design research project for aligning a strategic scaffolding tool to students' mental processes. *ZDM – International Journal on Mathematics Education, 47*(6), 947–962. https://doi.org/10.1007/s11858-015-0702-7

Prediger, S. & Pöhler, B. (2015). The interplay of micro- and macro-scaffolding: An empirical reconstruction for the case of an intervention on percentages. *ZDM – International Journal on Mathematics Education, 47*(7), 1179–1194. https://doi.org/10.1007/s11858-015-0723-2

Prediger, S., Wilhelm, N., Büchter, A., Gürsoy, E. & Benholz, C. (2015b). Sprachkompetenz und Mathematikleistung – Empirische Untersuchung sprachlich bedingter Hürden in den Zentralen Prüfungen 10. *Journal für Mathematik-Didaktik, 36*(1), 77–104. https://doi.org/10.1007/s13138-015-0074-0

Prediger, S., Clarkson, P. & Bose, A. (2016a). Purposefully Relating Multilingual Registers: Building Theory and Teaching Strategies for Bilingual Learners Based on an Integration of Three Traditions. In R. Barwell, P. Clarkson, A. Halai, M. Kazima, J. N. Moschkovich, N. Planas, M. Setati-Phakeng, P. Valero & M. Villavicencio (Hrsg.), *Mathematics Education and Language Diversity. The 21st ICMI Study* (S. 193–215). Cham & Heidelberg: Springer. https://doi.org/10.1007/978-3-319-14511-2_11

Prediger, S., Erath, K., Quasthoff, U., Heller, V. & Vogler, A.-M. (2016b). Befähigung zur Teilhabe an Unterrichtsdiskursen. Die Rolle von Diskurskompetenz. In J. Menthe, D. Höttecke, T. Zabka, M. Hammann & M. Rothgangel (Hrsg.), *Befähigung zur gesellschaftlichen Teilhabe. Beiträge der fachdidaktischen Forschung* (S. 285–300). Münster: Waxmann.

Prediger, S. & Hein, K. (2017). Learning to meet language demands in multi-step mathematical argumentations: Design research on a subject-specific genre. *European Journal of Applied Linguistics, 5*(2), 309–335. https://doi.org/10.1515/eujal-2017-0010

Prediger, S. & Zindel, C. (2017). School Academic Language Demands for Understanding Functional Relationships: A Design Research Project on the Role of Language in Reading and Learning. *EURASIA Journal of Mathematics, Science and Technology Education, 13*(7b), 4157–4188. https://doi.org/10.12973/eurasia.2017.00804a

Prediger, S. & Wessel, L. (2018). Brauchen mehrsprachige Jugendliche eine andere fach- und sprachintegrierte Förderung als einsprachige? Differentielle Analysen zur Wirksamkeit zweier Interventionen in Mathematik. *Zeitschrift für Erziehungswissenschaft, 21*(2), 361–382. https://doi.org/10.1007/s11618-017-0785-8.

Prediger, S., Erath, K. & Moser Opitz, E. (2019a). The Language Dimension of Mathematical Difficulties. In A. Fritz, V. G. Haase & P. Räsänen (Hrsg.), *International Handbook of Mathematical Learning Difficulties. From the Laboratory to the Classroom* (S. 437–455). Cham: Springer. https://doi.org/10.1007/978-3-319-97148-3

Prediger, S., Kuzu, T., Schüler-Meyer, A. & Wagner, J. (2019b). One mind, two languages – separate conceptualisations? A case study of students' bilingual modes for dealing with language-related conceptualisations of fractions. *Research in Mathematics Education, 21*(2), 188–207. https://doi.org/10.1080/14794802.2019.1602561

Prediger, S., Zentgraf, K. & Berkemeier, A. (2019c). Sprachstand diagnostizieren im Mathematikunterricht mit Deutsch-Anfängerinnen und -Anfängern. Konkretisierung eines grammatischen Stufenmodells für Füllgraphen. In A. Frank, S. Krauss & K. Binder (Hrsg.), *Beiträge zum Mathematikunterricht* (S. 629–632). Münster: WTM-Verlag.

Prediger, S. & Şahin-Gür, D. (2020). Eleventh Graders' Increasingly Elaborate Language Use for Disentangling Amount and Change: A Case Study on the Epistemic Role of Syntactic Language Complexity. *Journal für Mathematik-Didaktik, 41*(1), 43–79. https://doi.org/10.1007/s13138-019-00155-x

Prediger, S., Quabeck, K. & Erath, K. (2022). Conceptualizing micro-adaptive teaching practices in content-specific ways: Case study on fractions. *Journal on Mathematics Education, 13*(1), 1–30.https://doi.org/10.22342/jme.v13i1.pp1-30

Prenzel, M., Sälzer, C., Klieme, E. & Köller, O. (2013). *PISA 2012. Fortschritte und Herausforderungen in Deutschland.* Münster, New York, München & Berlin: Waxmann. https://doi.org/10.25656/01:18838

Puntambekar, S. & Hübscher, R. (2005). Tools for Scaffolding Students in a Complex Learning Environment: What Have We Gained and What Have We Missed? *Educational Psychologist, 40*(1), 1–12. https://doi.org/10.1207/s15326985ep4001_1

Reinhold, F., Tonk, D. & Bockhorn-Vonderbank, M. (2016). *Prima ankommen. Im Fachunterricht. Mathematik: Klasse 5–7.* Cornelsen.

Renkl, A. (2015). Zu eng und nix Neues? Oder einfach nur fokussiert und lediglich auf einen ersten Blick trivial? Eine Antwort auf Bromme, Gräsel, Stern und Terhart. *Psychologische Rundschau, 66*, 231–233. https://doi.org/10.1026/0033-3042/a000280

Renkl, A., Berthold, K., Große, C. S. & Schwonke, R. (2013). Making Better Use of Multiple Representations: How Fostering Metacognition Can Help. In R. Azevedo & V. Aleven (Hrsg.), *International Handbook of Metacognition and Learning Technologies* (S. 397–408). New York, NY: Springer. https://doi.org/10.1007/978-1-4419-5546-3_26

Reusser, K. (2006). Konstruktivismus – vom epistemologischen Leitbegriff zur Erneuerung der didaktischen Kultur. In M. Baer, M. Fuchs, P. Fügelister, K. Reusser & H. Wyss (Hrsg.), *Didaktik auf psychologischer Grundlage. Von Hans Aeblis kognitionspsychologischer Didaktik zur modernen Lehr-Lernforschung* (S. 151–168). Bern: hep.

Riccomini, P. J., Smith, G. W., Hughes, E. M. & Fries, K. M. (2015). The Language of Mathematics: The Importance of Teaching and Learning Mathematical Vocabulary. *Reading & Writing Quarterly*, *31*(3), 235–252. https://doi.org/10.1080/10573569.2015.1030995

Richter, V. & Hußmann, S. (2013). Design-Experimente mit sinnstiftenden Kontexten und differenzierter Verwendung von Darstellungen. Am Beispiel des Lerngegenstandes lineare Funktionen. In M. Komorek & S. Prediger (Hrsg.), *Der lange Weg zum Unterrichtsdesign: Zur Begründung und Umsetzung fachdidaktischer Forschungs- und Entwicklungsprogramme* (S. 79–93). Münster: Waxmann.

Riebling, L. (2013). Heuristik der Bildungssprache. In I. Gogolin, I. Lange, U. Michel & H. Reich (Hrsg.), *Herausforderung Bildungssprache – und wie man sie meistert* (S. 106–153). Münster: Waxmann.

Rösler, D. (2021). Lehr- und Lernkontexte des Deutschen als Fremdsprache. In C. Altmayer, K. Biebighäuser, S. Haberzettl & A. Heine (Hrsg.), *Handbuch. Deutsch als Fremd- und Zweitsprache. Kontexte – Themen – Methoden* (S. 25–37). Berlin: Metzler Verlag. https://doi.org/10.1007/978-3-476-04858-5

Rolfes, T. (2018). *Funktionales Denken. Empirische Ergebnisse zum Einfluss von statischen und dynamischen Repräsentationen.* Wiesbaden: Springer Spektrum. https://doi.org/10.1007/978-3-658-22536-0

Romberg, T. A., Fennema, E. & Carpenter, T. P. (1993). *Integrating Research on the Graphical Representation of Functions.* Hillsdale, NJ: Lawrence Erlbaum Associates.

Ruchniewicz, H. (2022). *Sich selbst diagnostizieren und fördern mit digitalen Medien. Forschungsbasierte Entwicklung eines Tools zum formativen Selbst-Assessment funktionalen Denkens.* Wiesbaden: Springer Spektrum. https://doi.org/10.1007/978-3-658-35611-8

Sajka, M. (2003). A secondary school student's understanding of the concept of function – A case study. *Educational Studies in Mathematics*, *53*, 229–254. https://doi.org/10.1023/A:1026033415747

Şahin-Gür, D. (2025). *Sprachbildender Verständnisaufbau für Bestand und Änderung – Entwicklungsforschung zum zunehmenden Präzisieren und Explizieren.* Wiesbaden: Springer Spektrum. https://doi.org/10.1007/978-3-658-49462-9

Schacht, F. (2012). *Mathematische Begriffsbildung zwischen Implizitem und Explizitem. Individuelle Begriffsbildungsprozesse zum Muster- und Variablenbegriff*. Wiesbaden: Springer Vieweg. https://doi.org/10.1007/978-3-8348-8680-4

Schipolowski, S., Edele, A., Mahler, N. & Stanat, P. (2021). Mathematics and science proficiency of young refugees in secondary schools in Germany. *Journal for Educational Research Online*, *13*, 78–104. https://doi.org/10.31244/jero.2021.01.03

Schleppegrell, M. J. (2004). *The Language of Schooling. A Functional Linguistics Perspective.* Mahwah, NJ & London: Lawrence Erlbaum Associates. https://doi.org/10.4324/9781410610317

Schleppegrell, M. J. (2007). The Linguistic Challenges of Mathematics Teaching and Learning: A Research Review. *Reading & Writing Quarterly*, *23*(2), 139–159. https://doi.org/10.1080/10573560601158461

Schleppegrell, M. J. (2010). Language in Mathematics Teaching and Learning. A Research Review. In J. N. Moschkovich (Hrsg.), *Language and Mathematics Education. Multiple Perspectives and Directions for Research* (S. 73–112). Charlotte, NC: Information Age Publishing.

Schmidt, G., Bernhard, K. L., Gärtner, J., Geisinger, K.-H., Grammes, E., Lergenmüller, A. et al. (1990). *Funktionen und Graphen.* Bad Kreuznach: Pädagogisches Zentrum des Landes Rheinland-Pfalz.

Schnotz, W. (2011). *Pädagogische Psychologie kompakt* (2. Aufl.). Weinheim: Beltz.

Setati, M. (2005). Teaching Mathematics in a Primary Multilingual Classroom. *Journal for Research in Mathematics Education, 36*(5), 447–466.

Sherin, B., Reiser, B. J. & Edelson, D. (2004). Scaffolding Analysis: Extending the Scaffolding Metaphor to Learning Artifacts. The *Journal of the Learning Sciences, 13*(3), 387–421. https://doi.org/10.1207/s15327809jls1303_5

Sierpinska, A. (1992). On Understanding The Notion of Function. In E. Dubinsky & G. Harel (Hrsg.), *The Concept of Function. Aspects of Epistemology and Pedagogy* (Bd. 25, S. 25–58). Washington, DC: Mathematical Association of America.

Simon, N. & Simon, H. (2021). *Anschluss finden – Mathematik 6. Das Übungsheft – Grundlagentraining zur Förderung und Integration.* Mildenberger.

Simon, N. & Simon, H. (2024). *Anschluss finden – Mathematik 5. Das Übungsheft – Grundlagentraining zur Förderung und Integration.* Mildenberger.

Smit, J. (2013). *Scaffolding language in multilingual mathematics classrooms* . Dissertation, Utrecht University.

Smit, J. & van Eerde, D. (2013). What counts as evidence for the long-term realisation of whole-class scaffolding? *Learning, Culture and Social Interaction, 2*(1), 22–31. https://doi.org/10.1016/j.lcsi.2012.12.006

Smit, J., van Eerde, H. A. A. & Bakker, A. (2013). A conceptualisation of whole-class scaffolding. *British Educational Research Journal, 39*(5), 817–834. https://doi.org/10.1002/berj.3007

Smit, J., Bakker, A., van Eerde, D. & Kuijpers, M. (2016). Using genre pedagogy to promote student proficiency in the language required for interpreting line graphs. *Mathematics Education Research Journal, 28*, 457–478. https://doi.org/10.1007/s13394-016-0174-2

Snow, C. E. & Uccelli, P. (2009). The Challenge of Academic Language. In D. R. Olson & N. Torrance (Hrsg.), *The Cambridge Handbook of Literacy* (S. 112–133). Cambridge: Cambridge University Press. https://doi.org/10.1017/CBO9780511609664.008

Sofianidis, A., Oliveira, L., Stylianidou, N., Meletiou-Mavrotheris, M., Parisopoulou, E., Lukala, E.-M., Sarmento, C. & Giannakoudakis, P. (2023). Inclusion of new arrived migrants in Science and Math: The Augmented Assessment approach. *IUL Research. Open Journal of IUL University, 4*(7), 48–68. https://doi.org/10.57568/iulresearch.v4i7.450

Sprütten, F. (2019). „Ich habe als erste gemacht, weil haben wir drei Kilogramm Kartoffel kostet sechs Euro" – Mathematikunterricht mit neuzugewanderten Schülerinnen und Schülern. In A. Frank, S. Krauss & K. Binder (Hrsg.), *Beiträge zum Mathematikunterricht 2019* (S. 777–780). Münster: WTM-Verlag.

Sprütten, F. & Prediger, S. (2019). Wie hängen die Mathematikleistungen von Neuzugewanderten mit Herkunftsregion und Schulbesuchsdauer zusammen? Ergebnisse eines sprachentlasteten Tests. *Mathematica Didactica, 42*(2), 147–161.

Sprütten, F., Wessel, L., Zentgraf, K. & Prediger, S. (2020). Fach- und sprachintegrierte Ansätze für Neuzugewanderte. In S. Prediger (Hrsg.), *Sprachbildender Mathematikunterricht. Ein forschungsbasiertes Praxisbuch* (S. 115–130). Berlin: Cornelsen Scriptor Praxis.

Stanat, P., Schipolowski, S., Schneider, R. Sachse, K., Weirich, S. & Henschel, S. (Hrsg.) (2022*). IQB-Bildungstrend 2021. Kompetenzen in den Fächern Deutsch und Mathematik am Ende der 4. Jahrgangsstufe im dritten Ländervergleich.* Münster / New York: Waxmann. https://doi.org/10.25656/01:26077

Steinke, I. (2000). Gütekriterien qualitativer Forschung. In U. Flick, E. von Kardoff & I. Steinke (Hrsg.), *Qualitative Forschung. Ein Handbuch* (S. 319–331). Reinbek b. Hamburg: Rowohlt Taschenbuch.

Stellmacher, H. (1986). Die nichtquantitative Beschreibung von Funktionen durch Graphen beim Einführungsunterricht. In G. von Harten, H. N. Jahnke, T. Mormann, M. Otte, F. Seeger, H. Steinbring & H. Stellmacher (Hrsg.), *Funktionsbegriff und funktionales Denken* (S. 21–34). Köln: Aulis Deubner.

Steffe, L. P. & Thompson, P. W. (2000). Teaching Experiment Methodology: Underlying Principles and Essential Elements. In A. E. Kelly & R. A. Lesh (Hrsg.), *Handbook of Research Design in Mathematics and Science Education* (S. 267–307). Mahwah: Lawrence Erlbaum Associates.

Stey, J. (2023a). *Mathematikunterricht mit Flüchtlingskindern 5–7. Arbeitsblätter mit darauf abgestimmten Worschatzkarten: Sofort-Hilfe für Lehrer ohne DaZ-Kenntnisse.* Auer.

Stey, J. (2023b). *Mathematikunterricht mit DaZ-Schülern 8–10. Arbeitsblätter mit darauf abgestimmten Wortschatzkarten: Sofort-Hilfe für Lehrer ohne DaZ-Kenntnisse.* Auer.

Stroup, W. M. (2002). Understanding Qualitative Calculus: A Structural Synthesis of Learning Research. *International Journal of Computers for Mathematical Learning*, *7*(2), 167–215. https://doi.org/10.1023/A:1021147132127

Suárez-Orozco, C., Rhodes, J. & Milburn, J. R. M. (2009). Unraveling the Immigrant Paradox. Academic Engagement and Disengagement Among Recently Arrived Immigrant Youth. *Youth & Society*, *41*(2), 151–185. https://doi.org/10.1177/0044118X09333647

Swain, M. (1985). Communicative Competence: Some Roles of Comprehensible Input and Comprehensible Output in Its Development. In S. Gass & C. Madden (Hrsg.), *Input in Second Language Acquisition* (S. 235–256). Rowley, MA: Newbury House.

Swan, M. (1985). *The Language of Functions and Graphs. An Examination Module for Secondary Schools.* Nottingham: Shell Centre for Mathematical Education, Joint Matriculation Board.

Thomaneck, A., Vollstedt, M. & Schindler, M. (2022). What can eye movements tell about students' interpretations of contextual graphs? A methodological study on the use of the eye-mind hypothesis in the domain of functions. *Frontiers in Education*, *7*. https://doi.org/10.3389/feduc.2022.1003740

Thomas, D. (2006). A General Inductive Approach for Analyzing Qualitative Evaluation Data. *American Journal of Evaluation*, *27*(2), 237–246. https://doi.org/10.1177/1098214005283748

Thompson, P. W. (2008). Conceptual analysis of mathematical ideas: Some spadework at the foundations of mathematics education. In O. Figueras, J. L. Cortina, S. Alatorre, T. Rojano & A. Sépulveda (Hrsg.), *Plenary Paper presented at the Annual Meeting of the*

International Group for the Psychology of Mathematics Education (Bd. 1, S. 31–49). Morélia, Mexico: PME.
Thompson, P. W. (2011). Quantitative Reasoning and Mathematical Modeling. In L. L. Hatfield, S. A. Chamberlain & S. Belbase (Hrsg.), *New Perspectives and Directions for Collaborative Research in Mathematics Education.* (WISDOMe Monographs, Bd. 1, S. 33–57). Laramie, WY: University of Wyoming.
Thompson, P. W. & Carlson, M. P. (2017). Variation, covariation, and functions: Foundational ways of thinking mathematically. In J. Cai (Hrsg.), *Compendium for Research in Mathematics Education* (S. 421–456). Reston, VA: National Council of Teachers of Mathematics.
Ufer, S., Leiss, D., Stanat, P. & Gasteiger, H. (2020). Sprache und Mathematik – theoretische Analysen und empirische Ergebnisse zum Einfluss sprachlicher Fähigkeiten in mathematischen Lern- und Leistungssituationen (Editorial zum Themenheft). *Journal für Mathematikdidaktik, 41*(1), 1–9.https://doi.org/10.1007/s13138-020-00164-1
Uribe, Á. & Prediger, S. (2021). Students' Multilingual Repertoires-in-Use for Meaning-Making: Contrasting Case Studies in Three Multilingual Constellations. *The Journal of Mathematical Behavior, 62*, 1–23. https://doi.org/10.1016/j.jmathb.2020.100820
Uribe, Á. (2024). *Mehrsprachigkeit im sprachbildenden Mathematikunterricht – Gelingensbedingungen und didaktische Potenziale in sprachlich heterogenen Klassen.* Wiesbaden: Springer Spektrum. https://doi.org/10.1007/978-3-658-46054-9
van de Pol, J., Volman, M. & Beishuizen, J. (2010). Scaffolding in Teacher–student Interaction: A Decade of Research. *Educational Psychology Review, 22*(3), 271–296. https://doi.org/10.1007/s10648-010-9127-6
van den Heuvel-Panhuizen, M. (2001). Realistic mathematics education in the Netherlands. In J. Anghileri (Hrsg.), *Principles and Practices in Arithmetic Teaching: Innovative Approaches for the Primary Classroom* (S. 49–63). Buckingham: Open University Press.
van den Heuvel-Panhuizen, M. (2003). The Didactical Use of Models in Realistic Mathematics Education: An Example from a Longitudinal Trajectory on Percentage. *Educational Studies in Mathematics, 54*, 9–35. https://doi.org/10.1023/B:EDUC.0000005212.03219.dc
van den Heuvel-Panhuizen, M. (2014). Didactical Phenomenology (Freudenthal). In S. Lerman (Hrsg.), *Encyclopedia of Mathematics Education* (S. 174–176). Dordrecht: Springer Reference. https://doi.org/10.1007/978-94-007-4978-8_49
Vollrath, H.-J. (1989). Funktionales Denken. *Journal für Mathematik-Didaktik, 10*(1), 3–37.
vom Hofe, R. (1996). Arithmetische Grundvorstellungen und funktionales Denken. *Mathematica Didactica, 19*(2), 28–42.
vom Hofe, R. (2003). Grundbildung durch Grundvorstellungen. *Mathematik lehren, 118*, 4–8.
vom Hofe, R., Pekrun, R., Kleine, M. & Götz, T. (2002). Projekt zur Analyse der Leistungsentwicklung in Mathematik (PALMA): Konstruktion des Regensburger Mathematikleistungstests für 5. bis 10. Klassen. In M. Prenzel & J. Doll (Hrsg.), Bildungsqualität von Schule: Schulische und außerschulische Bedingungen mathematischer, naturwissenschaftlicher und überfachlicher Kompetenzen, *Zeitschrift für Pädagogik, 45*, 83–100. Weinheim: Beltz. https://nbn-resolving.org/10.25656/01:3940
von Dewitz, N. für Mercator Institut für Sprachförderung und Deutsch als Zweitsprache (2022). *Basiswissen: Neu zugewanderte Schülerinnen und Schüler.* Zugriff am

27.08.2024 unter https://mercator-institut.uni-koeln.de/sites/mercator/user_upload/PDF/05_Publikationen_und_Material/220530_Basiswissen_Neu_Zugewanderte.pdf

Vygotsky, L. S. (1962). *Thought and Language*. Cambridge, MA: MIT Press. https://doi.org/10.1037/11193-000

Vygotsky, L. S. (1978). *Mind in Society. The Development of Higher Psychological Processes*. Cambridge, MA & London: Harvard University Press.

Vygotsky, L. S. (1987). *The Collected Works of L. S. Vygotsky: Vol. 1. Problems of General Psychology, Including the Volume Thinking and Speech*. New York, NY: Plenum Press.

Walqui, A. (2006). Scaffolding Instruction for English Language Learners: A Conceptual Framework. *International Journal of Bilingual Education and Bilingualism*, *9*(2), 159–180. https://doi.org/10.1080/13670050608668639

Wedin, Å. (2021). Positioning of the recently arrived student: a discourse analysis of Sweden's Language Introduction Programme. *Journal of Multicultural Discourses*, *16*(1), 69–86. https://doi.org/10.1080/17447143.2021.1913174

Wessel, L. (2015). *Fach- und sprachintegrierte Förderung durch Darstellungsvernetzung und Scaffolding. Ein Entwicklungsforschungsprojekt zum Anteilbegriff*. Wiesbaden: Springer Spektrum. https://doi.org/10.1007/978-3-658-07063-2

Wessel, L. & Erath, K. (2018). Theoretical frameworks for designing and analyzing language-responsive mathematics teaching-learning arrangements. *ZDM – The International Journal on Mathematics Education*, *50*(6), 1053–1064. https://doi.org/10.1007/s11858-018-0980-y

Willerding, B. (2017). *Material zur Sprachförderung Mathematik. Arbeitsblätter mit CD-ROM*. Klett.

Winter, H. (1989). *Entdeckendes Lernen im Mathematikunterricht. Einblicke in die Ideengeschichte und ihre Bedeutung für die Pädagogik*. Braunschweig: Vieweg. https://doi.org/10.1007/978-3-322-91104-9

Wong, C. W. & Schweitzer, R. D. (2017). Individual, premigration and postsettlement factors, and academic achievement in adolescents from refugee backgrounds: A systematic review and model. *Transcultural Psychiatry*, *54*(5–6), 756–782. https://doi.org/10.1177/1363461517737015

Wood, D., Bruner, J. S. & Ross, G. (1976). The Role of Tutoring in Problem Solving. *Journal of Child Psychology and Psychiatry*, *17*, 89–100. https://doi.org/10.1111/j.1469-7610.1976.tb00381.x

Zentgraf, K., Prediger, S. & Norén, E (2020). *Funktionsgraphen und funktionale Zusammenhänge verstehen*. Open Educational Ressource. Dortmund / Freiburg / Paderborn: DZLM. Zugriff am 21.09.2024 unter sima.dzlm.de/um/bk-004

Zentgraf, K., Prediger, S. & Berkemeier, A. (2021). Fach- und sprachintegrierter Mathematikunterricht am Sprachanfang. Diskursiv reichhaltige, lexikalisch und grammatisch fokussierte Zugänge zum mathematischen Funktionskonzept für Neuzugewanderte. *Fremdsprachen lehren und lernen*, *50*(1), 69–88. https://doi.org/10.2357/FLuL-2021-0005

Zentgraf, K., Prediger, S. & Berkemeier, A. (2022). *Funktionale Zusammenhänge am Sprachanfang. Baustein A – Zusammenhänge in Graphen darstellen und beschreiben. Didaktischer Kommentar zum sprach- und fachintegrierten Fördermaterial*. Frei verfügbar auf sima.dzlm.de/um/7–002

Zentgraf, K., Prediger, S. & Berkemeier, A. (2023). *Funktionale Zusammenhänge am Sprachanfang. Baustein A – Zusammenhänge in Graphen darstellen und beschreiben. Sprach- und fachintegriertes Fördermaterial.* Frei verfügbar auf sima.dzlm.de/um/7-002

Zentgraf, K. & Prediger, S. (2024). Demands and scaffolds for explaining the connection of multiple representations: Revisiting the bottle-filling task. The *Journal of Mathematical Behavior*, *73*, 1–21.https://doi.org/10.1016/j.jmathb.2023.101118

Zindel, C. (2019). *Den Kern des Funktionsbegriffs verstehen. Eine Entwicklungsforschungsstudie zur fach- und sprachintegrierten Förderung.* Wiesbaden: Springer Spektrum. https://doi.org/10.1007/978-3-658-25054-6

FSC
www.fsc.org
MIX
Papier | Fördert gute Waldnutzung
FSC® C083411

Kolibri 360 GmbH
Ferdinand-Jühlke-Straße 7
99095 Erfurt, Deutschland
produktsicherheit@kolibri360.de